Alfred Jenette · Roland Franik

Chemie 2

Organische Chemie, Biochemie und Kernchemie

Bayerischer Schulbuch-Verlag

bsv Chemie

Band 1: Anorganische Chemie,
allgemeine und physikalische Chemie

Band 2: Organische Chemie,
Biochemie und Kernchemie

Bildnachweis

Aral AG, Bochum: 32.1.; BASF, Ludwigshafen: 61.1., 61.2., 65.1., 65.2., 204.1., 207.1.; Belser Verlag, Stuttgart: 153.1.; Deutsche Verlags-Anstalt, Stuttgart: 126.1., 190.1., 192.1., 193.1., 213.1., 240.1., 242.1., 244.1., 265.1.; v. Frisch, Bayerischer Schulbuch-Verlag, München: 191.2.; Glanzstoff AG, Wuppertal: 206.1.; Informationskreis Kernenergie, Bonn: 260.1.; Klett Verlag, Stuttgart: 185.1.; Leybold-Heraeus, Köln: 191.1.; Margarine-Institut für gesunde Ernährung, Hamburg: 98.1.; Verlag Chemie, Weinheim/Bergstraße: 71.1., 129.1. (beide UV-Atlas, Organ. Vbd.), 162.1., 182.1., 193.2.

1984
4. Auflage, 1. unveränderter Nachdruck

Graphische Gestaltung: Karl Peschke, Ebenhausen
Offsetreproduktionen: Fockner, Nürnberg
Satz, Druck und Buchbindearbeiten: H. Stürtz AG, Würzburg
ISBN 3-7627-4092-5

Vorwort

Die Beschlüsse der Kultusministerkonferenz über die „Vereinbarung zur Neugestaltung der gymnasialen Oberstufe in der Sekundarstufe II" und über die „einheitlichen Prüfungsanforderungen in der Abiturprüfung" (Normenbücher) machen auch eine Aktualisierung und Vertiefung der im Band 2 zusammengefaßten Lerninhalte notwendig.

In diesem Falle liegt der Schwerpunkt der Aktualisierung auf einer Ausarbeitung des Kapitels 20.7.2. Hier wurde die Ultraviolettspektroskopie in die Wechselwirkungen zwischen Energie und Materie mit einbezogen. Die konsequente Auswertung der Modellvorstellung vom „eindimensionalen Kasten" führt zu einem wertvollen Vergleich des linearen mit dem zyklisch konjugierten System von sechs π-Elektronen. Durch Aufnahme von Experimenten zu den Kapiteln 21.5. „Säure-Basen-Indikatoren" und 24.2. „Nucleophile Substitution" wurde der Entwicklung schulischer Experimentiertechnik Rechnung getragen.

Kapitel 24 „Klassifizierungen chemischer Reaktionen" stellt eine integrierende Vertiefung und eine methodisch neue, gliedernde Betrachtungsweise der Chemie des Kohlenstoffs dar. Auch die Ausführungen über Kernreaktoren und Verwendungen radioaktiver Isotope wurden überarbeitet. Die Rechenaufgaben beschränken sich im Band 2 des Unterrichtswerks naturgemäß auf die Kapitel 20.7. und 25. Die neuen IUPAC-Empfehlungen zur Schreibweise der Namen organischer Verbindungen wurden berücksichtigt.

Mein Dank gilt der Firma BASF Ludwigshafen, die mir bereitwillig die benötigten UR-, UV- und Kernresonanzspektren zur Verfügung stellte.

Backnang, im April 1977

Roland Franik

Hinweis für den Lehrer

Bei der Durchführung von chemischen Versuchen sind die im Bundesarbeitsblatt veröffentlichten Richtlinien für den Umgang mit gefährlichen Arbeitsstoffen (MAK-Werte) zu beachten!

Besondere Vorsicht beim Umgang mit Blei- und Quecksilberverbindungen und möglicherweise karzinogenen Substanzen, besonders Benzol, 1,2-Dibromethan, Monobromethan, Chloroform, Acetamid, Tetrachlormethan!

Inhaltsverzeichnis zu Band 2

Zeichenerklärung:

■ Versuche

L Lehrerversuche

19. Das Kohlenstoffatom

19.1. Die Hybridisierungszustände des Kohlenstoffatoms

Die organische Chemie ist die Chemie der Kohlenstoffverbindungen. Die Zahl der Kohlenstoffverbindungen überwiegt die aller anderen Verbindungen um ein Vielfaches. Die große Mannigfaltigkeit der Kohlenstoffverbindungen liegt im inneren Aufbau des C-Atoms begründet. Entsprechend seiner mittleren Elektronegativität von 2,5 kann der Kohlenstoff sowohl mit Elementen kleinerer wie auch mit solchen größerer Elektronegativität Bindungen eingehen, bei denen der kovalente Bindungsanteil überwiegt. Selbst dem relativ großen Elektronegativitätsunterschied zum Fluor entspricht mit 1,5 Einheiten ein Ionenbindungsanteil von „nur" 43%. Die Tendenz, Elektronenpaare kovalent zu binden, ist beim Kohlenstoff noch so groß, daß das C^{4+}-Ion in keiner normalen chemischen Reaktion entsteht. Dagegen könnte das C^{4-}-Ion in einigen Carbiden existieren. Im allgemeinen bildet Kohlenstoff kovalente Bindungen aus.

Die Vorstellungen des Orbitalmodells (Kapitel 8.2., 10.1. und 11.3.) wurden von Forschern am Wasserstoffatom bzw. Wasserstoffmolekül quantitativ ermittelt. In diesem Kapitel versuchen wir, die Vorstellungen des Orbitalmodells auf das Kohlenstoffatom zu übertragen.

Das C-Atom besitzt sechs Elektronen, von denen vier Valenzelektronen sind. Es hat die Elektronenkonfiguration $1s^2\,2s^2\,2p^2$. Die beiden 1 s-Elektronen besitzen die gleiche Haupt-, Neben- und magnetische Quantenzahl. Sie unterscheiden sich nur im Spin. Ähnlich liegen die Verhältnisse bei den s-Elektronen mit der Hauptquantenzahl 2. Die zwei Valenzelektronen im p-Niveau haben die gleiche Hauptquantenzahl mit $n = 2$, die gleiche Nebenquantenzahl $l = 1$ und die gleiche Spinquantenzahl $s = \frac{1}{2}$, sie unterscheiden sich in der magnetischen Quantenzahl. Den Zustand geringster Energie, den Grundzustand der Elektronen in der Atomhülle, kann man wie folgt angeben:

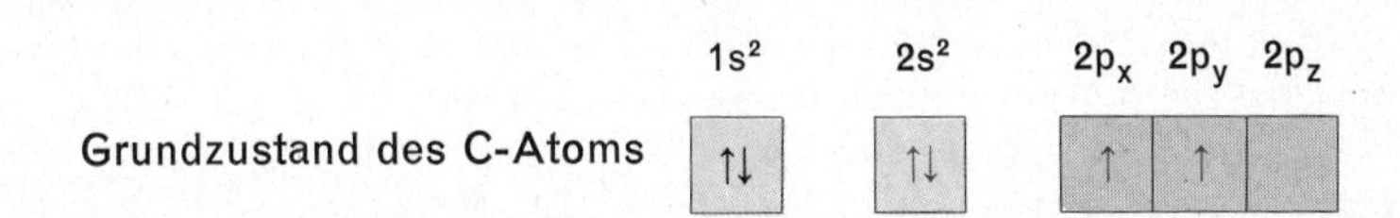

Nach dem Grundzustand des C-Atoms müßten die Kohlenstoffverbindungen des Typs CX_2 (X = einwertiges Element) stabil sein, da im Grundzustand nur zwei ungepaarte, zur Bindung fähige Elektronen vorhanden sind. Die Praxis zeigt aber, daß die Verbindungen des Typs CX_4 stabiler sind, während Verbindungen vom Typ CX_2 normalerweise nicht auftreten. Um diese Tatsache zu erklären, muß man annehmen, daß die Elektronenkonfiguration des C-Atoms so geändert wird, daß es vier ungepaarte, bindungsfähige Elektronen erhält, bevor es sich mit vier X-Atomen verbindet. Man kann sich das Zustandekommen von vier gleichwertigen Bindungen des Kohlenstoffatoms durch eine Anregung desselben vorstellen, die durch Energiezufuhr hervorgerufen wird.

$1s^2$ $2s^2$ $2p_x$ $2p_y$ $2p_z$ → $1s^2$ $2s^1$ $2p_x$ $2p_y$ $2p_z$

↑↓ ↑↓ ↑ ↑ → ↑↓ ↑ ↑ ↑ ↑

Zu dieser Anregung sind 406 kJ pro mol C-Atome notwendig. Die s- und p-Orbitale mit der Hauptquantenzahl n = 2 hybridisieren dabei zu Hybridatomorbitalen.

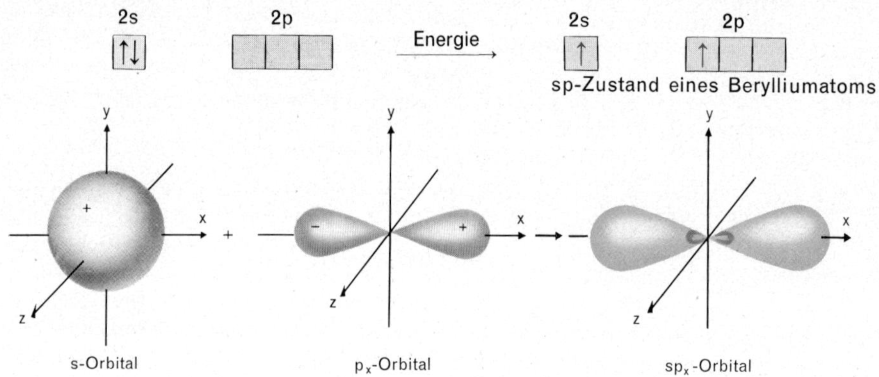

Abb. 8.1. Hybridisierung eines 2 s-Orbitals mit einem 2 p-Orbital zum sp-Hybridorbital. Dieser Hybridisierungsvorgang kann in der 2. Schale zu maximal 4 sp-Hybridorbitalen führen, deren Achsen in die Ecken eines regelmäßigen Tetraeders gerichtet sind.

Im speziellen Fall des Kohlenstoffatoms findet diese Hybridisierung[1] zwischen den zwei s- und zwei p-Orbitalen mit der Hauptquantenzahl n = 2 statt. Die vier entstandenen sp-Hybridorbitale besetzen eine s-Bahn und drei p-Bahnen, man spricht deshalb von einem sp^3-Hybrid (Abb. 8.2.), bei dem die vier Bindungen in die Ecken eines Tetraeders gerichtet sind.

Der hybridisierte Zustand des C-Atoms ist energiereicher als der Grundzustand und deshalb instabiler. Ohne Reaktion, ohne daß eine Verbindung entsteht, ist der

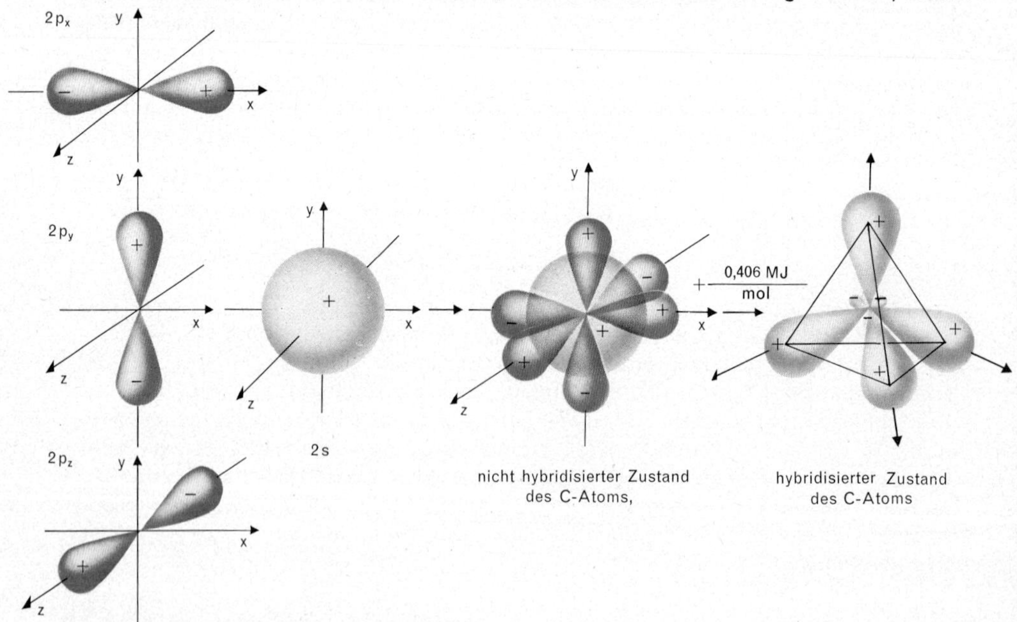

Abb. 8.2. sp^3-Hybridisierung beim C-Atom

[1] Hybris (gr.) = über das Maß hinausgehen

hybridisierte Zustand des C-Atoms nicht denkbar. Er beschreibt das C-Atom nur in Verbindungen, nie ein einzelnes, isoliertes C-Atom.
Im C-Atom müssen aber nicht immer alle drei p-Elektronen mit der Hauptquantenzahl $n=2$ mit dem einen s-Elektron der gleichen Schale hybridisieren (sp^3-Hybrid). Es ist auch möglich, daß nur zwei bzw. ein 2p-Elektron mit dem 2s-Elektron verschmelzen. Man spricht im ersten Fall von sp^2- und im zweiten Fall von sp-Hybridisierung. Auch diese hybridisierten Atomzustände sind nur in Molekülen denkbar, man kann sie sich als verschiedene Anregungszustände des Kohlenstoffatoms vorstellen.
Die verschiedenen Hybridisierungszustände unterscheiden sich z.B. in der Zahl der sp-Hybrid-Bindungsmöglichkeiten, der Form des dadurch zustande gekommenen Moleküls und der Festigkeit der Kohlenstoff-Kohlenstoff-Bindung.

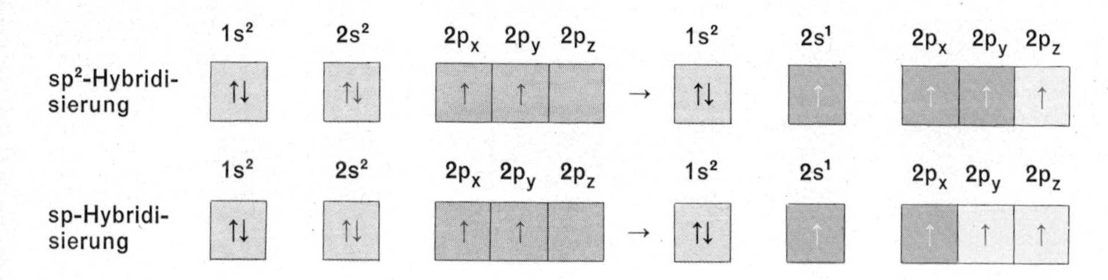

Im sp^2-Hybridisierungszustand ist noch ein p-Elektron (Abb. 9.1.), im sp-Zustand sind es zwei p-Elektronen (rot) (Abb. 10.1.), die nicht zu einer sp-Hybridbahn ver-

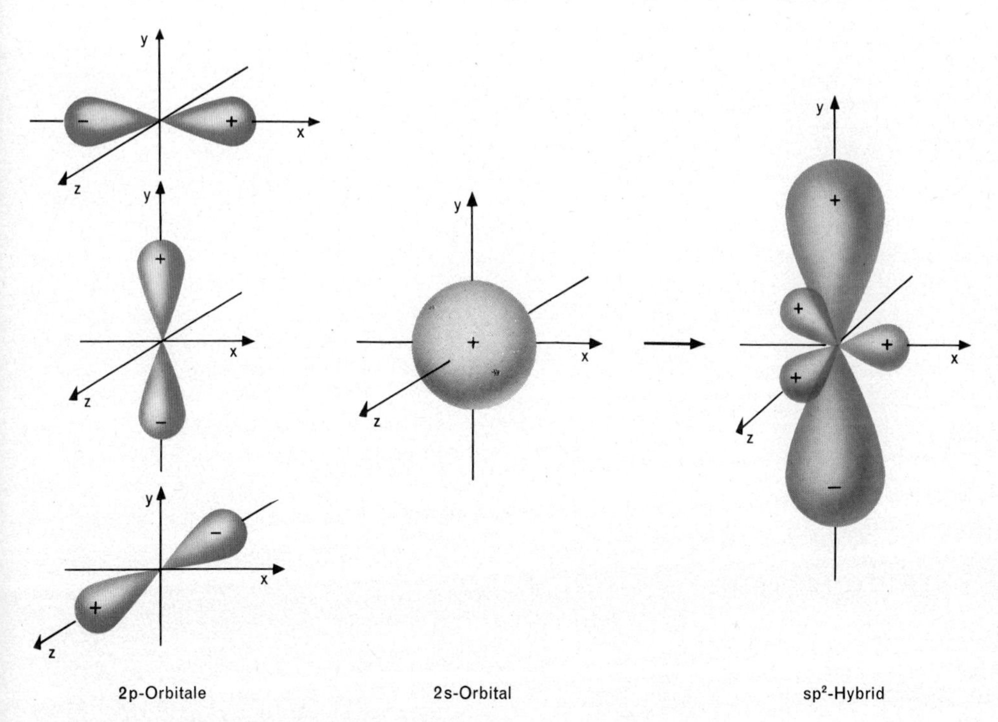

Abb. 9.1. sp^2-Hybridisierung eines C-Atoms

schmolzen sind. Man muß bei hybridisierten C-Atomen unterscheiden, ob die Bindung zu einem anderen Atom über sp-Hybridbahnen oder durch „reine" p-Elektronen erfolgt. Wie schon im Kapitel 10.1. erwähnt, besteht auch eine Doppelbindung zwischen Kohlenstoffatomen aus einer σ- und einer π-Bindung. Die C≡C-Dreifachbindungen sind aus einem σ-Elektronenpaar und zwei π-Bindungen aufgebaut.

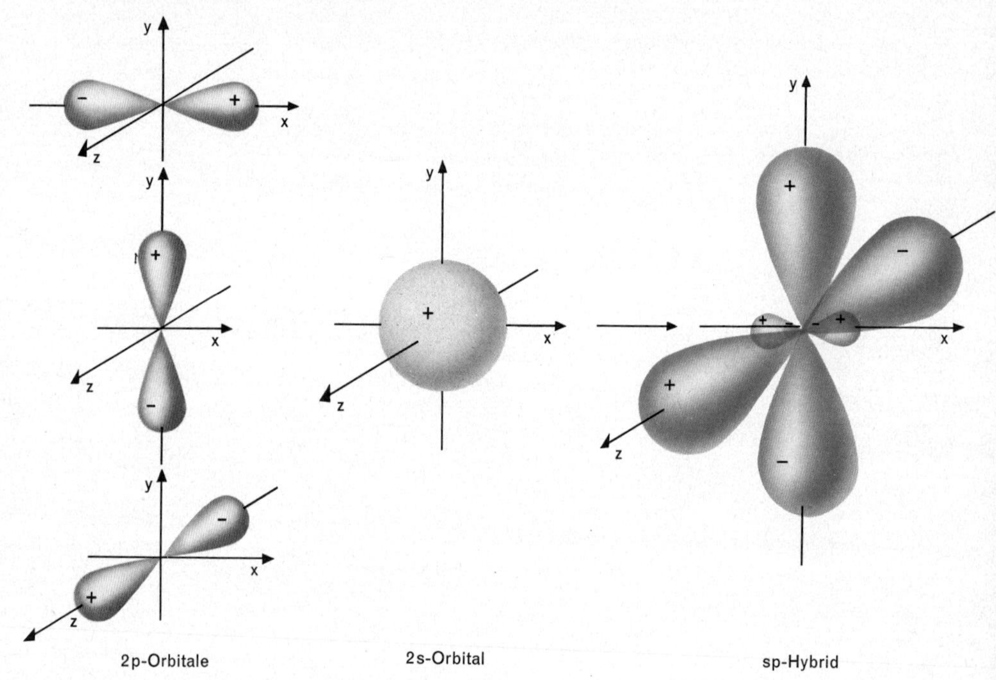

Abb. 10.1. sp-Hybridisierung eines C-Atoms

Zur Hybridisierung der Elektronen wird zwar Energie benötigt, beim Zustandekommen der Bindungen wird aber mehr Energie frei, als zur Hybridisierung notwendig war. Der höhere Energiegehalt hybridisierter Elektronen ist die Ursache für ihre gesteigerte Reaktionsfähigkeit; deshalb ist der hybridisierte Zustand der Elektronen allein auch nicht stabil, sondern nur in Molekülen verifiziert.
Im sp^2-Zustand kommt zur normalen σ-Bindung zwischen zwei C-Atomen nur eine π-Bindung, im sp-Zustand sind es zwei. Die Folge ist nicht nur eine stärkere Bindung, ein kürzerer Bindungsabstand, sondern auch eine größere Reaktionsfähigkeit. In Tabelle 8.1. wollen wir die drei verschiedenen Hybridisierungszustände des Kohlenstoffatoms und die daraus resultierenden Bindungsverhältnisse vergleichen:

Tab. 10.1. Hybridisierungszustände der C-Atome

Hybridisierungszustand	Bindungssymbol	Anordnung der sp-Hybridbahnen	Winkel zwischen zwei sp-Hybridbahnen	Anzahl der sp-Hybride	Anzahl möglicher π-Bindungen
sp^3	C—C	tetraedrisch	109°	4	0
sp^2	C=C	planar	120°	3	1
sp	C≡C	linear	180°	2	2

Besteht bei einer σ-Bindung freie Drehbarkeit um die C—C-Achse, dann wird diese bei C-Atomen im sp^2- und erst recht bei denjenigen im sp-Zustand aufgehoben, da dann noch eine bzw. zwei π-Bindungen dazu kommen. Wie man durch Vergleich der Kohlenstoff-Kohlenstoff-Bindungsenergien feststellen kann, sind die durch je einen Bindungsstrich symbolisierten Elektronenpaare einer Doppelbindung nicht gleich. Die σ-Bindung besitzt eine Bindungsenergie von 335 $\frac{kJ}{mol}$, die erste π-Bindung dagegen nur von ca. 272 $\frac{kJ}{mol}$.

Die zweite, im sp-Hybridisierungszustand hinzukommende π-Bindung besitzt sogar eine Bindungsenergie von nur ca. 222 $\frac{kJ}{mol}$. Für eine Doppelbindung resultiert daraus die bekannte Bindungsenergie von 608 $\frac{kJ}{mol}$, für eine Dreifachbindung eine solche von 830 $\frac{kJ}{mol}$.

Tab. 11.1. Bindungsabstand und Bindungsenergien von Kohlenstoff-Kohlenstoff-Bindungen

Bindungen zwischen zwei C-Atomen im Hybridisierungszustand	Bindungsabstand der Kohlenstoffatome in 10^{-10} m	Bindungsenergien der C—C-Bindungen in $\frac{kJ}{mol}$
sp^3	1,56	335
sp^2	1,33	608
sp	1,2	830

Wenn man Verbindungen mit verschiedenartig hybridisierten C-Atomen vergleicht, muß man berücksichtigen, daß sich die Hybridisierungszustände nicht nur in der Bindungsenergie und im Bindungsabstand, sondern auch in der Elektronegativität unterscheiden. In der Reihenfolge

$$sp^3 < sp^2 < sp$$

steigt von links nach rechts die Elektronegativität der C-Atome.

Zu dieser Feststellung führt das Studium der C—H-Bindungsabstände und der entsprechenden Bindungsenergien der C—H-Bindungen.

Tab. 11.2. C—H-Bindung und Hybridisierungszustand des C-Atoms

Hybridisierungs-zustand	C—H-Bindungsabstand in 10^{-10} m	Bindungsenergie in kJ	s-Anteil am Hybridorbital
sp^3	1,092	424	$\frac{1}{4}$
sp^2	1,085	435	$\frac{1}{3}$
sp	1,059	520	$\frac{1}{2}$

Am sp^3-Hybridisierungszustand ist das kugelsymmetrische s-Orbital zu 25%, am sp-Hybridorbital zu 50% beteiligt. Wenn man sich vorstellt, daß die s-Orbitale einer Hauptquantenzahl weniger Raum beanspruchen als die p-Orbitale, dann gelangt man zu der Anschauung, daß die Ladungsdichte um ein Kohlenstoffatom mit steigen-

dem s-Anteil am Hybridisierungszustand zunimmt. Das führt einerseits zu einer Verkürzung des C—H-Bindungsabstandes und damit zur Erhöhung der Bindungsenergie, andererseits zu einer Änderung der effektiven Ladung am Wasserstoffatom, das stärker positiv wird.
Die Vielfalt der Bindungsverhältnisse zwischen C-Atomen wird durch die Wechselwirkung mehrerer π-Elektronen in einem Molekül entlang einer Kohlenstoffkette noch vergrößert. Bei Doppelbindungen ragen oft die π-Elektronenwolken über die verbindenden Elektronen hinaus. Sind zwei Doppelbindungen durch eine σ-Bindung getrennt (konjugiert), dann können die π-Elektronen einen Schwingungszustand eingehen, dessen Energieniveau tiefer liegt. Man spricht von einem konjugierten System. Wird die Schwingung der π-Elektronenpaare in einem konjugierten System verhindert, liegt es in einem höheren Energiezustand vor. Die Bindungen sind dann lokalisiert. Besteht aber die Schwingungsmöglichkeit, dann bewegen sich die π-Elektronen über das ganze Bindungssystem, das man sich auch ringförmig vorstellen kann. Die Bewegung der π-Elektronen über das ganze Bindungssystem läßt sich formelmäßig schwer wiedergeben. Man beschreitet den Ausweg, die verschiedenen Möglichkeiten der Anordnung von π-Elektronen durch Formeln mit festliegenden π-Bindungen oder fiktiven freien Elektronenpaaren auszudrücken. Es werden also Grenzstrukturen beschrieben, zwischen denen man sich den wahren Zustand des Moleküls vorstellen kann (Kapitel 6.1.4.). Man nennt diese Erscheinung *Mesomerie*, die bei der Schwingung freiwerdende Energie heißt *Mesomerieenergie*. Die Mesomerie beeinflußt auch die physikalischen Eigenschaften der Moleküle. So wird z. B. der Atomabstand und die Lichtabsorption verändert. Damit erhält man Nachweismöglichkeiten für die Mesomerie.
Kohlenstoffatome enthalten nur zwei s-Elektronen mit $n=1$. Die anziehende Wirkung des Atomkerns auf die Elektronen eines angenäherten Atoms kann durch diese beiden s-Elektronen nicht vollkommen ausgeschaltet werden. So ist es für uns erklärlich, daß entsprechend der Doppelbindungsregel (Kapitel 6.2.1.) Wechselwirkungen zwischen den Valenzelektronen der beiden angenäherten C-Atome stattfinden können, die zu Mehrfachbindungen führen. Kohlenstoffatome können auch durch Ausbildung von Doppel- und Dreifachbindungen eine stabile Elektronenanordnung erreichen. Das gleiche Ziel können C-Atome aber auch im sp^3-Zustand, also durch Einfachbindungen (σ-Bindungen) erreichen, wenn sie sich zu Ketten, Ringen und flächenartig oder räumlich vernetzten Makromolekülen binden. Liegen nur C—C-Bindungen vor, wie im Diamantgitter (Kapitel 7.1.), dann ist jedes Kohlenstoffatom im Abstand von $1{,}54 \cdot 10^{-10}$m tetraedrisch von vier anderen C-Atomen umgeben. Ähnlich ist das Kristallgitter des elementaren Siliciums aufgebaut. In seinen Verbindungen kann Silicium aber keine Doppelbindungen eingehen, deshalb ist z. B. das Siliciumdioxid polymer und fest, Kohlendioxid dagegen monomer und gasförmig.
Dieser Unterschied läßt sich mit Hilfe der Doppelbindungsregel (Kapitel 6.2.1.) noch erklären. Bei den größeren Atomen der 3. Periode werden die Atomabstände (Bindungsabstände) in ihren Verbindungen so groß, daß die p-Orbitale nicht mehr überlappen können. Warum kann aber Silicium nicht auch eine solche Vielfalt von Wasserstoffverbindungen eingehen? Wenn neben dem Kohlenstoff ein zweites Element in der Lage wäre, eine solche Mannigfaltigkeit an Reaktionsmöglichkeiten zu entwickeln, dann könnte es das Silicium sein. Die vier Valenzelektronen des Siliciums unterscheiden sich „nur" in der Hauptquantenzahl von denen des Kohlenstoffs.
Um diese Frage zu diskutieren, müssen wir die C—H- und Si—H-Bindungen vergleichen. In der C—H-Bindung zieht das C-Atom die Elektronen stärker zu sich, während in der Si—H-Bindung der Wasserstoff der elektronegativere Bindungs-

partner ist. Diese Umkehrung der Polarität erklärt das unterschiedliche Verhalten z. B. bei der Reaktion der Wasserstoffverbindungen mit Wasser.

$$\mathbf{R_3Si{-}H + H{-}OH \rightarrow R_3Si{-}OH + H_2} \qquad \mathbf{R = organischer\ Rest}$$

Eine entsprechende Reaktion mit Methanabkömmlingen, z. B. $R_3C{-}H$, ist nicht möglich.

Anders liegen die Verhältnisse bei den Sauerstoffverbindungen. Die mittlere Bindungsenergie einer C—O-Bindung beträgt 369 $\frac{kJ}{mol}$, die einer Si—O-Bindung 453 $\frac{kJ}{mol}$. Der Unterschied in den Bindungsenergien der Kohlenstoff- und der Siliciumverbindungen beruht vor allem auf den verschiedenen Atomradien und Elektronegativitäten von Kohlenstoff und Silicium. Dementsprechend ist die Bildungsenergie von Siliciumdioxid aus den Elementen mit 218 $\frac{kJ}{mol}$ mehr als doppelt so groß wie der entsprechende Wert für die Kohlendioxid-Bildung aus Diamant und Sauerstoff. Die Silicium-Sauerstoffverbindungen sind thermodynamisch stabiler als die entsprechenden Kohlenstoffverbindungen. Im übrigen übertreffen die Silicium-Sauerstoff-Verbindungen die Kohlenstoff-Sauerstoff-Verbindungen auch in der Häufigkeit. Die uns zugängliche Erdkruste besteht zu 25% aus Silicium.

Mehrfachbindungen können aber nicht nur zwischen Kohlenstoffatomen ausgebildet werden. Auch ein Sauerstoffatom kann in einer Doppelbindung an ein C-Atom im sp^2-Zustand gebunden sein, mit Stickstoffatomen sind sogar Dreifachbindungen im sp-Hybridisationszustand denkbar. Da die π-Elektronen von den Sauerstoff- bzw. Stickstoffatomen auf Grund deren größerer Elektronegativität stärker beansprucht werden als von den C-Atomen, sind ihre Elektronenwolken zum elektronegativeren Atom hingezogen.

Betrachten wir nur die Bindungsmöglichkeiten der C-Atome in den drei Hybridisierungszuständen mit Kohlenstoff-, Sauerstoff- und Stickstoffatomen, dann erhalten wir einen schematischen Überblick über die Vielfalt organischer Verbindungsklassen.

Tab. 13.1. Schematischer Überblick über die Hybridisierungszustände

Hybridisierungszustand des C-Atoms	sp^3	sp^2	sp
Bindung mit einem Kohlenstoffatom	$-\overset{\vert}{\underset{\vert}{C}}-\overset{\vert}{\underset{\vert}{C}}-$	$>C=C<$	$-C\equiv C-$
Name der Verbindungen	Alkane	Alkene	Alkine
Bindung mit einem Sauerstoffatom	$-\overset{\vert}{\underset{\vert}{C}}-\overline{\underline{O}}-$	$>C=O\rangle$	
Name der Verbindungsklasse	z. B. Alkanole, Ether, Acetale	z. B. Alkanale, Alkanone, organ. Säuren, Ester	
Bindung mit einem Stickstoffatom	$-\overset{\vert}{\underset{\vert}{C}}-\overline{N}<$	$>C=\overline{N}-$	$-C\equiv N\vert$
Name der Verbindungsklasse	z. B. Amine	z. B. Imine	Nitrile

20. Die aliphatischen[1] Verbindungen

20.1. Die gesättigten Kohlenwasserstoffe – Alkane (Paraffine[2])

L 1) Herstellung von Methan: Versetze in einem Erlenmeyerkolben 3 g Aluminiumcarbid tropfenweise mit einer warmen, wäßrigen Salzsäurelösung. Fange das entstandene Gas über Wasser auf, entzünde es und prüfe das Verbrennungsprodukt mit Kalkwasser!

L 2) Methan aus Natriumacetat und Natronkalk: Im Gewichtsverhältnis 1:1 wird wasserfreies Natriumacetat mit Natronkalk verrieben und in einem schwerschmelzbaren Reagenzglas stark erhitzt. Das entweichende Gas wird in einer pneumatischen Wanne über Wasser aufgefangen. Prüfe auch hier das Verbrennungsprodukt des Gases mit Kalkwasser und den Rückstand mit verdünnter Salzsäure.

Bei Versuch 1 entsteht aus Aluminiumcarbid und Wasser ein farb- und geruchloses Gas: Methan

$$\underset{\text{Aluminium-carbid}}{Al_4C_3} + 12\,H_2O \rightarrow 4\,Al^{3+} + 12\,(OH)^- + 3\,\underset{\text{Methan}}{CH_4\uparrow}$$

Beim Erhitzen des Reaktionsgemisches nach Versuch 2 läuft folgende Reaktion ab:

$$\underset{\text{Natriumacetat}}{CH_3COO^-Na^+} + Na^+OH^- \rightarrow CH_4\uparrow + 2\,Na^+ + CO_3^{2-}$$

Methan verbrennt mit schwach leuchtender Flamme zu Kohlendioxid und Wasser. Im elektrischen Lichtbogen kann man Methan in einer Gleichgewichtsreaktion aus den Elementen in einer Wasserstoffatmosphäre bei 1200 °C erhalten.

$$C + 2\,H_2 \rightarrow CH_4$$

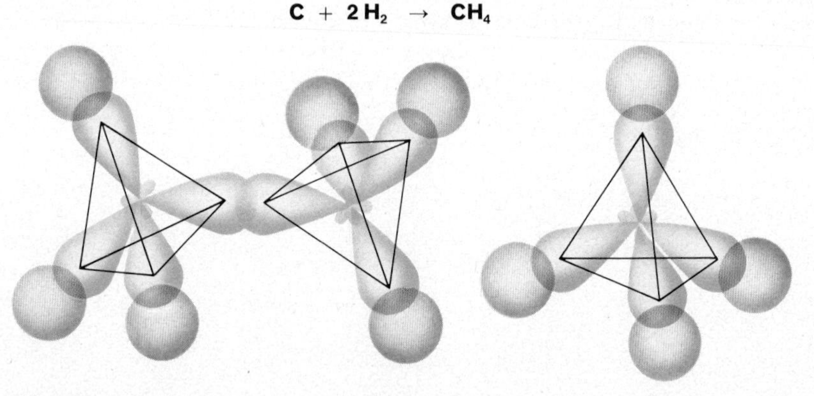

Abb. 14.1. (rechts) Orbitalmodell des CH_4-Moleküls. Die s-Orbitale der 4 Wasserstoffe (grau) überlappen mit je einem sp-Hybridorbital des C-Atoms (blau).

Abb. 14.2. (links) Orbitalmodell des C_2H_6-Moleküls

Man kann Methan auch aus dem natürlichen Erdgas und dem Kokerei- und Crackgas erhalten. Erdgas entströmt häufig dem Boden, wenn Petroleumquellen erbohrt werden. Heute sind Erdgasvorkommen begehrte Energiequellen. Das „Grubengas" der Steinkohlenflöze enthält 80–90 % Methan. Mit Luft gemischt erzeugt dieses Grubengas die „schlagenden Wetter".

[1] aleiphar (gr.) = Fett [2] parum affinis (lat.) = wenig verwandt

Bei der Zerstörung der Cellulose durch Bakterien, die hauptsächlich in Sümpfen vor sich geht, entsteht das Methan als „Sumpfgas". Die Zerlegung der Cellulose im Rinderpansen oder dem Darm pflanzenfressender Tiere führt ebenfalls zur Methanbildung.

Methan findet Verwendung:
1. als Heizgas, da sein Heizwert 37,8 MJ/m^3 beträgt.
2. Es wird zu Wasserstoff verarbeitet, indem es mit Wasserdampf über einen Nickelkatalysator bei hoher Temperatur geblasen wird.

$$CH_4 + 2\,H_2O \rightarrow 4\,H_2 + CO_2$$

3. Durch Verbrennung mit wenig Sauerstoff entsteht das Synthesegas, das für die Methanolsynthese und das Fischer-Tropsch-Verfahren benötigt wird.

$$CH_4 + \tfrac{1}{2}\,O_2 \rightarrow \underbrace{CO + 2\,H_2}_{\text{Synthesegas}}$$

4. Wird Methan auf 900–1400 °C erhitzt, dann zerfällt es.

$$CH_4 \rightarrow C + 2\,H_2$$

Der dabei entstehende Ruß ist sehr fein. Deshalb findet er in der Gummiindustrie Verwendung.
In den Erdgasen finden wir noch zwei weitere Gase, das *Ethan* C_2H_6 und *Propan* C_3H_8. Propan ist nicht nur der Ausgangsstoff für zahlreiche industrielle Synthesen, sondern kann auch im Haushalt als Heizgas benutzt werden.
Ein Vergleich der Struktur der drei Gase läßt auf einen gemeinsamen Bauplan schließen:

$$\begin{array}{ccc} \begin{array}{c} H \\ | \\ H-C-H \\ | \\ H \end{array} & \begin{array}{c} H\;\;H \\ |\;\;\;| \\ H-C-C-H \\ |\;\;\;| \\ H\;\;H \end{array} & \begin{array}{c} H\;\;H\;\;H \\ |\;\;\;|\;\;\;| \\ H-C-C-C-H \\ |\;\;\;|\;\;\;| \\ H\;\;H\;\;H \end{array} \\ \textbf{Methan} & \textbf{Ethan} & \textbf{Propan} \end{array}$$

Die Kohlenstoffatome bilden eine Kette. Die nicht zur Kettenbildung benötigten Elektronen binden Wasserstoffatome. In den drei Verbindungen wird die Höchstzahl der Wasserstoffatome erreicht, die durch die jeweilige Zahl von Kohlenstoffatomen gebunden werden kann. Die Kohlenwasserstoffe, die diese Eigenschaft besitzen, heißen daher *gesättigte* oder *Grenzkohlenwasserstoffe*. Die Grenzkohlenwasserstoffe sind verhältnismäßig reaktionsträge. Auf dieser Eigenschaft gründet sich die Bezeichnung *Paraffine*.

Die homologe Reihe der Alkane:
Die aufeinanderfolgenden Glieder der Alkane unterscheiden sich durch eine CH_2-Gruppe: CH_4, C_2H_6, C_3H_8 usw. Bezeichnen wir die Zahl der C-Atome mit n, dann können wir für die Alkane die allgemeine Formel aufstellen:

$$C_nH_{2n+2}$$

Verbindungen, die in ihrem Aufbau einen Unterschied von CH_2-Gruppen aufweisen, werden homologe[1] Verbindungen genannt. Die Alkane bilden eine Reihe homologer Verbindungen.

[1] homologein (gr.) = übereinstimmen

Im Erdöl wurden noch zahlreiche andere Alkane bis zur Zahl n = 94 der C-Atome gefunden. Die ersten vier Alkane sind bei Zimmertemperatur gasförmig, die Alkane von n = 5 bis n = 16 sind flüssig, die übrigen fest (Abb. 16.1.). Die gasförmigen und festen Grenzkohlenwasserstoffe sind geruchlos, die leichtflüchtigen Glieder haben einen Geruch nach Benzin. Im Wasser sind Alkane unlöslich.

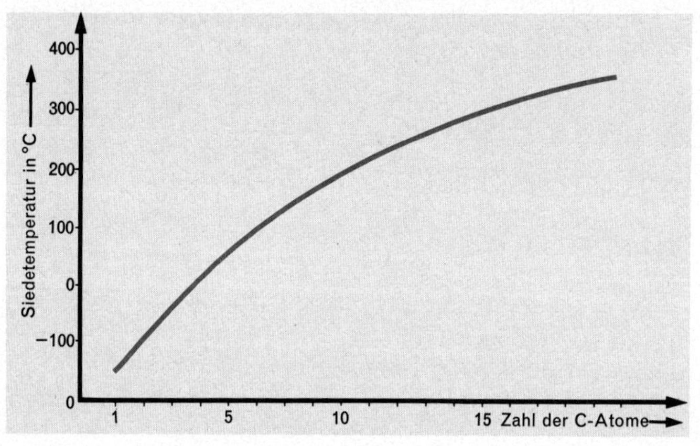

Abb. 16.1. Siedepunkte der Alkane

Die ersten vier Glieder der Reihe führen unsystematisch gebildete Namen. Für die höheren Glieder benutzt man die griechischen Zahlwörter zur Namensgebung. Sie erhalten die Endung -an. Es folgen dem Propan die Verbindungen:

Tab. 16.1. Homologe Reihe der Alkane ab Butan

C_4H_{10}	Butan	C_9H_{20}	Nonan
C_5H_{12}	Pentan	$C_{10}H_{22}$	Decan
C_6H_{14}	Hexan	$C_{11}H_{24}$	Undecan
C_7H_{16}	Heptan	$C_{12}H_{26}$	Dodecan
C_8H_{18}	Octan	$C_{13}H_{28}$	Tridecan

Denkt man sich an irgendeiner Stelle eines Alkans eine C—H-Bindung so gespalten, daß ein Elektron des gemeinsamen bindenden Elektronenpaars zum Wasserstoff gehört, das andere zum Alkanrest, dann erhält man Atomgruppen oder *Radikale*[1]. Die Radikale besitzen ein ungepaartes Elektron und sind als solche nicht oder höchstens ganz kurze Zeit beständig. Der Name des Radikals wird durch Anhängen der Endung -yl an den Wortstamm des Alkans gebildet.

Tab. 16.2. Einige Alkylradikale

$\cdot CH_3$	Methyl	$\cdot C_5H_{11}$	Pentyl (Amyl)
$\cdot C_2H_5$	Ethyl	$\cdot C_6H_{13}$	Hexyl
$\cdot C_3H_7$	Propyl	$\cdot C_7H_{15}$	Heptyl
$\cdot C_4H_9$	Butyl	$\cdot C_8H_{17}$	Octyl

[1] radix (lat.) = Wurzel

Die Isomerie[1]:

Man kann sich die Bildung einer homologen Reihe auch so vorstellen, daß ein Wasserstoffatom eines Gliedes der Reihe durch eine Methylgruppe ersetzt wird.
Wird ein H-Atom des Methans durch eine Methylgruppe ersetzt, dann entsteht das Ethan. Aus dem Ethan erhält man so Propan. Die C-Atome dieser drei Verbindungen können nur zu Ketten verbunden sein. Durch Ersatz der H-Atome des Propans können aber zwei verschiedene Butane entstehen. Wird ein Atom der sechs endständigen H-Atome *H* durch eine Methylgruppe ersetzt, dann ergibt dies wieder eine Kette. Der Ersatz der mittelständigen H-Atome **H** führt zu einer Verästelung der Hauptkette:

```
  H H H            H H H H            H H H
  | | |            | | | |            | | |
H-C-C-C-H        H-C-C-C-C-H        H-C-C-C-H
  | | |            | | | |            | | |
  H H H            H H H H            H | H
                                      H-C-H
                                        |
                                        H

  Propan           n-Butan            i-Butan
```

Stoffe, die trotz gleicher Bruttoformel verschiedene Eigenschaften besitzen, sind isomer. Die Erscheinung heißt Isomerie. Beruht die Isomerie auf einer verschiedenen Anordnung der Kohlenstoffatome im Molekül, dann spricht man allgemein von Strukturisomerie, und in diesem besonderen Fall auch von Kettenisomerie.

Verbindungen mit unverzweigten Kohlenstoffketten werden als *normal* bezeichnet. Das n-Butan wird Normalbutan gesprochen. Alle Verbindungen mit verzweigten Ketten sind *Isoverbindungen*, z.B. i-Butan. Vom n-Butan, wie auch vom i-Butan, lassen sich je zwei Pentane ableiten. Von diesen vier Pentanen sind zwei gleichgebaut, es treten demnach drei Pentane auf. Die Zahl der Isomeren steigt sehr rasch.

Name des Alkans:	Hexan	Heptan	Octan	Nonan	Decan	Undecan	Eikosan[2]
Zahl der Isomeren:	5	9	18	35	75	159	366319

Die große Zahl der Verbindungen der organischen Chemie verlangt eine klare Namensgebung. Die wichtigsten Stoffe besitzen Namen, die von dieser Regel abweichen, da sie schon vor Einführung der Nomenklatur im Jahre 1892 bekannt waren. Die Regel besagt:

1) Der Grundname der Verbindung richtet sich nach der längsten normalen Kohlenstoffkette.
2) Die C-Atome der Kette werden so fortlaufend durchgezählt, daß die Verzweigungsstellen möglichst niedrige Nummern erhalten.
3) Die Lage der Seitenketten wird durch die Zahl des C-Atoms angegeben, an dem die Abzweigung erfolgt.
4) Die Seitenkette wird durch das Radikal bezeichnet.
5) Gehen von einem C-Atom zwei Seitenketten ab, dann wird die Zahl zweimal genannt.

[1] isos (gr.) = gleich; meros (gr.) = Teil

[2] Eikosan ist das Alkan mit n = 20

Zwei Beispiele mögen das Gesagte erläutern:

$$H_3C-CH(CH_3)-CH_2-C(CH_3)(C_2H_5)-CH_2-CH_3$$

2,4-Dimethyl-4-ethyl-hexan

$$H_3C-C(CH_3)_2-CH_2-CH(CH_3)-CH_3$$

2,2,4-Trimethyl-pentan
oder iso-Octan

Ein C-Atom, das nur an ein anderes gebunden ist, im Beispiel des 2,4-Dimethyl-4-ethyl-hexan die C-Atome 1 und 6, ist ein *primäres* C-Atom. Ist das C-Atom an zwei andere C-Atome gebunden (3 und 5), dann ist es *sekundär*, an drei C-Atome *tertiär* und an vier C-Atome (4) *quartär*.
Isomere unterscheiden sich durch die physikalischen und chemischen Eigenschaften. Die Siedepunkte der Isomeren liegen immer unter denjenigen der Normalalkane. Abb. 18.1. zeigt die Siedepunkte für Alkane vom Butan bis Heptan.

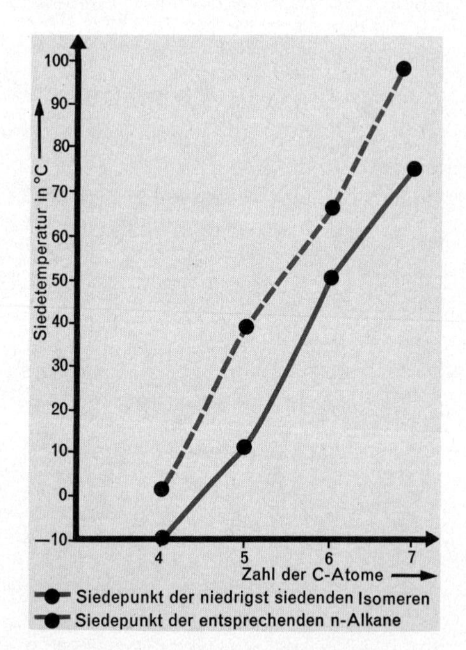

Abb. 18.1. Unterschiede in den Siedepunkten bei Isomeren von n-Alkanen. Die normalen Verbindungen zeigen die höchsten Siedepunkte, die Isomeren sieden um so niedriger, je verzweigter die Ketten sind.

Maßgebend für die Lage der Siedepunkte sind die Wechselwirkungen zwischen den Molekülen, die durch die Symmetrie der Ladungsverteilung hervorgerufen werden. Die Wirkungen der elektrischen Felder aller Kettenglieder machen sich bei den normalen Kohlenstoffketten der Alkane senkrecht zur Kettenlängsachse stark bemerkbar. Normale gesättigte Kohlenwasserstoffmoleküle ordnen sich deshalb bevorzugt parallel zueinander an, ihre Wechselwirkungen sind senkrecht zur Kettenlängsachse größer als bei Molekülen mit verzweigter Kohlenstoffkette. Um die Moleküle normaler gesättigter Alkane in den Dampfzustand überzuführen, muß mehr Energie zur Überwindung der zwischenmolekularen Wechselwirkungen zugeführt werden, als bei den entsprechenden Iso-Verbindungen. Der Siedepunkt der normalen gesättigten Alkane liegt deshalb immer höher als der ihrer entsprechenden Iso-Verbindungen.

20.2. Alkene - Olefine[1]

Erhitzt man Ethan auf 800–820 °C, dann kann durch Dehydrierung Ethen (Ethylen) entstehen.

$$\underset{\text{Ethan}}{H_3C{-}CH_3} \xrightarrow{\text{hohe Temperatur}} \underset{\text{Ethen oder Ethylen}}{H_2C{=}CH_2} + 2\,H$$

Ethen ist bei Zimmertemperatur ebenfalls ein Gas, es siedet bei —104 °C.
Das repräsentativste Verfahren für die Ethylenerzeugung ist heute das „Röhrenspaltverfahren", das bereits in Einheiten bis zu 500000 Jahrestonnen[2] Ethylen gebaut wird. Bei dieser Arbeitsweise wird in Europa Leichtbenzin[3] und in den USA hauptsächlich Ethan nach der angegebenen Reaktionsgleichung in Ethen überführt. Der Kohlenwasserstoff wird in Anwesenheit von Wasserdampf in Röhren aus hochlegierten Cr-Ni-Stählen bei 700–900 °C mit einer Verweilzeit von 1 s gespalten und anschließend mit Öl abgeschreckt. Der Wasserdampf verhindert die Abschei-

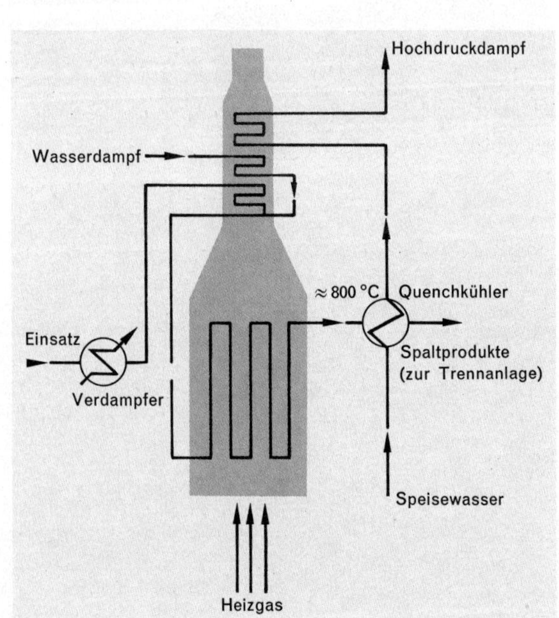

19.1. Prinzip eines Röhrenofens

dung von Koks in den Rohren. Die Rohre, in denen die Wasserstoffabspaltung aus niedrig siedenden Kohlenwasserstoffen stattfindet, werden von außen durch vorbeiströmendes Heizgas erhitzt.
Wie die Alkane, so bilden auch die Alkene eine homologe Reihe, die durch die allgemeine Formel

$$C_nH_{2n}$$

beschrieben wird.
Die Namen der Verbindungen der Alkenreihe werden durch Anhängen der Silbe *-en*

[1] Olefine ist ein anderer Name für Alkene
[2] abgekürzt: Tonnen pro Jahr = t/a
[3] Gemisch niedrig siedender Kohlenwasserstoffe

an den Wortstamm des Alkannamens gebildet. Man spricht daher von Ethylen oder Ethen, Propen, Buten usw. Die ersten drei Glieder der Reihe sind Gase, die höheren flüssig und fest. Wie die Alkane sind sie im Wasser unlöslich, in Alkohol und manchen anderen organischen Lösungsmitteln löslich. Sie brennen mit rußender Flamme. Ethylen ist das einfachste Alken, das erste Glied der homologen Reihe. Nach den Vorstellungen des Orbital-Atommodells und der Theorie der Hybridisierung kann man sich vom C_2H_4-Molekül folgendes Bild machen:

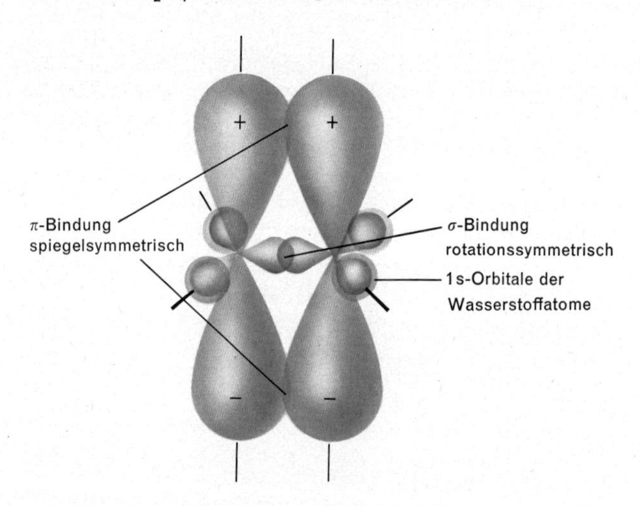

Abb. 20.1. Orbitalmodell des Ethenmoleküls C_2H_4

Atombindungen kommen durch Überlappung der Orbitale zustande. Überlappen sp-Hybridorbitale, spricht man von σ-Bindung. Überlappen zusätzlich die Orbitale der p_y- bzw. p_z-Elektronen, dann entstehen π-Bindungen. Die Größe des Überlappungsraumes ist ein Maß für die Stärke der Bindung. Ist dieser Raum rotationssymmetrisch, dann liegt eine σ-Bindung vor. Die Überlappungsräume der π-Bindungen besitzen eine Knotenebene.

Wir müssen uns bei der Verwendung der Doppelbindungsstriche zwischen zwei Kohlenstoffatomen immer darüber im klaren sein, daß diese Doppelbindung im Orbitalmodell aus zwei verschiedenen Bindungen besteht und daß die Verbindung an dieser Stelle besonders reaktionsfähig ist.

Die Eigenschaften der Alkene:

Die typischen Eigenschaften der Alkene werden durch den ungesättigten Charakter der Verbindungen hervorgerufen. Die Reaktionen der Alkene erfolgen fast immer an der Doppelbindung. Die wichtigsten Reaktionen sind:

1) Anlagerung von Wasserstoff unter Einwirkung von Platinschwarz oder Nickelpulver als Katalysatoren. Die Reaktionen verlaufen bei Temperaturen über 100 °C. Alkene, Wasserstoff und Alkane stehen dabei in einem temperaturabhängigen Gleichgewicht. Beispiel:

$$C_2H_4 + H_2 \xrightleftharpoons{Ni} C_2H_6$$

2) Anlagerung von Chlor und Brom: Die Reaktion verläuft sehr rasch, so daß sie zur Trennung von Alkanen und Alkenen verwendet werden kann.

$$H_2C{=}CH{-}CH_3 + Br_2 \rightarrow BrH_2C{-}CHBr{-}CH_3$$

Propen 1,2-Dibrompropan

3) Halogenwasserstoff wird in der Weise angelagert, daß sich an das eine C-Atom das Proton, an das andere das Halogenidion anlagert. Jodwasserstoff reagiert am leichtesten, Chlorwasserstoff nur bei Energiezufuhr. Das Halogenidion lagert sich an das C-Atom an, an das die wenigsten H-Atome gebunden sind (Markownikow-Regel). Beispiel:

$$H_3C{-}HC{=}C(CH_3){-}CH_3 + HI \rightarrow H_3C{-}CH_2{-}CI(CH_3){-}CH_3$$

2-Methyl-buten-(2) 2-Methyl-2-Iodbutan

Eine Erklärung dieses regelmäßigen Verhaltens kann man sich ableiten, wenn man die Energie betrachtet, die jeweils notwendig ist, um dem Cl-Atom der folgenden Verbindungen ein Elektron zu entreißen.

	$H{-}Cl$	$H{-}CH_2{-}Cl$	$H_3C{-}CH_2{-}Cl$	$H_3C{-}CH(CH_3){-}Cl$	$H_3C{-}C(CH_3)_2{-}Cl$
	Chlorwasserstoff	Chlormethan	Chlorethan	2-Chlorpropan	2-Chlor-2-methylpropan
Energie:	12,78	11,46	11,18	10,8	10,2 eV

In dieser Reihe ist feststellbar:

Je weniger C—H-Bindungen von dem C-Atom ausgehen, an das das Cl-Atom gebunden ist, um so leichter wird das Elektron vom Chloratom abgegeben. Die Elektronegativität des Kohlenstoffatoms nimmt in dieser Reihe von links nach rechts ab. Übertragen wir dieses Ergebnis auf die Halogenwasserstoffaddition an einer C=C-Doppelbindung, dann reagiert das Proton mit dem C-Atom leichter, das die größere Elektronegativität besitzt, an das mehr Wasserstoffatome gebunden sind.

L Ethen und Brom: In einem 1000-ml-Rundkolben mischt man 1 ml Ethanol mit 8 ml konzentrierter Schwefelsäure, wobei man die Säure tropfenweise zum Ethanol gibt und die starke Erwärmung durch Wasserkühlung mildert. Dem Gemisch setzt man etwa sechs Spatelspitzen Seesand und eine Spatelspitze entwässertes Kupfersulfat zu. Ist der Kolbeninhalt auf 140 °C erhitzt (Thermometer eintauchen!), tropft man aus dem Tropftrichter (siehe Abbildung) ein Gemisch aus 6,5 ml Ethanol und 4,5 ml konzentrierte Schwefelsäure zu. Die in der Abbildung ersichtlichen, mit konzentrierter Schwefelsäure bzw. Natronlauge gefüllten Waschflaschen dienen der Reinigung des Gases. Das Reaktionsgefäß enthält ca. 2–3 ml Brom. Es muß während der Reaktion gekühlt werden. Die nachfolgenden, mit Natronlauge gefüllten Waschflaschen dienen der Absorption eventuell entweichender Gase. (Abzug!)

Vereinfacht kann man diese Reaktion durch folgende Reaktionsgleichung schildern:

$$C_2H_4 + Br_2 \rightarrow C_2H_4Br_2$$

1,2-Dibromethan

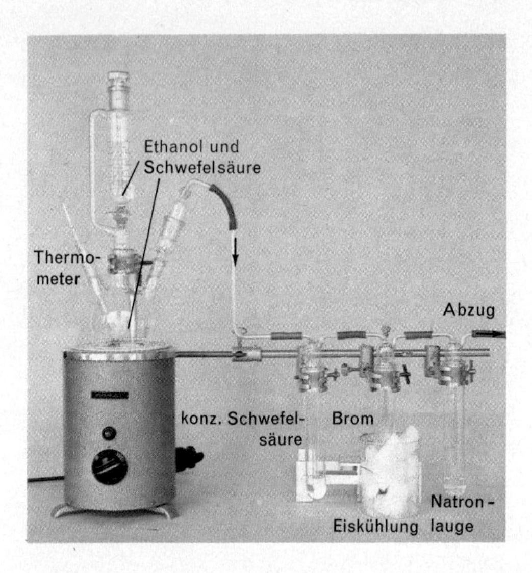

Abb. 22.1. Bromaddition an Ethylen

Das entstandene 1,2-Dibromethan muß noch durch Destillation (Sdp. 131 °C) gereinigt werden. Dabei setzt sich Ethylen unter Aufspaltung der Doppelbindung mit Brom um. Im Reaktionsgemisch wird bei Energiezufuhr das Brommolekül in ein Bromkation und ein Bromanion gespalten.

$$|\underline{\overline{Br}}-\underline{\overline{Br}}| \rightarrow |\underline{\overline{Br}}^{\oplus} + |\underline{\overline{Br}}|^{\ominus}$$

Zur Spaltung eines Brommoleküls sind 193 kJ notwendig. Bei dieser Molekülspaltung wird das bindende Elektronenpaar vollständig von einem Bindungspartner beansprucht. Diesen Vorgang nennt man *Heterolyse*. Mit Ethylen kann sich ein Br_2-Molekül unter heterolytischer Spaltung der Atombindung in wäßriger Lösung wie folgt umsetzen:

$$\begin{matrix} H \\ H \end{matrix}\!\!>\!C{=}C\!<\!\!\begin{matrix} H \\ H \end{matrix} + Br_2 \rightarrow \begin{matrix} H \\ H \end{matrix}\!\!>\!\overset{|\overline{Br}|}{C}-\overset{\oplus}{C}\!<\!\!\begin{matrix} H \\ H \end{matrix} + |\underline{\overline{Br}}|^{\ominus}$$

Da sich bei diesem einleitenden Reaktionsschritt das Bromkation an das π-Elektronenpaar des Ethens anlagert, spricht man von einer elektrophilen[1] Anlagerung oder *elektrophilen Addition*[2]. Zum Lösen der C = C-Doppelbindung benötigt man 595 kJ. Im weiteren Reaktionsverlauf beansprucht der Kohlenstoff mit der partiell positiven Ladung die freien Elektronenpaare am Brom, es bildet sich dadurch ein sogenannter π-Komplex.

$$\begin{matrix} H \\ H \end{matrix}\!\!>\!\overset{|\overline{Br}|}{C}-\overset{\oplus}{C}\!<\!\!\begin{matrix} H \\ H \end{matrix} \rightarrow \begin{matrix} H \\ H \end{matrix}\!\!>\!\overset{\overset{\diagup Br \diagdown}{\cdot \; \cdot}}{C\overset{\oplus}{-}C}\!<\!\!\begin{matrix} H \\ H \end{matrix}$$

π-Komplex

[1] elektro von Elektron, philein (gr.) = lieben
[2] addere (lat.) = hinzufügen

Die Reaktion des bei der Heterolyse gebildeten Bromanions könnte man sich mit dem π-Komplex wie folgt vorstellen:

$$H_2C \overset{\oplus}{-} CH_2 \;(\text{mit } Br\text{-Brücke}) + |\overline{Br}|^{\ominus} \rightarrow H_2C(Br)-C(Br)H_2$$

1,2-Dibromethan

Dabei entsteht das Dibromaddukt des Ethens.

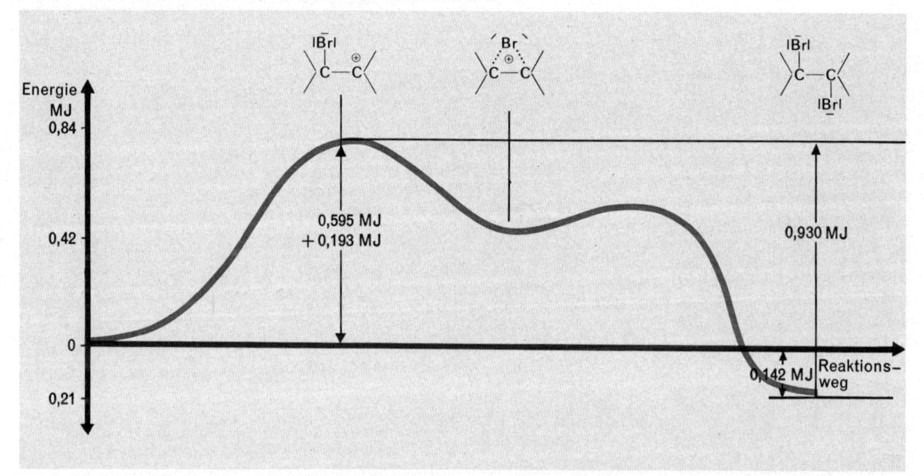

Abb. 23.1. Energieverlauf bei der Addition von Brom an Ethen. Da beim Zustandekommen der C—Br-Bindung je 0,29 MJ frei werden und die C—C-Einfachbindung einer Energie von 0,33 MJ entspricht, ist die Gesamtreaktion exotherm. $\Delta H = -0{,}142$ MJ.

Findet eine Anlagerung von Atomen oder Ionen an eine C=C-Doppelbindung unter Aufhebung der π-Bindung zwischen den beiden C-Atomen statt, dann spricht man von einer Addition.

5) Bei stärkerer Oxidation mit Sauerstoff entsteht aus Ethen Kohlendioxid und Wasser. Niedrig siedende Alkene bilden mit Luft explosive Gemische.

$$C_2H_4 + 3\,O_2 \rightarrow 2\,CO_2 + 2\,H_2O$$

6) Technisch entstehen die Alkene beim Erhitzen der Alkane auf hohe Temperaturen. (Abb. 19.1. und 35.1.). Das Radikal des Ethens heißt *Vinyl* $\cdot CH{=}CH_2$, das Radikal des Propens $\cdot CH_2{-}HC{=}CH_2$ *Allyl.*

7) Von großer technischer und wirtschaftlicher Bedeutung ist heute die Reaktion des gasförmigen Ethylenmoleküls mit weiteren Ethylenmolekülen. Dabei wird unter Einwirkung eines Katalysators und unter Druck die π-Bindung in eine σ-Bindung umgewandelt. Aus dem gasförmigen C_2H_4 entsteht dabei ein fester Stoff, das Polyethylen.

$$n\,H_2C{=}CH_2 \xrightarrow{\text{Kat., Druck}} (-CH_2-CH_2-CH_2-CH_2-)_{\frac{n}{2}}$$

Ethylen — Polyethylen

Alkene besitzen mindestens eine Doppelbindung im Molekül. Doppelbindungen sind aus zwei unterschiedlichen Bindungen, der σ-Bindung und der π-Bindung aufgebaut. Eine Doppelbindung ist immer eine reaktionsfähige Stelle im Molekül. An Doppelbindungen können z.B. Wasserstoff, Halogene, Halogenwasserstoffe und Schwefelsäure addiert werden. Ethylen kann unter Umwandlung der π- in eine σ-Bindung Makromoleküle bilden.

20.2.1. Mesomerie bei linearen Dienen

Enthält ein ungesättigter Kohlenwasserstoff zwei Doppelbindungen, dann nennt man ihn *Dien*, enthält er drei Doppelbindungen *Trien* usw. In den Dienen können die Doppelbindungen in drei verschiedenen Positionen auftreten. Man unterscheidet *kumulierte*[1] *Systeme*, wie z. B. das

Allen $H_2C{=}C{=}CH_2$

in denen die beiden Doppelbindungen direkt benachbart sind. Liegt zwischen den beiden Doppelbindungen eine, und zwar nur eine, Einfachbindung, wie zum Beispiel im

Butadien $H_2C{=}CH{-}CH{=}CH_2$

dann liegt ein *konjugiertes*[2] *System* vor. Befinden sich zwischen den beiden Doppelbindungen mehrere Einfachbindungen, wie im 1,4-Pentadien,

1,4-Pentadien $H_2C{=}CH{-}CH_2{-}CH{=}CH_2$

dann ist das System *isoliert*.

Um das Prinzip der Mesomerie besser verstehen zu können, wollen wir die Bindungsverhältnisse in diesen Dienen mit denen im *n*-Butan, 2-Buten und Butadien vergleichen.

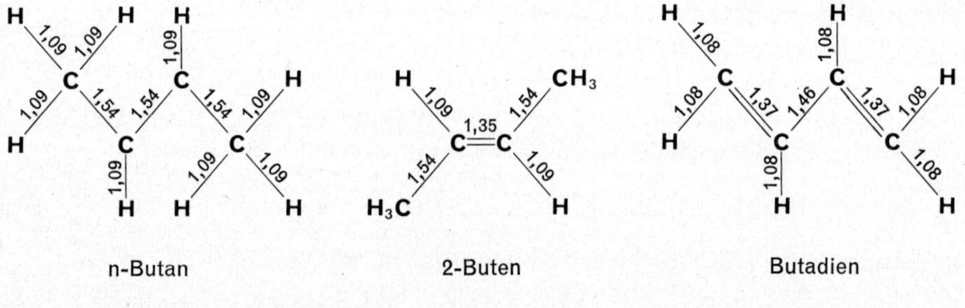

n-Butan 2-Buten Butadien

Beim Studium der Bindungsabstände[3] fallen besonders die unterschiedlichen C—C-Bindungsabstände auf, die bei den ungesättigten Kohlenwasserstoff-Verbindungen zu beobachten sind. Im n-Butan liegen alle vier Kohlenstoffatome im sp^3-Hybridisierungszustand vor. Ihre Bindungen weisen jeweils in die Ecken eines Tetraeders, in dessen Zentrum sich das Kohlenstoffatom befindet.

[1] cumulare (lat.) = anhäufen
[2] coniugare (lat.) = zu einem Paar vereinigen
[3] Die Berechnung der Atomabstände ist durch die Aufnahme der UR-Spektren (Kapitel 20.7.2.) möglich. Alle Bindungsabstände sind in der Einheit 10^{-10} m angegeben.

Im 2-Buten sind die beiden mittleren Kohlenstoffatome sp^2 hybridisiert. Die von ihnen ausgehenden Valenzen bilden untereinander Winkel von 120°, ihre Symmetrie wird als planar bezeichnet. Die beiden endständigen Kohlenstoffatome liegen im 2-Buten im sp^3-Zustand, mit tetraedrischer Symmetrie, vor. Das π-Elektronenpaar der Doppelbindung können wir uns in einem Molekülorbital vorstellen, das sich über die beiden mittleren Kohlenstoffatome erstreckt.

Ein Molekülorbital kommt durch Überlappung mehrerer sp^2- und/oder sp-Hybridorbitale zustande.

Im Butadien dagegen liegen nicht nur alle vier Kohlenstoffatome im sp^2-Hybridisierungszustand vor, die beiden Doppelbindungen bilden auch ein konjugiertes System. Das denkbare Molekülorbital erstreckt sich in diesem Fall über alle vier Kohlenstoffatome (vergleiche Abb. 29.1., Form B).
Betrachten wir formal die π-Elektronenverteilung über der Länge L der Kohlenstoffkette im Modell des „eindimensionalen Kastens“ (s. Kapitel 8.2.),

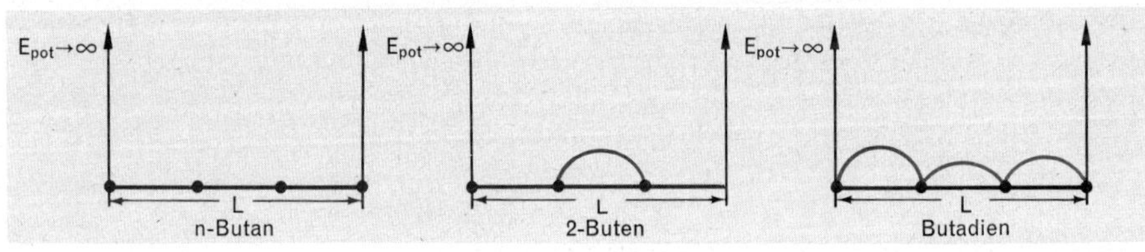

Abb. 25.1. π-Elektronenverteilung im n-Butan, 2-Buten und Butadien

wie sie zum Beispiel durch die Aufnahme der Röntgendiagramme dieser Verbindungen bestätigt wird, so findet man nur im Butadien π-Elektronenpaare, die über die gesamte Strecke L verteilt sind. Das Orbitalmodell des Butadiens (Abb. 29.1., Form B) veranschaulicht durch die Überlappung der sp^2-Hybridorbitale oberhalb und unterhalb der σ-Bindungsebene das Zustandekommen des Molekülorbitals, in dem die π-Elektronenpaare miteinander in Wechselwirkung treten können.
Erinnern wir uns daran, daß sich nur diejenigen Elektronen im „eindimensionalen Kasten“ aufhalten können, die die Auswahlbedingung[1] für „eingesperrte“ Elektronen

$$L = n \cdot \frac{\lambda}{2} \Rightarrow \lambda = \frac{2L}{n} \qquad (1)$$

erfüllen (Kapitel 8.2.). Nach de Broglie berechnet sich die Wellenlänge der zugeordneten Materiewelle aus

$$\lambda = \frac{h}{m \cdot v} \Rightarrow v = \frac{h}{m \cdot \lambda} \qquad (2)$$

Mit diesen beiden Ansätzen errechnet sich die kinetische Energie „eingesperrter“ π-Elektronen zu:

$$E_{kin} = \frac{1}{2} m \cdot \Delta v^2 = \frac{1}{2} m \frac{h^2}{m^2 \cdot \lambda^2} = \frac{h^2 \cdot n^2}{8 \cdot m \cdot L^2} \qquad (3)$$

$$E_{kin} = \frac{h^2 \cdot n^2}{8 \cdot m \cdot L^2} \qquad (4)$$

[1] n symbolisiert die Energiequantelung, ist aber nicht gleich der Hauptquantenzahl!

Dieser Term läßt die umgekehrte Proportionalität erkennen, die zwischen der kinetischen Energie „eingesperrter" π-Elektronen und dem Quadrat der Länge L des „eindimensionalen Kastens" besteht. Der Größe L entspricht die Länge der Kohlenstoffkette im betrachteten Molekül, über die sich die Überlappungen der sp^2-Hybridorbitale erstreckt. Vereinfacht könnte man sagen:

Je länger das Molekülorbital, um so geringer ist die kinetische Energie der π-Elektronenpaare.

Um diesen Sachverhalt leichter erfassen zu können, hat man den Begriff der *Delokalisierung* eingeführt. Man kann sich vorstellen, daß die wechselwirkenden π-Elektronenpaare im Molekülorbital einen größeren Raum in Anspruch nehmen und so die Elektronendichte entlang der σ-Bindungskette der Kohlenstoffatome nicht nur erhöhen, sondern auch gleichmäßiger verteilen. Dabei erreicht das Molekül einen energieärmeren, stabileren Zustand. Da die kinetische Energie des Moleküls nur dann durch die Wechselwirkungen der π-Elektronenpaare ein Minimum erreicht, wenn sie einem konjugierten System angehören, ist die Ausbildung eines konjugierten Systems eine notwendige Voraussetzung für die Delokalisierung. Es sei an dieser Stelle ausdrücklich daran erinnert, daß von allen angeführten Beispielen nur das Butadien diese Bedingung erfüllt.

Den Zustand der Delokalisierung wechselwirkender π-Elektronenpaare in einem Molekül beschreibt man mit Hilfe der fiktiven Grenzstrukturen. Die Erscheinung, bei der die π-Elektronenpaare in einem konjugierten System delokalisiert sind, nennt man Mesomerie[1].

Der mesomere Zustand ist als statisch zu betrachten und nicht als Durchgangslage der Elektronen, die sich von einer Grenzstruktur zur anderen bewegen. Die Mesomerie im Butadien kann man wie folgt angeben:

$$[H_2C{=}CH{-}CH{=}CH_2 \leftrightarrow H_2\overset{\oplus}{C}{-}CH{=}CH{-}\overset{\ominus}{C}H_2 \leftrightarrow H_2\overset{\ominus}{C}{-}CH{=}CH{-}\overset{\oplus}{C}H_2]$$

Grundzustand — fiktive Grenzstrukturen

Die Zeichen $\oplus$, $\ominus$ bzw. $\delta+$, $\delta-$ neben einem Atomsymbol deuten an, daß an dem betreffenden Atom im Molekül eine partiell positive bzw. negative Ladung lokalisiert ist. Das Zeichen $\oplus$ entspricht einer Elektronenlücke, das Zeichen $\ominus$ einem Elektronenüberschuß.

Durch die Delokalisierung der π-Elektronenpaare wurde im Butadien der Bindungsabstand in den Doppelbindungen von $1{,}33 \cdot 10^{-10}$ m auf $1{,}37 \cdot 10^{-10}$ m verlängert, die Einfachbindung zwischen den mittleren C-Atomen wurde dagegen von $1{,}56 \cdot 10^{-10}$ m auf $1{,}46 \cdot 10^{-10}$ m verringert. Die Mesomerieenergie des Butadiens beträgt $15{,}1 \frac{kJ}{mol}$ (siehe auch Kapitel 6.1.4.).

[1] Symbol: $\leftrightarrow$ Mesomeriepfeil, mesos (gr.) = mittlerer, meros (gr.) = Teil

Die Mesomerieenergie ist derjenige Energiebetrag, um den der wahre Zustand des Moleküls energieärmer ist als der Zustand, der durch die fiktiven Grenzstrukturen angedeutet wird.

Die Mesomerieenergie ist durch einen Vergleich der errechneten mit den experimentell bestimmbaren Hydrierwärmen (= Energie, die bei der vollständigen Addition von Wasserstoff frei wird) zu ermitteln.

Tab. 27.1.

Name der Verbindung	Bindungsabstände[1] C=C	Bindungsabstände[1] C—C	Hydrierwärmen[2] errechnet	Hydrierwärmen[2] exp. bestimmt	Mesomerie-energie[2]
Butan	—	1,54	—	—	—
2-Buten	1,35	1,54	115,6	115,6	0
Allen	1,31	—	298,5	298,5	0
1,4-Pentadien	1,35	1,54	251,0	251,0	0
Butadien	1,37	1,46	256,1	237,0	15,1

Obwohl der Bindungsabstand der C=C-Doppelbindung im Allen geringfügig verkürzt ist, liegt in diesem Molekül keine Mesomerie vor. Das mittlere Kohlenstoffatom des Allens kann nur deshalb zwei Doppelbindungen eingehen, weil es sp-hybridisiert ist. Dies bedeutet aber, daß die beiden Hybridorbitale senkrecht zueinander orientiert sind (siehe Abb. 8.1.) und deshalb nur mit jeweils einem sp^2-Hybridorbital der endständigen C-Atome überlappen können. Es entstehen so zwei Molekülorbitale, die sich nur über zwei Kohlenstoffatome erstrecken, aber kein Molekülorbital, das eine Delokalisierung über alle drei C-Atome ermöglicht.
Ähnlich liegen die Verhältnisse beim Butadien, wenn es in der Form A (Abb. 29.1.) vorliegt.
Im 1,4-Pentadien kann es nur jeweils zu einer Überlappung der beiden endständigen sp^2-Hybridorbitale kommen. Die dadurch entstandenen Molekülorbitale erstrecken sich nur über zwei Kohlenstoffatome. Eine weitere Überlappung der endständigen sp^2-Hybridorbitale ist hier wegen ihres zu großen Abstandes (zwei σ-Bindungen!) nicht möglich (isoliertes System). Auch im 1,4-Pentadien liegt keine Mesomerie vor.

Mesomerieeffekt

Vergleicht man den Dipolcharakter und die Bindungsabstände im Vinylchlorid (Chlorethen) mit denen des Chlorethans,

$$\mathrm{H_2C{=}CH{-}\overline{\underline{Cl}}|} \qquad \mathrm{H_3C{-}CH_2{-}\overline{\underline{Cl}}|}$$

Vinylchlorid (Chlorethen) Chlorethan

erhält man Hinweise über die Wechselwirkungen des π-Elektronenpaars einer Doppelbindung mit freien Elektronenpaaren. Im Vergleich zum Ethan bzw. Ethen besitzen die beiden chlorierten Verbindungen aufgrund der größeren Elektronegativität des Chloratoms einen Dipolcharakter. Man könnte sich zunächst vorstellen, daß die

[1] Alle Bindungsabstände sind in der Einheit 10^{-10} m angegeben.
[2] Alle Angaben erfolgten in kJ.

elektronenpaar-saugende Wirkung des Chloratoms sich auf das energiereichere und deshalb reaktivere π-Elektronenpaar im Vinylchlorid stärker auswirkt als auf das σ-Elektronenpaar im Chlorethan. Der unvoreingenommene Beobachter erwartet deshalb beim Vinylchlorid den stärkeren Dipolcharakter als im Chlorethan. Das Gegenteil ist aber der Fall.
Die Ursache für dieses Phänomen ist darin zu suchen, daß sich einerseits das Chloratom um die C—Cl-Bindung als Achse so drehen kann, daß eines seiner freien Elektronenpaare mit dem π-Elektronenpaar der Doppelbindung in einer Ebene liegt. Andererseits besitzen freie Elektronenpaare ähnliche Energiebeträge wie π-Elektronenpaare. Auch diese Tatsache begünstigt deren Wechselwirkung.

Die Wechselwirkung zwischen den π-Elektronenpaaren von Mehrfachbindungen und den freien Elektronenpaaren von Heteroatomen führt dann zur Delokalisierung (Mesomerie-Effekt), wenn das π- und das freie Elektronenpaar durch nur eine σ-Bindung getrennt sind (konjugiertes System).

$$\left[H_2C{=}CH{-}\overline{\underline{Cl}}| \longleftrightarrow H_2\overset{\ominus}{\underline{C}}{-}CH{=}\overset{\oplus}{Cl} \right]$$

Mesomeriebedingungen

1) Mesomerie ist nur dann möglich, wenn
a) konjugierte Mehrfachbindungen vorhanden sind, oder
b) in Konjugation zu Mehrfachbindungen Atome mit freien Elektronenpaaren vorliegen.

2) Die Stellen der freien Elektronenpaare können auch, wie wir später (Kapitel 21.2.2.) noch sehen werden, von einer Elektronenlücke (Symbol $\oplus$) eingenommen werden.

3) Die an der Mesomerie beteiligten Molekülteile müssen in einer Ebene liegen.

4) Die Delokalisierung der mesomerierenden Elektronenpaare erstreckt sich über mindestens drei Atome.

5) Elemente der ersten Achterperiode des Periodensystems (Lithium-Neon) können maximal nur vier Valenzen betätigen, weil nur vier Hybridorbitale (sp^3) zur Verfügung stehen.

6) Die fiktiven Grenzstrukturen dürfen sich nur in der Anordnung der delokalisierten Elektronenpaare unterscheiden. Ihre Anzahl bleibt gleich. Unverändert bleibt auch die Lage und die Zahl der Atomkerne sowie der σ-Bindungen!

Aufgaben:

1. Berechne die kinetische Energie der 4 π-Elektronen für 1 Mol Butadien (nach dem Modell des „eindimensionalen Kastens"), wenn $L = 5{,}6 \cdot 10^{-10}$ m beträgt!
2. Welche Wellenlänge λ muß das eingestrahlte Licht mindestens besitzen, um ein π-Elektron eines linear konjugierten π-Elektronenquartetts von der Bahn mit $n_1 = 2$ auf die mit $n_2 = 3$ anzuheben, wenn $L = 5{,}6 \cdot 10^{-10}$ m beträgt?
3. Welche Wellenlänge λ muß das eingestrahlte Licht mindestens besitzen, um ein π-Elektron eines linear konjugierten π-Elektronensechstetts von der Bahn mit $n_1 = 2$ auf die mit $n_2 = 3$ anzuheben, wenn $L = 6 \cdot 10^{-10}$ m beträgt?

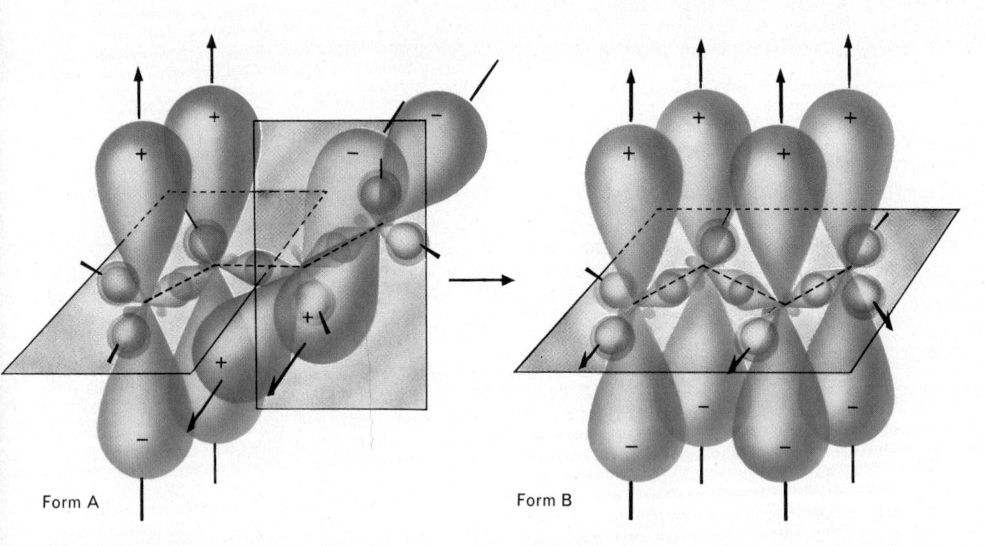

Abb. 29.1. Orbitalmodell des Butadienmoleküls. Daß die Mesomerieenergie tatsächlich ihre Ursache im „Verschmelzen" der π-Elektronenorbitale hat, läßt sich daran erkennen, daß die Form A um 15 kJ energiereicher ist, als die Struktur B. Liegen beide π-Elektronensysteme in einer Ebene, dann wird beim Übergang A → B die Mesomerieenergie von 15 kJ frei. Sind die π-Elektronensysteme um 90° verdreht, wie in Form A angedeutet, dann ist keine Verschmelzung möglich.

20.3. Alkine

Alkine sind ungesättigte Kohlenwasserstoffe mit mindestens zwei C-Atomen im sp-Hybridisierungszustand. Alkine besitzen mindestens eine Dreifachbindung zwischen zwei C-Atomen im Molekül.

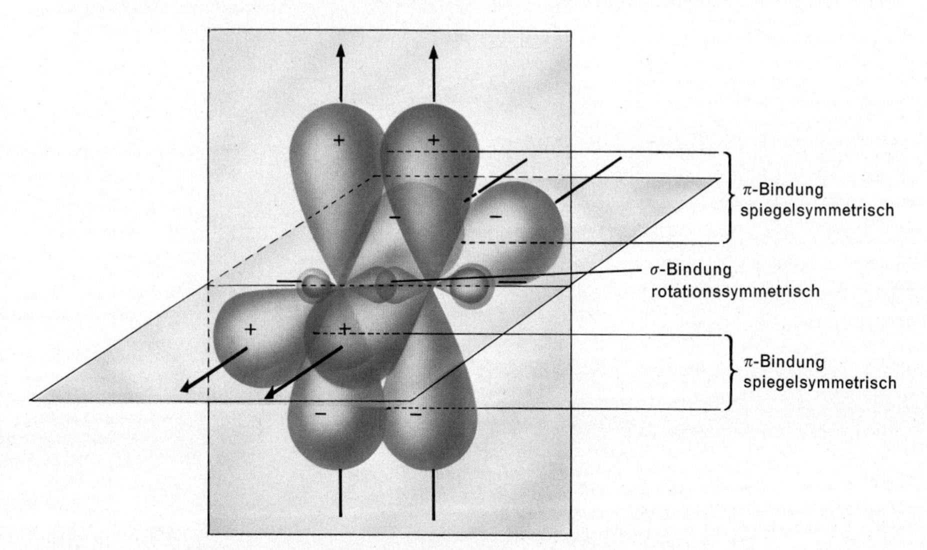

Abb. 29.2. Orbitalmodell des Ethinmoleküls C_2H_2

Die homologe Reihe der Alkine wird durch die allgemeine Formel

$$C_nH_{2n-2}$$

beschrieben. Diese, wie auch die allgemeine Formel der Alkene, bezieht sich auf solche Moleküle, die nur eine Doppel- bzw. Dreifachbindung besitzen.

L 1) Herstellung von Ethin (Acetylen): Entwickle aus Calciumcarbid durch Zutropfen einer verdünnten Kochsalzlösung (zur Mäßigung der Gasentwicklung) Acetylen. Leite das Gas durch eine mit Kaliumpermanganat-Lösung gefüllte Waschflasche und entzünde es am Ende eines zur Spitze ausgezogenen Rohres, nachdem die Knallgasprobe negativ ausgefallen ist.

L 2) Metallverbindungen des Ethins: Leite das Gas in ammoniakalische Kupfer(I)-chlorid- und in ammoniakalische Silbernitratlösung. (Abzug!)
Geringe Mengen der abfiltrierten Niederschläge können vorsichtig auf dem Asbestdrahtnetz getrocknet werden. Sie explodieren! (Schutzscheibe und Schutzbrille!)

Acetylen ist der einfachste Vertreter der Alkine, es ist das erste Glied der homologen Reihe der Alkine. Die Namen der Verbindungen werden durch Anhängen der Endung *-in* an den Wortstamm des Alkannamens gebildet. Deshalb heißt das Acetylen auch noch Ethin. Die weiteren Glieder der Reihe heißen Propin, Butin usw.
Reines Acetylengas ist farb- und geruchlos. Das technische Gas riecht wegen seiner Verunreinigung durch Phosphin knoblauchartig. Es brennt mit leuchtender, rußender Flamme. Die Explosionsgrenzen für Acetylen-Luftgemische liegen zwischen 2,8 und 80%. Auch flüssiges Acetylen zerfällt bei Stoß oder höheren Temperaturen. Calciumcarbid entwickelt mit Wasser Acetylen:

$$CaC_2 + 2\,H_2O \rightarrow Ca^{2+} + 2(OH)^- + C_2H_2\nearrow \quad ; \Delta H = -105\,kJ$$

Verbrennt Acetylen an der Luft, dann entsteht eine Verbrennungstemperatur von 1940 °C, mit reinem Sauerstoff bis 2700 °C. Deshalb findet Acetylen anstelle von Wasserstoff beim autogenen Schneiden und Schweißen Verwendung.

$$2\,C_2H_2 + 5\,O_2 \rightarrow 4\,CO_2 + 2\,H_2O \quad ; \Delta H = -2{,}62\,MJ$$

Man kann das Gas gefahrlos in Flaschen transportieren, wenn man die Flasche mit einer porösen Masse von Bimsstein, die mit Aceton getränkt ist, füllt. In dieser Masse lösen sich bei 15 bar in 1 Liter Aceton 350 Liter Acetylengas. Läßt man Acetylen an glühendem Eisen zersetzen, dann dringt der sich abscheidende Kohlenstoff in das Eisen und bewirkt eine oberflächliche Härtung.
Von ganz besonderer Bedeutung ist aber das Acetylen für die Synthese zahlreicher organischer Verbindungen geworden, nachdem es W. Reppe[1] gelang, Methoden zu finden, die es ermöglichen, gefahrlos mit Acetylen unter Druck und bei hohen Temperaturen zu arbeiten. Man nennt daher die Acetylen-Chemie häufig Reppe-Chemie. Für die Gewinnung von Acetylen kommen neben der Zersetzung von Calciumcarbid mit Wasser noch zwei Verfahren in Frage:

$$2\,CH_4 \rightarrow C_2H_2 + 3\,H_2 \quad ; \Delta H = 400\,kJ$$

[1] Walter Reppe, 1892–1969, deutscher Chemiker

Im ersten Fall wird Kokereigas oder Erdgas in Lichtbogen thermisch gespalten, im zweiten Fall verbrennt Methan, das aus den gleichen Ausgangsgasen stammt, mit einem Unterschuß an Sauerstoff:

$$2\,CH_4 + \tfrac{3}{2}\,O_2 \rightarrow C_2H_2 + 3\,H_2O$$

Acetylen zeigt zwar die Reaktionen ungesättigter Kohlenwasserstoffe, unterscheidet sich aber von den Alkenen durch die Bildung von Metallverbindungen. Man nennt diese Metallverbindungen *Acetylide*. Sie stellen eine Gruppe der Carbide dar. Wir erhalten die Acetylide der Schwer- und Edelmetalle durch Einleiten von Acetylen in deren Salzlösungen. Diese Verbindungen sind gegen Wasser unempfindlich, explodieren aber beim Erhitzen (Versuch 2).

$$HC{\equiv}CH + 2[Cu(NH_3)_2]^+ + 2\,H_2O \rightarrow Cu^+[C{\equiv}C]^{2-}Cu^+ + 4\,NH_4^+ + 2(OH)^-$$

$$HC{\equiv}CH + 2[Ag(NH_3)_2]^+ + 2\,H_2O \rightarrow Ag^+[C{\equiv}C]^{2-}Ag^+ + 4\,NH_4^+ + 2(OH)^-$$

Der stärker saure Charakter der Wasserstoffatome im Ethin läßt sich mit der Zunahme der Elektronegativität des Kohlenstoffs in der Reihe $sp^3 < sp^2 < sp$ erklären (siehe Kapitel 19.1.).
Die Acetylide der Alkalien und Erdalkalien werden durch Einwirkung des Metalls auf Acetylen bei hoher Temperatur erhalten. Sie zerfallen mit Wasser in Acetylen und Base.
Die Alkine gleichen in ihrem physikalischen und chemischen Verhalten weitgehend den Alkenen. Bei den Additionsreaktionen entsteht zuerst ein Alken- und dann erst ein Alkanderivat[1]. So lagert sich Chlor zuerst unter Bildung von Dichlorethylen an, um dann in Tetrachlorethan überzugehen:

$$HC{\equiv}CH + Cl_2 \rightarrow \underset{\text{Dichlorethylen}}{ClHC{=}CHCl}$$

$$ClHC{=}CHCl + Cl_2 \rightarrow \underset{\text{Tetrachlorethan}}{Cl_2HC{-}CHCl_2}$$

Die Kohlenstoff-Kohlenstoff-Bindung erhält bei dieser stufenweisen Addition wieder die freie Drehbarkeit.

20.4. Das Erdöl

In den letzten 150 Jahren hat sich das Antlitz der Erde stärker gewandelt als im ganzen Zeitraum der Menschheitsgeschichte zuvor. Die industrielle Revolution brachte uns die Kraftmaschine und die Massenproduktion. Lange Zeit war es fast ausschließlich die Kohle, die über die Dampfmaschine Bewegungsenergie zu liefern vermochte. Später kam die Wasserkraft als Mittel zur Erzeugung des elektrischen Stroms hinzu, und schließlich brachte der Verbrennungsmotor neue Dimensionen der Verwendungsmöglichkeiten, nachdem im Erdöl eine weitere Energiequelle erschlossen war. 1858 wurde bei Wietze/Hannover die erste Bohrung der Welt nach Erdöl durchgeführt. Die steigende Bedeutung dieses Rohstoffs läßt sich abschätzen, wenn man die Welterdölförderung betrachtet.

[1] derivare (lat.) = ableiten

Abb. 32.1. Destillierkolonne einer Raffinerie

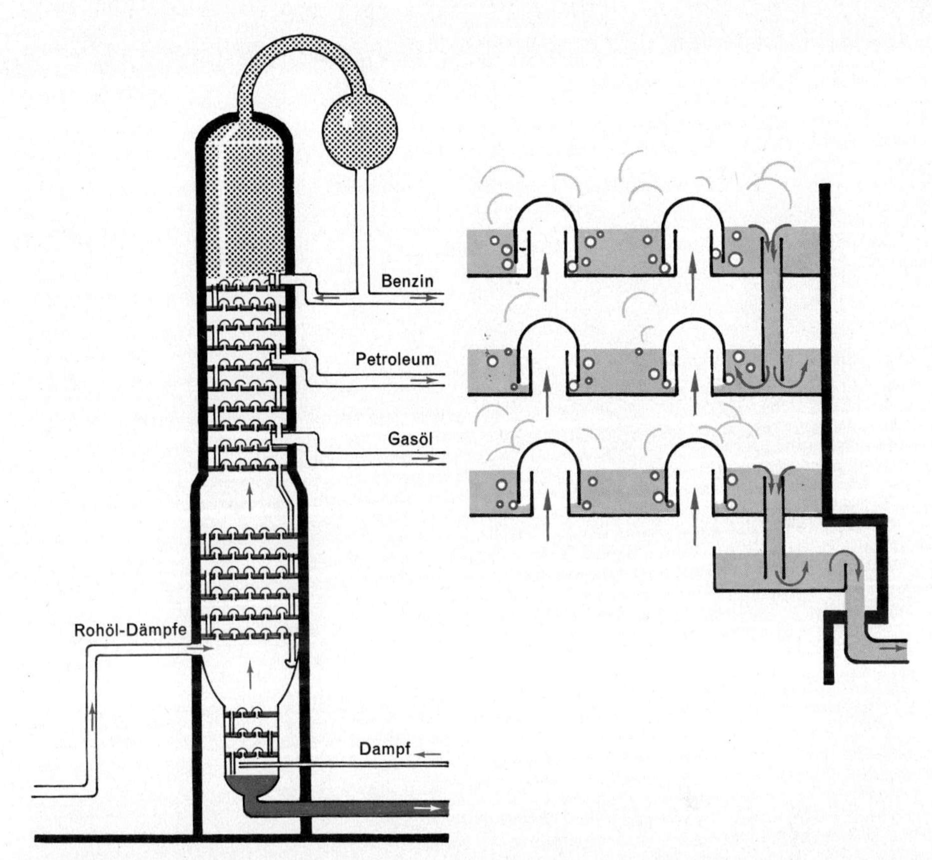

Abb. 33.1. Glockenböden im Innern einer Destillierkolonne. Niedrig siedende Kohlenwasserstoffe können im gasförmigen Zustand durch den Glockenboden entweichen und reichern sich im oberen Teil der Trennsäule an. Die höher siedenden Bestandteile fließen nach unten ab und sammeln sich unten an

Tab. 33.1. Welterdölförderung

	1900	1961	1966	1969	1976	1979
Welterdölförderung in Mrd. $\frac{t}{a}$	0,02	0,75	1,63	2,1	2,6	3,25

Für 1980 erwartet man eine Welterdölförderung von 3,5 Mrd. $\frac{t}{a}$. Um gängige Zahlen bei diesem Vergleich benutzen zu können, stellt man fest: In rund 10 Jahren hat sich die Welterdölförderung verdreifacht. Die Weltvorräte an Erdöl wurden 1969 auf 73,2 Milliarden Tonnen geschätzt. In diesen Angaben sind die in jüngster Zeit in Alaska entdeckten Vorkommen noch nicht enthalten. Erdöl hat längst die Rolle der Steinkohle als Energie- und Rohstofflieferant eingenommen. In der chemischen Industrie hat sich inzwischen ein Wandel von der „Kohlechemie" zur Petrochemie vollzogen. In der Bundesrepublik verbrauchten wir 1970 in 10 Tagen soviel Mineralöl wie 1950 im ganzen Jahr.

Die Zusammensetzung des Erdöls ist verschieden. Nur die amerikanischen Erdöle bestehen in erster Linie aus normalen und verzweigten Alkanen. Die asiatischen Vorkommen enthalten auch ringförmige Kohlenwasserstoffe. In allen Rohölen sind noch ungesättigte Verbindungen sowie organische Säuren, schwefel- und stickstoffhaltige Verbindungen enthalten. In der Flüssigkeit sind feste und gasförmige Verbindungen gelöst. Das Rohöl ist je nach der Zusammensetzung hellbraun bis pechschwarz, übelriechend, mehr oder weniger zähflüssig.
Das Rohöl wird in Raffinerien in seine Bestandteile zerlegt. Diese Zerlegung erfolgt durch *fraktionierte*[1] *Destillation*.
Zur Beseitigung von Staub und Wasser wird das Rohöl zuerst durch Filter gepreßt. Das gereinigte Rohöl wird im Röhrenofen auf 400 °C erhitzt. Die aufsteigenden Dämpfe werden in einen *Fraktionierturm* mit vielen *Glockenböden* geleitet. Die Dämpfe kühlen sich von unten nach oben mehr und mehr ab, so daß sich in den einzelnen Böden die kondensierten Fraktionen nach den Temperaturen ansammeln.
Man faßt eine Reihe von Fraktionen zusammen:

1. bis 150 °C Rohbenzin, Pentane – Octane
2. 150–250 °C Leuchtpetroleum, Kerosin
3. 250–350 °C Gasöl
4. 350–400 °C Schmieröl
5. Rückstand Bitumen

Das Schmieröl wird einer erneuten Destillation unterworfen. Sie erfolgt im Vakuum, d.h. bei einem Druck von 27–80 mbar, und trennt die schwersiedenden Öle, die sich bei normalem Druck zersetzen würden.

Tab. 34.1. Fraktionen der Erdöldestillation

Hauptfraktion	Teilfraktionen Siedebereich °C	Dichte kg dm^{-3}	Namen	Verwendung
Rohbenzin	40—70	0,65	Petrolether	Fleckenwasser, Lösungsmittel
	70—100	—0,70	Benzin (Wasch-)	Waschen, Fettextraktion
	100—120	—0,75	Treibbenzin	Ottomotoren
	120—150	—0,77	Ligroin	Lösungsmittel für Harze und Lacke
Kerosin	150—250	—0,84	Leuchtpetroleum	Petroleumlampen
Gasöl	250—350	—0,86	Gasöl, Dieselöl	Dieselmotoren
Schmieröl		—0,94	Heizöl	Ölfeuerungen
		—0,94	Spindelöl	Schmieren von Maschinen
			Vaseline	Salbengrundlage
			Paraffin	Kerzen, Fettsäuregewinnung
Rückstand			Bitumen	Straßenbelag
			Petrolasphalt	Dachpappe, Crackprozeß
			Petrolkoks	Elektroden für Schmelzflußelektrolyse

[1] fractus (lat.) = gebrochen

Jede einzelne Fraktion muß der eigentlichen *Raffination* unterzogen werden. Das Rohbenzin wird mit konz. Schwefelsäure, Alkali und Wasser gereinigt, damit alle nichtkohlenwasserstoffartigen Stoffe beseitigt werden.
Neben Motorentreibstoffen werden aus Erdöl hauptsächlich gasförmige, ungesättigte Kohlenwasserstoffe gewonnen. Der wichtigste gasförmige Kohlenwasserstoff aus dem Erdöl ist das Ethylen oder Ethen. Die Produktionszunahme an Ethylen ist wesentlich höher als man noch 1963 schätzte. Danach glaubte man erst im Jahre 2000 in den USA 11 Mill. Tonnen pro Jahr erzeugen zu können, während man 1970 bereits 9,7 Mill. t produzierte. Die Ethylenerzeugung kann als Maßstab für die Gesamtkapazität einer chemischen Industrie dienen. In der Bundesrepublik dürfte sich der Ethylenbedarf von 2 Mill. Tonnen im Jahre 1970 auf 5,2 Mill. Tonnen im Jahre 1980 erhöhen. Um diesen Bedarf zu decken, müssen bis 1980 etwa 30–35 Mrd. Tonnen Rohöl neu aufgefunden werden, wenn sich das Verhältnis von Rohölförderung zum Rohölvorrat nicht verschlechtern soll. Ethylen ist ebenso Ausgangsprodukt für Kunststoffe und Kunstfasern, wie auch für Waschmittel und Alkohole.
Das Wirbelschichtverfahren, bei dem aus Rohöl Ethylen gewonnen wird, veranschaulicht die folgende Abbildung.

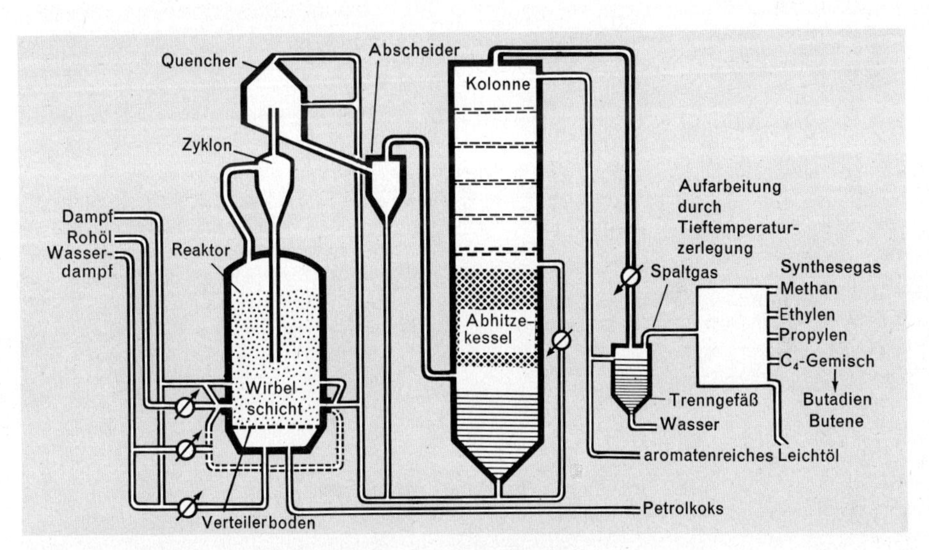

Abb. 35.1. Autotherme Rohölspaltung auf gasförmige Olefine

Im Reaktor befindet sich Petrolkoks von etwa 0,1–1 mm Korngröße, der bei der Reaktion selbst entsteht. Unter dem Verteilerboden des Reaktors wird ein Gemisch von vorgeheiztem Wasserdampf und Sauerstoff eingeblasen. Dadurch wird der Petrolkoks in wirbelnder Bewegung gehalten. Eine solche wirbelnde Schicht, kurz „Wirbelschicht" genannt, hat die Eigenschaften einer Flüssigkeit. Oberhalb des Verteilerbodens wird das zu spaltende vorgeheizte Rohöl und, getrennt davon, das bei der Spaltung erzeugte hochsiedende Spaltöl zusammen mit den aus dem Spaltgas durch Wäsche entfernten Feststoffen und Ruß in die Wirbelschicht durch Düsen eingeführt. Die Reaktionstemperatur liegt zwischen 700–750 °C. Im Reaktor laufen gleichzeitig, aber räumlich voneinander getrennt, zwei verschiedene Reaktionen ab: im unteren Teil eine stark exotherme, die Verbrennung von Petrolkoks mit Sauerstoff, im oberen Teil eine stark endotherme, die Aufspaltung des Rohöls. Diesen Spalt-

vorgang, bei dem aus höheren Kohlenwasserstoffen kleinere, auch ungesättigte Kohlenwasserstoffmoleküle entstehen, nennt man *Crackung*[1]. Die durch die exotherme Reaktion freiwerdende Wärme wird sehr rasch durch die wirbelnde Schicht auf die endotherme Reaktion übertragen. Die eingesetzte Menge des Sauerstoffs wird so bemessen, daß sich die gewünschte Reaktionstemperatur einstellt. Die Spaltgase und Dämpfe strömen in ein Zyklon, in dem der größte Teil der mitgeführten Feststoffe abgeschieden und durch ein Fallrohr in die Wirbelschicht zurückgeführt wird. Die den Zyklon verlassenden Gase und Dämpfe gelangen in den Quencher, in dem sie durch Einspritzen von im Kreislauf geführtem Spaltöl auf 300 °C abgekühlt werden. Die rasche Abkühlung ist notwendig, da sonst unerwünschte Nebenreaktionen ablaufen können. Die den Abscheider verlassenden Gase und Dämpfe werden in der Kolonne von ihrem kondensierbaren Bestandteil oberhalb des Siedepunkts des Wassers befreit. Das das Kondensationsgefäß verlassende Spaltgas wird in einer Tieftemperaturzerlegung in Methan-, CO- und H_2-, in Ethylen, Propylen, ein C_4-Gemisch und in eine Leichtölfraktion getrennt.
Die Entwicklung der Kraftfahrzeugindustrie und Flugtechnik führte in den letzten Jahrzehnten zu einem steigenden Verbrauch von Benzin, der durch die fraktionierte Destillation von Erdöl nicht mehr gedeckt werden konnte. Dies führte zur Entwicklung von Verfahren zur synthetischen Treibstoffgewinnung.

20.4.1. Synthetische Treibstoffgewinnung

L 1) Thermische Crackung: In einer Destillationsapparatur mit Tropftrichter aus NS 29 Schliffgeräten füllt man den Destillierkolben (Pyrex-Glas) zu $\frac{1}{3}$ mit Eisenspänen oder kurzen Drahtwendeln. Dieser Kolben wird soweit aufgeheizt, bis einzelne, vorsichtig aus dem Tropftrichter zugegebene Öltropfen (Dieselkraftstoff oder Heizöl EL) an der Metalloberfläche sofort verdampfen. Ist diese Temperatur erreicht, regelt man die Tropfgeschwindigkeit so ein, daß keine unverdampften Ölreste im Kolben zurückbleiben. An den Vorstoß des Kühlers sind hintereinander zwei Kühlfallen angeschlossen. Die erste wird mit Eis, die zweite mit Aceton/Trockeneis-Mischung gekühlt. Ein Teil der entstandenen Gase passiert die Vorlagen und gelangt durch eine Glasrohrspitze ins Freie. In einiger Zeit stellt man nach Art der Knallgasprobe fest, ob die entwickelten Gase die Luft aus der Apparatur verdrängt haben. Ist dieser Zustand erreicht, kann das entweichende Gas an der Glasrohrspitze entzündet werden. (Abzug!)

L 2) Katalytische Crackung: 5 g Heizöl EL oder Dieselkraftstoff werden in ein Reagenzglas aus Pyrex-Glas eingewogen, das anschließend zu $\frac{4}{5}$ mit Perlkatalysator gefüllt wird. Über ein spitzwinklig gebogenes, weites Glasrohr wird das Reaktionsgefäß mit einem Reagenzglas mit seitlichem Ansatz verbunden, das man in einer Eis-Kochsalz-Mischung kühlt. Der Ausgang des seitlichen Ansatzes wird mit einer Glasspitze versehen. Mit fächelnder Flamme wird das Pyrex-Reagenzglas zunächst in seiner ganzen Länge erwärmt. Allmählich steigert man die Hitze der Flamme und richtet sie vornehmlich auf die trockene Katalysatorfüllung oberhalb des Flüssigkeitsspiegels. Die nicht kondensierbaren Gase gelangen durch die gekühlte Vorlage und können nach negativer Knallgasprobe abgefackelt werden.

Beim *Crackprozeß* werden die hochmolekularen Kohlenwasserstoffe der Schmierölfraktion und auch anderer Destillationsrückstände durch die Hitze und geeignete Katalysatoren in kleinere Moleküle überführt. Als Nebenprodukte entstehen gasförmige Kohlenwasserstoffe mit 4–5 C-Atomen (Crackgase) (Versuche 1 und 2).

$$C_{20}H_{42} \rightarrow 2\,C_8H_{18} + C_4H_6$$

[1] to crack (engl.) = zersprengen

Beim Crackverfahren kann die Benzinausbeute auf über 50% gesteigert werden. Die ungesättigten Kohlenwasserstoffe, die immer als Nebenprodukt des Crackens auftreten, werden durch das Hydrieren in Alkane übergeführt.
Beim *Bergiusverfahren*[1] wird gemahlene Kohle mit Schweröl zu einem Brei gerührt, der der Hochdruckhydrierung unterworfen wird. Die Katalysatoren bestehen bei diesem Verfahren aus Eisen-Molybdän- und Wolframsulfiden. Dieser Brei wird mit Wasserstoff unter 200 bar Druck auf eine Temperatur von 500 °C in Hochdrucköfen erhitzt. Die Endprodukte der Umsetzung werden durch Destillation getrennt.
Das *Fischer-Tropsch-Verfahren*[2] beruht auf der Reaktion von Wasserstoff mit Kohlenmonoxid (Synthesegas). Die Reaktion findet bei 200°C am Katalysator MgO/ThO_2 statt.

$$n\,CO + (2n+1)\,H_2 \rightarrow C_nH_{2n+2} + n\,H_2O$$

Das bei der Reaktion entstandene Gasgemisch wird kondensiert. Dabei scheiden sich die höher siedenden Öle und das Wasser vollständig ab. Die nichtkondensierten Bestandteile werden durch Aktivkohlefilter geleitet, von welchen sie zurückgehalten werden. Das leicht siedende Benzin wird dann aus den Aktivkohlefiltern durch Wasserdampf abdestilliert.
Durch fraktionierte Destillation werden die kondensierten Kohlenwasserstoffe in Paraffin, Dieselöl, Leuchtpetroleum und Benzin zerlegt. Das käufliche Benzin enthält etwa 200–300 verschiedene Verbindungen. Hauptbestandteil sind die Isomeren der gesättigten Kohlenwasserstoffe vom Heptan bis Nonan. Da sich jedoch nicht alle der vielen verschiedenen Verbindungen zum einwandfreien Betrieb der heute meist hochkomprimierten Motoren eignen, werden den meisten Benzinen noch Zusätze (Additive) beigemischt. Man verwendet beispielsweise Additive gegen Vergaservereisung, Ablagerungen im Ansaugsystem, Oxidation des Treibstoffs, Korrosionseigenschaften des Treibstoffs gegenüber Metallen und zur Verhinderung von Glühzündungen.
Bei der Verbrennung des Benzins im Ottomotor muß das Gasgemisch gleichmäßig abbrennen. Verpufft das Gasgemisch im Zylinder, dann spricht man vom „Klopfen" des Motors. Das Klopfen läßt also einen Teil des Benzins nutzlos verbrennen. Man kann die Klopffestigkeit durch Zusatz von Alkohol, Benzol, Methyl-tert.-butylether oder Bleitetraethyl $[Pb(C_2H_5)_4]$ erhöhen. Als Maß für die Klopffestigkeit gilt die *Octanzahl*. Das iso-Octan(2-2-4-Trimethylpentan) ist äußerst klopffest. Man gibt ihm die Octanzahl 100, dem wenig klopffesten n-Heptan die Octanzahl 0. Durch Mischen beider Flüssigkeiten wird ein Benzin hergestellt, das mit dem untersuchten Treibstoff hinsichtlich der Klopffestigkeit übereinstimmt. Die Prozentzahl an iso-Octan im n-Heptan/iso-Octan-Gemisch gibt dann die Octanzahl des so untersuchten Treibstoffs an.

20.5. Die Halogenverbindungen der Kohlenwasserstoffe

L 1) Reaktion zwischen Chlor und Methan: Fülle einen großen Standzylinder mit Chlorgas und lasse in ihm eine Methanflamme brennen. (Abzug!)

L 2) Herstellung eines explosiven Gemisches aus Chlor und Methan: Fülle einen Standzylinder mit Methan, einen zweiten, gleichgroßen, mit Chlor. Stelle beide im Dunkeln aufeinander und mische den Inhalt durch mehrfaches Umdrehen der Zylinder. Trenne die beiden Zylinder durch Einschieben von Glasplatten und entzünde den Inhalt des einen Zylinders an der Bunsenflamme. Lasse den anderen Zylinder einige Tage im zerstreuten Tageslicht stehen und versuche auch hier den Inhalt zu entzünden. (Schutzbrille!)

[1] F. Bergius, 1884–1949, deutscher Chemiker
[2] Franz Fischer, 1877–1947, Direktor des KWI für Kohleforschung, Mülheim/R

L 3) Substitution von Brom an Hexan: Gib zu Hexan im Reagenzglas etwas Brom und belichte mit einer 200-W-Lampe. Leite das entstehende Gas durch eine Silbernitratlösung. Gib soviel Brom in kleinen Mengen zu, bis nach einigem Stehen keine Entfärbung mehr eintritt. Wasche die braune Flüssigkeit mit verdünnter Natronlauge und dann mit warmem Wasser, bis die Braunfärbung verschwunden ist. Trenne mit dem Scheidetrichter! (Abzug!)

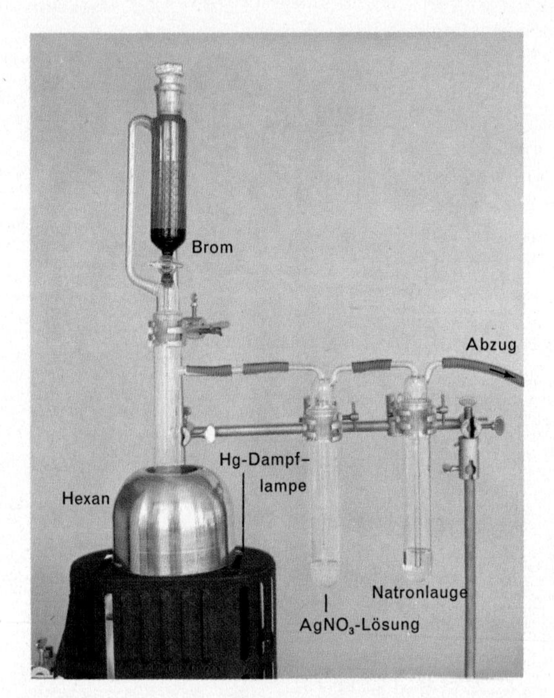

Abb. 38.1. Substitution von Brom an Hexan

4) Nachweis von ionogen gebundenen Halogenatomen: Versetze je 5 ml Chloroform, Ethylbromid und Ethyliodid in getrennten Reagenzgläsern mit einigen Tropfen alkoholischer Silbernitratlösung und schüttele nach gelindem Erwärmen gut durch. In welchem Reaktionsgefäß ist die Trübung bzw. der Silberhalogenidniederschlag am stärksten?

Bei der Einwirkung von Chlor auf Methan entsteht ein Gemisch verschiedener Verbindungen, die sich in ihrem Gehalt an Chlor bzw. Wasserstoff unterscheiden (Versuch 1).

$$CH_4 + Cl_2 \rightarrow \underset{\text{Monochlormethan}}{CH_3Cl} + HCl$$

$$CH_4 + 2\,Cl_2 \rightarrow \underset{\text{Dichlormethan}}{CH_2Cl_2} + 2\,HCl$$

$$CH_4 + 3\,Cl_2 \rightarrow \underset{\text{Trichlormethan}}{CHCl_3} + 3\,HCl$$

$$CH_4 + 4\,Cl_2 \rightarrow \underset{\text{Tetrachlormethan}}{CCl_4} + 4\,HCl$$

In den Alkanen können ein oder mehrere Wasserstoffatome durch Halogenatome ersetzt werden. Man nennt einen solchen Ersatz Substitution[1].

[1] substituere (lat.) = ersetzen

Substitution ist der Ersatz von Atomen einer Verbindung durch andere, gleichwertige Atome, Radikale oder Atomgruppen. Die entstandenen Verbindungen sind Substitutionsprodukte.

In allen Versuchen kann man den entstandenen Chlorwasserstoff nachweisen. Da die vier Substitutionsverbindungen nebeneinander entstehen, eignet sich diese Reaktion nicht zur Gewinnung bestimmter Halogenverbindungen. Iod kann auf diese Weise nicht substituiert werden. Bei Bestrahlung mit vollem Sonnenlicht oder beim Erhitzen kann ein Methan-Chlorgemisch explodieren (Versuch 2).

$$CH_4 + 2\,Cl_2 \rightarrow C + 4\,HCl$$

Die Substitution von Brom an Hexan wird durch Lichtenergie (hν) begünstigt, weil dadurch, vor der eigentlichen Substitution, eine Spaltung des Brommoleküls in Atome erfolgt (Versuch 3).

$$|\overline{\underline{Br}}—\overline{\underline{Br}}| \rightarrow 2\,|\overline{\underline{Br}}\cdot \quad ; \quad \Delta H = 193\,\frac{kJ}{mol}$$

Das bindende Elektronenpaar im Brommolekül wird dabei so gespalten, daß jeder Bindungspartner ein Elektron erhält. Diesen Vorgang nennt man *Homolyse* im Gegensatz zur *Heterolyse*, bei dem ein Bindungspartner das bindende Elektronenpaar bei der Spaltung der Atombindung ganz für sich beansprucht. Die entstandenen Bromatome besitzen ein ungepaartes Elektron und sind deshalb sehr reaktionsfähig.

$$|\overline{\underline{Br}}\cdot + R—H \rightarrow R\cdot + H—\overline{\underline{Br}}|$$

$$R\cdot + |\overline{\underline{Br}}—\overline{\underline{Br}}| \rightarrow R—Br + |\overline{\underline{Br}}\cdot$$

(R= Alkylrest, in diesem Fall $\cdot\,C_6H_{13}$). Die Substitution erfolgt dabei nach einer Kettenreaktion. Das in der zweiten Reaktionsstufe wieder entstandene Bromatom tritt in die erste Umsetzung ein, wodurch erneut Alkylradikale entstehen.
Die bei Versuch 4 eingesetzten Halogenkohlenwasserstoffe unterscheiden sich im wesentlichen in der Kohlenstoff-Halogenbindung. Die auffallende Trübung beim Ethyliodid ist auf einen stärkeren Ausfall von Silberiodid zurückzuführen. Da die Reaktion zu Silberbromid bzw. Silberchlorid schwächer ist, muß die Festigkeit der Kohlenstoff-Halogenbindung in der Reihenfolge von Fluor zum Iod hin abnehmen.

Tab. 39.1. Bindungsenergien bei C-Halogen-Bindungen

Kohlenstoff-Halogenbindung	Bindungsenergie $\frac{kJ}{mol}$	mittlerer Bindungsabstand der C-Halogenbindung in 10^{-10} m
C—F	448,0	1,36
C—Cl	279,0	1,76
C—Br	226,2	1,91
C—I	191,1	2,12

Iod besitzt etwa die gleiche Elektronegativität wie Kohlenstoff, deshalb ist der ionogene Bindungsanteil bei der C—I-Bindung am geringsten. Diese Bindung besitzt die kleinste Bindungsenergie aller C-Halogenbindungen, sie ist deshalb auch am leichtesten zu spalten. Silber(I)-Ionen verursachen in wäßriger Lösung eine Spaltung der C—I-Elektronenpaarbindung, wobei Iodidionen entstehen. Die Kohlenstoff-Halogenbindungen sind Atombindungen!

$$\begin{array}{c} \mathbf{H\ \ H} \\ |\ \ \ | \\ \mathbf{H{-}C{-}C{-}\overline{\underline{I}}|} \\ |\ \ \ | \\ \mathbf{H\ \ H} \end{array} \; = \; \begin{array}{c} \mathbf{H\ \ H} \\ |\ \ \ |^{\oplus} \\ \mathbf{H{-}C{-}C \blacktriangleleft \overline{\underline{I}}|^{\ominus}} \\ |\ \ \ | \\ \mathbf{H\ \ H} \end{array}$$

Mit Hilfe einiger Alkylhalogenide können Alkane hergestellt werden. Wirkt Lithiummetall auf Alkylhalogenide ein, dann entstehen höhere Alkane. Beispiel:

$$2\,C_2H_5I + 2\,Li \rightarrow 2\,Li^+ + 2\,I^- + C_4H_{10}$$

Diese Synthese der Alkane wird Wurtzsche Synthese[1] genannt. Dihalogenverbindungen können durch Zink in Alkene verwandelt werden:

$$BrH_2C{-}CH_2Br + Zn \rightarrow H_2C{=}CH_2 + Zn^{2+} + 2\,Br^-$$

Die Namen der Halogensubstitutionsprodukte werden gebildet, indem man an den Namen des Substituenten den Namen des Alkans hängt und die Zahl der Substituenten durch ein vorgesetztes griechisches Zahlwort angibt. Es ist auch üblich, den Namen des Alkyls voranzusetzen und die Verbindung als Halogenid zu bezeichnen. So sind Monochlormethan und Methylchlorid zwei Bezeichnungen für denselben Stoff.

Bedeutung einiger Halogenkohlenwasserstoffe:

Von den Halogenverbindungen mit drei Halogenatomen an einem C-Atom spielen die Derivate des Methans die größte Rolle. Es sind *Chloroform*, $CHCl_3$, *Bromoform* $CHBr_3$ und *Iodoform* CHI_3. Chloroform ist eine schwere, farblose Flüssigkeit mit charakteristischem Geruch. Es löst sich im Wasser wenig, gut dagegen in Alkohol und Ether. Es ist selbst ein gutes Lösungsmittel für Harze, Fette und Iod. Der Chloroformdampf (Sdp. 61 °C) ruft vorübergehend Bewußtlosigkeit und Unempfindlichkeit hervor. Deshalb wurde es als Narkosemittel mit 1% Alkohol gemischt verwendet. Bromoform oder Tribrommethan ist ein wirksames Keuchhustenmittel. Das Iodoform kristallisiert in gelben Blättchen von eigentümlichem Geruch. Es verhält sich in seinen chemischen Reaktionen ähnlich dem Chloroform. Es findet bei der Wundbehandlung als Antiseptikum Verwendung. *Tetrachlorkohlenstoff* ist ein wichtiges Lösungsmittel für Harze und Fette, da es nicht brennt und damit keine explosiven Dämpfe gibt. Es ist eine farblose Flüssigkeit von charakteristischem Geruch. Die schweren Dämpfe ersticken Flammen, so daß die Verbindung als Feuerlöschmittel bei Bränden in elektrischen Anlagen Anwendung findet.

Freone sind Chlor- und Fluorsubstitutionsprodukte niederer Alkane, die heute anstelle von Ammoniak als Kältemittel verwendet werden. *Methyl-* und *Ethylchlorid* werden für örtliche Betäubungen in der Medizin verwendet.

[1] Adolf Wurtz, 1817–1884, französischer Chemiker

20.6. Die Alkohole - Alkanole

L 1) Nucleophile Substitution: Versetze 20 ml Monoiodethan (Sdp. 72 °C) mit einem Überschuß von Kalilauge und erhitze unter ständigem Rühren 1–2 Stunden am Rückfluß. Destilliere den Überschuß von Monoiodethan ab und isoliere die Fraktion bei 78 °C.
Untersuche Monoiodethan und den Rückstand der Destillation mit Silbernitratlösung. Der Rückstand der Destillation muß dazu mit verdünnter Salpetersäure angesäuert werden.

Die Tatsache, daß mit Silbernitrat im Destillationsrückstand ein gelber Niederschlag entsteht, läßt vermuten, daß Silberiodid entstanden ist. Da im Monoiodethan kaum eine Trübung durch Silberiodid beim Versetzen mit Silbernitrat zu erkennen ist, kann man annehmen, daß das hauptsächlich atomar gebundene Iodatom als Iodidion aus dem Monoiodethanmolekül abgespalten wird. Durch die gute Polarisierbarkeit des Iodatoms trägt die C—I-Bindung einen polaren Charakter, der nucleophilen[1] Reagenzien im polaren Lösungsmittel den Angriff an dieser Bindung erleichtert. Man nennt diese Art der Reaktion *nucleophile Substitution*.

Monoiodethan

$$\mathrm{CH_3{-}\overset{\oplus}{C}H_2 \blacktriangleleft \bar{\underline{I}}|^{\ominus}} \rightarrow \left[\mathrm{CH_3{-}\overset{\oplus}{C}H_2}\right]^+ + |\bar{\underline{I}}|^-$$

Carbeniumion

Als nucleophiles Reagens wirkt bei dieser Substitution das OH^--Ion.

$$\mathrm{H^+ + H\bar{\underline{O}}|^- + CH_3{-}CH_2{\blacktriangleleft}\bar{\underline{I}}| \rightleftharpoons \left[H\bar{\underline{O}}|^{\ominus} \cdots CH_3{-}CH_2{\blacktriangleleft}\bar{\underline{I}}| \rightarrow H\bar{\underline{O}}{\blacktriangleright}CH_2{-}CH_3 \cdots |\bar{\underline{I}}|^{\ominus}\right]^- H^+}$$

$$\rightleftharpoons \mathrm{H{-}CH_2{-}CH_2{-}\overset{\oplus}{\underline{O}}H{-}H + |\bar{\underline{I}}|^{\ominus} \rightleftharpoons H_3C{-}CH_2{-}\bar{\underline{O}}H + H^+I^-}$$

Beim Abspalten des Iodatoms als Iodidion wird mit dem Bindungselektronenpaar dem Kohlenstoffatom ein Elektron entrissen. Dadurch besitzt dieses Kohlenstoffatom eine partielle positive Ladung. Man nennt das entstandene Gebilde *Carbeniumion.*
Der Reaktionsablauf kann summarisch durch folgende Reaktionsgleichung angegeben werden:

$$\mathrm{R{-}I + HOH \rightleftharpoons R{-}\overset{\oplus}{\underline{O}}H_2 + I^- \rightleftharpoons ROH + H^+I^-}$$

$$\mathrm{I^- + Ag^+NO_3^- \rightarrow [Ag^+I^-]_{\downarrow} + NO_3^-}$$

Farbe: gelb

[1] nucleus (lat.) = Kern; philein (gr.) = lieben

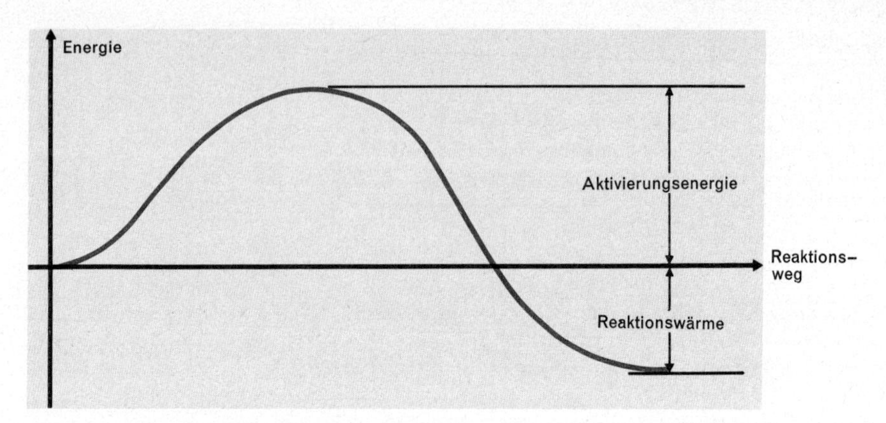

Abb. 42.1. Energiediagramm zum Reaktionsverlauf der nucleophilen Substitution von Hydroxidionen an Monoiodethan

Der Umstand, daß der gelbe Niederschlag in verdünnter Cyanidlösung (giftig!) aufgelöst wird, bekräftigt die Annahme, daß es sich um Silberiodid handelt. Bei diesem Auflösevorgang ist der lösliche Silber(I)-cyanidkomplex entstanden.
Bei dieser Reaktion ist eine Verbindung einer neuen Verbindungsklasse, die man Alkohole nennt, entstanden.

Alkohole[1] kann man sich als Substitutionsprodukte der Alkane oder Halogenalkane vorstellen, bei denen ein H- bzw. Halogenatom durch eine Hydroxylgruppe ersetzt wurde.

Die Namen der Alkohole werden entweder durch Anhängen der Endung *-ol* an den Namen des Alkans oder durch den Namen des Alkyls mit der Bezeichnung Alkohol gebildet, z.B.:

Tabelle 42.1. Homologe Reihe der Alkohole (Alkanole)

H_3C—OH	Methanol, Methylalkohol (Holzgeist)
H_5C_2—OH	Ethanol, Ethylalkohol (Weingeist)
H_7C_3—OH	Propanol, Propylalkohol usw.

Kürzt man den Alkylrest mit R ab, dann haben die Alkohole die allgemeine Formel

$$\mathrm{R{-}\bar{\underline{O}}H}$$

Die homologe Reihe der Alkohole wird durch folgende Formel beschrieben:

$$\mathrm{C_nH_{2n+1}{-}\bar{\underline{O}}H}$$

Nach der Stellung der Hydroxylgruppen im Molekül gibt es *primäre*, *sekundäre* und *tertiäre* Alkohole.

[1] alkohol (arab.) = Geist

H	H	CH_3
$H_3C—C—\overline{O}H$	$H_3C—C—\overline{O}H$	$H_3C—C—\overline{O}H$
H	CH_3	CH_3
primärer	sekundärer	tertiärer Alkohol

Primäre, sekundäre und tertiäre Alkohole enthalten immer nur eine OH-Gruppe im Molekül. Nach der Zahl der OH-Gruppen im Molekül unterscheidet man auch *ein-* und *mehrwertige* Alkohole (siehe Seite 50, 51).

Eigenschaften der Alkohole:

2) Vergleich der Löslichkeiten verschiedener Alkohole in Wasser: Versetze jeweils 10 ml Wasser in einem Reagenzglas mit 5 ml Methanol, Ethanol, Propanol, Butanol, Amylalkohol bzw. einer Spatelspitze Cetylalkohol ($C_{16}H_{33}OH$) und vergleiche die Löslichkeit der Alkohole in Wasser!

3) Nachweis von Wasser im Brennspiritus: Versetze käuflichen Brennspiritus mit entwässertem, gepulvertem Kupfersulfat und beobachte die Farbänderung des Kupfersulfats!

4) Herstellung von wasserfreiem Alkohol: Zu je 100 ml Brennspiritus gibt man ca. 15 g Ionenaustauschersubstanz (Lewatit), die bei 140 °C zuvor im Trockenschrank getrocknet wurde! Das Trockenmittel wird abfiltriert.

5) Volumenkontraktion bei Ethanol-Wasser-Gemischen: Gib in einem 100-ml-Meßzylinder zu 52 ml absolutem Ethanol 48 ml Wasser, nachdem beide Flüssigkeiten gleiche Temperatur besitzen, und mische gut durch. Bestimme anschließend die Temperatur und das Volumen der Mischung!

Versuch 2 zeigt: Niedere Alkohole mischen sich mit Wasser in jedem Verhältnis. Mittlere Glieder der homologen Reihe der Alkohole sind nur teilweise löslich, höhere Glieder sind im Wasser unlöslich. Man erklärt sich diesen Umstand aus der Tatsache, daß die Wechselwirkung des Alkylrestes mit dem Lösungsmittel Wasser bei kleineren Alkoholmolekülen schwächer ist als bei größeren. Die OH-Gruppen im Alkoholmolekül entsprechen mit einer Sauerstoff-Wasserstoff-Bindung dem Aufbau des Wassers mehr als der Alkylrest mit einer Kohlenstoffkette. Daraus leitet sich die Eigenschaft der OH-Gruppe ab, wasserliebend oder *hydrophil*[1] zu sein. Der Alkylrest des Alkoholmoleküls ist wasserabstoßend oder *hydrophob*[2]. Je größer der Alkylrest im Alkoholmolekül ist, um so hydrophober wird sein Verhalten.
Brennspiritus ist Ethanol, dem aus steuerrechtlichen Gründen ein Vergällungsmittel (Pyridinbasen, Methanol, Benzin, Tetrachlorkohlenstoff) zugesetzt wurde. Die Blaufärbung des Kupfersulfats zeigt bei Versuch 3 an, daß im Brennspiritus auch Wasser enthalten ist.
Mit Hilfe getrockneter Ionenaustauschersubstanz kann man wasserfreien Alkohol erhalten. Die Ionenaustauschersubstanz wirkt als Trockenmittel (Versuch 4).
Bei Versuch 5 ergibt die Mischung nicht ein Volumen von 100 ml, wie zu erwarten wäre, man mißt nur etwa 96 ml, und dies trotz Erwärmung der Flüssigkeit. Durch die Volumenkontraktion hat sich die Dichte der Flüssigkeit gegenüber dem Wert vergrößert, den man bei normalen Mischungsbedingungen messen würde. Die Dichtezunahme ist auf zusätzliche Bindungen zurückzuführen, die sich beim Mischen zwischen Wasser und Ethanolmolekülen ausbilden können. Ethanol besitzt, wie auch das Wasser, einen Dipolcharakter, der es ermöglicht, daß ein freies Elektronen-

[1] hydor (gr.) = Wasser [2] phobein (gr.) = scheuchen

paar am Sauerstoffatom des einen Moleküls einen Wasserstoffkern eines anderen Moleküls anzieht. Dadurch wird eine lockere Bindung zwischen den beiden Molekülen hervorgerufen, die man *Wasserstoffbrückenbindung* nennt. Die Wasserstoffbrückenbindung bewirkt eine stärkere Assoziation der Moleküle.

```
H     R     H     R     H     R
 \     \     \     \     \     \
  O····  O····  O····  O····  O····  O
 /     /     /     /     /     /
H     H     H     H     H     H
```

6) Vergleich der Brennbarkeit von Alkohol und Alkohol-Wasser-Gemischen: Gib in je ein Uhrglas 3 ml Methanol, Ethanol bzw. Propanol und entzünde die Flüssigkeiten mit einem brennenden Streichholz! Führe den gleichen Versuch mit 25-, 50- und 75%igem Alkohol durch!

7) Vergleich der p_H-Werte von Leitungswasser, dest. Wasser und absolutem Alkohol: Versetze in drei gleichgroßen Standzylindern gleiche Mengen Leitungswasser, dest. Wasser und absolutes Ethanol mit der gleichen Menge Universalindikatorlösung und vergleiche die Farbtöne unter gleichen Bedingungen!

8) Vergleich der Leitfähigkeit von Wasser und absolutem Alkohol: Prüfe die Leitfähigkeit von absolutem Ethanol indem man an einen Leitfähigkeitsprüfer, der einmal in dest. Wasser, zum anderen in absolutem Ethanol eintaucht, über ein Amperemeter (Meßbereich 10 mA) eine Wechselspannung von ca. 10 V anlegt. Vergleiche diesen Meßwert mit der Leitfähigkeit des Wassers unter gleichen Bedingungen!

9) Herstellung von Natriumethylat: Versetze in einem Reagenzglas 5 ml absolutes Ethanol mit einem von Krusten gesäuberten, kleinen Stück Natrium (Vorsicht, nur mit Tiegelzange anfassen!) und wenig festem Phenolphthalein. Gib nach Beendigung der Reaktion einen Tropfen Wasser zu.

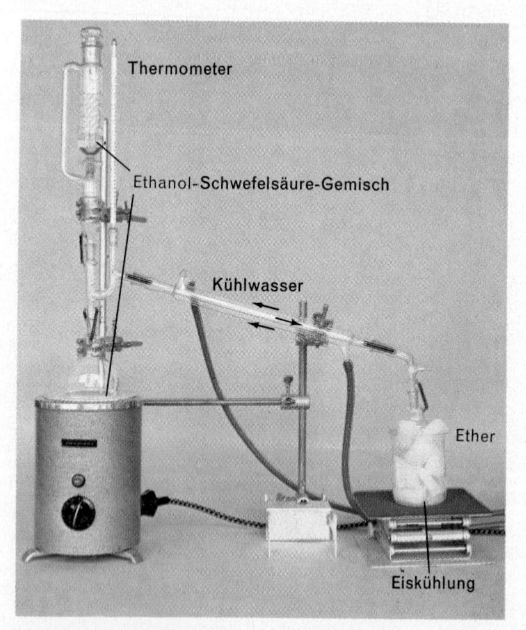

Abb. 44.1. Etherherstellung aus Ethanol und Schwefelsäure. (Dieser Versuch ist im Abzug durchzuführen)

10) Herstellung von Propen: Versetze n-Propyliodid in Ethanol vorsichtig mit einem sauberen Stück Kalium (erbsengroß) und erhitze schwach. Entzünde das entweichende Gas! (Vorsicht beim Arbeiten mit Kalium, Schutzbrille, Tiegelzange!)

L 11) Etherdarstellung: Versetze einen Destillierkolben mit einem Gemisch von 35 ml Ethanol (96%ig) und 25 ml konzentrierter Schwefelsäure. Außerdem werden zur Verhinderung von Siedeverzug 5 g feingepulverter Sand zugegeben. Nach Anschluß an eine Destillationsapparatur wird auf dem Wasserbad oder mit einem elektrischen Heizgerät (offene Flamme vermeiden) auf 140 °C erhitzt. Das Reaktionsprodukt fängt man in einer gekühlten Vorlage auf und führt vom Vorstoß einen Schlauch in den Abzug. (Feuerlöscher bereitstellen!)

Abb. 45.1. Farben von Leitungswasser (links), dest. Wasser (Mitte) und abs. Alkohol (rechts) nach Zusatz der gleichen Menge Universalindikatorlösung. Auf Grund der Hydrolyse gelöster Salze (hartes Wasser) liegt der pH-Wert von Leitungswasser über 7

12) Herstellung von Monochlormethan aus Methanol: Gib zu 4 ml Methanol in einem Reagenzglas 1 ml konzentrierte Schwefelsäure und eine Spatelspitze Kochsalz. Forme aus einem Kupferdrahtnetz eine Kappe und setze diese auf das Reagenzglas. Erhitze das Gemisch und entzünde nun das entweichende Gas. Beobachte die Flammenfärbung! (Schutzbrille, Abzug!)

Niedrig siedende Alkohole sind brennbar. Wie Versuch 6 demonstriert, nimmt die Helligkeit der Flamme mit steigendem Kohlenstoffgehalt im Alkoholmolekül zu. Glühende Kohlenstoffteilchen, die bei unvollständiger Verbrennung entstehen, bringen die Flamme zum Leuchten. Gemische aus Alkohol und Wasser sind erst ab einem Mischungsverhältnis von Alkohol:Wasser = 1:1 brennbar.

Absolutes Ethanol gibt eine neutrale Reaktion (Universalindikatorfarbe, Versuch 7).

Absoluter Ethylalkohol leitet, ähnlich wie Wasser, praktisch den elektrischen Strom nicht, obwohl das Sauerstoffatom der OH-Gruppe auf Grund seiner großen Elektronegativität die Elektronen der bindenden Elektronenpaare auf sich zieht, was durch die Schreibweise

$$\begin{array}{ccccccc} & & H & & H & & \\ & & | & & | & & \\ H & - & C & - & C & \blacktriangleleft \overline{\underline{O}} \blacktriangleright & H \\ & & | & & | & & \\ & & H & & H & & \end{array}$$

angedeutet werden soll. Da der Elektronegativitätsunterschied zwischen Wasserstoff und Sauerstoff größer ist als zwischen Kohlenstoff und Sauerstoff, wird die Atombindung in der OH-Gruppe stärker geschwächt als die C—O-Bindung. Die geringe Leitfähigkeit des Ethanols und seine neutrale Reaktion lassen aber vermuten, daß das Wasserstoffatom nur sehr schwach als Proton abdissoziiert. Für Methanol z.B. ist die Dissoziationskonstante mit 10^{-17} noch um ca. eine Zehnerpotenz kleiner als für Wasser.
Im Falle der Reaktion mit Natrium (Versuch 9) führt die elektronensaugende Wirkung des Sauerstoffatoms zum völligen Aufbrechen der O—H-Bindung, wobei das Wasserstoffelektron beim Sauerstoff verbleibt (Heterolyse).

$$2H_5C_2\text{—}OH + 2Na \rightarrow 2[H_5C_2\text{—}\underline{\bar{O}}|^{\ominus}]^- + 2Na^+ + H_2\nearrow$$

Bei Anwesenheit von Wasser hydrolysiert das Alkoholat (in unserem Beispiel Natriumethylat), wobei Natronlauge entsteht,

$$[H_5C_2\text{—}\underline{\bar{O}}|^{\ominus}]^-Na^+ + HOH \rightarrow H_5C_2\text{—}OH + Na^+ + OH^-$$

die Phenolphthalein rötet. Das Alkoholat reagiert bei der Hydrolyse ähnlich einem Salz, das aus starker Base und schwacher Säure aufgebaut ist. Die Alkoholate sind salzartige Verbindungen, die im Wasser hydratisieren.

$$[H_5C_2\underline{\bar{O}}|^{\ominus}]^-Na^+ \xrightarrow{aq^1} H_5C_2\text{—}\underline{\bar{O}}|^{\ominus}aq + Na^+aq$$

Die alkoholische OH-Gruppe besitzt eher eine ganz schwache Säurefunktion als die Bedeutung eines basisch reagierenden Hydroxidions. Die alkoholische OH-Gruppe ist durch eine Elektronenpaarbindung mit dem Kohlenstoffatom verbunden.

Bei Abwesenheit von Wasser kann Kaliumethylat $[H_5C_2\text{—}\underline{\bar{O}}|]^-K^+$ aus Monoiodpropan Propen frei machen (Versuch 10). Diese Reaktion kann man als Umkehrung der Addition von Halogenwasserstoff an eine Doppelbindung auffassen.

$$H_3C\text{—}CH_2\text{—}CH_2I + [H_5C_2\text{—}\underline{\bar{O}}|^{\ominus}]^-K^+ \rightleftharpoons H_3C\text{—}HC{=}CH_2 + H_5C_2\text{—}OH + K^+I^-$$

Der abgespaltene Iodwasserstoff reagiert in diesem Fall mit dem Alkoholat zu Ethanol und Kaliumiodid. Bei Anwesenheit von Wasser würde das Alkoholatmolekül hydrolysieren. Mit der gebildeten Lauge könnte das Iodatom im Monoiodpropan durch die OH-Gruppe substituiert werden. Bei Anwesenheit von Wasser entsteht n-Propanol, bei Abwesenheit Propen.
Ethanol bildet mit konzentrierter Schwefelsäure in einer exothermen Reaktion Ethylschwefelsäure (Versuch 11).

$$H_5C_2\text{—}OH + HO\text{—}SO_3H \rightleftharpoons H_5C_2O\text{—}SO_3H + H_2O$$

Beim Erhitzen auf 160 °C zerfällt Ethylschwefelsäure in Ethen und Schwefelsäure:

$$H_5C_2\text{—}O\text{—}SO_3H \rightleftharpoons H_2C{=}CH_2 + H_2SO_4$$

[1] Die Schreibweise aq (Abk. für aqua) deutet die Hydrathülle an.

Man kann den Vorgang auch einfacher als Wasserabspaltung aus Ethanol mit Schwefelsäure als Katalysator formulieren:

$$H_5C_2OH \xrightarrow{H_2SO_4} H_2C{=}CH_2 + H_2O$$

Obwohl bei Versuch 11 auch Ethanol mit Schwefelsäure reagiert, erhält man unter diesen Reaktionsbedingungen ein anderes Endprodukt.
Bei der Ethenherstellung war Ethanol im Unterschuß, bei der Ethersynthese ist Ethanol im Überschuß notwendig. Im ersten Fall wurde Ethylschwefelsäure auch bei relativ hoher Temperatur zersetzt, im zweiten Fall lag die Reaktionstemperatur 20 °C tiefer.
Die Wasserabspaltung durch konzentrierte Schwefelsäure führt nur bei den ersten Gliedern der Alkoholreihe zu Ethern. Diethylether kann man auf diese Art und Weise herstellen, wobei mit dem Proton der Säure ein Oxoniumkation gebildet wird, dessen Ethylgruppe beweglich ist und als Kation an das Sauerstoffatom eines zweiten Ethanolmoleküls wandert.

$$H_5C_2{-}\underline{\overset{\displaystyle H \atop |}{O}}| + H^+ \rightleftharpoons \left[H_5C_2{-}\underset{\oplus}{\overset{\displaystyle H \atop |}{\underline{O}}}{-}H \right]^+$$

Oxonium-Kation

$$\left[H_5C_2{-}\underset{\oplus}{\overset{\displaystyle H \atop |}{\underline{O}}}{-}H \right]^+ + H_5C_2{-}\overline{\underline{O}}H \rightleftharpoons \left[H_5C_2{-}\underset{\oplus}{\overset{\displaystyle C_2H_5 \atop |}{\underline{O}}}{-}H \right]^+ + H_2O$$

Oxonium-Kation

$$\left[H_5C_2{-}\underset{\oplus}{\overset{\displaystyle C_2H_5 \atop |}{\underline{O}}}{-}H \right]^+ \rightleftharpoons H_5C_2{-}\underline{\overset{\displaystyle C_2H_5 \atop |}{O}}| + H^+$$

Diethylether

In einer Gleichgewichtsreaktion kann das Chlor im Chlorwasserstoff, das bei Versuch 12 aus Natriumchlorid und Schwefelsäure entsteht, die OH-Gruppe im Methanol substituieren.

$$H_3C{-}\overline{\underline{O}}H + HCl \rightleftharpoons H_3C{-}Cl + H_2\overline{\underline{O}}$$

Monochlormethan

Auf diese Weise kann man das Halogenalkan Monochlormethan herstellen. Es färbt beim Verbrennen die Flamme blaugrün, wenn es an einem Kupferdraht eingebracht wird. Diese Reaktion dient als *Beilstein-Probe* zum Nachweis der Halogenalkane.
Durch Säuren wird die Reaktion katalysiert, weil ein freies Elektronenpaar am Sauerstoffatom ein Proton durch eine koordinative Bindung anlagern kann.

$$H_3C{-}\overline{\underline{O}}H + H^+ \rightarrow H_3C{-}\underset{\displaystyle | \atop H}{\overset{\oplus}{\overline{O}}}{-}H$$

Oxoniumion

Man kann diese Umsetzung als Neutralisation zwischen der Lewis-Base Methanol und dem Proton als Lewis-Säure auffassen. Das Oxoniumion setzt sich als reaktionsfähiges Zwischenprodukt mit Chlorwasserstoff zu Chlormethan und Wasser um:

$$\left(H_3C-\overset{\oplus}{\underset{\underset{H}{|}}{\bar{O}}}H\right)^+ + HCl \rightarrow H_3C-Cl + H_2O + H^+$$

Wie Alkohol, so ist auch das Wassermolekül nach Lewis eine Base. Im flüssigen Zustand sind die Moleküle des Alkohols ebenso durch Wasserstoffbrückenbindungen assoziiert wie die Wassermoleküle. Auch ist das Wasser, wie die Alkohole, praktisch ein Nichtleiter für den elektrischen Strom. Die chemische Ähnlichkeit dieser Verbindungen tritt auch bei der Umsetzung mit Natrium zu Tage. Schließlich ließen optische Untersuchungen erkennen, daß beide Moleküle gewinkelt sind. Der Valenzwinkel beträgt im Wassermolekül 104° und im Methanol 110°. Eine systematische Änderung der Eigenschaften läßt die folgende Tabelle erkennen:

Tab. 48.1. Änderung der Eigenschaften des Wassers bei Alkylsubstitution

	Dissoziationskonstante K_C mol Liter^{-1}	Viskosität 10^2 gcm^{-1} s^{-1}	Dipolmoment 10^{-30} Cm	Wärmeleitvermögen 10^{-3} Wm^{-1} K^{-1}	Dielektrizitätskonstante
HOH	$1{,}8 \cdot 10^{-16}$	1,05	6,4	560	81
CH_3OH	10^{-17}	0,632	5,6	218	32
C_2H_5OH	–	1,22	5,7	190	26

Die Parallelität weist darauf hin, daß man die Alkohole als Derivate des Wassers verstehen kann, in denen ein H-Atom im HOH-Molekül durch einen Alkylrest substituiert wurde. Je stärker der Einfluß des Alkylrestes ist, um so mehr weichen die Eigenschaften des Alkohols von denen des Wassers ab.

Der Methylalkohol

Früher erhielt man Methanol bei der trockenen Destillation des Holzes. Heute gewinnt man es fast ausschließlich aus Wassergas, einem Gemisch von Kohlenoxid und Wasserstoff. Bei 450 °C und 200 bar und Anwesenheit von Zink- und Chrom(III)-oxid als Katalysatoren wird Kohlenoxid zu Methanol reduziert:

$$CO + 2\,H_2 \rightarrow H_3C-\underline{\bar{O}}H \quad ; \Delta H = -90{,}5\,kJ$$

Methanol ist ein wichtiger Stoff der chemischen Technik geworden, da man mit seiner Hilfe die Methylgruppe in andere Verbindungen einführen kann. Die wasserklare Flüssigkeit wirkt berauschend. Als starkes Gift führt der Genuß geringer Mengen zu Augenschädigungen, Erblindung oder Tod.

Der Ethylalkohol

Der Ethylalkohol oder kurz der Alkohol siedet bei 78 °C.

13) Vergärung von Traubenzucker: Gib zu einer 30%igen Traubenzuckerlösung 15 g Preßhefe. Lasse das Ganze in einem Glaskolben mit Gasableitungsrohr ca. 35 Minuten bei 30 °C stehen. Führe das freie Ende des Ableitungsrohres in Kalkwasser. Erhitze anschließend den Kolbeninhalt mit einem aufgesetzten Steigrohr und prüfe die entweichenden Dämpfe auf Brennbarkeit!

Durch Vergärung von Traubenzucker wird Ethanol gewonnen. Der Traubenzucker zerfällt unter der Einwirkung der Hefe in Alkohol und Kohlendioxid:

$$C_6H_{12}O_6 \rightarrow 2\,H_5C_2{-}\underline{\bar{O}}H + 2\,CO_2 \qquad ;\ \Delta H = -109\,kJ$$

Auf dieser Reaktion baut die Alkoholgewinnung durch die „Brennerei", die Gewinnung von alkoholischen Getränken aus Getreide, Mais, Kartoffeln und Reis auf. Reiner Alkohol wird in großen Mengen aus ungesättigten Kohlenwasserstoffen hergestellt. Das Ethylen wird dabei mit konzentrierter Schwefelsäure behandelt, wobei Ethylschwefelsäure entsteht, die durch Wasser in Alkohol und Schwefelsäure gespalten wird.

$$H_2C{=}CH_2 + H_2SO_4 \rightleftharpoons H_3C{-}CH_2{-}\underline{\bar{O}}{-}SO_3H$$

$$H_5C_2{-}\underline{\bar{O}}{-}SO_3H + H_2O \rightleftharpoons C_2H_5\underline{\bar{O}}H + H_2SO_4$$

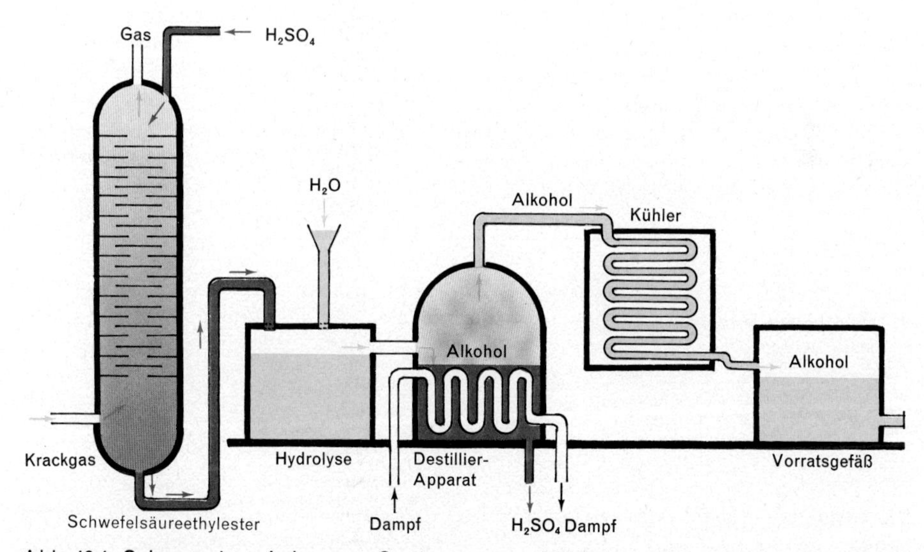

Abb. 49.1. Schema einer Anlage zur Gewinnung von Alkohol aus Ethylen. Die Ethylen enthaltenden Crackgase gelangen in den Reaktionsturm, der durch Aluminiumböden unterteilt ist. Entgegenströmende Schwefelsäure bildet Schwefelsäureethylester. Dieser wird hydrolisiert und das Alkohol-Schwefelsäuregemisch in der Destillierglocke getrennt.

Absoluter Alkohol ist eine wasserklare Flüssigkeit von kennzeichnendem Geruch. Er brennt mit blauer Flamme. Seine Dichte beträgt bei 15 °C 0,793 $\frac{kg}{dm^3}$. Den Prozent-

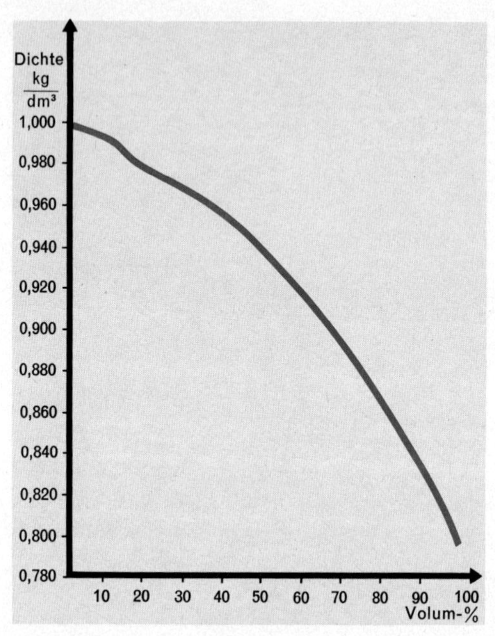

Abb. 50.1. Dichte des Alkohols in Abhängigkeit von der Verdünnung

satz des verdünnten Alkohols bestimmt man durch die Dichte mit Hilfe einer Senkspindel, eines „Alkoholmeters".

Über 96% hinaus läßt sich Alkohol durch Destillation nicht konzentrieren, da ein Gemisch von 95,6% Alkohol und 4,4% Wasser einen konstanten Siedepunkt besitzt. Man muß das restliche Wasser z.B. durch gebrannten Kalk oder getrocknete Ionenaustauschersubstanz binden.

In kleinen Dosen regt Ethanol an, wirkt aber bald über das Nervensystem narkotisierend und erschlaffend. In größeren Mengen wirkt er giftig. Schon geringe Mengen beeinträchtigen die rasche Reaktionsfähigkeit.

Das Glykol

oder Ethandiol-1,2 ist ein zweiwertiger Alkohol. Derivate des Glykols entstehen immer bei der Reaktion von Alkenen mit alkalischer Kaliumpermanganatlösung.

$$\begin{array}{l} H\underline{\overline{O}}-CH_2 \\ \quad\quad\;| \\ H\underline{\overline{O}}-CH_2 \end{array}$$

Glykol[1]

Die Glykole sind dicke, wasserklare Flüssigkeiten von süßlichem Geschmack. Siedepunkte und Dichte liegen höher als bei einwertigen Alkoholen mit gleicher C-Atomzahl. In Wasser lösen sie sich leichter als die entsprechenden einwertigen Alkohole. Die Wasserlöslichkeit wurde durch die Erhöhung der hydrophilen Gruppen gesteigert. Der höhere Siedepunkt ist auf Wasserstoffbrückenbindungen zurückzuführen, zu deren Aufbrechung eine zusätzliche Energie von ca. 21 $\frac{kJ}{mol}$ notwendig ist. Glykol wird als Frostschutzmittel verwendet.

[1] glykos (gr.) = süß

Das Glycerin

oder Propantriol ist der einfachste dreiwertige Alkohol.

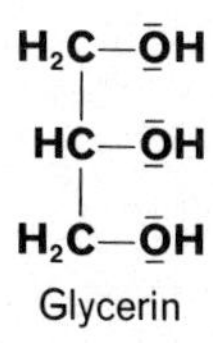

Glycerin

14) Die Löslichkeit und Brennbarkeit von Glycerin: Löse Glycerin in Wasser und stelle den Geschmack fest. Stelle nun die Löslichkeit in Benzin fest. Entzünde Glycerin auf einem Uhrglas. (Abzug!)

15) Herstellung von Glycerinkitt: Versetze 5 ml Glycerin mit 2 ml Wasser und gib von dieser Lösung 6 ml zu 50 g Blei(II)-oxid. Knete die Masse gut durch und lasse den Brei auf Papier einige Zeit liegen!

Glycerin ist farb- und geruchlos, süß schmeckend und zähflüssig. Der Einfluß der OH-Gruppen überwiegt, so daß der Alkohol mit Wasser in jedem Verhältnis mischbar, in Kohlenwasserstoffen dagegen fast unlöslich ist. Die schwach saure Natur der Hydroxylwasserstoffatome erkennt man bei der Bildung von Glycerinkitt.

$$C_3H_8O_3 + PbO \rightarrow C_3H_6PbO_3 + H_2O$$

Ein Bleiatom kann zwei Wasserstoffatome der OH-Gruppen im Glycerinmolekül ersetzen. Der Glycerinkitt ist säure- und basenunempfindlich.
In der Textilindustrie dient Glycerin zur Herstellung von Appreturen, in der Pharmazie zur Gewinnung von Salben und Pasten. Dank der öligen Konsistenz ist Glycerin als Bremsflüssigkeit geeignet. Wie Glykol kann es als Gefrierschutzmittel den Kühlern von Motoren zugegeben werden. Große Bedeutung besitzt Glycerin auch bei der Herstellung von Sprengstoffen (Dynamit, Sprenggelatine).

Alkohole sind organische Verbindungen, in denen eine oder mehrere OH-Gruppen durch Elektronenpaarbindungen an verschiedene C-Atome eines Alkylrests gebunden sind. Auf Grund der großen Elektronegativität des Sauerstoffs zeigen die H-Atome der OH-Gruppen ganz schwach saure Eigenschaften. Ihr hydrophiler Charakter bedingt die Wasserlöslichkeit der niederen Glieder der homologen Reihe. Bei mittleren und höheren Gliedern nimmt der Einfluß des hydrophoben Alkylrests zu. Wasserfreie Alkohole können mit Alkalimetallen Alkoholate bilden. Die Wasserstoffbrückenbindungen sind für die relativ hohen Siedepunkte verantwortlich. Die Reaktivität der Alkohole ist größer als beispielsweise die der entsprechenden Alkane, weil die Alkoholmoleküle ein Sauerstoffatom enthalten.

20.7. Die Ether

L 1) Herstellung von Diethylether: Versetze 30 ml Ethanol mit einem erbsengroßen Stück Natrium und füge in einem Kölbchen die gleiche Menge Monobromethan zu. Erhitze mit einem elektrischen Heizgerät vorsichtig am Rückfluß und destilliere bei 34 °C. Prüfe den Geruch der Lösung! (Offene Flamme vermeiden!)

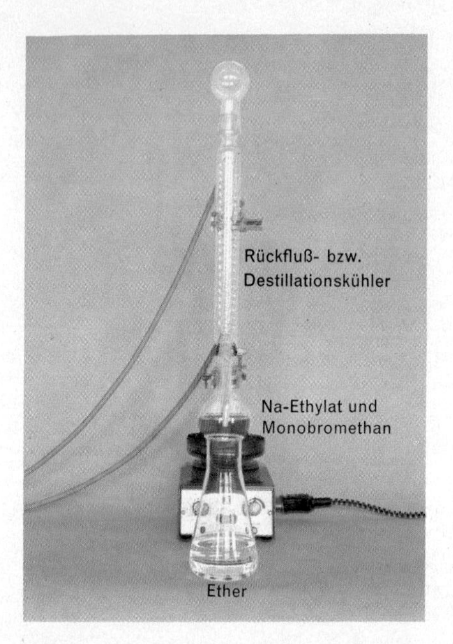

Abb. 52.1. Herstellung von Diethylether

2) Ether als Lösungsmittel: Löse Fett, Iod und Harz in wenig Ether!

L 3) Brennbarkeit der Etherdämpfe: Gib einen Tropfen Ether in einen Standzylinder und lasse ihn dort verdunsten. Halte die Mündung des Zylinders an die Bunsenflamme. (Schutzscheibe und Schutzbrille!)

4) Verdunstung des Ethers: Sauge oder blase einen schwachen Luftstrom über ein kleines Uhrglas, das 1–2 ml Ether enthält und auf einer hölzernen Unterlage in einen Tropfen Wasser gesetzt wurde! (Vorsicht! Kein offenes Feuer.)

5) Die Mischbarkeit von Ether mit Wasser: Mische in einem Reagenzglas 5 ml Ether mit 5 ml Wasser!

Die Wasserabspaltung durch konzentrierte Schwefelsäure führt nur bei den ersten Gliedern der Alkoholreihe zu Ethern. Jeden beliebigen Ether kann man nach Versuch 1 aus Alkoholat und Alkylhalogenid erhalten:

$$[H_5C_2-\overline{\underline{O}}|^{\ominus}]^- Na^+ + BrH_5C_2 \rightarrow \underset{\text{Diethylether}}{H_5C_2-\overline{\underline{O}}-C_2H_5} + Na^+ + Br^-$$

Der Diethylether wird auch kurz der Ether genannt. Seine Eigenschaften können als Beispiel für alle Ether gelten.

In den Ethern sind zwei Alkylreste über ein Sauerstoffatom (Etherbrücke) verbunden. Man unterscheidet einfache und gemischte Ether. Bei den einfachen Ethern sind die beiden Alkylreste gleich, bei den gemischten ungleichartig.

Die Namen werden entweder durch Anhängen der Endung *-Ether* an den Alkylnamen gebildet oder man verwendet den Namen der *Alkoxygruppe RO-* zur Bezeichnung der Ether. Der Diethylether könnte auch Ethoxyethan genannt werden.
Im Labor dient Ether als Lösungsmittel, in der Medizin als Narkosemittel und zur Herstellung von „Hoffmannstropfen“ (3 Teile Alkohol, 1 Teil Ether). Der Diethylether

verdunstet wegen seines niederen Siedepunktes leicht. Ether-Luftgemische sind in weiten Grenzen explosiv. Man muß daher beim Arbeiten mit Ether äußerste Vorsicht walten lassen. Etherdampf ist schwerer als Luft und sinkt zu Boden. Beim Arbeiten mit Ether muß ständig ein Feuerlöscher bereit stehen.
Die Alkoholmoleküle sind wegen der Wechselwirkung ihrer OH-Gruppen noch assoziiert, da sich zwischen einzelnen Molekülen Wasserstoffbrückenbindungen ausbilden können. Zwischen Ethermolekülen sind keine Wasserstoffbrückenbindungen möglich. Das ist einer der Gründe dafür, daß der Siedepunkt des Ethers mit 34 °C relativ niedrig ist. Die Ethermoleküle sind nicht assoziiert. Die Siedepunkte normaler, primärer Alkohole liegen immer über denen der entsprechenden Ether mit gleicher Zahl der C-Atome.
Bei Versuch 4 friert das Uhrglas mit dem Wassertropfen auf der hölzernen Unterlage fest, weil der Ether die zum Verdunsten notwendige Energie seiner Umgebung entzieht.
Ethermoleküle besitzen keine hydrophilen Gruppen, deshalb ist Ether mit Wasser nicht mischbar (Versuch 5).

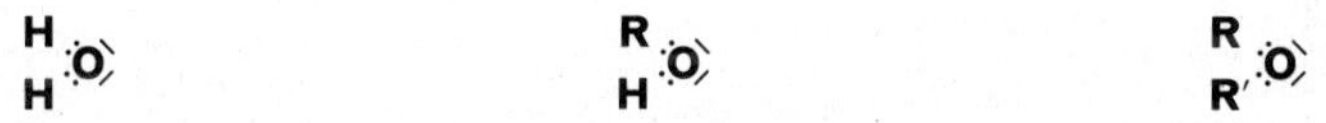

H, H, O	R, H, O	R, R′, O
Wassermolekül	Alkoholmolekül	Ethermolekül

Abb. 53.1. Alkohole und Ether kann man als Substitutionsprodukte des Wassers auffassen. R und R′ sind Alkylreste. Im Wasser und in Alkoholen sind noch Wasserstoffbrückenbindungen möglich.

Abb. 53.2. Ether mischt sich nicht mit Wasser. Diethylether besitzt mit 0,71 $\frac{kg}{dm^3}$ eine geringere Dichte als Wasser und bildet deshalb die obere Schicht. Ether schwimmt auf Wasser.

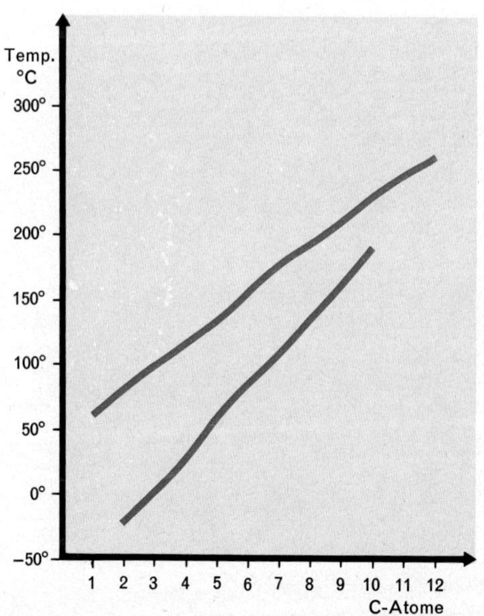

Abb. 53.3. Siedepunkte der normalen primären Alkohole und der Ether mit gleicher C-Atomzahl. Die Kurven zeigen den Einfluß der Assoziation der Alkoholmoleküle. Die Ether sind nicht assoziiert, deshalb liegen ihre Siedepunkte niedriger als die der Alkohole mit gleicher C-Atomzahl.

20.7.1. Die Ableitung der chemischen Formeln organischer Verbindungen – Elementaranalyse

Die Aufstellung einer chemischen Formel setzt die Kenntnis der Bestandteile der Verbindung voraus. Die Analyse besteht daher aus zwei Teilen: einer qualitativen und einer quantitativen Analyse. Da die quantitative Analyse nach den Bestandteilen verschieden durchgeführt werden muß, werden immer zuerst die Elemente bestimmt, die die organische Verbindung aufbauen. Neben Kohlenstoff, Wasserstoff und Sauerstoff können Schwefel, Phosphor, Stickstoff und die Halogene häufiger in organischen Verbindungen auftreten. Man weist diese Elemente durch kennzeichnende Reaktionen nach. Nur den Sauerstoff kann man nicht unmittelbar bestimmen. Seinen Anteil am Aufbau des untersuchten Moleküls erhält man, wenn man die Summe der Prozente aller anderen Bestandteile von 100% subtrahiert.
Ergibt die qualitative Analyse die Abwesenheit aller Elemente mit Ausnahme von Kohlenstoff und Wasserstoff, dann wendet man die *Liebigsche Elementaranalyse* an (Abb. 54.1.).

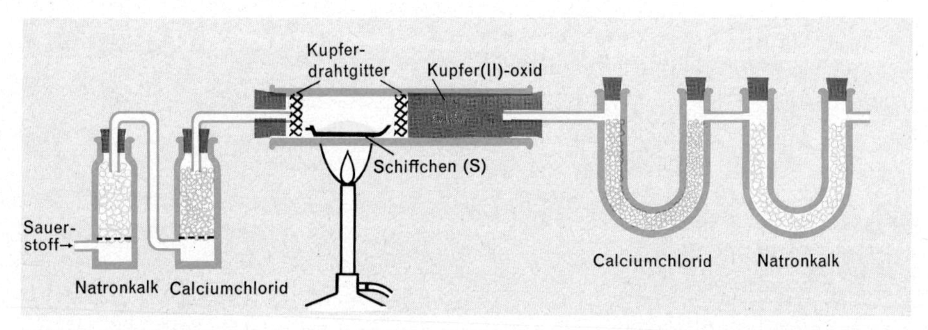

Abb. 54.1. Schema der Elementaranalyse nach Liebig

Man wiegt in einem Schiffchen (S) so genau wie möglich, eine kleine Menge der Substanz ab. Nun bringt man das Schiffchen mit Substanz in ein schwerschmelzbares Glasrohr und legt vor und hinter das Schiffchen eine oxidierte Kupferdrahtspirale (D). Es folgt dann eine Schicht aus gekörntem Kupferoxid (CuO). Vor das Rohr schaltet man einen Luftreiniger, der Natronkalk und Calciumchlorid enthält, hinter das Rohr gibt man zwei Absorptionsgefäße für Kohlendioxid und Wasser, die ebenfalls Natronkalk bzw. Calciumchlorid enthalten. Die Absorptionsgefäße werden mit Inhalt vor der Analyse genau gewogen. Jetzt läßt man Luft oder Sauerstoff durch das Rohr streichen und erhitzt das gekörnte Kupferoxid. Sobald die Schicht glüht, wird auch das Schiffchen erhitzt und auf Rotglut gebracht. Nach 2–3 Stunden werden die Absorptionsgefäße abgenommen, verschlossen und nach dem Erkalten gewogen.
Die Gewichtsunterschiede ergeben den Kohlendioxid- bzw. den Wasser-Gehalt der Verbrennungsgase.

Ableitung der chemischen Formel aus dem Analysenergebnis:

Die Elementaranalyse ergab z. B. folgende Ergebnisse:

Einwaage	0,146 g
Wasser im Calciumchloridrohr	0,171 g
Kohlendioxid im Natronkalkrohr	0,279 g

Aus diesen Analysenergebnissen kann man die Mengen C und H berechnen, die in der abgewogenen Menge der Ausgangssubstanz enthalten sind. Daraus erhält man für den Kohlenstoff die Beziehung

$$\frac{44}{12} = \frac{0{,}279\,\text{g}}{x} \qquad \Rightarrow x = 0{,}076\ \text{g}$$

In der Ausgangssubstanz waren 0,076 g Kohlenstoff enthalten. Für den Wasserstoff erhält man nach der analogen Berechnung 0,019 g, die in der Ausgangssubstanz enthalten waren. Die Sauerstoffmasse wird aus der Differenz beider Meßwerte mit der Einwaage erhalten. Sie beträgt in diesem Beispiel 0,051 g. Nun besteht die Beziehung

$$m(\text{Kohlenstoff}) : m(\text{Wasserstoff}) : m(\text{Sauerstoff}) = 0{,}076 : 0{,}019 : 0{,}051$$

Dividiert man diese Zahlen mit den zugehörigen Atommassen, dann erhält man $N_C : N_H : N_O = 0{,}0063 : 0{,}019 : 0{,}0032$. Um ein überschaubares Teilchenverhältnis zu erhalten, teilt man mit 0,0032. Man erhält:

$$N(C) : N(H) : N(O) = 1{,}97 : 5{,}94 : 1 \quad \text{oder} \quad N(C) : N(H) : N(O) \approx 2 : 6 : 1$$

Daraus ergibt sich als Summenformel der untersuchten Verbindung

$$C_2H_6O$$

Die Summenformel gibt uns meist noch kein Bild von dem Aufbau der organischen Verbindung. Die Molmassenbestimmung nach einer der bekannten Methoden muß über die Molekülgröße Klarheit schaffen. Das Verhältnis, das durch die Summenformel angegeben wird, kann ja im wirklichen Molekül mehrfach enthalten sein, d.h. Verbindungen von der Zusammensetzung C_2H_6O, $C_4H_{12}O_2 = (C_2H_6O)_2$, $C_6H_{18}O_3 = (C_2H_6O)_3$ usw. ergeben bei der Elementaranalyse das gleiche Verhältnis von $C:H:O \approx 2:6:1$.

Wenn die Moleküle der untersuchten Verbindung zur Assoziation neigen, wie es z.B. die Alkohole tun, dann ergeben die physikalischen Molmassenbestimmungsmethoden zu hohe Werte. Sie ergeben immer obere Werte für die Molekülmasse.

Die Molmassenbestimmung leitet schon über zur Prüfung der Konstitution. Hat sich in unserem Beispiel eine Molmasse von 50 ergeben, dann kann die Summenformel nur C_2H_6O lauten, da die wahre Molmasse dieser Verbindung mit 46 näher am gefundenen Wert liegt als zum Beispiel 96 für $(C_2H_6O)_2$.

Für einen Stoff mit der gefundenen Summenformel lassen sich nur zwei „Baupläne" aufstellen:

```
   H  H               H     H
   |  |               |     |
H—C—C—ŌH   oder   H—C—Ō—C—H
   |  |               |     |
   H  H               H     H
  Ethanol          Dimethylether
```

Die Entscheidung, ob der untersuchte Stoff Ethanol oder Dimethylether ist, läßt sich z.B. durch die Reaktion der Verbindung mit metallischem Natrium fällen. Nur wenn der Alkohol vorliegt, findet eine Reaktion zum Natriumethylat statt.

Unser gesamtes chemisches Wissen stützt sich auf analytische Daten, so daß die analytische Chemie als Fundament allen chemischen Wissens betrachtet werden kann. Im folgenden Kapitel sollen die wichtigsten analytischen Methoden der Strukturaufklärung kurz besprochen werden.

Aufgaben:

1. Eine qualitative Analyse hatte zum Ergebnis, daß eine Verbindung nur aus Kohlenstoff, Wasserstoff und Sauerstoff aufgebaut ist. Die Elementaranalyse dieser Verbindung lieferte aus $m = 0{,}182$ g Substanz $m_1 = 0{,}264$ g Kohlendioxid und $m_2 = 0{,}126$ g Wasser. Die molare Masse der Verbindung wurde zu $M = 186 \frac{g}{mol}$ bestimmt. Berechne die Summenformel $(C_xH_yO_z)_n$ dieser Verbindung, wenn die molaren Massen der Elemente als gegeben betrachtet werden!
2. Eine organische Verbindung enthält 15,4% Kohlenstoff, 3,2% Wasserstoff und 81,4% Iod. Die Masse von $m = 0{,}201$ g Substanz verdrängt im Apparat von Victor Meyer $V = 30{,}4$ ml Luft von $T = 293$ K und $p = 1{,}002$ bar. Berechne die Summenformel $(C_xH_yI_z)_n$ dieser Verbindung, wenn die molaren Massen der Elemente als gegeben betrachtet werden!
3. Bei der Elementaranalyse von $m = 0{,}330$ g einer organischen Verbindung, die aus Kohlenstoff, Wasserstoff, Stickstoff und Chlor aufgebaut ist, erhielt man folgende Werte: Masse Kohlendioxid $m_1 = 0{,}462$ g, Masse Wasser $m_2 = 0{,}095$ g und Masse Silberchlorid $m_3 = 0{,}251$ g. Bei $T = 291$ K und $p = 1{,}013$ bar entstanden aus $m' = 0{,}281$ g Substanz $V = 17{,}8$ ml Stickstoff. Zur Bestimmung der molaren Masse wurden $m'' = 0{,}278$ g der untersuchten Verbindung in $m_L = 40$ g Dioxan $\left(\text{molare Gefrierpunktserniedrigung des Dioxans} = 4{,}7 \frac{K}{mol}\right)$ gelöst und eine Gefrierpunktserniedrigung von $T = 0{,}258$ K gemessen. Berechne die Summenformel $(C_wH_xN_yCl_z)_n$ dieser Verbindung, wenn die molaren Massen der Elemente als gegeben betrachtet werden!

20.7.2. Moderne Methoden zur Analyse atomarer und molekularer Strukturen

Wir stellen uns die Materie aus kleinsten Partikeln aufgebaut vor. Um Informationen über die atomaren Strukturen zu erhalten, untersucht man die Wechselwirkung der Energiequanten (Photonen) elektromagnetischer Strahlung mit Molekülen, Atomen, Nukleonen und Elektronen.
Die Energie der Quanten elektromagnetischer Strahlung berechnet sich mit Hilfe der Einsteinschen Gleichung

$$\mathbf{E} = \mathbf{h}\nu \qquad (1)$$

wobei $h = 6{,}62 \cdot 10^{-34}$ Js ist. Abb. 57.1. bietet einen Überblick über die Gesamtheit elektromagnetischer Strahlung.

Solange die Geschwindigkeit eines Teilchens, z. B. eines Elektrons, klein ist, kann man keine Änderung seiner Masse feststellen. Man nimmt sie als konstant an. Nach Einstein ist die Lichtgeschwindigkeit c eine Grenzgeschwindigkeit, die nicht erreicht werden kann. Wirkt auf einen Körper ständig eine Kraft, so muß sich dieser bei sehr

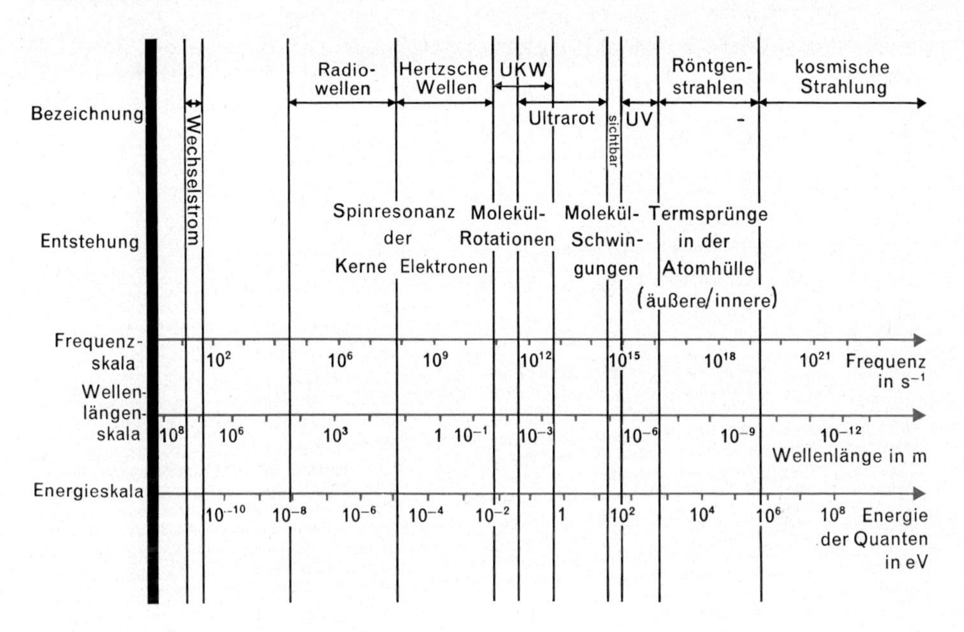

Abb. 57.1. Elektromagnetisches Spektrum

hohen Geschwindigkeiten immer mehr einer Geschwindigkeitserhöhung widersetzen. Das heißt seine Trägheit nimmt zu. Das Maß für die Trägheit ist die Masse. Da c nicht überschritten werden kann, muß für v gegen c die Masse gegen unendlich streben. Einstein leitet die Formel

$$m = \frac{m_0}{\sqrt{1-\left(\frac{v}{c}\right)^2}} \tag{2}$$

ab, wobei m_0 die Masse bei der Geschwindigkeit $v=0$ ist (Ruhemasse). Ist v gegenüber der Lichtgeschwindigkeit c sehr klein, ergibt sich im Nenner ungefähr 1. Also erhalten wir das von uns gewohnte Ergebnis: $m \approx m_0$.
Je größer die Geschwindigkeit v eines Teilchens ist, je größer also seine Energie ist, desto größer ist seine Masse. Einstein hat gezeigt, daß Energie und Masse direkt proportional sind und der Proportionalitätsfaktor c^2 ist. Die berühmte Einsteinsche Gleichung lautet:

$$E = m c^2 \tag{3}$$

Die Gleichung hat weittragende Bedeutung: Auch einer ruhenden Masse m_0 kann man Energie zuordnen: $E = m_0 c^2$.
Aber auch umgekehrt: Jeder Energie kann man eine Masse zuordnen. Wie läßt sich das etwa verstehen? Nach dem Energieerhaltungssatz verschwindet Energie nicht. Sie kann nur von einer Form in eine andere umgewandelt werden. Eine Energieumwandlung geht nie plötzlich vor sich. Es ist dazu eine gewisse Zeit notwendig, d. h. die Energie ist träge. Das Maß für die Trägheit ist die Masse. Also hängen Trägheit und Energie zusammen.

Nach Einstein können wir auch den Energiequanten einer Strahlung eine Masse zuordnen:

$$m c^2 = h \nu \tag{4}$$

$$m = \frac{h \nu}{c^2} = \frac{h}{c \cdot \lambda} \tag{5}$$

Schon in Kapitel 8.1. erkannten wir, daß Teilchen — insbesondere Elektronen — ein unbestimmtes Verhalten zeigen, das durch die Heisenbergsche Unbestimmtheitsrelation erfaßt wird:

$$\Delta x \cdot \Delta p \geqq h \tag{6}$$

Da das Produkt aus Orts- und Impulsunbestimmtheit gleich $6{,}62 \cdot 10^{-34}$ Js, also sehr klein sein kann, spielt das unbestimmte Verhalten nur im atomaren Bereich eine Rolle. Trotz des unbestimmten Verhaltens gelingen auch im Atomaren Aussagen, nämlich Wahrscheinlichkeitsaussagen. Den Teilchen wird eine Wahrscheinlichkeitswelle (Materiewelle, „Führungswelle") zugeordnet. Nach deBroglie erhält man die Wellenlänge dieser Wahrscheinlichkeitswelle, indem man in (5) c durch die Teilchengeschwindigkeit v ersetzt und nach λ auflöst:

$$\lambda = \frac{h}{m v} \tag{7}$$

Freien Elektronen ordnet man eine fortschreitende Welle zu. Das Quadrat der Wellenamplitude ψ^2 ist nach Born ein Maß für die Wahrscheinlichkeit, Teilchen in einem kleinen Volumenelement (z. B. einem Würfel der Kantenlänge 10^{-14} m) anzutreffen. Sperrt man Elektronen ein, so wird die fortschreitende Materiewelle an den Wänden reflektiert. Hinlaufende und reflektierte Welle überlagern sich zu einer stehenden Welle. An den reflektierenden Wänden treten Knoten der stehenden Welle auf. Die Überlegungen führten uns in Kapitel 8.2. vom „eindimensionalen Kasten" mit seiner Auswahlregel und den zugehörigen Energiewerten zum Orbitalmodell.

Aufgaben:

1. Berechne die deBroglie-Wellenlänge für Wasserstoffmoleküle, die eine Geschwindigkeit von $1{,}85 \cdot 10^3 \frac{m}{s}$ besitzen. Die Masse eines Wasserstoffmoleküls H_2 beträgt $m_{H_2} = 3{,}3466 \cdot 10^{-27}$ kg.
2. Elektronen der kinetischen Energie $E_{kin} = 9{,}3$ eV vermögen Benzolmoleküle zu ionisieren. Welche Wellenlänge muß ein Lichtquant aufweisen, um diese Ionisierung hervorzurufen? Welche Energie in $\frac{kJ}{mol}$ wird im umgekehrten Fall beim Elektroneneinfang durch 1 Mol Benzolkationen frei?
3. Im sichtbaren Spektralbereich emittiert ein Atom Licht der Wellenlänge $\lambda = 500$ nm. Welche Energie wird abgestrahlt, wenn in der Stoffmenge 1 Mol jedes Atom gerade einen Emissionsakt ausführt?

Ultrarotspektroskopie:

Ein aus zwei Atomen aufgebautes Molekül kann man sich als einfaches, schwingungsfähiges Gebilde vorstellen. In dem nachstehenden Bild sollen die Massen der Atome mit m_1 und m_2 symbolisiert werden, die Bindung zwischen den beiden Bindungspartnern wird durch eine Feder veranschaulicht.

m_1 ∿∿∿∿ m_2

Wirkt auf einen der Bindungspartner eine Kraft F, während der andere in Ruhe gehalten wird, dann kann die Bindung eine Verlängerung oder Verkürzung um die Strecke s erfahren, je nachdem, in welcher Richtung die Kraft wirkt. Je größer die ziehende Kraft F, um so größer wird auch die Strecke s

$$F \sim s \quad \text{oder} \quad \frac{F}{s} = \text{const.} \tag{8}$$

Die aus diesem Quotienten resultierende Konstante wurde als *Kraftkonstante* definiert.

Eine Bindung besitzt die Kraftkonstante $k = 10^{-3}\,\frac{N}{m}$, wenn eine Kraft von 10^{-5} N eine theoretische Verlängerung der Bindung um s = 1 cm hervorruft.

Der Zusammenhang, der zwischen der wirkenden Kraft F und der daraus folgenden Verlängerung s besteht, heißt dann:

$$\frac{F}{s} = \text{const.} \equiv k. \tag{9}$$

Da die wirkende Kraft der chemischen Bindungskraft entgegengesetzt ist, formuliert man:

$$F = -k \cdot s. \tag{10}$$

Bei einer Schwingung, bei der in jedem Moment die Auslenkung aus der Ruhelage s der wirkenden Kraft proportional ist (harmonische Schwingung), errechnet sich die Beschleunigung a zur Zeit t, die eine schwingende Masse durch die zur Zeit t wirkende Kraft F(t) erfährt, zu:

$$a(t) = -\frac{4\pi^2}{T^2}\, s(t). \tag{11}$$

T ist die Schwingungsdauer, $\frac{1}{T} = \nu$ die Frequenz der Schwingung. Setzt man den Ausdruck (10) in die Grundgleichung der Mechanik ein, erhält man:

$$F = -k \cdot s = a \cdot m \tag{12}$$

Nach dem actio-reactio-Prinzip ruft die angreifende Kraft $F = a \cdot m$ eine gleichgroße, aber entgegengesetzt wirkende Kraft $F = -k \cdot s$ hervor. Mit Gleichung (11) erhält man aus (12):

$$-k \cdot s = -\frac{4\pi^2}{T^2}\, m \cdot s(t) \tag{13}$$

Betrachtet man beide Kräfte zur Zeit t, dann kann man aus (13) die Schwingungsdauer T bzw. die Frequenz ν berechnen:

$$T = 2\pi \sqrt{\frac{m}{k}} \qquad \nu = \frac{1}{2\pi}\sqrt{\frac{k}{m}} \tag{14}$$

Die Größe m ist ein Maß für die an der Schwingung beteiligte Masse. Man nennt sie „reduzierte Masse" und berechnet m aus dem Quotienten

$$m = \frac{m_1 \cdot m_2}{m_1 + m_2} \qquad (15)$$

Gleichung (14) läßt die Analogie zu anderen Schwingungsvorgängen, z.B. zur Federschwingung oder zur Schwingung eines physikalischen Pendels, erkennen. Wendet man Gleichung (14) auf eine bestimmte Schwingung eines Moleküls an, dann sind damit die Größen m_1 und m_2 sowie die Kraftkonstante bestimmt. Durch Einsetzen dieser Werte in die Gleichung (14) erhält man eine Frequenz, die man *Eigenfrequenz* der betrachteten Schwingung nennt. Je nachdem, ob kleine Massen m_1 und m_2 durch eine feste Bindung mit großer Kraftkonstanten oder größere Massen durch eine relativ lockere Bindung mit kleiner Kraftkonstanten aneinander gebunden sind, erhält man eine größere oder, im 2. Fall, kleinere Eigenfrequenz.

Je höher die Eigenfrequenz eines schwingenden Systems ist, um so größer ist die zu ihrer Anregung notwendige Energie, $E = h \cdot \nu$ der Photonen.

Die Größe der Eigenfrequenz einer Schwingung bestimmt also den zu ihrer Anregung notwendigen Energiebetrag. Weil bei der Ultrarotspektroskopie nicht nur Schwingungen, sondern auch Rotationen angeregt werden können, erstreckt sich der für diese Wechselwirkung charakteristische Energiebereich über ein relativ breites Gebiet im elektromagnetischen Spektrum, und zwar von ca. 10^{-1} eV bis ca. 10^{-3} eV. Da diese Energien im ultraroten Bereich des elektromagnetischen Spektrums liegen, spricht man von Ultrarotspektroskopie[1]. Die geringeren Energiebeträge können Rotationen,

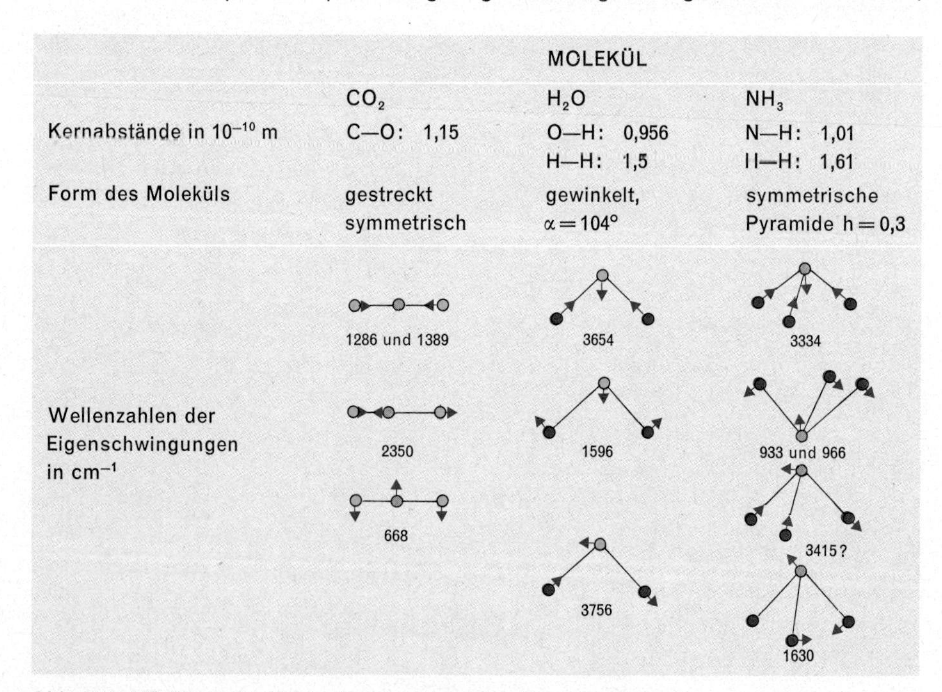

	MOLEKÜL		
	CO_2	H_2O	NH_3
Kernabstände in 10^{-10} m	C—O: 1,15	O—H: 0,956 H—H: 1,5	N—H: 1,01 H—H: 1,61
Form des Moleküls	gestreckt symmetrisch	gewinkelt, $\alpha = 104°$	symmetrische Pyramide h = 0,3
Wellenzahlen der Eigenschwingungen in cm^{-1}	1286 und 1389 2350 668	3654 1596 3756	3334 933 und 966 3415? 1630

Abb. 60.1. UR-Daten für Kohlendioxid, Wasser und Ammoniak

[1] spectrum (lt.) = Schema, skopein (gr.) = betrachten

die höheren Energien Schwingungen und Rotationen anregen. Wir haben uns bei der theoretischen Ableitung auf zweiatomige Moleküle beschränkt. Bei mehratomigen sind die Überlegungen wesentlich komplizierter, aber grundsätzlich analog.
Die Anregung erfolgt, wenn gerade die Frequenz der ultraroten Strahlung auf das Molekül trifft, die gleich der Eigenfrequenz ist. Man sagt: „Die Anregung erfolgt nach dem Resonanzprinzip."

Unter Resonanz[1] versteht man, daß sich zwei periodisch ändernde Vorgänge im gleichen Rhythmus ändern, und daß dabei Energie ausgetauscht wird. Besitzen zwei sich periodisch ändernde Vorgänge gleichzeitig die gleiche Frequenz, dann sind sie in Resonanz.

Die beiden periodischen Vorgänge entsprechen bei der Ultrarotspektroskopie der einfallenden Strahlung und der Schwingung des Moleküls. Durchstrahlt man Ethanol bzw. Dimethylether mit elektromagnetischer Strahlung im Wellenlängenbereich von 2–15 μm und läßt durch einen Detektor die Frequenzen messen, an denen Anregung und deshalb Absorption stattfindet, dann erhält man folgende Spektren.

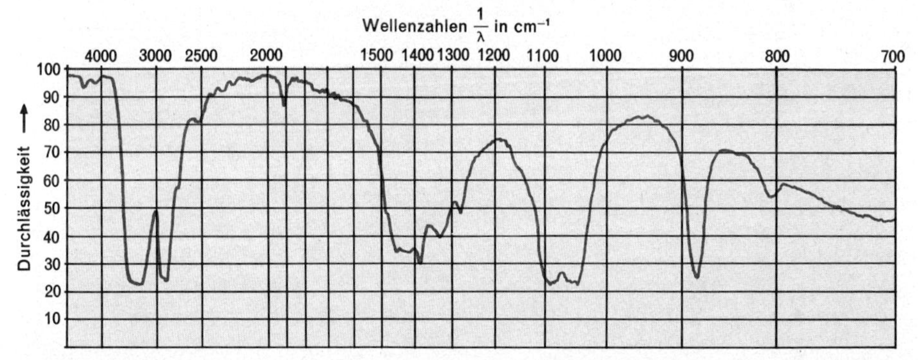

Abb. 61.1. UR-Spektrum von Ethanol H_5C_2—OH im Wellenlängenbereich von 2 μ bis 15 μ ($2 \cdot 10^{-4}$ cm bis $15 \cdot 10^{-4}$ cm) bzw. im Frequenzbereich von $1{,}5 \cdot 10^{14}\ s^{-1}$ bis $2 \cdot 10^{15}\ s^{-1}$. Am oberen Rand des Spektrums sind die dazugehörigen Wellenzahlen $\frac{1}{\lambda}$ in cm^{-1} angegeben. Auf der anderen Achse ist die Durchlässigkeit der Probe für die eingestrahlte Strahlung in Prozent angegeben.

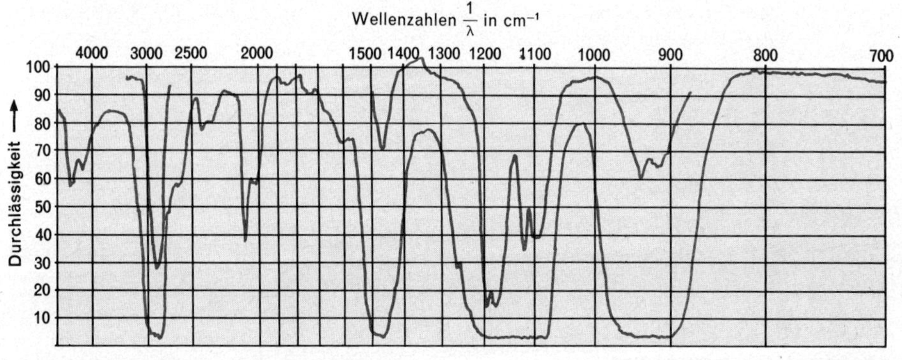

Abb. 61.2. UR-Spektrum von Dimethylether im gleichen Frequenzbereich (H_3C—O—CH_3)

[1] re (lt.) = wieder, sonare (lt.) = tönen

Die beiden Spektren unterscheiden sich im wesentlichen durch die starke OH-Absorptionsbande bei 3350 cm^{-1} sowie die C—C-Absorption bei ca. 890 cm^{-1} im Ethanolspektrum und die drei C—O—C-Absorptionen bei 2100 cm^{-1}, 1120 cm^{-1} und 940 cm^{-1} im Dimethyletherspektrum. Daraus kann man schließen, daß im Ethanol keine C—O—C-Gruppierung und im Dimethylether keine OH-Gruppe und keine C—C-Bindung vorliegt. Mit Hilfe dieser Untersuchungen kann entschieden werden, ob einem Molekül mit der Bruttoformel C_2H_6O die Konstitution

$H_3C—CH_2—\bar{\underline{O}}H$ oder $H_3C—\bar{\underline{O}}—CH_3$

Abb. 62.1. Kalottenmodell des Ethanolmoleküls

Abb. 62.2. Kalottenmodell des Dimethylethers

zukommt. Die Ultrarotspektroskopie ist ein Mittel zur Aufklärung der Konstitution der Moleküle.

Darüber hinaus gibt ein Vergleich der Siedepunkte wichtige Hinweise auf zwischenmolekulare Bindungen dieser isomeren Stoffarten. Ethanol siedet bei 78 °C, Dimethylether aber um mehr als 100°C niedriger, bei —23,7°C. Die Ursache für diese auffallende Diskrepanz ist in der Ausbildung von Wasserstoffbrückenbindungen zu suchen, die beim Ethanol zu Molekülassoziationen führen (Kapitel 20.6.). Substituiert man das Wasserstoffatom der OH-Gruppe in den Alkoholen durch Alkylreste, fehlt jeweils die charakteristische Absorptionsbande bei 3350 cm^{-1}. Die Substitution des Wasserstoffatoms der OH-Gruppe durch eine CH_3-Gruppe ist auch beim Dimethylether die Ursache für die fehlenden Molekülassoziationen. Um 1 Mol Dimethylether bei —23,7°C in den Dampfzustand überzuführen, sind 21,5 kJ notwendig. Ethanol benötigt für die äquivalente Menge am Siedepunkt eine Verdampfungsenthalpie von 38,7 kJ · mol^{-1}. Da beide Stoffarten die gleiche relative Molekülmasse von $M = 46$ besitzen, ist anzunehmen, daß die Differenz von 17,2 kJ · mol^{-1} zum Aufbrechen der Molekülassoziationen beim Ethanol benötigt wird.

Aufgaben:

4. Die Kraftkonstante einer C—C-Bindung beträgt $k = 5 \cdot 10^2 \frac{N}{m}$. Berechne die zugehörige Wellenzahl $\frac{1}{\lambda}$, wenn die schwingende Masse $m = 6 \cdot 10^{-28}$ kg beträgt!

5. Die Wellenzahlen zweier Schwingungen betragen:

$$\frac{1}{\lambda_1} = 3961\ cm^{-1} \quad \text{und} \quad \frac{1}{\lambda_2} = 2907\ cm^{-1}$$

Berechne die zugehörigen Frequenzen ν_1 und ν_2, sowie die Kraftkonstanten k_1 und k_2, wenn die schwingenden Massen $m_1 = 8{,}57 \cdot 10^{-28}$ kg bzw. $m_2 = 1{,}85 \cdot 10^{-27}$ kg betragen! Wie groß ist das Verhältnis der Frequenzen?

6. Die Wellenzahlen $\frac{1}{\lambda}$ einer C—C- und einer C≡C-Bindung betragen:

$$\frac{1}{\lambda_1} = 990\ \text{cm}^{-1} \quad \text{und} \quad \frac{1}{\lambda_2} = 1980\ \text{cm}^{-1}$$

Berechne das Verhältnis der zugehörigen Frequenzen $\nu_1 : \nu_2$ und die Kraftkonstante der Dreifachbindung, wenn diejenige der C—C-Einfachbindung $k_1 = 4\ \text{Ncm}^{-1}$ beträgt und die reduzierten Massen für beide Bindungen gleich sind!

Kernresonanzspektroskopie:

Die erwähnten Wechselwirkungen können aber nicht nur zwischen Elektronen bzw. Molekülen und Strahlungsenergie, sondern auch zwischen Atomkernen und, in diesem speziellen Fall, magnetischer Energie stattfinden. Einige Atome zeigen ein typisches Verhalten im magnetischen Feld. Sie benehmen sich wie kleine Magnete, die wie eine Kompaßnadel vom Feld eines anderen Magneten beeinflußt werden. Die Eigenschaften der Atomkerne lassen sich erst dann vollständig erklären, wenn man annimmt, daß sie rotieren, daß sie einen *Spin* besitzen. Da die Atomkerne eine positive Ladung tragen und bewegte elektrische Ladungen ein Magnetfeld erzeugen, kann man sagen, daß Kerne, bei denen die Resultierende der Momente einzelner Nukleonen ungleich Null ist, winzigen Elektromagneten ähnlich sind. Man formuliert es so: Manche Atomkerne besitzen ein *magnetisches Moment*. Auf Grund der Wärmebewegung wimmeln diese kleinen Magnete durcheinander und wechseln ständig ihre Richtung.
Was passiert, wenn man ein solches Stück Materie in ein starkes Magnetfeld bringt? Normalerweise stellt sich ein Magnet in die Richtung der Kraftlinien des Magnetfeldes ein. Bei den Teilchen atomarer Dimensionen gelten aber zum Teil andere Gesetze. Die hier zuständige Quantenphysik lehrt, daß die Kernmagnete sich in mehreren ausgezeichneten Richtungen zum äußeren Magnetfeld einstellen können. Wieviel verschiedene Einstellrichtungen möglich sind, hängt von der Größe des Kernspins ab. Wir wollen hier den einfachsten Fall betrachten, daß nur zwei Einstellrichtungen möglich sind.
Die Physiker sagen uns, daß in beiden Fällen zwischen magnetischem Moment, das wir durch einen Pfeil darstellen können, und der Feldrichtung des äußeren Feldes der gleiche Winkel gefunden wird (Abb. 64.1.), doch steht das magnetische Moment einmal mehr parallel, einmal mehr antiparallel zur Feldrichtung.
Dabei besitzt die antiparallele Einstellung einen höheren Energiegehalt als die parallele. Übergänge zwischen den beiden Einstellmöglichkeiten finden normalerweise nicht statt, sie können aber durch eine sinnvolle Anordnung künstlich hervorgerufen werden. Auch hier bedient man sich des Resonanzprinzips, bei dem Resonanz zwischen zwei gleichzeitig ablaufenden periodischen Vorgängen stattfindet.
Der eine periodische Vorgang ist die *Präzessionsbewegung* des magnetischen Moments um die Feldrichtung des äußeren Felds als Achse (wie ein Kinderkreisel im Gravitationsfeld der Erde).
Der Wasserstoffkern präzediert beispielsweise 60millionenmal in einer Sekunde um die Feldachse, wenn man ihn in ein Magnetfeld von rund 14500 Gauß bringt.
Den zweiten periodischen Vorgang läßt man in einer kleinen Spule ablaufen, die von einem veränderlichen, hochfrequenten Wechselstrom durchflossen wird. In der Spule baut sich ein veränderliches Magnetfeld H_1 auf, das sich mit der gleichen Frequenz ändert, wie der es erzeugende Wechselstrom. Nun wird die Spule so gedreht,

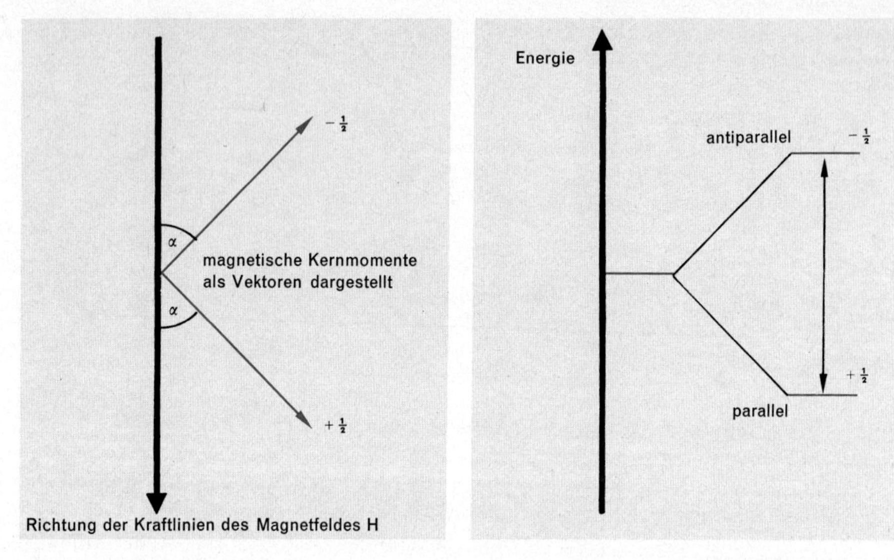

Abb. 64.1. Einstellmöglichkeiten des Kernspins beim Anlegen eines äußeren Magnetfeldes H. Ein Atomkern mit dem Kernspin $+\frac{1}{2}$ kann sich im Magnetfeld in zwei Richtungen, die mit $+\frac{1}{2}$ und $-\frac{1}{2}$ bezeichnet werden, einstellen. Den beiden Einstellmöglichkeiten entsprechen verschiedene Energieinhalte. Im tieferen Energieniveau befinden sich mehr Kerne als im höheren. Aufgabe der kernmagnetischen Resonanz ist es, Übergänge zwischen Einstellmöglichkeiten (Energieniveaus) zu schaffen.

daß die Achse des magnetischen Wechselfeldes senkrecht zur Achse des statischen Magnetfeldes steht. Wie verhalten sich Atomkerne im Innern der kleinen Spule, wenn ihre magnetischen Momente zunächst parallel zur Feldrichtung des statischen Magnetfeldes H ausgerichtet sind?

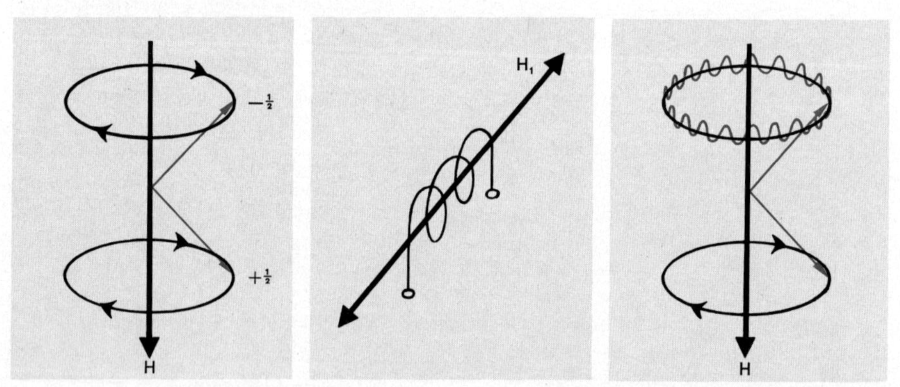

Abb. 64.2. (links) veranschaulicht die Präzessionsbewegung (Kreisel) der kernmagnetischen Momente $+\frac{1}{2}$ und $-\frac{1}{2}$ um die Feldrichtung H als Achse

Abb. 64.3. (rechts). Ein senkrecht zu H stehendes magnetisches Wechselfeld H_1 (Mitte) bringt Unruhe in die gleichförmige Präzessionsbewegung. Stimmen die Frequenzen von H_1 und die Präzessionsbewegung der Kerne genau überein, so klappen die Kerne in die entgegengesetzte Lage um. Das Umklappen entspricht einem Übergang in die antiparallele Stellung $-\frac{1}{2}$ des kernmagnetischen Moments.

Ist die Frequenz von H_1 in der kleinen Spule wesentlich niedriger als die Präzessionsfrequenz des magnetischen Kernmoments, so beobachtet man, daß die zuvor ruhige Präzessionsbewegung leicht zittrig wird. Der Kern scheint ständig kleine Stöße zu erhalten und „torkelt in Wellenlinien um seine Kreisbahn herum".
Steigert man die Frequenz des Feldes H_1, werden die Amplituden der „Schlingerbewegung" immer größer, ihre Frequenz nimmt dabei ab. Hat die Erregerfrequenz H_1 die Präzessionsfrequenz des magnetischen Kernmoments erreicht, springt der Kern unter Energieaufnahme in die antiparallele Lage um. Genau den Betrag der aufgenommenen Energie mißt man und kann damit den Bindungszustand des Atoms im Molekül charakterisieren.
Nach einem Atommodell stellt man sich vor, daß die Elektronen den Atomkern in Ladungswolken bestimmter Form, als Orbitale, umgeben. Auf Grund der verschiedenen Elektronegativität der Atome ist die Elektronendichte in der Umgebung verschiedener Atomkerne verschieden. Die unterschiedliche Elektronendichte schwächt aber die Feldstärke des statischen Feldes H am Ort des Atomkerns verschieden stark ab. Dort herrscht deshalb eine geringere Feldstärke als z.B. außerhalb des Atoms im Felde H. Das bedeutet aber, daß Kerne mit verschiedener Elektronendichte die Resonanzbedingung bei verschiedenen Feldstärken erfüllen. Mißt man die Resonanzfeldstärke von Wasserstoffatomen, kann man Aussagen über die Elektronendichte und damit über ihren Bindungszustand machen.

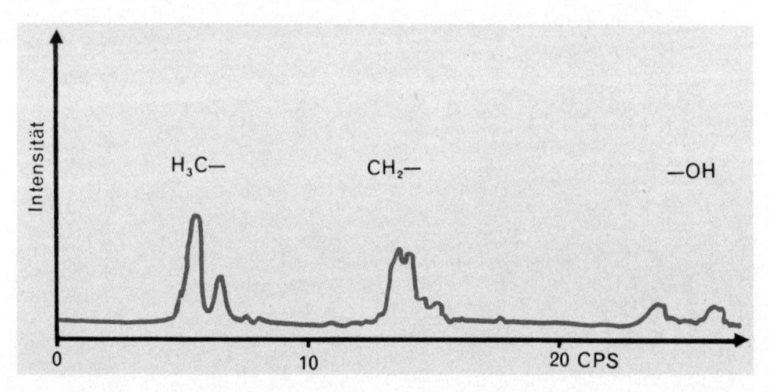

Abb. 65.1. Protonenresonanzspektrum des Ethanols. Die drei Resonanzfrequenzen werden von den zu unterscheidenden Protonen der H_3C-, der CH_2- und der OH-Gruppe gegeben.

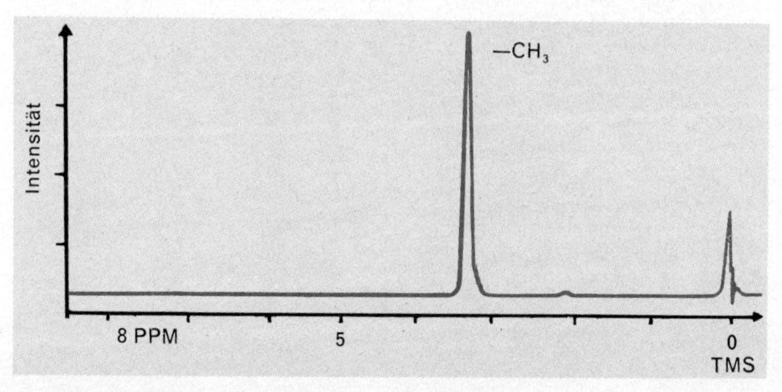

Abb. 65.2. Protonenresonanzspektrum des Dimethylethers. Da hier (neben der mitabgebildeten Nullmarke von Tetramethylsilan (TMS)) nur eine Protonenresonanzfrequenz gemessen wird, bietet die Protonenresonanzspektroskopie neben der Ultrarotspektroskopie eine weitere Möglichkeit, die beiden Moleküle mit der Summenformel H_6C_2O in ihrer Struktur zu unterscheiden. (PPM ≙ part pro million.)

Ultraviolettspektroskopie:

Ein Blick auf Abbildung 57.1. zeigt, daß die Quanten der UV-Strahlung etwa die Energie gewöhnlicher chemischer Bindungen (Kapitel 19.1., Tab. 9.2.) aufweisen. Infolgedessen ist das Licht dieses Frequenzbereiches in der Lage mit den Elektronen in einem Molekül oder Atom in Resonanz zu treten.

Im ultravioletten und sichtbaren Spektralbereich ist die Absorption der Strahlung mit Elektronenanregungen (Elektronensprüngen) verbunden.

Wenn wir uns vorstellen, daß die Elektronen eines Moleküls bei Zimmertemperatur einen energiearmen Zustand (Grundzustand) einnehmen, dann können sie aus der elektromagnetischen Strahlung definierte Energiequanten aufnehmen, die sie zur Besetzung eines energiereicheren Orbitals mit einem höheren Energieniveau befähigen. In Abb. 66.1. ist die Energie der Orbitale durch horizontale Linien symbolisiert. Die Abstände zwischen den Linien entsprechen Energiedifferenzen.

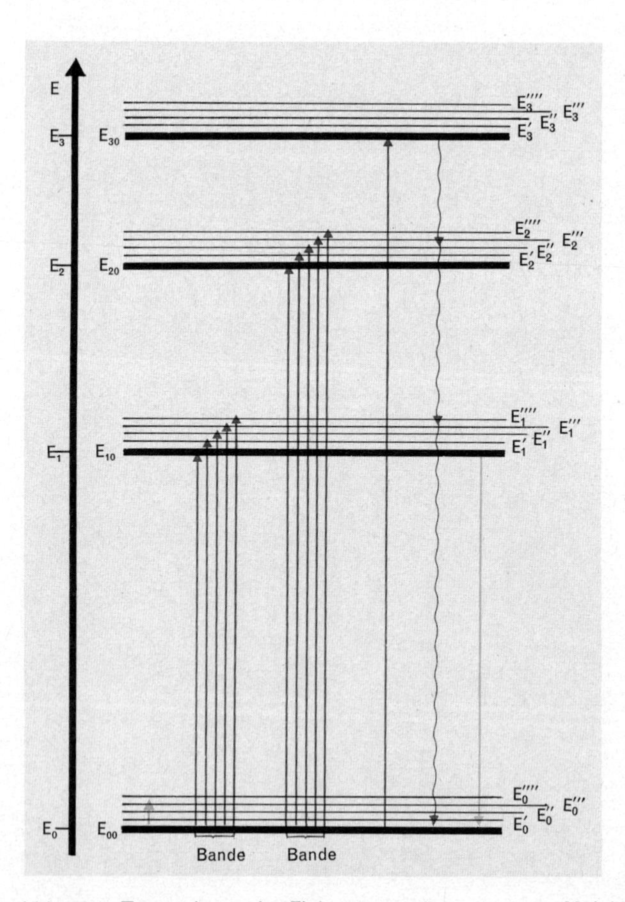

Abb. 66.1. Termschema der Elektronensprünge in einem Molekül

Die nach oben weisenden roten Pfeile deuten Elektronensprünge an, deren zugehörige Energiedifferenz aus der Einsteinschen Beziehung

$$\Delta E = h \cdot \nu = h \cdot \frac{c}{\lambda} = h \cdot c \cdot \tilde{\nu} \quad \Rightarrow c = \nu \cdot \lambda \qquad (16)$$

zu errechnen ist. Den Faktor $\tilde{\nu}$ bezeichnet man als Wellenzahl und gibt ihn in der Einheit cm^{-1} an. Ist die Energie E_1 des Orbitals bekannt, von dem ein Elektronensprung ausgeht, so kann man mit Gleichung (17)

$$E_2 = E_1 + \Delta E \qquad (17)$$

die Energie E_2 des Orbitals berechnen, das das „springende" Elektron besetzt. Die Energie der absorbierten elektromagnetischen Strahlung liegt bei der UV-Spektroskopie zwischen ca. 10 eV und 10^2 eV.

Dies entspricht:

Energie:	$10\ eV < E < 10^2\ eV$
Wellenlänge:	$1{,}24 \cdot 10^{-7}\ m > \lambda > 1{,}24 \cdot 10^{-8}\ m$
Frequenz:	$2{,}4 \cdot 10^{15}\ s^{-1} < \nu < 2{,}4 \cdot 10^{16}\ s^{-1}$
Wellenzahl:	$8{,}0 \cdot 10^{4}\ cm^{-1} < \tilde{\nu} < 8{,}0 \cdot 10^{5}\ cm^{-1}$

Absorbierte Energie ermöglicht aber nicht nur Elektronensprünge, sondern ist auch in der Lage, die Schwingungen der Atomrümpfe (kleiner grüner Pfeil in Abb. 66.1.) anzuregen. Die Anregungsenergien der Schwingungen von Atomrümpfen sind um ein bis zwei Zehnerpotenzen niederer (siehe Ultrarotspektroskopie) als die entsprechenden Energien für Elektronensprünge. Beispielsweise könnte sich das Niveau E_0''' (Abb. 66.1.) um $\Delta\tilde{\nu} = 1600\ cm^{-1}$ über dem Grundzustand mit der Energie E_0 befinden. Ein Elektronensprung von E_0 nach E_1 erfordert dagegen eine Energie, die zum Beispiel der Wellenzahl $\Delta\tilde{\nu} = 2 \cdot 10^4\ cm^{-1}$ entspricht. Da die Atomrümpfe auch in den elektronisch angeregten Zuständen des Moleküls schwingen, sind in Abb. 66.1. auch über E_1, E_2, E_3 usw. die Schwingungsenergieniveaus E_1', E_1'', E_1''', E_1'''' eingezeichnet. Bei der Wellenzahl $\tilde{\nu}_1 = (E_{10} - E_{00}) : h\,c$ tritt erstmals Absorption auf, die vom Übergang aus dem schwingungslosen (keine Schwingungen der Atomrümpfe – wird mit Index 0 bezeichnet) Zustand E_{00} in den ebenfalls schwingungslosen Zustand E_{10} herrührt. Eine solche Absorption zwischen schwingungslosen Zuständen bezeichnet man als 0—0 Übergang. Es sind aber auch Elektronensprünge denkbar, bei denen die Energie $\Delta E_1' = E_1' - E_{00}$ bzw. $\Delta E_1'' = E_1'' - E_{00}$ usw. benötigt wird. Diejenigen Elektronensprünge, die von einem Energieniveau ausgehen, fast man zu einer *Bande* zusammen. Bei ausreichender Energieeinstrahlung beginnt mit der Absorption $\Delta E_2 = E_{20} - E_{00}$ eine neue Bande, der die Wellenzahl $\tilde{\nu}_2 = (E_{20} - E_{00}) : h\,c$ zuzuordnen ist. Wird der absorbierte Energiebetrag so groß, daß das Elektron die Atomhülle verlassen kann, dann findet *Ionisation* statt.
Entgegengesetzter Ablauf der Elektronensprünge („von oben nach unten") führt zur Aussendung eines Photons. Dieses Phänomen wird für Atome im sichtbaren Bereich gesondert behandelt. An dieser Stelle sei darauf hingewiesen, daß Banden nur dann zu beobachten sind, wenn einerseits die Atomrümpfe in einem Molekül schwingen und andererseits innerhalb der Atomhülle Elektronensprünge stattfinden. Man unterscheidet dementsprechend zwischen Banden- und Linienspektren oder analog zwischen Molekül- und Atomspektren. Beide Arten von Spektren sind sowohl als Absorptions- wie auch als Emissionsspektren zu beobachten.

„Stürzt“ ein Elektron aus einem energiereichen Orbital auf das niederere Energieniveau eines anderen Orbitals, kann elektromagnetische Energie in Form von Licht abgestrahlt werden. Findet dieser Vorgang direkt nach der Energieabsorption statt ($\Delta t \approx 10^{-8}$ s), spricht man von *Fluoreszenz* (blauer Pfeil in Abb. 66.1.). Ist er mit einer zeitlichen Verzögerung von einigen Sekunden bis Minuten verbunden, nennt man den Vorgang *Phosphoreszenz*. Es ist üblich die UV-Spektren chemischer Stoffarten anhand verdünnter Lösungen zu studieren. In diesem Falle können angeregte Moleküle ihre Energie stufenweise an die Lösungsmittelmoleküle abgeben, ohne elektromagnetische Energie abzustrahlen (strahlungslose Übergänge). Dies deutet die mit Pfeilen versehene rote Schlangenlinie in Abb. 66.1. an.
Es ist anschaulich und bedarf sicher keiner weiteren Begründung, wenn wir davon ausgehen, daß fester gebundene Elektronen (z.B. die Elektronen einer σ-Bindung, vgl. Tab. 11.1., Kapitel 19.1.) schwerer anzuregen sind als lockerer gebundene. Die Elektronen einer σ-Bindung befinden sich auf einem niedereren Energieniveau als z.B. die reaktiveren π-Elektronen einer Doppelbindung. Deshalb besitzen die UV-Spektren von Molekülen mit Doppelbindungen, konjugierten Systemen und/oder freien Elektronenpaaren mehr Absorptionsbanden als diejenigen organischen Moleküle, in denen nur C—C- und C—H-Bindungen auftreten. Alkane sind deshalb für UV-spektroskopische Zwecke geeignete Lösungsmittel.
Die Zweckmäßigkeit der Vorstellungen, die zum Modell des „eindimensionalen Kastens“ führten, wird durch die experimentelle Ermittlung der UV-Absorptionsbanden eindrucksvoll bestätigt. Die auf dieser Basis im Kapitel 20.2.1. abgeleitete Formel zur Berechnung der kinetischen Energie delokalisierter π-Elektronen ermöglicht in einfachen Fällen die Vorhersage der Lage von Absorptionsfrequenzen.
Wir wollen dazu die vier π-Elektronen des Butadiens in den energieärmsten Orbitalen betrachten. Da sich in jedem Orbital nach dem Pauli-Prinzip zwei Elektronen aufhalten können, sollen die Anregungszustände durch ein Kasten-Schema (Abb. 68.1.) veranschaulicht werden.

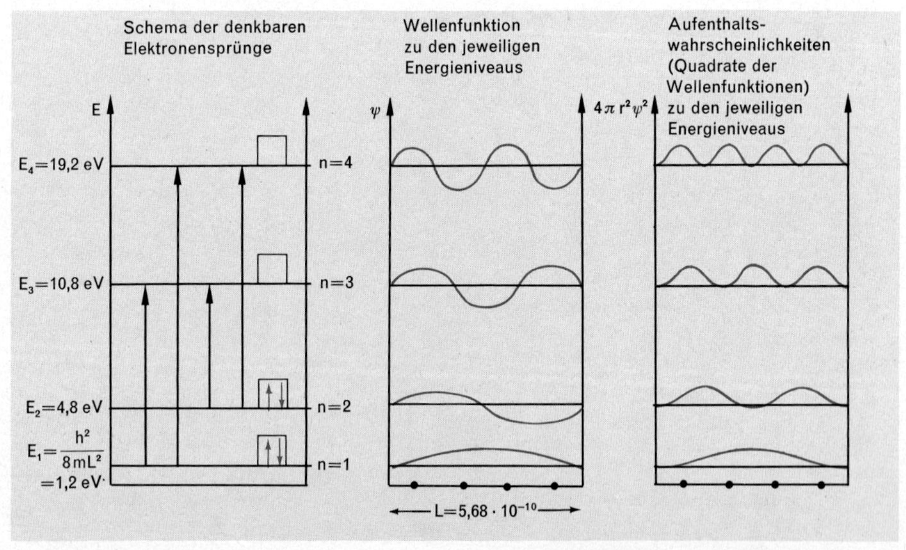

Abb. 68.1. Schematische Darstellung der Anregung der π-Elektronen im Butadien

Beträgt die kinetische Energie eines π-Elektrons

$$E_{kin} = \frac{h^2 \cdot n^2}{8 \cdot m_e \cdot L^2} \quad (18)$$

dann sind für die vier π-Elektronen des Butadiens zum Beispiel folgende Elektronensprünge denkbar (Abb. 68.1.).
Die vier angegebenen Quadrate der Wellenfunktion geben zu jedem Energieniveau die zugehörigen Aufenthaltswahrscheinlichkeiten der Elektronen an (vgl. Kapitel 8.2.).
Die beiden π-Elektronen mit $n=2$ können die Orbitale mit $n=3$ bzw. $n=4$ ebenso besetzen wie diejenigen π-Elektronen aus dem Energieniveau mit $n=1$. Von den vier möglichen Elektronensprüngen wollen wir denjenigen mit der geringsten Anregungsenergie (mit der größten Wellenlänge λ_{max}) betrachten. Das ist der Elektronensprung vom höchsten besetzten Niveau ($n=2$) zum niedersten unbesetzten Niveau ($n=3$).
Setzten wir in die Rechnung die Werte für $h=6{,}625 \cdot 10^{-34}$ Nms, $m_e=9{,}1 \cdot 10^{-31}$ kg und $L=5{,}68 \cdot 10^{-10}$ m[1] ein, dann errechnet sich die Wellenlänge, die der Anregungsenergie dieses Elektronensprungs entspricht zu:

$$\Delta E = \frac{9 \cdot h^2}{8 m_e L^2} - \frac{4 h^2}{8 m_e L^2} = \frac{5}{8} \frac{h^2}{m_e L^2} \quad (19)$$

mit (4) errechnet sich der Ansatz:

$$\Delta E = \frac{5 h^2}{8 m_e L^2} = h \cdot \nu = h \cdot \frac{c}{\lambda_{max}} \quad (20)$$

$$\lambda_{max} = \frac{8}{5} \cdot \frac{c \cdot m_e L^2}{h} \quad (21)$$

$$\lambda_{max} = \frac{8 \cdot 3{,}0 \cdot 10^8 \cdot 9{,}1 \cdot 10^{-31} \cdot (5{,}68 \cdot 10^{-10})^2}{5 \cdot 6{,}625 \cdot 10^{-34}} \cdot \frac{m \cdot kg\, m^2}{s \cdot Nm \cdot s} \quad (22)$$

$$\lambda_{max} = \frac{8 \cdot 3{,}0 \cdot 9{,}1 \cdot 3{,}22 \cdot 10^{-42}}{5 \cdot 6{,}625 \cdot 10^{-34}} \cdot \frac{m\, kg \cdot m^2 s^2}{s\, kg\, m^2 s} \quad (23)$$

$$\lambda_{max} = 2{,}123 \cdot 10^{-7}\, m \quad (24)$$

$$\lambda_{max} = 212{,}3 \cdot 10^{-9}\, m = 212{,}3\, nm \quad (25)$$

Die relativ gute Übereinstimmung dieses Werts mit dem Meßwert von $\lambda_{max}=217$ nm ist ein Beweis für die Leistungsfähigkeit des Modells vom „eindimensionalen Kasten“. Die Rechnung läßt außerdem erkennen, daß die Absorptionswellenlänge λ der Länge L des „eindimensionalen Kastens“ proportional ist. Dies bedeutet: „Je länger das konjugierte System, um so größer wird die Absorptionswellenlänge“. Diese Tatsache wird als *bathochromer*[2] *Effekt* bezeichnet.
Ein UV-Spektrum enthält neben den Absorptionswellenlängen noch weitere Informationen über die Elektronensprünge. Wenn bei der Aufnahme eines Spektrums auf der Abszisse (x-Achse) die Wellenlänge oder Wellenzahl (auch Energie oder

[1] Diese Größe erhält man, wenn man den C—C-Bindungsabstand der mittleren Bindung im Butadien mit $1{,}46 \cdot 10^{-10}$ m zu dem entsprechenden Wert einer Doppelbindung ($1{,}38 \cdot 10^{-10}$ m) addiert und den Mittelwert bildet. Die Länge L des eindimensionalen Kastens ist das vierfache dieses Mittelwerts: $L=4 \cdot 1{,}42 \cdot 10^{-10}\, m = 5{,}68 \cdot 10^{-10}\, m$.
[2] bathos (gr.) = tief

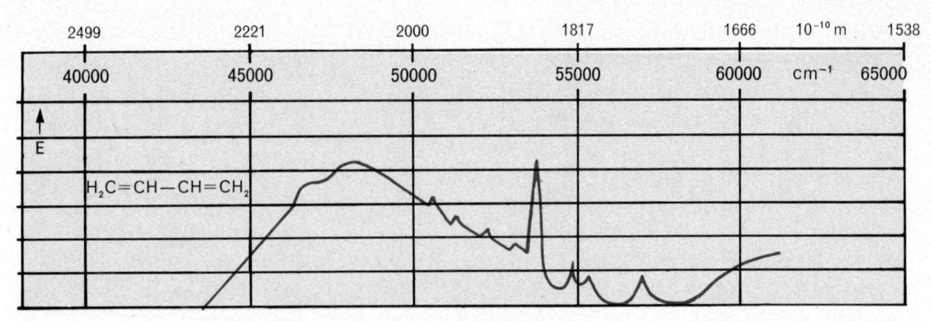

Abb. 70.1. UV-Spektrum des Butadiens. Hier wurde die Absorptionswellenlänge in der Größenordnung 10^{-10} m (10^{-10} m $= 10^{-1}$ nm) über der Extinktion E aufgetragen. Häufig gibt man bei UV-Spektren auch die Transmission T (Durchlässigkeit) einer Probe als Maß für die Absorption an. Zusammenhang: $E = \lg \frac{1}{T}$

Frequenz) als qualitatives Maß der Energieabsorption aufgezeichnet wird, so liefern die Angaben auf der Ordinate (y-Achse) eine quantitative Information über die Elektronenanregungen. Bezeichnet man mit I_0 die Intensität der eingestrahlten elektromagnetischen Energie, mit I die nach der untersuchten Probe austretende Intensität, dann besagt das *Lambert*[1]*-Beersche Gesetz*,

$$\lg \frac{I_0}{I} = \varepsilon \cdot c \cdot d = -\lg T \qquad (26)$$

daß der dekadische Logarithmus des Intensitätsverhältnisses von eintretender und austretender Strahlung der Konzentration c der zu untersuchenden Probe und ihrer Schichtdicke d proportional ist. Die Proportionalitätskonstante ε nennt man *molaren Extinktionskoeffizienten*. Der Quotient $\lg \frac{I_0}{I}$ wird *Extinktion* genannt. Bei bekanntem Absorptionsspektrum bietet das Lambert-Beersche Gesetz die Möglichkeit, Konzentrationen experimentell zu bestimmen, wovon man in der analytischen Chemie Gebrauch macht. Darüber hinaus ist die Proportionalitätskonstante ε ein Maß für die Wahrscheinlichkeit eines Elektronensprungs. Bei der Aufnahme der UV-Spektren wird meist automatisch über der Wellenlänge λ (oder der Wellenzahl $\tilde{\nu}$) der molare Extinktionskoeffizient oder dessen Logarithmus aufgetragen.
Abschließend soll die Leistungsfähigkeit der angeführten Untersuchungsmethoden zur Strukturaufklärung am Beispiel der isomeren Verbindungen Ethanol und Dimethylether dargestellt werden. Betrachtet man die UV-Spektren dieser Spezies im angegebenen Spektralbereich (Abb. 71.1., 71.2.), so fällt nicht nur die relative Armut an Absorptionsbanden, sondern auch deren Kurzwelligkeit auf. Dies ist ein Hinweis auf fehlende Doppelbindungen und konjugierte π-Elektronensysteme. Um die Elektronen der energieärmeren, stabileren und deshalb weniger reaktiveren σ-Bindungen anzuregen, werden Energien oberhalb 10^{-15} kJ ($\triangleq$ 6,25 eV) benötigt. Dies hat zur Folge, daß Moleküle, die nur σ-Bindungen und freie Elektronenpaare an Nichtmetallatomen mit hoher Elektronegativität besitzen, erst bei kürzeren Wellenlängen (ca. ab 200 nm) absorbieren. In diesem Spektralgebiet absorbiert aber schon der Sauerstoff, was ein Arbeiten im Vakuum erforderlich macht.

[1] J. H. Lambert, 1728—1777, franz. Physiker

Ethanol besitzt seine langwelligste Absorptionsbande bei 204 nm ($\hat{=} \tilde{\nu} = 49020\ cm^{-1}$) und Dimethylether eine solche von 188 nm ($\hat{=} \tilde{\nu} = 53120\ cm^{-1}$). Zusammen mit den unterschiedlichen C—C- und O—H-Schwingungen im Ethanolspektrum bzw. den C—O—C-Schwingungen im Dimethyletherspektrum der UR-Aufnahmen dieser Stoffarten und den drei verschiedenen Protonenresonanzfrequenzen der Kernresonanzaufnahmen des Ethanols gegenüber nur einer Kernresonanzfrequenz beim Dimethylether liefert die UV-Spektroskopie eine weitere Information und stützt damit die schon auf Seite 62 diskutierten Strukturen.

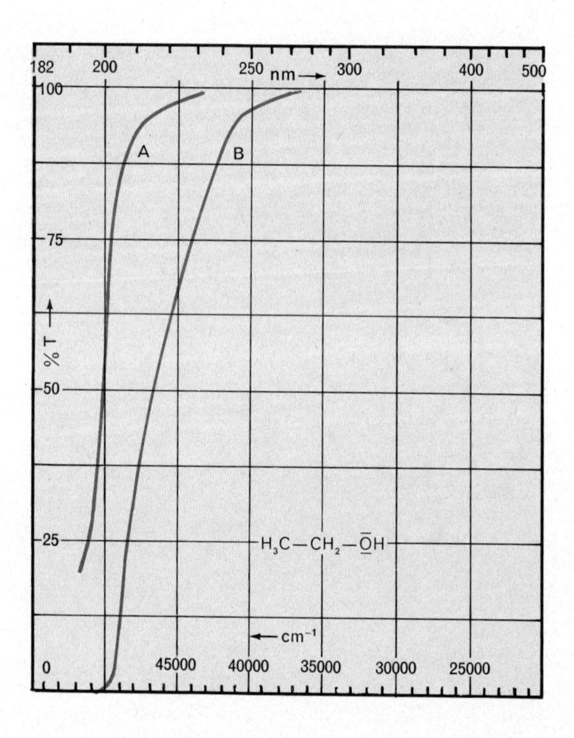

Abb. 71.1. UV-Spektrum des Ethanols. Hier wurde die Absorptionswellenlänge über der Durchlässigkeit in Prozent (Transmission T) aufgetragen

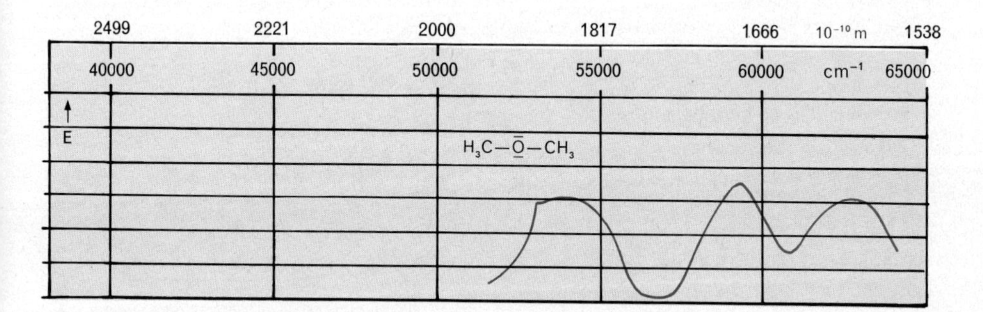

Abb. 71.2. UV-Spektrum des Dimethylethers

Überblick über die geschilderten Wechselwirkungen zwischen Energie und Materie:

Tab. 72.1. Eigenschaften und Wirkung elektromagnetischer Wellen

Bereich der Resonanzfrequenz in s^{-1}	Bereich der Resonanzwellenlänge in $nm = 10^{-9}$ m	Art der erregten Schwingung	Anwendungsgebiet
$5 \cdot 10^{14}$–$3 \cdot 10^{15}$	0,1–0,6	Elektronensprünge in der Atomhülle	Elektronenspektren, UV-Spektroskopie
$3 \cdot 10^{13}$–$3 \cdot 10^{14}$	1–10	Valenzschwingungen der Atome im Molekül	UR-Spektroskopie
$6 \cdot 10^{11}$–$6 \cdot 10^{12}$	50–500	Rotationen der Atome im Molekül	UR-Spektroskopie
$3 \cdot 10^{6}$–$3 \cdot 10^{7}$	10^{7}–10^{8}	Änderung der Einstellung des magnetischen Kernmoments zum äußeren Magnetfeld	Kernresonanzspektroskopie

Weitere Möglichkeiten der Wechselwirkung zwischen Energie und Materie treten im Massenspektrographen, bei der Untersuchung der Kristalle mit Röntgenstrahlen und bei der Neutronenbeugung auf. Eine Besprechung dieser Untersuchungsmethoden geht aber über den Rahmen dieses Buches hinaus.

Aufgaben:

7. Berechne für 1 Mol die kinetische Energie eines linearen konjugierten Systems von 6π-Elektronen, wenn $L = 8{,}4 \cdot 10^{-10}$ m beträgt!
8. Welche Wellenlänge muß das eingestrahlte Licht mindestens besitzen, um ein π-Elektron eines linear konjugierten π-Elektronensextetts von der Bahn mit $n = 3$ auf diejenige mit $n = 4$ anzuheben, wenn $L = 8{,}4 \cdot 10^{-10}$ m beträgt?
9. Berechne die Länge L des „eindimensionalen Kastens" für 1,3-Pentadien, wenn die maximale Absorptionswellenlänge bei $\lambda_{max} = 2{,}94 \cdot 10^{-7}$ m liegt! ($m_e = 9{,}1 \cdot 10^{-31}$ kg). Der Elektronensprung findet vom Niveau mit $n_1 = 2$ auf das mit $n_2 = 3$ statt.
10. Bei einem Kompensationsverfahren zur Ermittlung von Konzentrationsverhältnissen vergleicht man die Intensität I des die Meßprobe durchsetzenden Strahls mit der Strahlintensität I_0 einer Vergleichsprobe. Verwendet man beim Vergleich identische Küvetten, gleiche Schichtdicken d der Proben und setzt in dem Ausdruck der Extinktion $E = \lg \frac{I_0}{I}$ die Intensität I_0 des Vergleichsstrahls 100% bzw. 1, so kann man diese Größen zu einem konstanten Faktor zusammenfassen, der bei beiden Proben gleich ist. Unter diesen Voraussetzungen ist die Durchlässigkeit $T = \frac{I}{I_0}$ ein Maß für die Extinktionen, die sich für die einzelnen Komponenten 1 und 2 einer Probe addieren.
Bei der Ermittlung eines Konzentrationsverhältnisses zweier Komponenten 1 und 2 eines Gemischs G fand man folgende Werte der Durchlässigkeiten.

	$\ln D_G$ Gemisch	$\ln D_1$ Komponente 1	$\ln D_2$ Komponente 2
λ_1	−0,88	−1,232	−0,223
λ_2	−0,561	−0,1163	−1,17

Berechne das Konzentrationsverhältnis $c_1 : c_2$!

20.7.3. Spektralanalyse und das Moseleysche Gesetz

Die einem Atom zugeführte Strahlungsenergie $h \cdot \nu$ kann so groß sein, daß ein Elektron ganz aus der Atomhülle austreten kann. Man spricht dann nicht mehr von Anregungsenergie, sondern von der *1. Ionisierungsenergie*. Da die Ionisierungsenergie, wie uns folgende Tabelle zeigt, innerhalb einer Periode mit zunehmender Kernladungszahl steigt und innerhalb einer Gruppe mit wachsendem Atomradius fällt, kann man ihre Größe zur Charakterisierung der Elemente verwenden. Wird ein Elektron in die Atomhülle eingebaut oder nimmt es innerhalb der Atomhülle ein energieärmeres Niveau ein, kann analog die dabei freiwerdende Energie, und nach Gleichung (16) auch die Wellenlänge der ausgesandten Strahlung, zum Identifizieren eines Elements verwendet werden.

1) Beobachtung der Flammenfärbung: Halte die Metalle Lithium, Calcium und Barium mit einer Tiegelzange in die Flamme und beobachte die Flammenfärbung! Nur kleinste Stücke verwenden! (Schutzbrille!)

2) Führe den gleichen Versuch mit einigen Salzen dieser Metalle durch, indem man sie mit einem Magnesiastäbchen in die Flamme bringt. Beobachte die Flammenfärbung mit einem Taschenspektroskop.

Tab. 73.1 Ionisierungsenergien (Ws) der Atome wichtiger Hauptgruppenelemente

H 21,6							He 39,2
Li 8,56	Be 14,9	B 13,2	C 17,9	N 23,2	O 21,7	F 27,9	Ne 34,4
Na 8,14	Mg 12,2	Al 9,5	Si 13,01	P 16,7	S 16,65	Cl 20,8	Ar 25,1
K 6,9	Ca 9,9		Ge 12,9	As 16,1	Se 15,6	Br 18,9	Kr 22,3
Rb 6,7	Sr 9,09		Sn 12,0	Sb 13,3	Te 14,2	I 16,7	Xe 19,4

Werden die Atome oder Moleküle von Gasen bzw. Dämpfen angeregt, so senden sie Licht bestimmter Wellenlänge aus, das für die Stoffart charakteristisch ist. Erhitzte Dämpfe der Alkali- und Erdalkalimetalle färben die Flamme (Versuch 1). Lithium färbt die Flamme rot, Natrium gelb, Kalium violett, Rubidium rot, Cäsium blau, Calcium orange und Barium grün. Betrachtet man die *Flammenfärbung* im Spektroskop

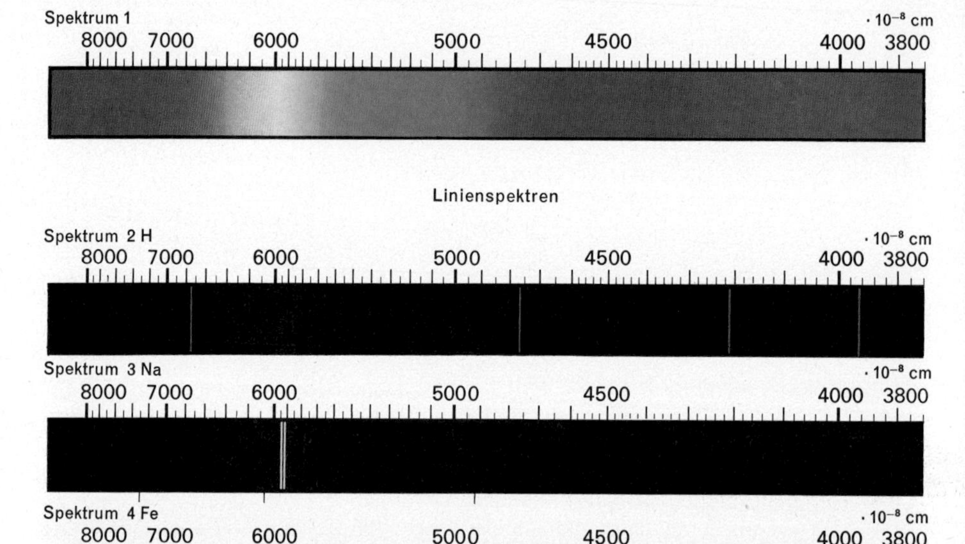

Absorptionsspektren

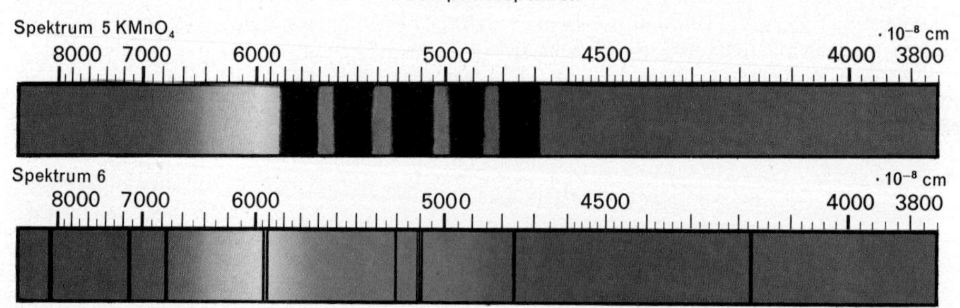

Abb. 74.1. Spektrum 1 ist ein kontinuierliches Glühlichtspektrum. Die Spektren 2, 3 und 4 stellen die Linienspektren der Elemente Wasserstoff, Natrium und Eisen dar. Spektrum 5 ist das Absorptionsspektrum von Kaliumpermanganat und Spektrum 6 zeigt die Absorptionslinien (Fraunhofersche Linien) der Luft auf dem Untergrund des kontinuierlichen Sonnenspektrums.

(Versuch 2), erkennt man einzelne Linien, die in Banden angeordnet sein können. Die bei der Anregung auf ein energiereicheres Orbital „angehobenen" Elektronen „fallen" nach kurzer Zeit in ein energieärmeres zurück und geben dabei die freiwerdende Energie $h \cdot \nu$ in Form von Licht ab, das im Emissionsspektrum als Linie mit der entsprechenden Wellenlänge erscheint. Von den charakteristischen Emissionsspektren macht man in der *Spektralanalyse* zur Identifizierung der Elemente Gebrauch. Die Frequenz bzw. Wellenlänge einer Linie im Emissionsspektrum hängt nur von der Energiedifferenz ab, die das Elektron bei einem Sprung „durchfällt".

Wasserstoff z. B. zeigt vier Linien im dunklen Gesichtsfeld:

$$H_\alpha = 6564{,}7 \cdot 10^{-8}\,\text{cm} \qquad H_\gamma = 4341{,}7 \cdot 10^{-8}\,\text{cm}$$
$$H_\beta = 4862{,}6 \cdot 10^{-8}\,\text{cm} \qquad H_\delta = 4102{,}9 \cdot 10^{-8}\,\text{cm}$$

Die Linien hängen gesetzmäßig zusammen und bilden eine Serie. Unter einer Serie versteht man Spektrallinien, deren Energie bei Elektronensprüngen von verschieden energiereicheren Orbitalen auf das gleiche energieärmere Orbital ausgesandt wurden. Die Gesetzmäßigkeit einer Serie kann durch die Gleichung

$$\frac{1}{\lambda} = R \cdot z^2 \cdot \left(\frac{1}{n_1^2} - \frac{1}{n_2^2}\right) \tag{1}$$

ausgedrückt werden, wobei n_1 die Schalennummer (Hauptquantenzahl) nach und n_2 vor dem Elektronensprung angibt. Wird $n_2 = \infty$, erhält man eine Wellenlänge λ_{grenz}, die Grenzwellenlänge, unterhalb der keine diskreten Linien mehr auftreten. Das Spektrum wird kontinuierlich. Diese Gleichung beweist die Verwendungsfähigkeit unserer Modellvorstellungen vom inneren Bau der Atome. R bedeutet in der Gleichung eine Konstante, die *Rydberg-Konstante*, z ist ein Symbol für die Ordnungszahl. Der Wert der Rydberg-Konstanten ändert sich etwas mit der Ordnungszahl.

Die Erzeugung, Beobachtung und Messung der Spektren erfolgt in Spektralapparaten. Die Verwendung der Flammenfärbung zum Nachweis verschiedener Elemente ist alt, denn schon 1758 wies A. Marggraf[1] in Berlin auf diese Weise Natrium- und Kaliumsalze nach. R. W. Bunsen und G. Kirchhoff entwickelten 1860 das Verfahren der Spektralanalyse. So gelang es Bunsen, bei der Untersuchung des Dürkheimer Mineralwassers zwei neue Elemente zu finden, das Rubidium und das Cäsium, und sie als Chloride zu isolieren. Die Spektralanalyse hat große Erfolge bei der Untersuchung des Spektrums der Sonne und der Fixsterne erzielt.

Im Jahre 1913 bestätigte H. Moseley[2] einen interessanten Zusammenhang zwischen Ordnungszahl eines Elements und der Wellenlänge einer bestimmten Linie, der schon lange vermutet wurde.

Ist $n_1 = 1$ und $n_2 = 2$, „springt" also das Elektron von der zweiten auf die innerste Schale, dann wird Energie ausgesandt, der im Spektrum eine Linie entspricht, die man K_α-Linie nennt. Ein solcher „Sprung" ist nur möglich, wenn auf der 1. Schale (K-Schale) ein Platz frei ist. Das bedeutet: Die Kernladung wird durch ein auf der 1. Schale noch vorhandenes Elektron abgeschirmt. Wir müssen folglich in der Gleichung (1) anstatt (z) nur (z—1) schreiben. Moseley fand, daß zwischen der Wellenlänge der K_α-Linie und der Ordnungszahl z ein Zusammenhang besteht. Man nennt diesen Ausdruck Moseleysches Gesetz. Für $n_1 = 1$ und $n_2 = 2$ gilt:

$$\frac{1}{\lambda} = R(z-1)^2 \left(\frac{1}{1^2} - \frac{1}{2^2}\right) \tag{2}$$

$$\frac{1}{\lambda} = R(z-1)^2 \left(1 - \frac{1}{4}\right) \tag{3}$$

$$\frac{1}{\lambda} = \frac{3}{4} R(z-1)^2. \tag{4}$$

Trägt man auf der Ordinate $\sqrt{\frac{1}{\lambda}}$ und auf der Abszisse die Ordnungszahl z auf, dann erhält man eine Gerade.

[1] Andreas Marggraf, 1709–1782, deutscher Chemiker [2] Henry Moseley, 1887—1915, englischer Physiker

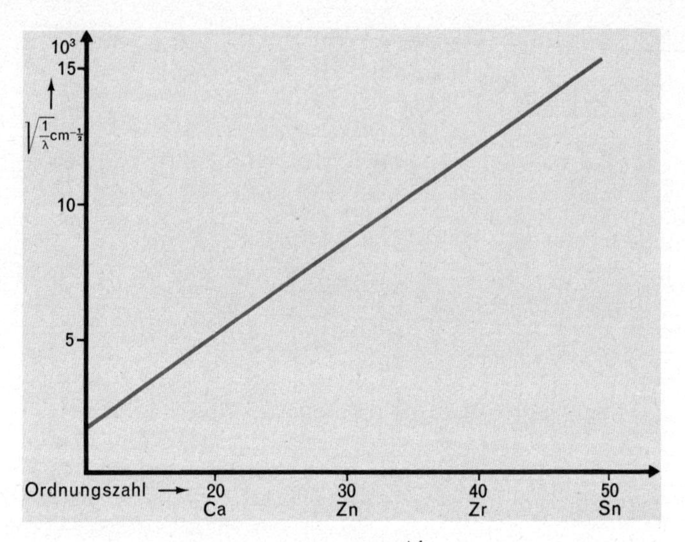

Abb. 76.1. Abhängigkeit der Wellenzahl $\left(\frac{1}{\lambda}\right)$ der K_α-Linie von der Ordnungszahl (Kernladungszahl) nach dem Moseleyschen Gesetz

Das Moseleysche Gesetz besagt, daß die Wellenlänge der K_α-Linie dem Quadrat der um 1 verminderten Ordnungszahl umgekehrt proportional ist.

Mit Hilfe dieses Gesetzes konnte man die notwendigen Umstellungen im Periodensystem vornehmen, von denen im Kapitel 9.1. die Rede war. Außerdem konnte man mit Hilfe dieses Gesetzes die Existenz noch nicht entdeckter Elemente vorhersagen.

Aufgaben:

1. Berechne die Wellenlängen der H_α-, H_β- und H_γ-Linien des Wasserstoffspektrums, wenn die Rydbergkonstante $R = 1{,}09677 \cdot 10^5$ cm^{-1} beträgt und die Elektronensprünge von den Orbitalen mit $n_2 = 3{,}4$ und 5 auf das mit $n_1 = 2$ verlaufen!
2. Vergleiche die Wellenlänge der H_β-Linie des Wasserstoffspektrums (Elektronenübergang vom Term mit $n_2 = 4$ nach $n_1 = 2$) mit dem entsprechenden Elektronenübergang beim Kupfer! Der abschirmende Effekt der inneren Elektronen bleibt unberücksichtigt!
3. Berechne die Rydbergkonstante R, wenn die H_δ-Linie des Wasserstoffspektrums eine Wellenlänge von $\lambda_\delta = 410 \cdot 10^{-9}$ m besitzt. Der Elektronensprung findet in diesem Fall von dem Orbital mit $n_2 = 6$ auf das mit $n_1 = 2$ statt!
4. Von welchem Orbital geht beim Heliumatom (z = 2) ein Elektronensprung aus, wenn Licht der Wellenlänge $\lambda_{He} = 1640{,}9 \cdot 10^{-8}$ cm emittiert wird? Der Elektronensprung endet auf dem Orbital mit $n_1 = 2$!

20.8. Die Aldehyde – Alkanale

1) Oxidation von Ethanol: Glühe einen Kupferblechstreifen oder ein Stück Kupferdrahtnetz in der Bunsenflamme, bis es einen schwarzen Überzug erhält, und tauche es in einem Reagenzglas in Ethanol!

2) Herstellung von Ethanal: Löse in einem Reagenzglas eine Spatelspitze Natriumdichromat in wenig Wasser auf und versetze die Lösung mit ca. 1 ml Ethanol. Beobachte die Farbänderung beim Zutropfen verdünnter Schwefelsäure!

3) Nachweis der Alkanale: Versetze einige ml fuchsinschwefliger Säure in einem Reagenzglas mit einem Teil des Reaktionsprodukts von Versuch 1 und beobachte die auftretende Farbe (eventuell leicht erwärmen).

4) Herstellung von Acrolein: Erhitze in einem Reagenzglas 3–4 ml Glycerin mit einer Spatelspitze Kaliumhydrogensulfat zum Sieden und leite die entstehenden Dämpfe in fuchsinschweflige Säure. Der Versuch ist im Abzug durchzuführen!

Bei Versuch 1 hat schwarzes Kupfer(II)-oxid mit Ethanol reagiert. Die Farbänderung des Kupferblechstreifens läßt erkennen, daß elementares Kupfer entstanden ist. Die Umsetzung ist eine Redoxreaktion. Um auch in der organischen Chemie Redoxreaktionen so abstimmen zu können, wie wir es im Kapitel 6.1.1. kennenlernten, ist es notwendig, die Oxidationszahlen des Kohlenstoffs nach einem bestimmten Verfahren zu berechnen:

Zur Bestimmung der Oxidationszahlen von C-Atomen in organischen Verbindungen teilt man die Bindungselektronen einer Atombindung, formal gesehen, dem elektronegativeren Element zu und berechnet aus den so erhaltenen Werten durch Summieren die Oxidationszahlen. Die C-Atome einer C—C-Bindung erhalten immer den Wert 0 zugeteilt, da in diesem Fall kein Elektronegativitätsunterschied besteht, d.h. Alkylreste haben die Oxidationszahl 0. Beispiel:

$$H_3C-\overset{+1}{H}\!\!-\!C(\overset{+1}{H})-O-H \;=\; H_3C-\overset{-1}{C}H_2-O-H$$

Zwischen Ethanol und Kupfer(II)-oxid ist folgende Redoxreaktion abgelaufen:

$$H_3C-\overset{-1}{C}H_2-OH + \overset{+2}{Cu}{}^{2+}O^{2-} \rightarrow H_3C-\overset{+1}{C}(=O)-H + \overset{\pm 0}{Cu} + H_2O$$

Ethanal

Das Kupfer im Kupfer(II)-oxid hat bei dieser Reaktion zwei Elektronen aufgenommen, es wurde reduziert. Ein Kohlenstoffatom des Ethanols wurde oxidiert. Die entstandene Verbindung besitzt ein Kohlenstoffatom, das eine Doppelbindung zu einem Sauerstoffatom und eine Einfachbindung zu einem Wasserstoffatom betätigt. Die neue Verbindung ist ein Vertreter der *Aldehyde*[1] oder *Alkanale*.

Aldehyde sind Verbindungen, die man durch Oxidation aus den entsprechenden Alkoholen erhalten kann. Alle Alkanalmoleküle besitzen die funktionelle Gruppe —CHO. Die Namen der Aldehyde werden aus dem Namen des entsprechenden Alkyls durch Anhängen der Endung -al gebildet.

[1] *Al*kohol *dehyd*rogenatus

Homologe Reihe der Alkanale:

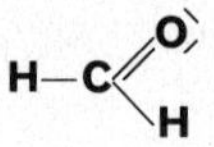

$$H{-}C\begin{matrix}\nearrow \overline{O}\\ \searrow H\end{matrix}$$

Abb. 78.1. Methanal

$$H_3C{-}C\begin{matrix}\nearrow \overline{O}\\ \searrow H\end{matrix}$$

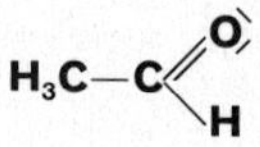

Abb. 78.2. Ethanal

Propanal $H_3C{-}CH_2{-}C\begin{matrix}\nearrow \overline{O}\\ \searrow H\end{matrix}$ **usw.**

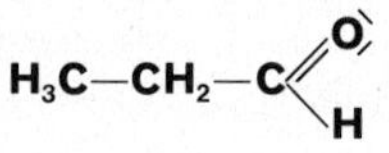

allgem. Formel: $C_nH_{2n}O$

Auch bei Versuch 2 wurde Ethanol durch das Dichromation, in dem Chrom die Oxidationszahl +6 besitzt, zu Ethanal (älterer Name Acetaldehyd) oxidiert:

$$3\,H_3C{-}\overset{-1}{C}H_2{-}\overline{\underline{O}}H + \overset{+6}{Cr_2}O_7^{--} + 8\,H^+ \rightarrow 3\,H_3C{-}\overset{+1}{C}\begin{matrix}\nearrow \overline{O}\\ \searrow H\end{matrix} + 2\,\overset{+3}{Cr^{3+}} + 7\,H_2O$$

Fuchsinschweflige Säure, die man durch Entfärben von Fuchsin mit SO_2 erhält, zeigt beim Versetzen mit Alkanalen eine rote Farbe. Sie ist ein Nachweisreagens für Alkanale (Versuch 3).

Die Umsetzung im Versuch 4 läßt sich besser verstehen, wenn wir die Wechselwirkungen der Elektronen aufeinander genauer betrachten. Unter dem Einfluß eines wasserentziehenden Mittels (Kaliumhydrogensulfat $KHSO_4$) wird durch die Abspaltung eines H_2O-Moleküls eine Doppelbindung in das Glycerinmolekül eingeführt. Dieser Reaktionsschritt entspricht bei zwei C-Atomen einem Übergang vom sp^3- in den sp^2-Zustand.

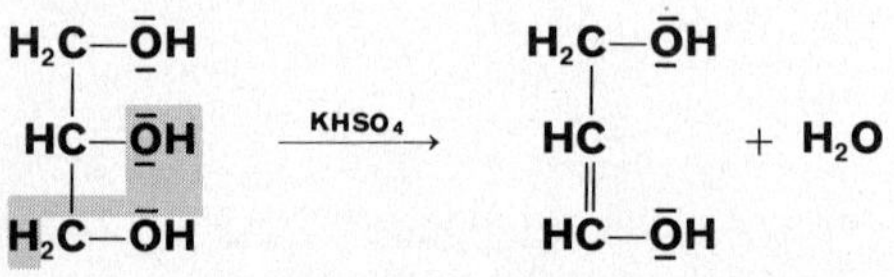

$$\begin{matrix}H_2C{-}\overline{\underline{O}}H\\ |\\ HC{-}\overline{\underline{O}}H\\ |\\ H_2C{-}\overline{\underline{O}}H\end{matrix} \xrightarrow{KHSO_4} \begin{matrix}H_2C{-}\overline{\underline{O}}H\\ |\\ HC\\ \|\\ HC{-}\overline{\underline{O}}H\end{matrix} + H_2O$$

Die große Elektronegativität des Sauerstoffatoms erklärt, warum zunächst das Wasserstoffatom der OH-Gruppe, die an ein C-Atom im sp^2-Zustand gebunden ist, als Proton abdissoziiert.

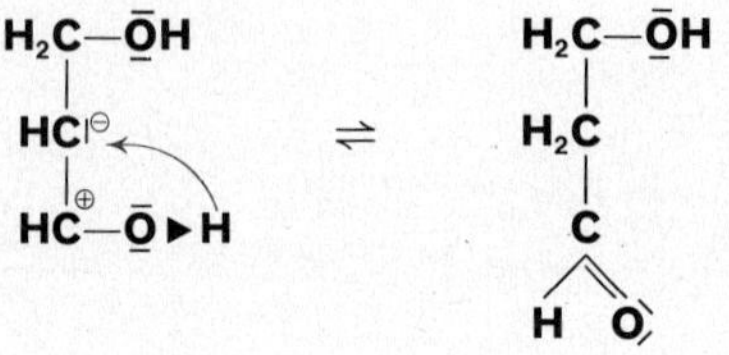

$$\begin{matrix}H_2C{-}\overline{\underline{O}}H\\ |\\ HC|^{\ominus}\\ |^{\oplus}\\ HC{-}\overline{\underline{O}}\blacktriangleright H\end{matrix} \rightleftharpoons \begin{matrix}H_2C{-}\overline{\underline{O}}H\\ |\\ H_2C\\ |\\ C\\ \swarrow\ \searrow\!\!\searrow\\ H\quad \overline{O}\end{matrix}$$

Die große Elektronegativität des Sauerstoffs und zum Teil auch die partiell positive Ladung am Carbeniumion verursachen durch einen „Elektronensog" eine Abschwächung der O—H-Bindung, so daß das Wasserstoffatom unter Zurücklassung seines Elektrons als Proton abdissoziieren kann. Als Kation wandert es zum Carbeniation[1]. Dort wird durch den Elektronenüberschuß eine koordinative Bindung des Protons ermöglicht. Die Elektronen am Sauerstoffatom werden vom Carbeniumion angezogen. So kann man sich das Zustandekommen der C=O-Doppelbindung erklären.
Stark wasserentziehende Mittel spalten aus dem entstandenen Zwischenprodukt nochmals ein H_2O-Molekül ab, so daß als Endprodukt ein ungesättigter Aldehyd, das *Acrolein*, vorliegt.

$$\mathrm{H_2C{-}\overline{O}H\ /\ H_2C\ /\ C(H){=}O \xrightarrow{KHSO_4} H_2C{=}HC{-}C(H){=}O + H_2O}$$

Ein wichtiger Schritt im gesamten Reaktionsablauf war die Wanderung des Wasserstoffs als Proton. Die Tatsache, daß innerhalb eines Moleküls Protonen wandern können, bezeichnet man als *Tautomerie*[2].

Die Tautomerie ist eine Gleichgewichtsreaktion zwischen isomeren Molekülen, bei deren Ablauf durch Protonenwanderung Bindungselektronenpaare verschoben werden.

Reaktionen der Alkanale:

5) Addition von Natriumhydrogensulfit an Ethanal: Gib in einem Reagenzglas zu 5 ml Ethanal tropfenweise unter Kühlung eine gesättigte Natriumhydrogensulfitlösung und beobachte!

6) Addition von Ammoniak an Ethanal: Leite in eine wasserfreie, etherische Lösung von Ethanal trockenes Ammoniakgas und kühle die Vorlage. Beobachte die Kristallbildung an der Gefäßwand! (Abzug!)

7) Aldehyddimerisation: Versetze Ethanal im Reagenzglas mit wenig Wasser und anschließend, unter Kühlung, mit einigen Tropfen wäßriger Kalilauge. Prüfe Farbe und Geruch des Reaktionsgemisches vor und nach der Laugenzugabe!

L 8) Polymerisation von Ethanal: Man füllt 5 ml frisch destilliertes Ethanal in einen 100-ml-Rundkolben und gibt dazu einen Tropfen konzentrierte Schwefelsäure, nachdem man den Rundkolben in ein großes Becherglas mit Kühlwasser gebracht hat. (Vorsicht, Ethanaldämpfe sind brennbar, Abzug! Schutzbrille!) Nach Abklingen der heftigen Reaktion gibt man Wasser zu dem Reaktionsgemisch und trennt im Scheidetrichter das im Wasser unlösliche Polymerisat ab. Prüfe das Reaktionsprodukt mit fuchsinschwefliger Säure und bestimme seinen Siedepunkt!

Bei der Umsetzung von Natriumhydrogensulfit mit Ethanal findet eine Addition an der C=O-Doppelbindung statt. Die C=O-Doppelbindung (Carbonylgruppe) besteht, wie auch die C=C-Doppelbindung, aus einem σ- und einem π-Elektronenpaar. Sie besitzt eine ähnliche Neigung zu Additionsreaktionen wie die C=C-Doppelbindung. In der Carbonylgruppe verschieben sich die π-Elektronenwolken wegen der starken elektronenanziehenden Wirkung des Sauerstoffs in Richtung auf das Sauerstoffatom (Abb. 80.1.).

[1] C-Atom mit partiell negativer Ladung
[2] to auto (gr.) = dasselbe

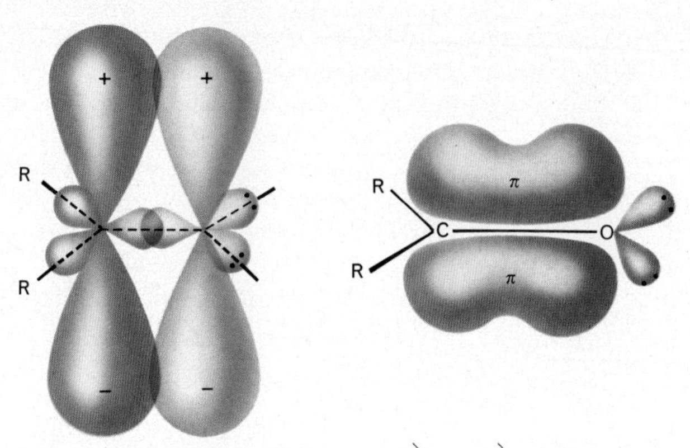

Abb. 80.1. Modellvorstellungen zur $\rangle C=O \langle$ -Doppelbindung. Links: rot, Orbitale des C-Atoms, blau, Orbitale des O-Atoms. Rechts: Die Tönung deutet an, daß die π-Elektronen stärker zum elektronegativeren Sauerstoffatom gezogen werden.

Bei der Aufrichtung der Doppelbindung wird der Kohlenstoff partiell positiv, der Sauerstoff partiell negativ geladen, es entsteht ein Carbeniumion.

$$\rangle C=O\rangle \rightarrow \rangle \overset{\oplus}{C}-\overline{\underline{O}}|^{\ominus}$$

polare Grenzstruktur

Die Addition des Sulfitions an die Carbonylgruppe im Ethanalmolekül muß man demnach so formulieren (Versuch 5):

$$\left[H_3C-\overset{\oplus}{C}\begin{matrix}\overline{\underline{O}}|^{\ominus}\\H\end{matrix}\right] + Na^+HSO_3^- \rightarrow H_3C-C\begin{matrix}\overline{O}H\\SO_3^{\ominus}Na^{\oplus}\\H\end{matrix}$$

polare Grenzstruktur

Das Schwefelatom greift mit einem freien Elektronenpaar an der Elektronenlücke des Carbeniumions an.

Ein nucleophiler Angriff am Carbeniumion findet auch bei der Umsetzung des Ethanals mit Ammoniak statt (Versuch 6). Diese Reaktion kann man nach der Lewisschen Säure-Base-Definition als Neutralisation verstehen, da die Lewis-Base $|NH_3$ mit dem als Lewis-Säure fungierenden Carbeniumion reagiert.

$$H_3C-\overset{|\overline{\underline{O}}|^{\ominus}}{\underset{H}{C^{\oplus}}} + |NH_3 \rightarrow H_3C-\overset{|\overline{\underline{O}}|^{\ominus}}{\underset{H}{C}}\overset{\oplus}{-}NH_3 \rightarrow H_3C-\overset{OH}{\underset{H}{C}}-NH_2$$

Verdünnte Alkalien katalysieren eine Reaktion zwischen Ethanalmolekülen, bei der das eine an die C=O-Doppelbindung des anderen addiert wird (Versuch 7). Das addierte Ethanalmolekül konnte offenbar eine C—H-Bindung an dem C-Atom lösen, das der Carbonylgruppe direkt benachbart ist. Man nennt dieses C-Atom das *α-C-Atom*. Unter Zurücklassung des bindenden Elektronenpaares dissoziiert das Wasserstoffatom als Proton ab. Der aktivierende Einfluß des stark elektronegativen Sauerstoffs der Carbonylgruppe bleibt deshalb auf C—H-Bindungen am α-C-Atom beschränkt, weil nur so ein delokalisiertes, schwingungsfähiges Elektronensystem gebildet werden kann.

Die Strukturen I und II sind fiktive, mesomere Grenzstrukturen. Das Wasserstoffatom, das an das Carbonyl-C-Atom gebunden ist, kann nicht oder wesentlich schwerer abdissoziieren, da das Ethanalmolekül in diesem Falle durch Mesomerie nicht stabilisiert werden kann.

$$H\overline{O}|^- + H{-}\underset{H}{\overset{H}{C}}{-}C{\overset{O}{\underset{H}{\lessgtr}}} \rightleftharpoons HOH + |\overset{\ominus}{C}H_2{-}C{\overset{O}{\underset{H}{\lessgtr}}}$$

$$\left[|\overset{\ominus}{C}H_2{-}C{\overset{O}{\underset{H}{\lessgtr}}} \leftrightarrow H_2C{=}C{\overset{\overline{O}|^{\ominus}}{\underset{H}{\lessgtr}}}\right]^- H^+$$

I II

fiktive Grenzstrukturen

Zwischen den angegebenen Grenzstrukturen ist schließlich folgende Additionsreaktion denkbar:

$$H_3C{-}\overset{\oplus}{C}{\overset{\overline{O}|^{\ominus}}{\underset{H}{\lessgtr}}} + H^+\left[|\overset{\ominus}{C}H_2{-}C{\overset{O}{\underset{H}{\lessgtr}}}\right]^- \rightarrow H_3C{-}\underset{H}{\overset{OH}{C}}{-}CH_2{-}C{\overset{O}{\underset{H}{\lessgtr}}}$$

Aldol[1]

Aldol spielt bei der Fettsynthese eine große Rolle und tritt auch als Spaltprodukt bei der Gärung auf.
Unter der katalysierenden Wirkung von konzentrierter Schwefelsäure können sich drei Moleküle Ethanal zusammenlagern; Ethanal kann sich trimerisieren (Versuch 8).

$$3\; H_3C{-}CH{=}O \rightarrow (H_3C{-}CH{-}\overline{O}{-})_3 \text{ (Ring)}$$

Die entstandene Verbindung heißt Paraldehyd. Sie ist im Wasser unlöslich und siedet bei 124 °C. Paraldehyd wird als Schlafmittel verwendet. Wenn sich mehr als zwei bzw. drei Moleküle zusammenlagern, spricht man nicht mehr von Di- bzw. Trimerisation, sondern von *Polymerisation*. H. Staudinger[2] untersuchte schon 1926 die Reaktionsbedingungen bei Polymerisationen. Er erhielt beim Versetzen einer 35%igen, wäßrigen Methanallösung mit konzentrierter Schwefelsäure unter Kühlung definierte Makromoleküle, die man Polyoximethylene nennt.

$$\underset{H}{\overset{H}{C}}{=}\overline{O} + n\;\underset{H}{\overset{H}{C}}{=}\overline{O} \rightarrow \cdots{-}\underset{H}{\overset{H}{C}}{-}\overline{O}{-}\left[\underset{H}{\overset{H}{C}}{-}\overline{O}\right]_{n-1}{-}\underset{H}{\overset{H}{C}}{-}\overline{O}{-}\cdots$$

[1] *Ald*ehydalkoh*ol*
[2] Hermann Staudinger, 1881—1965, deutscher Chemiker

Alkohole und Aldehyde reagieren miteinander unter Bildung von *Halbacetalen*, wenn geringe Mengen von Wasserstoffionen als Katalysatoren vorhanden sind. Durch Erwärmen mit verdünnten Mineralsäuren zerfallen die Halbacetale wieder in Alkohol und Alkanal.

$$\mathrm{H{-}C(=\overline{O}|)H} + H^+X^- \rightleftharpoons \left[\mathrm{H{-}C(=\overset{\oplus}{O}H)H}\right]^+ X^-$$

$$\left[\mathrm{H{-}C(=\overset{\oplus}{O}H)H}\right]^+ X^- + \mathrm{H\overline{O}{-}C_2H_5} \rightleftharpoons \mathrm{H{-}C(|\overline{O}H)(H){-}\overline{O}{-}C_2H_5} + H^+X^-$$

Halbacetal

Halbacetale bilden unter Wasseraustritt mit weiterem Alkohol Vollacetale, kurz *Acetale* genannt. Summarisch läßt sich diese Umsetzung so formulieren:

$$\mathrm{H_2C(OH){-}\overline{O}{-}C_2H_5} + \mathrm{H\overline{O}C_2H_5} \rightleftharpoons \mathrm{H_2C(OC_2H_5){-}\overline{O}{-}C_2H_5} + H_2O$$

Vollacetal

Die Acetale besitzen einen blumigen Geruch und treten auch beim Altern des Weines auf.

Methanal oder Formaldehyd:

Der Siedepunkt des Methanals liegt bei —21 °C. Bei Raumtemperatur ist Methanal deshalb ein stechend riechendes Gas. Eine 40%ige Lösung dieses Gases im Wasser heißt Formalin. Im Handel ist es auch noch in verschiedenen polymeren Formen

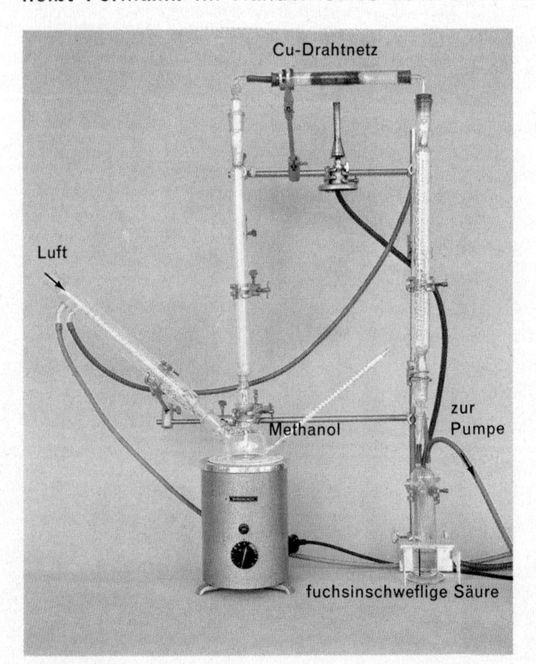

Abb. 82.1. Oxidation von Methanol

erhältlich. Es wirkt keimtötend, dient zur Konservierung biologischer und medizinischer Präparate und der Herstellung von Kunststoffen. Technisch gewinnt man Methanal ausschließlich durch Oxidation von Methylalkohol. Hierzu wird ein Alkohol-dampf-Luftgemisch über erhitztes Kupfer oder glühende Tonerde als Katalysatoren geleitet. Methanal erhält man auch aus Methan bei 10–20 bar und 450 °C durch katalytische Oxidation mit Sauerstoff unter Anwesenheit von Aluminiumphosphat als Katalysator:

$$CH_4 + O_2 \rightarrow H{-}C{\overset{\displaystyle O}{\underset{\displaystyle H}{\lessgtr}}} + HOH$$

Ethanal oder Acetaldehyd:

9) Herstellung von Ethanal: Leite Acetylen in einen Kolben, der mit heißer Schwefelsäure ge-
L füllt ist. Dieser Schwefelsäure wird noch eine Spatelspitze Quecksilber(II)-oxid zugefügt. Die Gasableitung führt in ein Reagenzglas, das mit fuchsinschwefliger Säure beschickt ist.

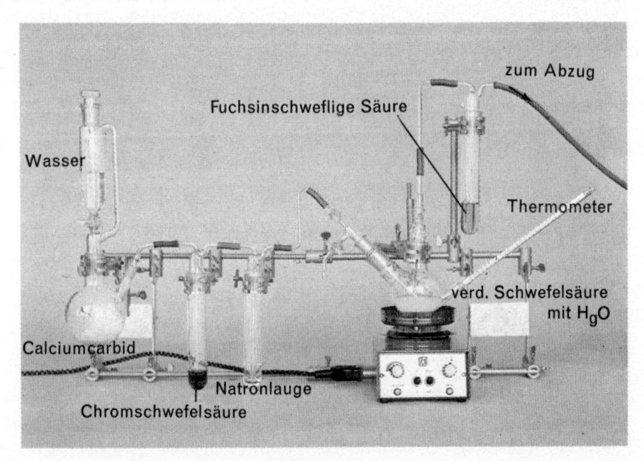

Abb. 83.1. Acetaldehydsynthese (Ethanal)

Die Anlagerung von Wasser an Acetylen bei Anwesenheit von Quecksilbersulfat bzw. Oxid führt zunächst zum unbeständigen Vinylalkohol, der sich in einem Tautomeriegleichgewicht durch Protonenwanderung zum Ethanal stabilisiert:

$$HC{\equiv}CH + HOH \rightarrow \left[\begin{matrix} H_2C{=}\underset{\displaystyle H}{\underset{|}{C}}{-}\bar{O}H \end{matrix}\right] \rightarrow H_3C{-}\underset{\displaystyle H}{\underset{|}{C}}{=}O$$

Vinylalkohol Ethanal

Diese Darstellungsart des Ethanals wird heute in der Technik durch die direkte Oxidation von Ethylen mit Sauerstoff (Wacker-Verfahren) verdrängt, da diese billiger ist.

$$2\,H_2C{=}CH_2 + O_2 \xrightarrow{PdCl_2} 2\,H_3C{-}C{\overset{\displaystyle O}{\underset{\displaystyle H}{\lessgtr}}}$$

Unter 0 °C polymerisiert Schwefelsäure Ethanal zu Metaldehyd $(H_3CCHO)_4$, einem weißen, festen Stoff, der als Metabrennstoff in den Handel gelangt. Wie auch Paraldehyd gibt Metaldehyd keine Aldehydreaktionen mehr, da in beiden Fällen die funktionellen Gruppen —CHO durch Ringbildung blockiert wurden.

Ethanal siedet bei 20,2 °C. Bei Zimmertemperatur ist es eine farblose, betäubend riechende Flüssigkeit, die sich in Wasser, Alkohol und Ether leicht löst. Es ist ein wichtiges Ausgangsprodukt für die Synthese organischer Verbindungen.

Nachweisreaktionen für Aldehyde:

10) Herstellung von Fehlingscher Lösung: Löse 7 g kristallisiertes Kupfersulfat in 100 ml dest. Wasser (Fehling I-Lösung). Eine zweite Lösung enthält ebenfalls in 100 ml dest. Wasser 35 g Kaliumnatriumtartrat (Seignettesalz) und 10 g Natriumhydroxid (Fehling II-Lösung). Versetze 5 ml der ersten Lösung mit der gleichen Menge der zweiten Lösung!

11) Nachweis von Alkanalen mit Fehlingscher Lösung: Gleiche Teile von Fehling I- und Fehling II-Lösung werden mit einigen ml Formalin oder Ethanal versetzt und ca. 1 Minute auf Siedetemperatur gehalten.

12) Herstellung eines Silberspiegels: In einem sauberen Reagenzglas löst man einige Kristalle von Silbernitrat in 1 ml dest. Wasser auf und versetzt die Lösung mit einem Tropfen konzentriertem Ammoniak. Ein zweiter Tropfen konzentrierte Ammoniaklösung löst den ausgefallenen braunen Niederschlag wieder auf. Dieses Reagens versetzt man mit einigen ml Aldehydlösung, füllt das Reagenzglas mit dest. Wasser bis fast zum Rand auf und stellt es in ein Wasserbad von ca. 80 °C.

Bei Versuch 10 entsteht das intensiv kornblumenblau gefärbte Nachweisreagens aus Kupfersulfatlösung (Fehling I) und alkalischer Kaliumnatriumtartratlösung (Fehling II). Die Anionen einiger organischer Säuren bilden mit Kupferionen Komplexe. Dabei nimmt das Anion der organischen Säure nicht nur den Platz *eines* Liganden, sondern die Plätze *mehrerer* Liganden ein. Dadurch wird das Zentralatom gleichsam von einer Krebsschere erfaßt. Man nennt daher solche Komplexe *Chelatkomplexe*[1] und die Art der Bindung Chelatbindung. Im Chelatkomplex kommen die Reaktionen des Kupfer(II)ions nicht zur Auswirkung, deshalb kann auch Natronlauge aus Kupfersulfat kein Kupfer(II)-hydroxid fällen, wenn man die Kupfersulfatlösung mit Seignettesalzlösung versetzt hat. Das Seignettesalz enthält das Anion der Weinsäure (siehe Kapitel 20.11.6.). Eine Mischung von Kupfersulfat-, Seignettesalzlösung und Natronlauge heißt *Fehlingsche Lösung*. Sie oxidiert z. B. Aldehyde und wird selbst zu gelbem Kupfer(I)-hydroxid reduziert, das beim Kochen in rotes Kupfer(I)-oxid (Cu_2O) übergeht. Sie dient auch zum Nachweis von Zucker im Urin.
Das bei Versuch 11 ausgefällte orange Kupfer(I)-oxid entsteht bei folgender Redoxreaktion:

$$R-\overset{+1}{C}\overset{\nearrow O}{\underset{\searrow H}{}} + 2\overset{+2}{Cu}{}^{2+} + 4\,OH^- \rightarrow R-\overset{+3}{C}\overset{\nearrow O}{\underset{\searrow OH}{}} + 2\overset{+1}{Cu}{}^{+} + O^{2-} + 2\,H_2O$$

Bei Versuch 12 entsteht nach einigen Minuten im Reaktionsgefäß im Wasserbad ein Silberspiegel nach folgender Umsetzung:

$$R-\overset{+1}{C}\overset{\nearrow O}{\underset{\searrow H}{}} + 2\overset{+1}{Ag}{}^{+} + 2\,OH^- \rightarrow R-\overset{+3}{C}\overset{\nearrow O}{\underset{\searrow OH}{}} + 2\overset{\pm 0}{Ag} + H_2O$$

[1] chela (lat.) = Krebsschere

Die reduzierende Wirkung der Alkanale ist eine ihrer typischen Eigenschaften, die zum Nachweis der Alkanale verwendet wird. Bei diesen Redoxreaktionen wird jeweils das Kohlenstoffatom der Aldehydgruppe $-C\langle{}^{O}_{H}$ mit der Oxidationszahl +1 bis zur Oxidationszahl +3 in der Carboxylgruppe $-C\langle{}^{O}_{OH}$ oxidiert.

$$R-\overset{+1}{C}\langle{}^{O}_{H} + \overset{\pm 0}{O} \rightarrow R-\overset{+3}{C}\langle{}^{O}_{\overset{-2}{O}H}$$

Als Nachweisreaktion der Aldehyde ist auch die Rotfärbung von fuchsinschwefliger Säure zu erwähnen. Diese Reaktion wurde 1865 von H. Schiff[1] entdeckt. Da die Hydrogensulfitadditionsverbindungen der Aldehyde definierte, kristalline Verbindungen sind, werden diese ebenfalls zum Nachweis und zur Identifikation der Aldehyde herangezogen.

Die Reaktion eines Aldehyds mit einer starken Säure H^+X^- läßt sich sowohl nach Brönsted wie auch nach Lewis als Säure-Basen-Reaktion auffassen. Definiert man Säuren und Basen nicht aufgrund ihrer Zusammensetzung und ihrer möglichen künftigen Reaktionsweise, sondern führt die beobachtete Reaktionsweise selbst als Hauptkriterium für die Zugehörigkeit zu einer Stoffartklasse ein, dann sind auch Redoxreaktionen ein Sonderfall der Säure-Basen-Reaktionen. Nach diesem Prinzip gilt:

Säurereaktionen zeigen Stoffarten, die positive Teilchen abspalten oder negative Teilchen aufnehmen.

Basenreaktionen zeigen Stoffarten, die negative Teilchen abspalten oder positive Teilchen aufnehmen.

Anhand der folgenden Reaktion soll die Brönstedsche Säure-Basen-Reaktion mit der Lewisschen und der allgemeineren Definition verglichen werden:

$$R-C\langle{}^{O}_{H} + H^+|\bar{X}|^- \rightleftharpoons \left[R-C\langle{}^{\overset{\oplus}{O}-H}_{H}\right]^+ + |\bar{X}|^-$$

Brönsted:	Base	Säure	Säure	Base
Lewis:	Base	Base/ Säure	Säure	Base
Neue Def.:	Basen-reaktion	Säure-reaktion	Säure-reaktion	Basen-reaktion

[1] Hugo Schiff, 1834–1915, deutscher Chemiker

Da in der neueren Definition nur von positiven oder negativen Teilchen gesprochen wird, können Redoxreaktionen mit in diese Art von Säure-Basen-Reaktionen einbezogen werden. Zum Beispiel:

$$R-\overset{+1}{C}(=O)-H + 2\,\overset{+2}{Cu}{}^{2+} + 4\,OH^- \rightleftharpoons R-\overset{+3}{C}(=O)-\bar{O}H + 2\,\overset{+1}{Cu}{}^{+} + O^{2-} + 2\,H_2O$$

zeigt:

Basen-reaktion — Säure-reaktion — Säure-reaktion — Basenreaktion

Reduktionsmittel zeigen stets Basenreaktion und Oxidationsmittel zeigen Säurereaktion.

20.9. Die Ketone — Alkanone

1) Oxidation von Isopropanol mit Kupfer(II)-oxid: Glühe einen Kupferblechstreifen in der oxidierenden Flamme eines Bunsenbrenners und gib ihn noch heiß in ein Reagenzglas mit ca. 5 ml Isopropanol. Prüfe den Geruch der Flüssigkeit vor und nach der Reaktion!

2) Addition von Natriumhydrogensulfit an Aceton: In einem Reagenzglas werden gleiche Mengen Aceton und kalt gesättigter Natriumhydrogensulfitlösung gemischt und kräftig geschüttelt.

3) Die Wirkung von Fehlingscher Lösung und wäßriger $KMnO_4$-Lösung auf Aceton: Versetze in einem Reagenzglas gleiche Mengen Fehling I- und Fehling II-Lösung mit 3 ml Aceton und erhitze, bis die Flüssigkeit siedet. In einem zweiten Reagenzglas werden 3 ml wäßrige $KMnO_4$-Lösung mit der gleichen Menge Aceton versetzt und ebenfalls bis zum Sieden erhitzt. (Vorsicht, Aceton und Acetondämpfe sind brennbar!)

4) Substitution von Brom an Aceton: Versetze unter dem Abzug so lange warmes Aceton tropfenweise mit Brom, bis das Brom nicht mehr entfärbt wird. Prüfe vorsichtig den Geruch der Lösung!

5) Iodoformprobe: Versetze gleiche Mengen Aceton und verdünnte Natronlauge mit der dreifachen Wassermenge und tropfe langsam Iodiodkaliumlösung zu. Bei schwachem Erwärmen entsteht ein gelber Niederschlag von Iodoform.

6) Aceton als Lösungsmittel: Versetze in je einem Reagenzglas etwas Schweinefett, Kolophonium und ein kleines Stück Celluloid mit Aceton und schüttele die Reagenzgläser einige Zeit. Fülle nach dem Lösen die Reagenzgläser mit Wasser auf und beobachte!

Die rasche Umsetzung von Isopropanol mit Kupfer(II)-oxid (Versuch 1) ist nicht nur an der Geruchsänderung der Flüssigkeit, sondern auch an der auftretenden Farbe des elementaren Kupfers zu erkennen.

Aceton entsteht bei der Oxidation des sekundären Alkohols Isopropanol.

$$\underset{\text{Isopropanol}}{H_3C{-}\underset{|\atop OH}{CH}{-}CH_3} + Cu^{2+}O^{2-} \rightarrow \underset{\text{Aceton}}{H_3C{-}\underset{\|\atop O}{C}{-}CH_3} + Cu + H_2O$$

Primäre Alkohole geben bei der Oxidation zunächst Alkanale. Die Oxidation sekundärer Alkohole führt zu Alkanonen. Umgekehrt entstehen bei der Reduktion[1] der Alkanone immer sekundäre Alkohole.

Die gesättigten Alkanone leiten sich von den gesättigten Kohlenwasserstoffen mit der gleichen C-Atom-Zahl durch den Ersatz zweier Wasserstoffatome durch ein O-Atom ab. Ihre allgemeine Formel

$$C_nH_{2n}O$$

läßt erkennen, daß sie mit den Alkanalen, die eine gleiche Zahl C-Atome besitzen, isomer sind. Die homologe Reihe der Alkanone besitzt z. B. folgende Glieder:

Tab. 87.1. Homologe Reihe der Alkanone

Propanon	$H_3C{-}\underset{\|\atop O}{C}{-}CH_3$	**Aceton**
Butanon	$H_3C{-}\underset{\|\atop O}{C}{-}CH_2{-}CH_3$	**Methyl-ethylketon**
Pentanon	$H_3C{-}\underset{\|\atop O}{C}{-}C_3H_7$	**Methyl-propylketon**

Die Namen dieser Verbindungen werden durch Vorsetzen des Radikalnamens vor den Gruppennamen gebildet, z. B. Methyl-ethylketon, oder durch Anhängen der Silbe *-on* an den entsprechenden Kohlenwasserstoffnamen. Neben dieser Nomenklatur haben sich noch einige Trivialnamen gehalten, von denen *Aceton* für Propanon der wichtigste ist.

Aceton ist gleichzeitig der wichtigste Vertreter dieser Stoffklasse. Es kann als Lösungsmittel für spezielle Harze, für Asphalt, Chlorkautschuk, Fette, Cellulosederivate und für Plexiglas verwendet werden. In der Sprengstoffindustrie wird es in größeren Mengen zur Herstellung von Schießbaumwolle (siehe Kapitel 23.1.) ebenso benötigt, wie in der pharmazeutischen Industrie zur Extraktion von Pharmazeutika aus Naturstoffen und als Denaturierungsmittel für Alkohol. Aceton setzt die Explosivität des komprimierten Ethins (Acetylens) herab und findet deshalb als Lösungsmittel in Ethindruckbehältern Anwendung. Von medizinischer Bedeutung ist das Vorkommen des Acetons im Harn schwer zuckerkranker Patienten (Acetonurie). Aceton mischt sich in jedem Verhältnis mit Wasser, Alkohol und Ether.

[1] re (lt.) = zurück, ducere (lt.) = führen

Aceton wird heute über Propylschwefelsäure aus dem Propen der Crackgase hergestellt.

$$H_3C{-}CH{=}CH_2 + H_2SO_4 \rightarrow H_3C{-}CH(OSO_3H){-}CH_3$$

$$H_3C{-}CH(OSO_3H){-}CH_3 + H_2O \rightarrow H_3C{-}CH(OH){-}CH_3 + H_2SO_4$$

$$H_3C{-}CH(OH){-}CH_3 \rightarrow H_3C{-}C({=}O){-}CH_3 + 2\,H$$

Der Umsetzung der Propylschwefelsäure mit Wasser folgt nach diesem Reaktionsablauf eine katalytische Dehydrierung, die einer Oxidation entspricht.
Aus Ethin und Wasserdampf kann man bei 400 °C mit Zinkoxid als Katalysator ebenso Aceton gewinnen, wie bei der Zersetzung von Kohlenhydraten durch das Bakterium Clostridium acetobutylicum und bei der thermischen Zersetzung von Calciumacetat.
Die Ähnlichkeit der Alkanale und Alkanone erkennt man z.B. bei der Reaktion entsprechender Verbindungen mit Natriumhydrogensulfit. Wie auch bei den Alkanalen stellt das Carbeniumion der Carbonylgruppe eine reaktionsfähige Stelle im Molekül dar, an der eine Addition stattfinden kann.

$$\left[R_2C{=}O \rightarrow R_2C^{\oplus}{-}O^{\ominus} \right] + NaHSO_3 \rightarrow R_2C(OH)(SO_3Na)$$

Die Hydrogensulfitadditionsverbindungen der Alkanone stellen gut kristallisierende Verbindungen dar, die zum Abtrennen und Identifizieren einzelner Ketone verwendet werden (Versuch 2).
Die ausbleibende Reduktion des Fehling-Reagens zu Kupfer(I)-oxid und die ausbleibende Reduktion des Kaliumpermanganats bei Versuch 3 läßt aber auch auf Unterschiede zwischen den Alkanonen und Alkanalen schließen. Während Alkanale noch weiter oxidiert werden können, ist dies bei Alkanonen nur unter Aufbrechung der Kohlenstoffkette des Moleküls möglich. Dazu reicht aber die oxidierende Wirkung der verwendeten Oxidationsmittel in diesem Falle nicht aus. Ein weiterer Unterschied zwischen den beiden Verbindungsklassen besteht darin, daß zwar die Alkanale, nicht aber Alkanone polymerisieren.
Bei der Bromierung von Aceton (Versuch 4) findet eine elektrophile Substitution des Broms am α-C-Atom statt.

$$H_3C{-}C({=}O){-}CH_3 + Br_2 \rightarrow H_3C{-}C({=}O){-}CH_2Br + HBr$$

Das entstandene Monobromaceton reizt die Augenschleimhäute zu Tränen. Es wird als „Tränengas" verwendet.
Bei Versuch 5 disproportioniert das Iod im alkalischen Bereich unter Bildung von Iodid- und Hypoioditionen.

$$\overset{\pm 0}{I_2} + 2\,OH^- \rightarrow \overset{-1}{I^-} + \overset{+1}{OI^-} + H_2O$$

Die aktivierten Wasserstoffatome an einem α-C-Atom im Aceton können substituiert werden.

$$H_3C{-}C({=}O){-}CH_3 + 3\,OI^- \rightarrow I_3C{-}C({=}O){-}CH_3 + 3\,OH^-$$

Triiodaceton

Das entstandene Triiodaceton ist instabil und disproportioniert ebenfalls im Alkalischen.

$$I_3C{-}C({=}O){-}CH_3 + OH^- \rightarrow HCI_3 + \left[H_3C{-}C{\lt}^{O}_{O}\right]^-$$

Iodoform — Acetation

Iodoform ist in Wasser schwer löslich, es fällt deshalb als gelber Niederschlag aus. Die Kristalle des Iodoforms schmelzen bei 119 °C. Durch das Hypoiodition können auch Alkohole zu Alkanalen oxidiert werden, die in einer ähnlichen Umsetzung zu Iodoform reagieren. Deshalb ist die Iodoformprobe weder für Alkohole noch für Alkanale oder Alkanone spezifisch.
Aceton ist eine farblose Flüssigkeit von aromatischem Geruch. Es ist leicht entzündlich und wegen seines niederen Siedepunkts (56 °C) sehr feuergefährlich. Es ist ein gutes Lösungsmittel für Harze, Fette, Celluloid (Versuch 6) und Ethin. Es dient zur Gelatinierung von Cellulosenitrat und als Ausgangsstoff für die Darstellung von Sulfonal, einem synthetischen Schlafmittel, und der Ionone, einem Baustein des synthetischen Vitamins A.

20.10. Die Fettsäuren

L 1) Oxidation von Ethanol mit Kaliumpermanganat: Nachdem ein Reagenzglas in einem Stativ schräg eingespannt wurde, beschickt man es mit zwei Spatelspitzen Kaliumpermanganat und ca. 2 ml Ethanol. Von der Seite, die der Öffnung des Reagenzglases abgewendet ist, läßt man rasch 1 ml konzentrierte Schwefelsäure zufließen. (Vorsicht, heftige Reaktion, Schutzbrille und Schutzscheibe nicht vergessen!)

2) Cannizzaro-Reaktion: Drei Reagenzgläser werden mit je 3 ml Formalin versetzt. Zum zweiten und dritten Reaktionsgefäß gibt man je einen Tropfen Natronlauge. Nur das dritte Reagenzglas wird ca. 1 Minute auf Siedetemperatur gehalten. Setze nun jeder Lösung die gleiche Menge Universalindikatorlösung zu und vergleiche die Farbtöne der Lösungen untereinander und mit der entsprechenden Farbskala!

Versuch 1 zeigt, daß starke Oxidationsmittel das Kohlenstoffatom mit der Oxidationszahl —1 der primären Alkohole über die Zwischenstufe der Alkanale (+1) bis zur Oxidationszahl +3 in der Carboxylgruppe oxidieren können.

$$5\,H_3C{-}\overset{-1}{C}H_2{-}OH + 2\,\overset{+7}{Mn}O_4^- + 6\,H_3O^+ \rightarrow 5\,H_3C{-}\overset{+1}{C}{\lt}^{O}_{H} + 2\,\overset{+2}{Mn}{}^{2+} + 14\,H_2O$$

$$5\,H_3C{-}\overset{+1}{C}{\lt}^{O}_{H} + 2\,\overset{+7}{Mn}O_4^- + 6\,H_3O^+ \rightarrow 5\,H_3C{-}\overset{+3}{C}{\lt}^{O}_{OH} + 2\,\overset{+2}{Mn}{}^{2+} + 9\,H_2O$$

Essigsäure

Aldehyde, die kein α-C-Atom besitzen, können kein Aldol bilden. Sie disproportionieren bei Einwirkung von Laugen. Diese Verbindungen können im Alkalischen als ihr eigenes Oxidations- und Reduktionsmittel reagieren. Durch intermolekulare Wasserstoffwanderung wird ein Teil der Aldehyde zum Alkohol reduziert, der andere Teil zur Säure oxidiert. Nach dem italienischen Chemiker Cannizzaro, der diesen Vorgang entdeckte, führt diese Reaktion den Namen *Cannizzarosche*[1] *Reaktion* (Versuch 2).

$$H-\overset{\pm 0}{C}\begin{matrix} \nearrow \overline{O}| \\ \searrow H \end{matrix} + H-\overset{\pm 0}{C}\begin{matrix} \nearrow \overline{O}| \\ \searrow H \end{matrix} + Na^+OH^- \rightarrow H_3C-OH + \left[H-\overset{+2}{C}\begin{matrix} \nearrow \overline{O}| \\ \searrow \overline{O}|^{\ominus} \end{matrix}\right]^- Na^+$$

Die Verbindung, die die Carboxylgruppe enthält, reagiert sauer, d. h., sie kann Protonen abspalten. Die Farbe des Universalindikators zeigt an, daß die Säure von der zugetropften Lauge neutralisiert wurde. Die saure Reaktion der Carboxylgruppe beruht auf der Mesomerie des Carboxylations,

$$R-C\begin{matrix} \nearrow \overline{O}| \\ \searrow OH \end{matrix} \rightleftharpoons \left[R-C\begin{matrix} \nearrow \overline{O}| \\ \searrow \overline{O}|^{\ominus} \end{matrix} \leftrightarrow R-C\begin{matrix} \nearrow \overline{O}|^{\ominus} \\ \searrow \overline{O}| \end{matrix}\right]^- H^+ \; ; \; \Delta H \approx -100 \frac{kJ}{mol}$$

das durch die mögliche Elektronenverschiebung zwischen den beiden Sauerstoffatomen eine energetisch stabilere Konstitution einnehmen kann. Da diese Mesomeriemöglichkeit in den Alkoholmolekülen nicht gegeben ist, reagiert die alkoholische OH-Gruppe wesentlich schwächer sauer als die OH-Gruppe in der Carboxylgruppe einer Fettsäure.

Die Oxidationsprodukte der Alkohole bzw. Alkanale, die eine Carboxylgruppe enthalten, reagieren in wäßriger Lösung sauer. Man nennt sie Fettsäuren.

Tab. 90.1. Homologe Reihe der Fettsäuren

Formel	Name	(Trivialname)	Schmp. °C	Sdp. °C
$HCOOH$	Methansäure	(Ameisensäure)	+ 8	+100
$H_3C-COOH$	Ethansäure	(Essigsäure)	+17	+118
H_5C_2-COOH	Propansäure	(Propionsäure)	−22	+141
H_7C_3-COOH	Butansäure	(Buttersäure)	− 8	+164
H_9C_4-COOH	Pentansäure	(Valeriansäure)	−35	+187
$H_{11}C_5-COOH$	Hexansäure	(Capronsäure)	− 2	+202
$H_{31}C_{15}-COOH$		Palmitinsäure	+64	+215 (bei $2 \cdot 10^{-2}$ bar)
$H_{35}C_{17}-COOH$		Stearinsäure	+69	+232 (bei $2 \cdot 10^{-2}$ bar)

Versteht man unter n wieder die Reihe der natürlichen Zahlen, dann ergibt sich daraus die allgemeine Formel der Fettsäuren zu

$$C_nH_{2n+1}COOH$$

[1] Stanislao Cannizzaro, 1826–1910, Chemiker

Bei der Benennung der Fettsäuren geht man nach der Genfer Nomenklatur wieder von dem Kohlenwasserstoff mit gleicher C-Atomzahl aus, an dessen Namen man das Wort -säure anhängt. Die Fettsäure mit nur einem Kohlenstoffatom heißt Methansäure, diejenige mit zwei Kohlenstoffatomen Ethansäure usw. Gerade in dieser Verbindungsklasse ist die Benennung mit Trivialnamen noch besonders stark ausgeprägt. Methansäure heißt auch Ameisensäure, Ethansäure wird auch Essigsäure genannt.

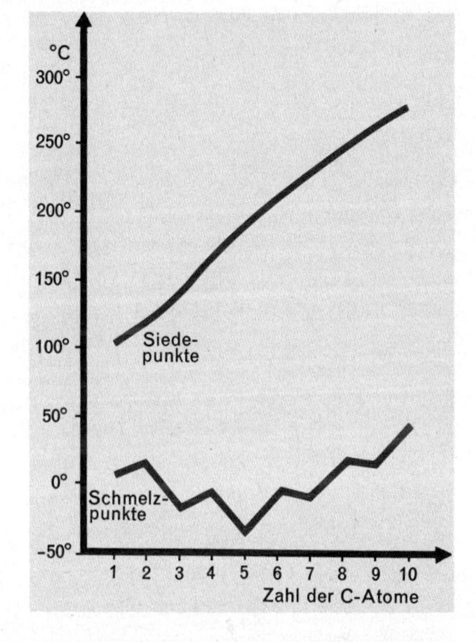

Abb. 91.1. Schmelz- und Siedepunkte der Fettsäuren

Abb. 91.1. läßt erkennen, daß die Schmelzpunkte der Fettsäuren mit ungerader Kohlenstoffzahl tiefer liegen als diejenigen der nächstniedrigen Fettsäure mit gerader Kohlenstoffzahl. Röntgenstrukturanalysen zeigten, daß die Moleküle der Fettsäuren mit gerader Kohlenstoffzahl im Gitter dichter gepackt sind als diejenigen mit ungerader Kohlenstoffzahl. Zur Zerstörung des Gitters (Schmelzen) muß man deshalb bei ersteren mehr Energie aufwenden als bei letzteren.

Ein Vergleich der Siedepunkte der Fettsäuren mit denjenigen der Alkane mit gleicher Kohlenstoffzahl zeigt deutlich, daß die Siedepunkte der Alkane stets weit unter den Siedepunkten der entsprechenden Fettsäuren liegen. Die Alkane, die etwa den gleichen Siedepunkt wie eine Fettsäure besitzen, haben annähernd deren doppelte Molekülmasse. Diese Beobachtung kann man durch Molekülmassenbestimmung in unpolaren Lösungsmitteln erklären: Man findet dabei für Fettsäuren stets das Doppelte der berechneten Molekülmasse und nimmt deshalb an, daß sich die Fettsäuremoleküle dimerisieren. Die Bindung zwischen Fettsäuremolekülen wird durch Wasserstoffbrücken verursacht, die zwischen dem Carbonylsauerstoff des einen und dem Wasserstoffatom der OH-Gruppe des anderen Moleküls gebildet werden. Die O···H-Abstände zwischen den Molekülen betragen dabei $1{,}6 \cdot 10^{-10}$ m, diejenigen innerhalb eines Moleküls (O—H) $1{,}0 \cdot 10^{-10}$ m.

$$\mathrm{R{-}C}\begin{matrix}\nearrow \underline{\overline{\mathrm{O}}}\cdots\mathrm{H}{-}\underline{\overline{\mathrm{O}}} \searrow \\ \searrow \underline{\overline{\mathrm{O}}}{-}\mathrm{H}\cdots\underline{\overline{\mathrm{O}}} \nearrow\end{matrix}\mathrm{C{-}R}$$

Ähnliche zwischenmolekulare Bindungen liegen im Wasser und zwischen Alkoholmolekülen vor.

Die Ameisensäure:

Die Ameisensäure (Acidum formicum) konnte in den Drüsen der roten Waldameise (Formica rufa), dem Blut, Muskeln und Schweiß, den Nesselkapseln der Polypen und Medusen, in Raupen, den Brennhaaren der Brennesseln und zahlreichen Früchten nachgewiesen werden.
Die wasserfreie Ameisensäure ist wasserklar, riecht stechend und ätzt stark. Sie ist die stärkste Fettsäure. Ihre Salze heißen Formiate.

3) Darstellung der Ameisensäure: Löse etwas Kalium- oder Natriumformiat in wenig Wasser, versetze mit verdünnter Schwefelsäure und destilliere!

4) Reduzierende Wirkung der Ameisensäure: Versetze ammoniakalische Silbernitratlösung mit einigen Tropfen Ameisensäure und erhitze gleichmäßig!

5) Ameisensäure als Reduktionsmittel: Versetze eine kräftige Kaliumpermanganatlösung mit Schwefelsäure und Ameisensäure. Erhitze und leite das entstehende Gas in Kalkwasser!

6) CO-Darstellung: Mische Ameisensäure mit konzentrierter Schwefelsäure im Verhältnis 2:1. Erhitze das Reaktionsgemisch und leite das Gas durch Kalkwasser. Fange es dann über Wasser auf und entzünde es! (Vorsicht, CO ist giftig, Abzug!)

Man erhält Ameisensäure durch Oxidation von Methylalkohol und durch Reaktion ihrer Salze mit Schwefelsäure (Versuch 3).

$$\underset{\text{Natriumformiat}}{2\,HCOO^- + 2\,Na^+} + 2\,H^+ + SO_4^{2-} \rightarrow \underset{\text{Ameisensäure}}{2\,HCOOH} + 2\,Na^+ + SO_4^{2-}$$

Bei der technischen Gewinnung wird pulverisiertes Ätznatron mit Kohlenmonoxid bei 6–8 bar auf 120–150 °C erhitzt:

$$Na^+OH^- + CO \xrightarrow{\text{Druck}} [H{-}COO]^-Na^+$$

Das Natriumformiat wird dann durch Schwefelsäure in die Ameisensäure übergeführt. Die Reaktion des Chloroforms mit alkoholischer Kalilauge führt zum Kaliumformiat, das ebenfalls mit Schwefelsäure in Ameisensäure übergeführt werden kann.

$$CHCl_3 + 4\,K^+ + 4\,OH^- \rightarrow [HCOO]^-K^+ + 3\,K^+ + 3\,Cl^- + 2\,H_2O$$

Dieser Reaktion verdankt Chloroform seinen Namen.
Oxidationsmittel, wie ammoniakalische Silbersalzlösung (Versuch 4) oder Kaliumpermanganat (Versuch 5), werden reduziert, die Ameisensäure wird zu Kohlensäure oxidiert:

$$2\,[\overset{+1}{Ag}(NH_3)_2]^+ + \overset{+2}{H}COOH \rightarrow 2\,\overset{\pm 0}{Ag} + \overset{+4}{C}O_2 + 2\,NH_4^+ + 2\,NH_3$$

bzw.

$$2\,\overset{+7}{Mn}O_4^- + 5\,\overset{+2}{H}COO^- + 11\,H_3O^+ \rightarrow 2\,\overset{+2}{Mn^{2+}} + 19\,H_2O + 5\,\overset{+4}{C}O_2$$

Die Reduktionswirkung müssen wir auf das Vorhandensein der Aldehydgruppe im Ameisensäuremolekül zurückführen:

$$H-C\overset{\displaystyle \overline{O}|}{\underset{\displaystyle \underline{O}H}{\lessdot}} \; = \; H-C\overset{\displaystyle \overline{O}|}{\underset{\displaystyle \underline{O}H}{\lessdot}}$$

Die Ameisensäure enthält sowohl die Carbonyl- wie auch die Carboxylgruppe! Wasserabspaltende Mittel, wie konzentrierte Schwefelsäure, zerlegen Ameisensäure in Wasser und Kohlenmonoxid (Versuch 6).

$$HCOOH \xrightarrow{H_2SO_4} H_2O + CO$$

Ameisensäure findet in der Färberei, Gerberei, der Textil- und Kautschukindustrie Verwendung.

Die Essigsäure:

7) Trockene Destillation von Holz: Erhitze nach Abb. 201.1. (Bd. 1) Buchenholzspäne und leite das Gas durch einen leeren und einen mit Wasser gefüllten Kolben. Prüfe die wäßrige Flüssigkeit mit Indikatorpapier. Neutralisiere die Flüssigkeit mit Calciumoxid und filtriere. Erhitze den Filterrückstand (Graukalk) mit etwas Schwefelsäure, kühle die entstehenden Dämpfe durch ein langes Glasrohr und fange das Kondensat in einer gekühlten Vorlage auf.

8) Reaktion von Aluminium mit Essigsäure: Löse Aluminiumpulver in Essigsäure und filtriere nach Beendigung der Gasentwicklung. Koche das Filtrat und versetze mit Sodalösung. (Abzug!)

9) Reaktion von Blei(II)-oxid mit Essigsäure: Löse Blei(II)-oxid unter vorsichtigem Erwärmen in Essigsäure. (Abzug!) Filtriere und lasse das Filtrat auskristallisieren. (Vorsicht, Bleiacetat ist giftig!)

10) Reaktion von Fe^{3+}-Ionen mit Acetationen: Löse Eisenpulver in Essigsäure (Abzug!) und filtriere. Gib zum Filtrat einen Tropfen Wasserstoffperoxid.

11) Reaktion von Kalkstein mit Essigsäure: Erhitze pulverisierten Kalkstein mit Essigsäure und versuche das entweichende Gas zu entzünden!

12) Herstellung von Methan aus Natriumacetat: Erhitze trockenes Natriumacetat und Natronkalk und fange das Gas über Wasser auf. Entzünde das Gas.

Die Essigsäure (Acidum aceticum) (Abb. 93.1.) war schon im Altertum als Weinessig bekannt. Viele Pilze können organische Substanzen in Essigsäure verwandeln.

Abb. 93.1. Kalottenmodell des Essigsäuremoleküls

Von Bedeutung ist dabei die „Essiggärung", bei der Alkohol durch den Luftsauerstoff über Acetaldehyd zu Essigsäure oxidiert wird. Das Essigsäurebakterium (Acetobacter aceti) enthält ein Enzym[1] „Alkoholoxidase", das diese Oxidation fördert.
Von dieser Eigenschaft der Essigsäurebakterien macht man bei der *Schnellessigfabrikation* Gebrauch. Man läßt dabei eine 5–10%ige alkoholische Lösung in sog. Essigständern über Buchenspäne tropfen. Der herabrieselnden Flüssigkeit (Maische) wird von unten her warme Luft entgegengepreßt. Da die Buchenspäne mit den Essigsäurebakterien geimpft sind, kann die Oxidation des Alkohols erfolgen.
Eine zweite Gewinnungsart geht vom Holzessig aus. Diesen erhält man bei der trockenen Destillation des Holzes (Versuch 7).
Synthetische Essigsäure wird aus Acetaldehyd gewonnen, der auf katalytischem Wege aus Ethylen und Sauerstoff (Wacker-Verfahren) hergestellt wird. Acetaldehyd wird bei 50 °C durch Luft in Gegenwart von Manganacetat weiteroxidiert. Heute stellt man Essigsäure auch aus Methanol und Kohlenoxid her, das bei 250–350 °C am NiI_2-Kontakt reagiert.

$$H_3C{-}OH + CO \xrightarrow{NiI_2} H_3C{-}COOH$$

Essigsäure ist eine wasserklare, stechend riechende Flüssigkeit, die in wasserfreiem Zustand bei 16 °C zu eisähnlichen Kristallen erstarrt (Eisessig). Essig zu Genußzwecken enthält die Säure verdünnt. Sie dient der Synthese von Farb-, Riechstoffen und Celluloseacetat. Große Mengen der Säure werden auch in der Färberei und zur Gewinnung ihrer Salze, der Acetate, benötigt. Die Essigsäure ist eine schwache Säure. Sie ist aber stärker als Kohlensäure, die sie aus den Carbonaten frei macht (Versuch 11). Wegen der geringen Dissoziation der Säure unterliegen die Salze in der Hitze der Hydrolyse. Bei der Hydrolyse der Salze, in denen das Kation die Oxidationszahl +3 besitzt, entstehen unlösliche oder schwerlösliche basische Salze, die als Beizen in der Färberei Verwendung finden (Versuche 8 und 10).
Aluminiumacetat, essigsaure Tonerde (Liquor aluminii acetici) ist ein mildes keimtötendes Mittel und dient zur Kühlung bei Entzündungsprozessen. Bleiacetat, Bleizucker, wird auf Bleiweiß verarbeitet (Versuch 9). Bleiacetat ist giftig!
Die blutrote Färbung des Komplexions $[\overset{+3}{Fe}_3(CH_3COO)_6(OH)_2]^+(CH_3COO)^-$ in Versuch 10, die Eisen(II)-chlorid und Wasserstoffperoxid in Acetatlösung erzeugen, ist eine empfindliche Nachweisreaktion auf Acetationen.
Durch trockene Destillation von wasserfreiem Natriumacetat mit Natronkalk entsteht Methan (Versuch 12):

$$[H_3C{-}COO]^-Na^+ + Na^+OH^- \rightarrow CH_4 + 2\,Na^+ + CO_3^{2-}$$

20.11. Derivate der Fettsäuren

20.11.1. Die Ester

1) Darstellung eines Esters: Mische gleiche Mengen Amylalkohol und konzentrierte Essigsäure in einem Destillationskolben. Gib etwas Schwefelsäure zu und erhitze mit einem elektrischen Heizgerät am absteigenden Kühler zum Sieden. Verfolge den Temperaturverlauf während der Destillation und vergleiche den Geruch des Endprodukts mit dem der Ausgangsprodukte.

[1] en (gr.) = in; zym (gr.) = Hefe

2) Herstellung des Borsäuremethylesters: Gib in eine große Abdampfschale ca. 10 ml Methanol, eine Spatelspitze Borsäure und einige Tropfen konz. Schwefelsäure. Entzünde die Flüssigkeit vorsichtig mit dem Bunsenbrenner und beobachte die Farbe der Flamme.

3) Hydrolytische Spaltung eines Esters: Mische in einem Destillationskolben Essigsäureethylester mit dem doppelten Volumen verdünnter Kalilauge und erhitze am absteigenden Kühler zum Sieden. Gib in die Vorlage Wasser, das mit einigen Tropfen Ammoniumhydroxidlösung und Phenolphthaleinlösung gerötet wurde.

Bei der Umsetzung von Amylalkohol, C_5H_{11}—OH, mit Essigsäure entsteht eine Verbindung, die sich durch ihren Siedepunkt und ihren typischen Geruch charakterisieren läßt. Die Untersuchungen der Reaktionen dieser Verbindung mit Universalindikatorlösung, metallischem Natrium, und die Tatsache, daß sie mit Wasser nicht mischbar ist, zeigen an, daß eine neue, unbekannte Verbindung entstanden ist.

$$H_3C{-}C(=O){-}OH + H{-}O{-}C_5H_{11} \rightarrow H_3C{-}C(=O){-}OC_5H_{11} + H_2O$$

Essigsäure-amylester

Obwohl die Borsäure keine Fettsäure ist, sei die Reaktion, die bei Versuch 2 abläuft, hier aus Analogiegründen erwähnt:

$$B(OH)_3 + 3\,HO{-}CH_3 \rightarrow B(OCH_3)_3 + 3\,H_2O$$

Borsäure-methylester

Formal gesehen wurde die Hydroxidgruppe in der Carbonylfunktion der Essigsäure durch die —OC_5H_{11}-Gruppe ersetzt. Stellen die Abkürzungen R bzw. R′ irgendwelche aliphatischen Reste dar, dann kann man die Estersynthese auch allgemein formulieren:

$$R'{-}C(=O){-}OH + H{-}O{-}R \rightarrow R'{-}C(=O){-}O{-}R + H_2O$$

Der entstandene Borsäuremethylester färbt die Flamme grün. Mit Hilfe dieser Reaktion kann man eine Flüssigkeit leicht als Methanol erkennen.
Die Entfärbung der mit Phenolphthalein geröteten Ammoniaklösung in der Vorlage der Destillationsapparatur bei Versuch 3 läßt erkennen, daß bei der Reaktion des Essigsäureethylesters eine Säure überdestilliert, die die vorgelegte Ammoniaklösung neutralisiert. Den Umständen entsprechend kann es sich nur um Essigsäure handeln.

$$H_3C{-}C(=O){-}OC_2H_5 + HOH \rightarrow H_3C{-}C(=O){-}OH + C_2H_5{-}OH$$

Die zugesetzte Kalilauge wirkt als Katalysator. Sie erhöht die Hydroxidionenkonzentration.

$$R'-C(=O)-OR + HOH \rightleftharpoons R'-C(=O)-OH + R-OH$$

Die Hydrolyse eines Esters nennt man *Verseifung*. Die Verseifung ist die Umkehrung der Estersynthese.

Reaktionsmechanismus der Estersynthese bzw. Verseifung:

$$R-C(=O)-OH + H^+ \rightleftharpoons \left[R-\overset{\delta+}{C}(=\overset{\oplus}{O}H)-OH \leftrightarrow R-\overset{\delta+}{C}(-OH)=\overset{\oplus}{O}H \right]$$

Man stellt sich dabei das reagierende Carbonsäuremolekül in der angegebenen mesomeren Grenzstruktur vor. Im ersten Reaktionsschritt wird ein Proton an einem freien Elektronenpaar eines Sauerstoffatoms der Carboxylgrupppe gebunden.

$$\left[R-\overset{\delta+}{C}(=\overset{\oplus}{O}H)-OH \leftrightarrow R-\overset{\delta+}{C}(-OH)=\overset{\oplus}{O}H \right] + R'-O-H \rightleftharpoons R-C(OH)(OH)(-\overset{\oplus}{O}(H)-R') \rightleftharpoons R-C(\overset{\oplus}{O}H_2)(OH)(OR')$$

An der Elektronenlücke des Carbenium-C-Atoms wird ein freies Elektronenpaar des Sauerstoffatoms aus dem Alkoholmolekül R'—OH anteilig. Mit dem Proton der OH-Gruppe des Alkoholmoleküls und der OH-Gruppe der ehemaligen Carboxylfunktion wird intermolekular Wasser abgespaltet.

$$R-C(\overset{\oplus}{O}H_2)(OH)(OR') \rightleftharpoons \left[R-C(=\overset{\oplus}{O}H)-OR' \right] + H_2O \qquad \left[R-C(=\overset{\oplus}{O}H)-OR' \right] \rightleftharpoons R-C(=O)-OR' + H^+$$

Unter Ausbildung einer C=O-Doppelbindung kann das im Estermolekül an das Sauerstoffatom gebundene Wasserstoffatom als Proton abdissoziieren.
Der Beweis für diesen Reaktionsablauf wurde durch die Verwendung von ^{18}O im Alkoholmolekül bei der Estersynthese erbracht. Da der ^{18}O-Sauerstoff im Ester enthalten war, spaltet sich das Wasser zwischen dem H-Atom des Alkohols und der OH-Gruppe des Säuremoleküls ab.

Alkohol + Säure $\rightleftharpoons$ Ester + Wasser

Ester sind Verbindungen aus Alkoholen und Fettsäuren. Bei ihrer Synthese entsteht mit dem H-Atom der alkoholischen OH-Gruppe und der OH-Funktion der Carboxylgruppe Wasser. Die Stoffe Alkohol, Fettsäure, Ester und Wasser stehen in einem Reaktionsgleichgewicht, das nach dem Le-Chatelier-Prinzip beeinflußbar ist. Die Umkehrung der Estersynthese nennt man Verseifung.

20.11.2. Die Fette

1) Nachweis des Glycerins im Fett: In je einem Reagenzglas werden zwei Spatelspitzen Kaliumhydrogensulfat geschmolzen. Ins erste Reaktionsgefäß gibt man etwas Glycerin, ins zweite etwas Öl oder Fett. Beide Gefäße werden mit der Bunsenflamme unter dem Abzug erhitzt. Prüfe vorsichtig den Geruch der Abgase!

2) Nachweis der Fettsäuren im Fett: Man löst etwas alte Butter oder ranziges Öl unter Erwärmen in Alkohol und prüft den p_H-Wert der Lösung mit Universalindikator. Versetze zum Vergleich reinen Alkohol mit der gleichen Menge Universalindikatorlösung.

Wie schon im Kapitel 20.8. erwähnt, entsteht aus Glycerin mit Kaliumhydrogensulfat auf Grund eines Tautomeriegleichgewichts Acrolein. Versuch 1 beweist, daß auch im Öl bzw. Fett Glycerin enthalten sein muß, da man bei dem Parallelversuch den gleichen stechenden Geruch wahrnimmt.
Versuch 2 läßt durch die Rotfärbung des Universalindikators erkennen, daß in den Fetten auch Säuren enthalten sind.

Fette sind Glycerinester höherer Fettsäuren.

In gealterten Fetten kann eine Spaltung der Ester in Glycerin und Fettsäuren eingetreten sein. Der Zerfall erfolgt um so eher, je kleiner das Molekül der Fettsäure ist. Die Fettsäuren mit mittlerer C-Atomzahl besitzen einen ranzigen Geruch. Der Anteil solcher Säuren an Glycerinestern bewirkt das Ranzigwerden der Fette. Die verbreitetsten Säuren der Fette und Öle sind:

Palmitinsäure	$H_3C{-}(CH_2)_{13}{-}CH_2{-}COOH$
Stearinsäure	$H_3C{-}(CH_2)_{15}{-}CH_2{-}COOH$
Ölsäure	$H_3C{-}(CH_2)_7{-}CH{=}CH{-}(CH_2)_7{-}COOH$

Öle sind Fette, die bei Zimmertemperatur flüssig sind. Die Ölsäure ist eine ungesättigte Säure. Die Doppelbindung liegt zwischen dem 8. und 9. Kohlenstoffatom, wenn man mit der Zählung bei dem C-Atom hinter der Carboxylgruppe beginnt.
Fette, die nur drei gleiche Fettsäurereste enthalten, heißen symmetrische Glyceride. Sind zwei oder drei verschiedene Acylreste im Estermolekül enthalten, spricht man von gemischten Glyceriden. Die wichtigsten symmetrischen Glyceride sind:

$$\begin{array}{l} H_2C{-}\underline{\overline{O}}{-}C\underline{\overline{O}}{-}C_{15}H_{31} \\ \;| \\ HC{-}\underline{\overline{O}}{-}C\underline{\overline{O}}{-}C_{15}H_{31} \\ \;| \\ H_2C{-}\underline{\overline{O}}{-}C\underline{\overline{O}}{-}C_{15}H_{31} \end{array}$$

Tripalmitin
Smp. 65 °C

$$\begin{array}{l} H_2C{-}\underline{\overline{O}}{-}C\underline{\overline{O}}{-}C_{17}H_{35} \\ \;| \\ HC{-}\underline{\overline{O}}{-}C\underline{\overline{O}}{-}C_{17}H_{35} \\ \;| \\ H_2C{-}\underline{\overline{O}}{-}C\underline{\overline{O}}{-}C_{17}H_{35} \end{array}$$

Tristearin
Smp. 72 °C

$$\begin{array}{l} H_2C{-}\underline{\overline{O}}{-}C\underline{\overline{O}}{-}C_{17}H_{33} \\ \;| \\ HC{-}\underline{\overline{O}}{-}C\underline{\overline{O}}{-}C_{17}H_{33} \\ \;| \\ H_2C{-}\underline{\overline{O}}{-}C\underline{\overline{O}}{-}C_{17}H_{33} \end{array}$$

Triolein
Smp. −5 °C

Fette bestehen in der Hauptsache aus den Glyceriden der Stearin- und Palmitinsäure, Öle aus Ölsäureglyceriden. Die natürlichen Fette sind meist Mischungen verschiedener Glyceride. Das Mengenverhältnis an gesättigten und ungesättigten Bestandteilen bestimmt den Schmelzpunkt der Fette.

Abb. 98.1. Ölsaaten und Pflanzenöle für Margarine-Herstellung. Margarine wird hauptsächlich aus pflanzlichen fetten Ölen durch Hydrierung (Fetthärtung) hergestellt. Waltran besitzt für die Margarine-Herstellung heute eine untergeordnete Bedeutung. Bei der Margarine-Herstellung kommt es darauf an, so schonend zu hydrieren, daß in den Fettmolekülen einige Doppelbindungen zwischen C-Atomen erhalten bleiben. Fette, die Doppelbindungen zwischen C-Atomen enthalten, sind gesünder. Sie belasten den Kreislauf weniger und verhindern zu starke Ablagerungen in den Wänden der Blutgefäße (Arteriosklerose).

Die Öle als Glycerinester werden zur Unterscheidung von anderen Ölen (Mineralölen, Paraffinöl, ätherische Öle) auch fette Öle genannt. Bei den fetten Ölen unterscheidet man Speiseöle und Firnisöle. Letztere enthalten größere Mengen mehrfach ungesättigter Säuren (Linolsäure), die durch Oxidation und Polymerisation harte, durchscheinende Schichten bilden. Die Fischöle (Trane) unterscheiden sich von den Fetten der Säugetiere durch einen hohen Gehalt an Pentadeken-(8)-carbonsäure-(L).

Gewinnung und Bedeutung der Fette:

Tier und Pflanze erzeugen Fett. Die Pflanzen lagern die Öle in erster Linie in den Zellgeweben der reifen Samen ab. Die Ölsaaten wie Raps, Rübsen, Leinsaat, Erdnüsse, Sonnenblumenkerne, Palmkerne, Sojabohnen, Baumwollsaat usw. werden ausgepreßt und extrahiert (Abb. 99.1.).
Die eiweißhaltigen Preßrückstände geben ein geschätztes Viehfutter. Auch Knochen werden durch Extraktion entfettet.
Mensch und Tier gewinnen aus dem Fett einen Teil der benötigten Energie. Nicht verarbeitetes Fett wird im Unterhautzellgewebe aufgespeichert. Bei Bedarf kann es von dort wieder entnommen werden. Das Speicherfett dient auch dem Wärmeschutz.
Die Pflanzen bauen ihr Fett synthetisch auf, Mensch und Tier können aus Kohlenhydraten körpereigenes Fett bereiten. Mit dem Aufbau aus Ethanalmolekülen als kleinste Bausteine hängt die Tatsache zusammen, daß natürliche Fette und Öle immer eine gerade Anzahl von C-Atomen besitzen. Kunstfette, die aus den nach dem Fischer-Tropsch-Verfahren gewonnenen Kohlenwasserstoffen erhalten werden, können auch eine ungerade C-Atomzahl besitzen. Solche Fette werden bei Zucker- und Leberdiät gegeben.

und Leberdiät gegeben. Tierische Fette enthalten mehr Cholesterin als pflanzliche Fette. Cholesterin begünstigt im Verlauf mehrerer Jahrzehnte die Einlagerungen in den Wänden der Blutgefäße. Nach den heutigen Erkenntnissen ist eine Ernährung mit pflanzlichen Fetten, die noch Doppelbindungen zwischen C-Atomen enthalten, gesünder, als ein ausschließlicher Verzehr von tierischen Fetten.

Eigenschaften der Fette:

Fette sind geschmacklose, geruchlose, farblose bis gelbliche Stoffe. Sie sind in Wasser unlöslich, in feiner Verteilung bilden sie Emulsionen. Als Emulsion wird Fett leichter angegriffen (Bedeutung für die Verdauung). Das Überwiegen der Alkylgruppe im Fettmolekül bewirkt die Wasserunlöslichkeit und die Löslichkeit in organischen Lösungsmitteln mit mehr oder weniger großen Alkylresten. So ist z.B. die Alkohollöslichkeit geringer als die Benzinlöslichkeit.
Der Siedepunkt der Fette liegt zwischen 300 und 320 °C. Oberhalb des Siedepunktes zerfallen sie in brennbare Zersetzungsprodukte, wobei Glycerin in Acrolein verwandelt wird. Glühende Kohlenstoffteilchen verursachen das Leuchten der Flamme.

Fetthärtung:

Öle, deren Säurekomponente aus ungesättigten Säuren besteht, können durch Hydrierung in Fette übergeführt werden.

3) Härtung von Olivenöl: Versetze in einem Reagenzglas eine heiße Lösung von 0,5 ml Wasser, 1,5 ml konzentrierte Schwefelsäure und 1,5 ml Olivenöl mit einer Spatelspitze Zink- oder Eisenpulver. Das Reaktionsgemisch wird beim Abkühlen fest.

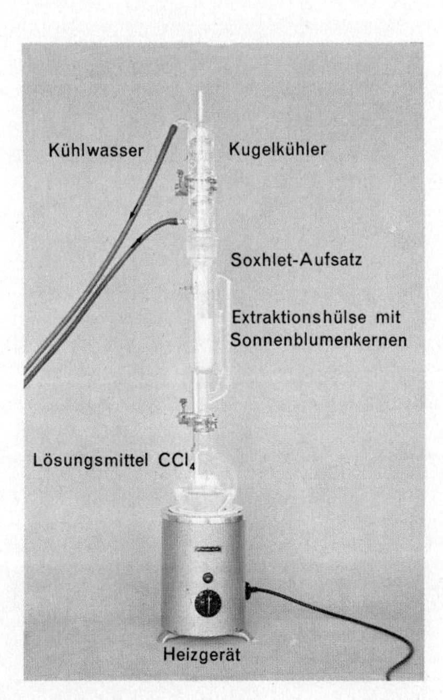

Abb. 99.1. Extraktion von Sonnenblumenkernen mit einer Soxhlet-Apparatur

In der Technik arbeitet man bei der Fetthärtung mit 6 bar, 180 °C und Nickel als Katalysator. Dabei gehen ungesättigte Fettsäuren in gesättigte über. Zum Beispiel wird

Ölsäure

$$H_3C{-}(CH_2)_7{-}CH{=}CH{-}(CH_2)_7{-}COOH + H_2 \xrightarrow{Ni} H_3C{-}(CH_2)_7{-}\underset{H}{\overset{H}{C}}{-}\underset{H}{\overset{H}{C}}{-}(CH_2)_7{-}COOH$$

Ölsäure → Stearinsäure

zu Stearinsäure hydriert.

Die Fetthärtung geht auf W. Normann[1] (1902) zurück. Sie hat große wirtschaftliche Bedeutung, da Fette teurer sind als Öle. Die Seifen-, Kerzen- und Margarinefabrikation benötigt Fette. Durch Hydrierung der Öle und Trane, in erster Linie Waltran und Baumwollsaat, werden die Fette für diese Fabrikationszweige gewonnen. Bei der Hydrierung verschwindet auch der unangenehme Geruch und Geschmack der Trane (Abb. 100.1.).

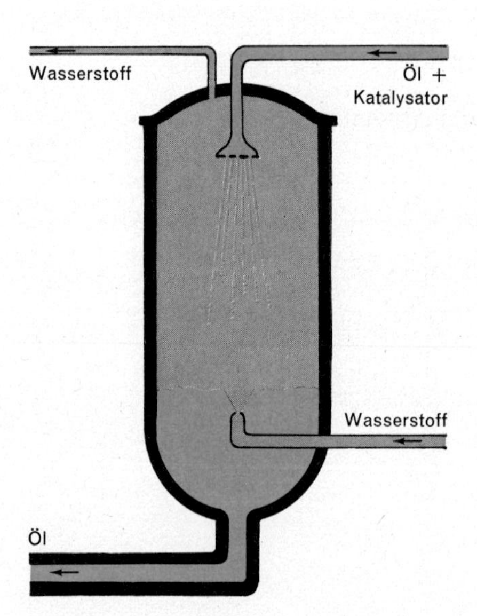

Abb. 100.1. Druckkessel zur technischen Fetthärtung. Der Katalysator wird im Öl aufgeschwemmt und dann mit dem Öl gemeinsam in den Kessel gespritzt. Von unten wird Wasserstoff durch das heiße Öl gedrückt, das dadurch ständig in Bewegung bleibt. Das hydrierte Öl wird unten abgelassen.

20.11.3. Die Seifen und der Waschvorgang

L 1) Herstellung von Seife: Löse 8 g Ätznatron in 20 ml dest. Wasser und füge nach und nach 20 g Rindertalg hinzu. Koche 30 Minuten lang, wobei das verdampfte Wasser immer ersetzt werden muß, und rühre gut um. Löse in heißem dest. Wasser und versetze die Lösung mit einer konzentrierten Kochsalzlösung.

2) Seife aus Ölsäure: Schüttele im Reagenzglas 1 ml Ölsäure mit 5 ml 20%iger Sodalösung!

3) Bildung von Kalkseife: Versetze alkoholische Seifenlösung mit der dreifachen Menge Kalkwasser und schüttele gut durch!

[1] W. Normann, 1870–1939, deutscher Chemiker

Der Rindertalg, der bei Versuch 1 eingesetzt wurde, besteht zu 27% aus Palmitinsäure-, 26% Stearinsäure- und 39% Ölsäureglycerinester. Durch die Einwirkung der Kalilauge wird das Fett verseift und in die Alkalisalze der drei Säuren verwandelt. Als Seifen bezeichnet man alle Alkalisalze der Fettsäuren mit mehr als 10 C-Atomen. Als Beispiel diene die Verseifung des Palmitinsäureglycerinesters:

$$H_5C_3(C_{15}H_{31}COO)_3 + 3K^+ + 3OH^- \rightarrow 3H_{31}C_{15}COO^- + 3K^+ + C_3H_5(OH)_3$$

Seifen sind Salze der höheren Fettsäuren. Im engeren Sinne versteht man darunter die Alkalisalze der höheren Fettsäuren.

Schmierseifen sind Kaliseifen, sie sind meist bräunlich gefärbt. Kernseifen sind Natronseifen. Bei grün gefärbten Seifen ist Hanföl im Fett enthalten gewesen.
In der Seifenindustrie stellt man häufig die Seife aus der Fettsäure direkt her, nachdem man zuvor das Fett mit Wasserdampf verseift hat. In Versuch 2 wird Natriumoleat durch Neutralisation von Ölsäure mit Sodalösung gewonnen:

$$2H_{33}C_{17}COOH + 2Na^+ + CO_3^{2-} \rightarrow 2H_{33}C_{17}COO^- + 2Na^+ + H_2O + CO_2$$

Bei Versuch 3 entsteht aus einer löslichen Seife, z.B. aus Natriumstearat, eine unlösliche Kalkseife.

$$2(H_{35}C_{17}COO^-Na^+) + Ca^{2+} \rightarrow [Ca^{2+} + 2(C_{17}H_{35}COO)^-] + 2Na^+$$

Seifen entstehen:

a) bei der Verseifung der Fette mit Alkalien,
b) bei der Neutralisation von Fettsäuren mit Alkalien,
c) bei der Umsetzung von Alkaliseifen mit anderen Metallsalzen.

Starke Mineralsäuren machen die Fettsäuren aus den Seifen als weiße Flocken frei. Auch bei der Hydrolyse wird die Fettsäure frei, doch bleibt sie in der Wärme kolloidal im Wasser emulgiert. Beim Erkalten vereinigen sich die Seifenmoleküle mit den freigewordenen Fettsäuremolekülen zu wenig löslichen Molekülverbindungen.

$$H_{31}C_{15}COOH + H_{31}C_{15}COO^-Na^+ \rightarrow H_{31}C_{15}COOH \cdot H_{31}C_{15}COO^-Na^+$$

Bei Anwesenheit von Magnesium- oder Calciumsalzen entstehen unlösliche fettsaure Salze. Während reine Seifenlösungen schäumen, da sich bei ihnen zwischen den genannten Molekülverbindungen Luftblasen befinden, können Lösungen mit fettsauren Magnesium- oder Calciumsalzen keine Luftblasen umschließen. Eine alkoholische Seifenlösung ist klar, farblos und neutral reagierend. Die zur Seifensynthese benötigten Fettsäuren können auch durch Oxidation von synthetischen Paraffinen nach dem Fischer-Tropsch-Verfahren erhalten werden. Die Oxidation läßt sich durch geeignete Katalysatoren, z.B. Permanganate, so beschleunigen, daß bei 100 °C Paraffine mit einer C-Atomzahl über 30 in mehrere Fettsäuren gespalten werden. Durch Destillation werden die niederen Fettsäuren von den höheren abgetrennt.

Abb. 102.1. Eine Seifenlösung verringert die Oberflächenspannung des Wassers. Der feine Ruß sinkt bei Seifenzusatz ein.

Eigenschaften der Seifenmoleküle:

4) Hydrolytische Spaltung der Seife: Versetze einige ml alkoholischer Seifenlösung mit einigen Tropfen Phenolphthaleinlösung. Gib zu dieser Lösung 3–5 Tropfen Wasser und schüttele. Wiederhole die Wasserzugabe und beobachte die Farbänderung und die Schaumbildung!

5) Nachweis der Grenzflächenaktivität von Seifenmolekülen: Fülle zwei 600-ml-Bechergläser (hohe Form) mit 500 ml dest. Wasser und streue auf die Oberfläche des Wassers in beiden Gefäßen etwas feinsten Kohlenstaub (Pulver). Gib in eines der Gefäße etwas Seifenpulver und beobachte das Verhalten des Kohlenstaubs (Abb. 102.1. u. 102.2.).

Bei Wasserzugabe rötet sich die Lösung in Versuch 4 mehr und mehr. Während sich zuerst kaum Schaum bildet, wird auch die Schaumbildung mit steigender Wasserzugabe intensiver.

$$\mathbf{H_{35}C_{17}COO^-Na^+ + H_2O \rightarrow H_{35}C_{17}COOH + Na^+ + OH^-}$$

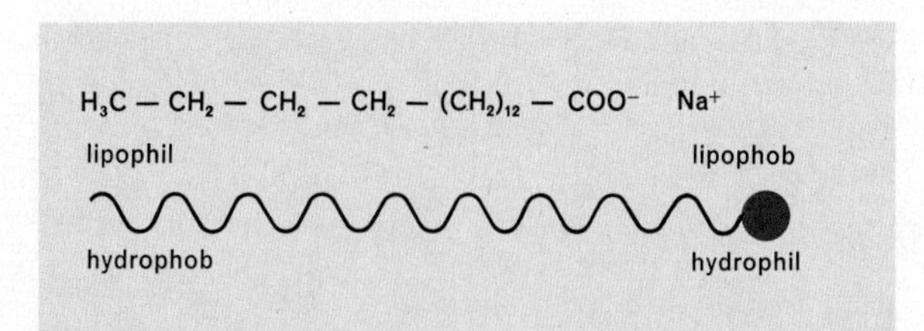

Abb. 102.2. Hydrophiles (lipophob) und hydrophobes (lipophil) Ende eines grenzflächenaktiven Teilchens

Die bei der Hydrolyse gebildete Lauge verringert die Protonenkonzentration. Dies zeigt die rotviolette Farbe des Indikators Phenolphthalein an. Die gleichzeitig gebildete freie Fettsäure bildet die erwähnte Molekülverbindung mit noch vorhandenen Seifenmolekülen, die durch Lufteinschluß die Schaumbildung ermöglicht.

[1] lipos (gr.) = Fett, phobos (gr.) = Furcht
[2] hydros (gr.) = Wasser, philein (gr.) = lieben

Eine Seifenlösung setzt die Oberflächenspannung des Wassers von $7{,}3 \cdot 10^{-4} \frac{\mathrm{N}}{\mathrm{cm}}$ auf ca. $3{,}0 \cdot 10^{-4} \frac{\mathrm{N}}{\mathrm{cm}}$ herab. In der Seifenlösung reicht die Oberflächenspannung des Wassers nicht mehr aus, um die Kohlestaubteilchen zu tragen. Die Grenzflächenaktivität der Seifenmoleküle ist durch ihre Struktur bedingt (Abb. 102.2. und Versuch 5). Die Kohlenstoffkette des Alkylrestes wirkt wasserabstoßend (hydrophob), die Carboxylgruppe, die auf Grund der Dissoziation des Salzes eine negative Ladung trägt, kann die Wasserdipole anziehen, sie besitzt hydrophilen Charakter. Einer Wasseroberfläche kehren die Seifenmoleküle ihr hydrophiles Ende zu (Abb. 103.1.), einer Fettoberfläche ihr hydrophobes (Abb. 103.2.).

Der hydrophobe Teil eines Seifenmoleküls besitzt gleichzeitig lipophilen (fettliebenden) Charakter, das hydrophile Ende der Seifenmoleküle wirkt lipophob (fettabstoßend). Da die Fette die lipophilen (hydrophoben) Teile der Seifenmoleküle beanspruchen, stehen die lipophoben (hydrophilen) Enden der gleichen Seifenmoleküle für eine Wechselwirkung mit den Wasserdipolen zur Verfügung. Auf diese Art und Weise können die Seifen emulgierend wirken.

Seifen säubern aber nicht nur durch ihre Grenzflächenaktivität und die Fähigkeit, emulgierend zu wirken; die verseifende Tendenz der Alkalien, die bei ihrer Hydrolyse entstehen, bilden aus den Fetten des Schmutzes lösliche Seifenmoleküle.

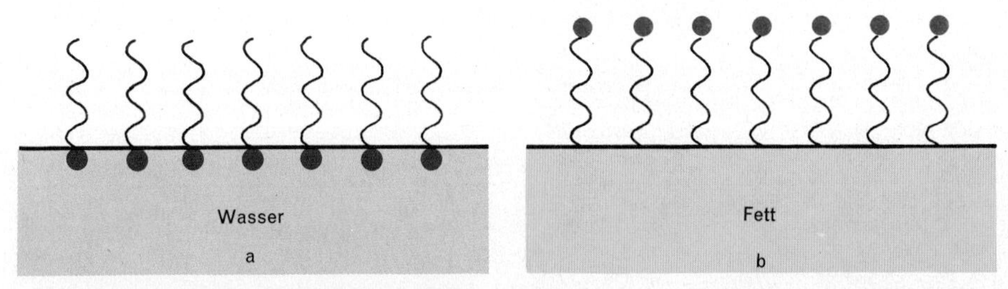

Abb. 103.1. Schematische Darstellung der grenzflächenaktiven Wirkung der Seifenmoleküle. Durch die ausgerichtete Lage der Fettsäureionen an der Grenze flüssig-gasförmig wird die Luft abgedrängt (Netzwirkung der Seife).

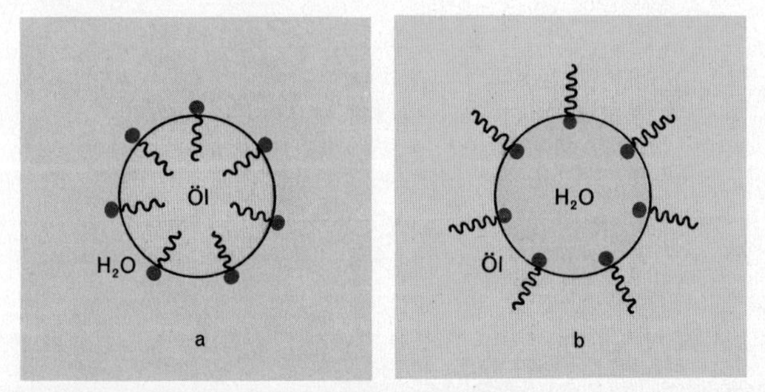

Abb. 103.2. Durch die Lage der Fettsäureionen (a und b) werden Wasser und fette Öle verbunden und stoßen sich so nicht mehr gegenseitig ab (emulgierende Wirkung der Seife).

Die Fähigkeit der Seifen, kolloidale Lösungen zu bilden, erhöht ihre Wirksamkeit, da kolloidale Lösungen die Eigenschaft besitzen, ihrerseits Stoffe in kolloidale Lösung bzw. Emulsion zu überführen.

Moderne Waschmittel:

Moderne Waschmittel enthalten neben Seifen noch eine Reihe von Stoffen, die die eine oder andere Waschwirkung fördern, sei es, daß sie die Netzwirkung durch Steigerung der Grenzflächenaktivität erhöhen (Saponin) oder durch Sauerstoffabgabe (Perborate) die Schaumbildung steigern, bleichend und desinfizierend wirken. Soda und Wasserglas lösen Eiweißstoffe und erhöhen die alkalische Wirkung. Gleichzeitig wird das Wasser weich gemacht. Deshalb verwendet man Soda auch als Einweichmittel.

Trotz der guten Wascheigenschaften besitzen die Seifen doch einige Nachteile, die die Industrie durch Schaffung neuer synthetischer Waschmittel zu vermeiden sucht. So filzt Wolle, und laugenempfindliche Farbstoffe können zerstört werden. Die Nachteile werden durch die Reaktionen der Carboxylgruppe verursacht, die ja auch die Empfindlichkeit der Seifen gegenüber Härtebildnern bedingt. In den neuen synthetischen Waschmitteln wird die günstige Wirkung der Alkylgruppe mit der einer anorganischen Säure durch Esterbildung vereinigt.

Höhere Alkohole werden durch Schwefelsäure in Schwefelsäureester übergeführt:

$$\underset{\text{Cetyl-alkohol}}{H_{33}C_{16}OH} + 2H^+ + SO_4^{2-} \rightarrow H_{33}C_{16}\text{—O—}SO_3H + HOH$$

Mit Natronlauge entsteht das Natriumsalz des Cetylschwefelsäureesters

$$H_{33}C_{16}\text{—O—}SO_3^- Na^+.$$

Auch Sulfonate, in denen eine direkte C—S-Bindung vorliegt, werden als Wasch- und Netzmittel verwendet, z.B. $R\text{—}SO_3^-Na^+$.

Einige synthetische Waschmittel konnten von Mikroorganismen in den Kläranlagen und Flüssen schwer abgebaut werden. Deshalb konnte man noch vor 10 Jahren an Wehren und Stromschnellen in deutschen Flüssen große Schaumberge beobachten. Nach dem „Detergentiengesetz" vom 5. 9. 1961 müssen 80% der synthetischen Waschmittel biologisch abbaubar sein. Moderne Waschmittel enthalten noch sog. *optische Aufheller*. Das sind kompliziert gebaute organische Moleküle, die die Eigenschaft besitzen, unsichtbares, kurzwelliges Licht in blaues, längerwelliges Licht zu verwandeln. Mit der gelblichen Eigenfarbe mancher Textilfasern gibt das Blau als Komplementärfarbe leuchtendes Weiß. Fehlt die gelbe Eigenfarbe der Fasern, dann erscheinen weiße Wäschestücke, die mit Waschmitteln behandelt wurden, die optische Aufheller enthalten, blaustichig. Bei Bestrahlung mit UV-Licht fluoreszieren so behandelte Textilien blau.

Die sog. biologisch aktiven Waschmittel enthalten einen Enzymkomplex, der eiweißhaltigen Schmutz fermentativ abbaut. Da die Enzymwirkung mit steigender Temperatur abnimmt, büßen biologisch aktive Waschmittel oberhalb ca. 50 °C einen Teil ihrer Waschkraft ein.

Um die Waschwirkung zu verbessern, sind häufig carboximethylierte Cellulosederivate beigefügt, die erfolgreich ein Aufziehen bereits abgelöster Schmutzpartikel verhindern (Vergrauungsinhibitoren). Langkettige Seifen (bis 21 C-Atome) dienen der Schaumregulierung.

20.11.4. Derivate[1] der Carbonsäuren durch Veränderung am Carboxyl

Säurechloride:

Phosphorpentachlorid kann die Hydroxylgruppe freier Carbonsäuren durch Chlor ersetzen. Es entstehen Säurechloride:

$$H_3C{-}C{\overset{O}{\underset{OH}{\lessgtr}}} + PCl_5 \rightarrow POCl_3 + HCl + H_3C{-}C{\overset{O}{\underset{Cl}{\lessgtr}}}$$

Säurechloride sind Verbindungen, in denen die OH-Gruppe der Carboxylfunktion durch ein Cl-Atom substituiert ist.

Die Säurechloride dürfen nicht mit chlorierten Säuren verwechselt werden. Das wichtigste Säurechlorid ist das Acetylchlorid, das aus Essigsäure gewonnen wird.

L 1) Hydrolyse von Acetylchlorid: Tropfe etwas Acetylchlorid in kaltes Wasser und prüfe die Reaktion der Lösung mit einem Indikator. (Abzug!)

L 2) Estersynthese mit Acetylchlorid: Tropfe im Abzug etwas Acetylchlorid in Ethanol und prüfe den Geruch der Lösung! (Vorsicht, Abzug!)

Das Halogenatom der Säurechloride ist reaktionsfähig, es kann durch andere Gruppen ersetzt werden. Mit Wasser setzt sich Acetylchlorid zu Essigsäure und Chlorwasserstoff um (Versuch 1).

$$H_3C{-}C{\overset{O}{\underset{Cl}{\lessgtr}}} + HOH \rightarrow H_3C{-}C{\overset{O}{\underset{OH}{\lessgtr}}} + HCl$$

Acetylchlorid

Abb. 105.1. Kalottenmodell von Acetylchlorid

Säurechloride werden durch Alkohole in die entsprechenden Ester übergeführt. Aus Acetylchlorid und Ethanol entsteht Essigsäureethylester (Versuch 2).

$$H_3C{-}C{\overset{O}{\underset{Cl}{\lessgtr}}} + HO{-}C_2H_5 \rightarrow H_3C{-}C{\overset{O}{\underset{O-C_2H_5}{\lessgtr}}} + HCl$$

Säureamide:

Säurechloride reagieren mit Ammoniak zu Säureamiden.

$$R{-}C{\overset{O}{\underset{Cl}{\lessgtr}}} + NH_3 \rightarrow R{-}C{\overset{O}{\underset{NH_2}{\lessgtr}}} + HCl$$

Säureamide sind Verbindungen, in denen die OH-Funktion der Carboxylgruppe durch die NH_2-Gruppe substituiert ist. Die NH_2-Gruppe heißt in diesem Falle Amidogruppe.

[1] derivare (lt.) = ableiten

3) Bildung von Acetamid: Löse 4 g Ammoniumacetat in 3 ml Eisessig und erhitze die Lösung ca. 10 Minuten am Rückfluß zum Sieden. Lasse abkühlen. Destilliere nun die Lösung unter mehrmaligem Austausch der Vorlage! (Abzug!)

4) Hydrolyse von Acetamid: Löse etwas Acetamid in Natronlauge und erwärme. Neutralisiere mit Salzsäure und füge einen Tropfen Eisen(III)-chloridlösung zu! (Abzug!)

Säureamide entstehen z. B.:

a) durch Einwirkung von Säurechloriden auf Ammoniak,
b) durch Wasserentzug aus Ammoniumsalzen der Fettsäuren.

$$R{-}C{\leqslant}^{O}_{Cl} + NH_3 \rightarrow R{-}C{\leqslant}^{O}_{NH_2} + HCl \quad \textbf{(Fall a)}$$

$$\left(H_3C{-}C{\leqslant}^{O}_{O}\right)^{-} NH_4^{+} \rightarrow H_3C{-}C{\leqslant}^{O}_{NH_2} + H_2O \quad \textbf{(Fall b)}$$

Die NH_2-Gruppe reagiert schwach basisch. In den Säureamiden wird diese Eigenschaft durch den Säurerest fast aufgehoben. Immerhin können sie sich mit Mineralsäuren zu Additionsverbindungen vereinigen. Diese Erscheinung ist auf das freie Elektronenpaar im Ammoniakmolekül zurückzuführen.

$$R{-}C{\leqslant}^{O}_{NH_2} + HCl \rightarrow \left(R{-}C{\leqslant}^{O}_{NH_3}\right)^{+} Cl^{-}$$

Die Anlagerungsverbindung ist unbeständig und wird leicht hydrolysiert. Alkalien und heiße Mineralsäuren verseifen die Säureamide zu Carbonsäuren (Versuch 4).

$$H_3C{-}C{\leqslant}^{O}_{NH_2} + H_2O \rightarrow H_3C{-}COOH + NH_3$$

Säureanhydride:

Bei den Carbonsäuren ist nur Ameisensäure zu einer innermolekularen Wasserabspaltung befähigt. Das entstehende Kohlenoxid kann aber nicht als echtes Anhydrid angesprochen werden, da beim Lösen in Wasser nicht wieder Ameisensäure gebildet wird.

Säureanhydride kann man sich durch Wasserabspaltung aus zwei Molekülen Carbonsäure entstanden denken. Mit Wasser reagieren die Säureanhydride wieder zur entsprechenden Carbonsäure.

Fettsäureanhydride kann man auch durch Einwirkung von Säurechloriden auf Salze der gleichen Fettsäure gewinnen:

$$H_3C{-}C{\leqslant}^{O}_{Cl} + \left(H_3C{-}C{\leqslant}^{O}_{O}\right)^{-} Na^{+} \rightarrow \begin{matrix} H_3C{-}C{\leqslant}^{O} \\ \quad O \\ H_3C{-}C{\leqslant}_{O} \end{matrix} + Na^{+}Cl^{-}$$

Essigsäureanhydrid

Die niederen Glieder der Fettsäureanhydridreihe sind stechend riechende, leicht bewegliche Flüssigkeiten, die höheren Glieder sind geruchlos und fest. Man verwendet sie wie die Säurechloride zur Einführung der Acylgruppe[1] in andere Verbindungen.

20.11.5. Carbonsäurederivate durch Veränderung im Alkylrest

Erfolgt die Bezeichnung einer Verbindung nicht nach der Genfer Nomenklatur, sondern durch Trivialnamen, wie dies bei den Fettsäuren meist der Fall ist, dann verwendet man für die Kennzeichnung der Stellung der C-Atome innerhalb der Verbindung die Reihenfolge der griechischen Buchstaben. Man beginnt mit der Zählung hinter dem Carboxylkohlenstoff.

$$\underset{\delta}{H_3C}-\underset{\gamma}{CH_2}-\underset{\beta}{CH_2}-\underset{\alpha}{CH_2}-C\begin{matrix}\nearrow O \\ \searrow OH\end{matrix}$$

Halogenfettsäuren:

Unter dem Einfluß spezifisch wirkender Katalysatoren können Halogene ein oder mehrere H-Atome im Alkylrest der Fettsäure substituieren. Dabei wird die OH-Gruppe der Carboxylfunktion nicht angegriffen. Je nach der Lage unterscheidet man dann α-Halogenfettsäuren, β-Halogenfettsäuren usw. Durch Chlorierung von Eisessig in Anwesenheit von Schwefel entsteht Monochloressigsäure:

$$H_3C-C\begin{matrix}\nearrow O \\ \searrow OH\end{matrix} + Cl_2 \rightarrow ClH_2C-C\begin{matrix}\nearrow O \\ \searrow OH\end{matrix} + HCl$$

Ein zweiter Weg für die Bildung von Halogenfettsäuren beruht auf der Addition von Halogenwasserstoff an ungesättigte Fettsäuren. Durch Addition von Chlorwasserstoff an Acrylsäure bildet sich β-Chlorpropionsäure:

$$H_2C=CH-C\begin{matrix}\nearrow O \\ \searrow OH\end{matrix} + HCl \rightarrow ClH_2C-CH_2-C\begin{matrix}\nearrow O \\ \searrow OH\end{matrix}$$

Die Atome oder Atomgruppen, die in Alkanen substituiert werden oder an ungesättigte Kohlenwasserstoffe addiert werden, nennt man funktionelle Gruppen.

Bei der Substitution neuer funktioneller Gruppen am Alkylrest der Fettsäuren ändern sich die Eigenschaften der Säure in gesetzmäßiger Weise. Diese Gesetzmäßigkeit soll am Beispiel der Halogencarbonsäuren abgeleitet werden.

Tab. 107.1. Dissoziationskonstante K_S von stellungsisomer substituierten Carbonsäuren

Carbonsäure	$K_S \cdot 10^{-5}$ bei 25 °C				
	unsubst.	α—Cl	β—Cl	γ—Cl	δ—Cl
Essigsäure	1,75	155	–	–	–
Propionsäure	1,33	147	8,2	–	–
n-Buttersäure	1,5	139	8,9	3,0	–
n-Valeriansäure	1,4	–	–	–	1,9

[1] Allgemeine Formel der Acylgruppe ist $C_nH_{2n+1}CO-$

Tab. 108.1. p_K-Werte substituierter Carbonsäuren von Essig- und Buttersäure (bei 25°C)

Carbonsäure	p_K	Carbonsäure	p_K
$F{-}CH_2{-}COOH$	2,66	$Cl_3C{-}COOH$	0,83
$HO{-}CH_2{-}COOH$	3,83	$H_3C{-}COOH$	4,75
$Br{-}CH_2{-}COOH$	2,87	$H_3C{-}CH_2{-}CHCl{-}COOH$	2,84
$J{-}CH_2{-}COOH$	3,13	$H_3C{-}CHCl{-}CH_2{-}COOH$	4,06
$Cl{-}CH_2{-}COOH$	2,81	$H_2CCl{-}CH_2{-}CH_2{-}COOH$	4,52
$Cl_2CH{-}COOH$	1,29	$H_3C{-}CH_2{-}CH_2{-}COOH$	4,83

Je größer die Elektronegativität des Substituenten und je näher seine Stellung der Carboxylgruppe ist, um so stärker wird die partiell positive Ladung am Carboxyl-C-Atom, um so leichter kann das Wasserstoffatom der Carboxylgruppe als Proton abdissoziieren. Der induzierende Einfluß des Substituenten nimmt mit zunehmendem Abstand vom Schlüsselatom (substituiertes C-Atom) ab.

$$\overset{\ominus}{Cl}{-}\overset{\oplus}{C}H_2{-}\overset{\delta\delta+}{C}\langle^{\overset{\delta\delta\delta+}{\bar{O}}|^{\ominus}}_{O}$$

Verteilung der partiellen Ladungen in der Monochloressigsäure

Man führt diese Beobachtung auf die elektronensaugende Wirkung stark elektronegativer Elemente zurück. Die durch den Elektronensog hervorgerufene unsymmetrische Elektronenverteilung pflanzt sich über das σ-Elektronensystem einer Kohlenstoffkette weiter fort, weil das an Elektronen relativ verarmte Nachbaratom des Schlüsselatoms selbst einen gewissen Elektronensog auf seine nächsten Nachbarn ausüben kann. Man bezeichnet diese Erscheinung als *Induktionseffekt*[1] oder kurz I-Effekt.

Unter dem Induktionseffekt versteht man die Änderung der Elektronendichte entlang einer Kohlenstoffkette, die durch einen Substituenten hervorgerufen wird. Der I-Effekt erhält das Vorzeichen des vom Substituenten angenommenen Ladungssinns.

Atome, deren Elektronegativität kleiner als die des sp^3-Kohlenstoffs ist, können einen + I-Effekt hervorrufen.

$$Li{-}BR_2{-}SiR_3{-}CR_3{-}CH_3{-}NH_2{-}SH{-}I{-}Br{-}Cl{-}OH{-}F$$

$$\overleftrightarrow{\qquad\qquad\qquad\qquad\qquad}$$

$$+I \qquad\qquad 0 \qquad\qquad -I$$

Da die Elektronenaffinität der Kohlenstoffatome in der Reihenfolge

$$sp^3 < sp^2 < sp$$

zunimmt (siehe Kapitel 19.1.), rufen sp^2- und sp-Kohlenstoffatome am sp^3-C-Atom einen —I-Effekt hervor.

Das Halogen der Halogenfettsäuren ist reaktionsfähig und kann durch andere funktionelle Gruppen ersetzt werden. Auf dieser Eigenschaft beruht die Verwendung der Halogenfettsäuren in der Synthese. Das Halogenatom ist um so beweglicher, je näher es dem Carboxyl-C-Atom ist.

[1] inducere (lt.) = hineinführen, efficere (lt.) = bewirken

Hydroxisäuren:

> Hydroxisäuren[1] sind Verbindungen, die im Alkylrest einer Fettsäure die OH-Gruppe enthalten.

Man erhält sie durch Kochen von α-Chlorcarbonsäuren mit Alkali, z.B.

$$H_3C{-}CHCl{-}C\begin{matrix}\diagup O \\ \diagdown OH\end{matrix} + K^+ + OH^- \rightarrow H_3C{-}CHOH{-}C\begin{matrix}\diagup O \\ \diagdown OH\end{matrix} + K^+ + Cl^-$$

Auch beim Erhitzen ungesättigter Carbonsäuren mit Laugen entstehen Hydroxisäuren.

Eine wichtige Hydroxisäure ist die α-Hydroxipropionsäure oder *Milchsäure*. Sie kommt in der Natur vor, während die β-Hydroxipropionsäure nur synthetisch erhalten werden kann. Bei der Strukturbetrachtung der α-Hydroxipropionsäure zeigt sich, daß das mittlere Kohlenstoffatom eine besondere Eigenschaft aufweist. An seine vier Valenzen sind vier verschiedene Atome bzw. Atomgruppen gebunden

$$\begin{array}{c} HO\diagdown\ \diagup O \\ C \\ | \\ H{-}C{-}OH \\ | \\ CH_3 \end{array}$$

α-Hydroxi-
propionsäure

> Kohlenstoffatome, die an den vier Valenzen vier verschiedene Atome oder Atomgruppen gebunden haben, nennt man asymmetrische Kohlenstoffatome.

Erinnern wir uns daran, daß wir uns für die Richtung der Bindekräfte im Kohlenstoffatom ein „Tetraedermodell" zur Veranschaulichung entwickelt hatten (siehe Kapitel 19.). Wenden wir diese Vorstellung auf das asymmetrische Kohlenstoffatom an, dann ergibt sich, daß Verbindungen mit einem asymmetrischen C-Atom zwei Isomere bilden müssen, die sich wie Bild und Spiegelbild zueinander verhalten (Abb. 109.1.).

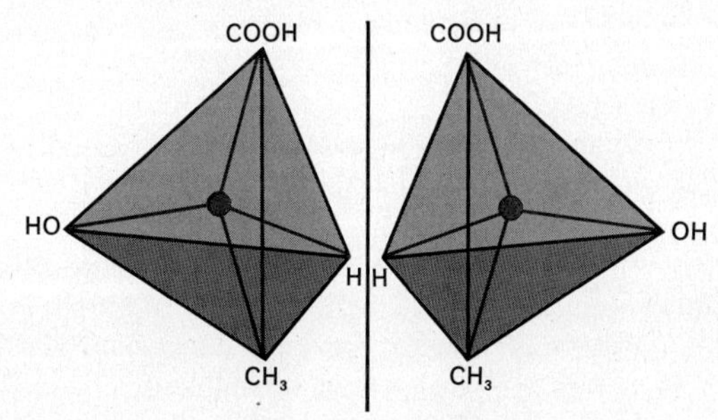

Abb. 109.1. Spiegelbildliche Anordnung der Atome bzw. Atomgruppen um das asymmetrische C-Atom bei der α-Hydroxipropionsäure (Milchsäure)

[1] früher Oxisäuren

Die beiden Isomeren lassen sich durch Drehung nie zur Deckung bringen. Diese Isomerie wird Spiegelbildisomerie oder *optische Isomerie* genannt. Da diese Isomerie aber auch von der Anordnung im Raume abhängt, spricht man auch von *Stereoisomerie.*

Die optischen Isomeren unterscheiden sich in ihren kristallographischen und physiologischen Eigenschaften.

Optische Aktivität:

Die Schwingungsebenen des natürlichen Lichts nehmen alle Richtungen senkrecht zur Ausbreitungsrichtung ein. Durch ein Polarisationsfilter (Polarisator) werden alle Schwingungen ausgelöscht bis auf eine von bestimmter Schwingungsrichtung. Geht das so polarisierte Licht durch einen zweiten Polarisationsfilter (Analysator), dann wird der Strahl völlig ausgelöscht, wenn der Analysator um 90° gegen den Polarisator verdreht ist.
Wird nun zwischen Polarisator und Analysator die Lösung eines Stereoisomers, d.h. also einer Verbindung mit asymmetrischem Kohlenstoffatom, geschaltet, dann wird die Ebene des vom Polarisator durchgelassenen Lichtes um einen bestimmten Winkel gedreht. Dieser Winkel läßt sich durch Drehen des Analysators bestimmen (Abb. 110.1.). Verändert man die Stellung des Polarisators nicht, dann erscheint bei einer Drehung des Analysators um 360° zweimal Helligkeit und Dunkelheit, wenn man hinter dem Analysator beobachtet.

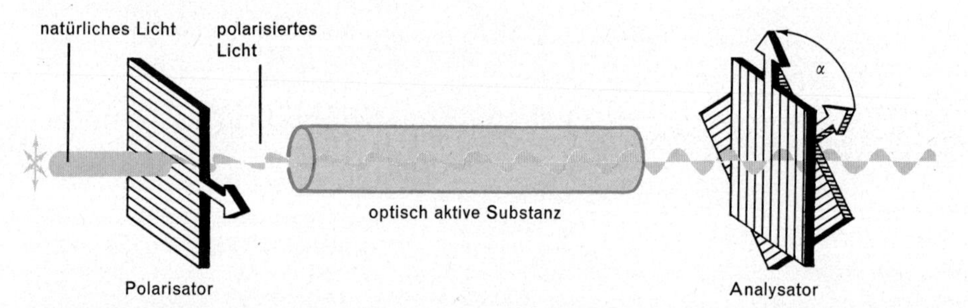

Abb. 110.1. Schema eines Polarimeters. Hinter dem Analysator beobachtet man Helligkeit, wenn die Richtung der Schwingungsebene des polarisierten Lichts mit der Richtung der Analysatordurchlässigkeit übereinstimmt.

Verbindungen mit asymmetrischen Kohlenstoffatomen sind optisch aktiv, d.h., sie drehen die Ebene des polarisierten Lichtes um einen bestimmten Betrag.

Das Drehvermögen einer Flüssigkeit oder eines in einer inaktiven Flüssigkeit gelösten optisch aktiven Stoffes wird gemessen durch die spezifische Drehung (α), die in folgender Weise definiert ist. Ist c die Anzahl Gramm einer Stoffart in 100 ml Lösung, l die Länge der durchstrahlten Flüssigkeitssäule in Dezimetern und α der beobachtete Drehwinkel in Grad, so gilt

$$(\alpha) = \frac{100 \cdot \alpha}{c \cdot l}$$

Die Drehung ist für verschiedene Teile des Spektrums verschieden und etwas temperaturabhängig. Man kann mit Hilfe dieser Gleichung aus der Drehung der Polarisationsebene die Konzentration einer Lösung bestimmen.
Untersucht man die Drehrichtung der beiden stereoisomeren Formen der Milchsäure, dann dreht das eine Isomer die Polarisationsebene nach links, während das andere Isomer nach rechts dreht. Die rechtsdrehende Form wird als (+)-Milchsäure, die linksdrehende Form als (—)-Milchsäure bezeichnet.

Die Richtung, in die eine optisch aktive Substanz die Schwingungsebene des polarisierten Lichtes dreht, wird mit (+) und (—) angegeben. Rechtsdrehende Substanzen kennzeichnet man durch das (+)-Symbol, linksdrehende durch das (—)-Symbol.

Ein äquimolekulares Gemisch der rechts- und linksdrehenden Form dreht die Ebene des polarisierten Lichts nicht, es ist optisch inaktiv. Das Gemisch heißt *Racemat* (von Acidum racemicum = Traubensäure).
Um stereoisomere Formen in der Ebene wiedergeben zu können, wurde festgelegt, daß das Kohlenstoffgerüst als Kette gezeichnet wird. Die Liganden des asymmetrischen Kohlenstoffatoms kommen dann zu beiden Seiten desselben zu liegen. Für die Milchsäure ergeben sich demnach die beiden Bilder (Abb. 111.1.).

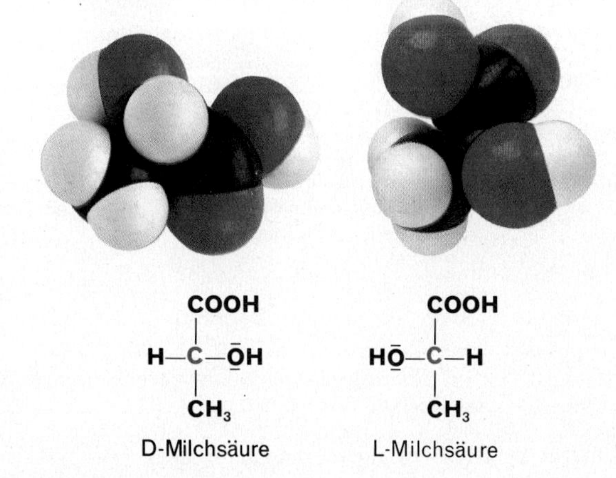

Abb. 111.1. Kalottenmodell von +- und —- Milchsäure

Als D-Form (von dexter = rechts) wird die Form bezeichnet, deren Substituent rechts vom asymmetrischen Kohlenstoffatom liegt. Entsprechend heißt die andere Form die L-Form (von laevus = links). Die racemischen Formen sind dann DL-Formen. Die Bezeichnungen D oder L beziehen sich auf den inneren Aufbau des Moleküls, sagen aber nichts über den Drehsinn des polarisierten Lichts aus. Bei der Milchsäure dreht die D-Form nach links, die L-Form nach rechts. Wir schreiben daher D(—)-Milchsäure bzw. L(+)-Milchsäure.

Ketocarbonsäuren:

Durch Oxidation der Hydroxisäuren können je nach der Stellung der OH-Gruppe Aldehyd- oder Ketocarbonsäuren entstehen. Die wichtigste und einfachste Ketosäure ist die Brenztraubensäure. Sie kann bei der Oxidation der Milchsäure entstehen.

$$H_3C-CHOH-C\begin{matrix}\nearrow O \\ \searrow OH\end{matrix} + \tfrac{1}{2}O_2 \rightarrow H_3C-\underset{\underset{O}{\|}}{C}-C\begin{matrix}\nearrow O \\ \searrow OH\end{matrix} + HOH$$

Brenztraubensäure

Die Brenztraubensäure ist eine stechend riechende Flüssigkeit, die sowohl Säure- als auch Ketoneigenschaften besitzt. Sie tritt als Zwischenprodukt bei der alkoholischen Gärung und dem Kohlenhydratabbau im Körper auf.

Aminosäuren:

Aminosäuren sind Carbonsäuren, in denen ein oder mehrere H-Atome der Alkylgruppe durch die Aminogruppe $-NH_2$ ersetzt sind. Die an Alkyl gebundene NH_2-Gruppe heißt Aminogruppe.

Abb. 112.1. zeigt den Unterschied zwischen der Amidogruppe in einem Säureamid und der Aminogruppe in einer Aminosäure.

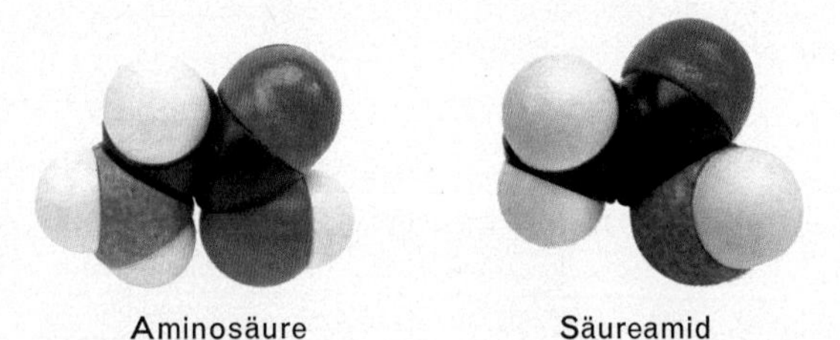

Abb. 112.1. Unterschied zwischen der Amido- und der Aminogruppe

Die α-Aminosäuren sind die Bausteine der Eiweiße. Sie gehen durch Hydrolyse aus ihnen hervor. Mit Ausnahme des ersten Gliedes dieser homologen Reihe sind die Aminosäuren alle optisch aktiv. Die natürlich vorkommenden Aminosäuren gehören alle der L-Reihe an.

Herstellung von α-Aminoessigsäure: Löse etwas Monochloressigsäure in wenig Wasser und tropfe Ammoniak hinzu. Lasse bis zur nächsten Stunde bedeckt stehen und dampfe ein, bis die ersten Kristalle entstehen. Löse wieder mit einigen Tropfen Wasser und fälle mit Methanol. Filtriere und erhitze den Filterrückstand mit Methanol zum Sieden. Der abermals abfiltrierte Rückstand enthält α-Aminoessigsäure.

$$Cl-CH_2-C\begin{matrix}\nearrow O \\ \searrow \underline{O}H\end{matrix} + |NH_3 \rightarrow H_2\bar{N}-CH_2-C\begin{matrix}\nearrow O \\ \searrow \underline{O}H\end{matrix} + HCl$$

α-Aminoessigsäure

α-Aminoessigsäure heißt mit dem Trivialnamen *Glykokoll*.

Die Aminosäuren zeigen amphoteres Verhalten, denn sie enthalten die basische Aminogruppe und die saure Carboxylgruppe. Da sich bei α-Aminosäuren die Wirkungen dieser beiden Gruppen nahezu aufheben, reagieren sie neutral. Die Gruppen sättigen sich intramolekular ab, es entsteht ein inneres Salz.

$$\begin{array}{c} O \\ \| \\ C-\bar{O}H \\ | \\ H-C-\bar{N}H_2 \\ | \\ R \end{array} + H\bar{O}H + H\bar{O}H \rightleftharpoons \begin{array}{c} O \\ \| \\ C-\bar{O}|^{\ominus} \\ | \\ H-C-NH_3^{\oplus} \\ | \\ R \end{array} + H_3O^+ + OH^-$$

Dem amphoteren Charakter entsprechend bilden Aminosäuren mit Mineralsäuren und starken Basen Salze.
Alle natürlichen α-Aminosäuren besitzen Trivialnamen. Die einfachsten Glieder dieser Verbindungsklasse sind:

α-Aminoessigsäure	$CH_2(NH_2)-COOH$	**Glykokoll**
α-Aminopropionsäure	$H_3C-CH(NH_2)-COOH$	**Alanin**
α-Aminoisovaleriansäure	$(H_3C)_2CH-CH(NH_2)-COOH$	**Valin**
α-Aminoisocapronsäure	$(H_3C)_2CH-CH_2-CH(NH_2)-COOH$	**Leucin**
α-Amino-β-hydroxipropionsäure	$CH_2(OH)-CH(NH_2)-COOH$	**Serin**

20.11.6. Mehrprotonige Carbonsäuren

Durch Oxidation von Aldehydcarbonsäuren entstehen Dicarbonsäuren. Selbstverständlich kann die Oxidation von primären Glykolen und Dialdehyden ebenfalls zu Dicarbonsäuren führen. Alle Umsetzungen der Fettsäuren, an denen die Carboxylgruppe beteiligt ist, finden sich auch bei den Dicarbonsäuren, wobei diese Reaktionen zweimal verlaufen.
Die ersten neun normalen Dicarbonsäuren führen Trivialnamen, die ersten fünf heißen:

Tab. 113.1. Homologe Reihe der Dicarbonsäuren

Oxalsäure	HOOC—COOH
Malonsäure	$HOOC-CH_2-COOH$
Bernsteinsäure	$HOOC-(CH_2)_2-COOH$
Glutarsäure	$HOOC-(CH_2)_3-COOH$
Adipinsäure	$HOOC-(CH_2)_4-COOH$

Einen Vergleich der p_K-Werte der Dicarbonsäuren mit Fettsäuren, die die gleiche Anzahl Kohlenstoffatome besitzen, gibt folgende Tabelle:

Tab. 114.1. p_K-Werte[1] von Fettsäuren und Dicarbonsäuren

Dicarbonsäuren	p_K-Wert	Fettsäuren	p_K-Wert
HOOC—COOH	2,23	H_3C—COOH	4,75
HOOC—CH_2—COOH	2,83	H_5C_2—COOH	4,87
HOOC—$(CH_2)_2$—COOH	4,19	H_7C_3—COOH	4,81

Hieraus ist ersichtlich:

Dicarbonsäuren sind stärkere Säuren als die entsprechenden Fettsäuren mit der gleichen Anzahl Kohlenstoffatome. Die Tabelle läßt auch erkennen, daß die Säurestärke der Dicarbonsäuren um so größer ist, je näher die beiden Carboxylgruppen beieinander liegen.

Die größere Acidität der Dicarbonsäuren beruht offenbar nicht nur auf der Tatsache, daß pro Molekül ein Proton mehr abdissoziieren kann, sondern auch auf einer Wechselwirkung der beiden Carboxylgruppen untereinander. Auf Grund der Mesomerie in der Carboxylgruppe und der relativ großen Elektronegativität der Sauerstoffatome verursacht die eine Carboxylgruppe einen —I-Effekt an der anderen und umgekehrt, so daß mit abnehmendem Abstand der Carboxylgruppen die Protonen leichter abdissoziieren können. Dicarbonsäuren sind bei Zimmertemperatur feste, weiße Substanzen.

Die Oxalsäure:

1) Bildung von Natriumoxalat aus Formiaten: Erhitze Natriumformiat und fange das entweichende Gas auf. Führe mit dem Gas die Knallgasprobe durch. Löse den Rückstand in Wasser und versetze mit Kalkwasser.

2) Oxidation der Oxalsäure: Löse etwas Natriumoxalat und gib die Lösung tropfenweise zu schwefelsaurer Kaliumpermanganatlösung.

3) Zersetzung von Oxalsäure durch konzentrierte Schwefelsäure: Mische gleiche Teile Oxalsäure und konzentrierte Schwefelsäure und erhitze mäßig. Leite das entweichende Gas in Kalkwasser und entzünde das nichtabsorbierte Gas an einer ausgezogenen Glasspitze.

Oxalsäure findet sich in zahlreichen Pflanzen in Form ihrer Salze. Das Calciumoxalat wird von den Algen bis zu den höheren Pflanzen in den Zellwandungen und im Zellinneren angetroffen. Sauerklee und Sauerampfer enthalten Kaliumhydrogenoxalat (Kleesalz), Gräser oft Magnesiumoxalat. Nierensteine können aus Calciumoxalat bestehen.

Natriumoxalat kann durch rasche Destillation von Natriumformiat gewonnen werden

[1] Die p_K-Werte wurden in wäßriger Lösung bei 25 °C gemessen

(Versuch 1). Calciumoxalat ist in Wasser schwer löslich. Es dient zum Nachweis des Oxalations.

$$2\,HCOO^-\;2\,Na^+ \rightarrow H_2 + Na^+\,{}^-OOC{-}COO^-\,Na^+$$

Natriumoxalat

Wird trockenes Kohlendioxid bei 300 °C über Natrium oder Kaliummetall geleitet, dann bilden sich die entsprechenden Oxalate:

$$2\,CO_2 + 2\,Na \rightarrow Na^+\,{}^-OOC{-}COO^-\,Na^+$$

Oxalsäure kristallisiert in durchsichtigen, monoklinen Kristallen, $H_2C_2O_4 \cdot 2\,H_2O$, die schwer verwittern. Bei 100 °C wird das Kristallwasser abgegeben. Schwefelsäure zersetzt Oxalsäure in Kohlenmonoxid, Kohlendioxid und Wasser (Versuch 3).

$$HOOC{-}COOH \rightarrow CO + CO_2 + H_2O$$

Kaliumpermanganat oxidiert den Kohlenstoff im Oxalation in saurer Lösung zu CO_2. Diese Reaktion wird zur Einstellung einer Permanganatlösung in der Maßanalyse verwendet (Versuch 2).

$$2\,\overset{+7}{Mn}O_4^- + 5\,\overset{+3}{C}_2O_4^{2-} + 16\,H^+ \rightarrow 2\,\overset{+2}{Mn}{}^{2+} + 10\,\overset{+4}{C}O_2 + 8\,H_2O$$

Die freie Säure und ihre wasserlöslichen Salze sind giftig. Wegen der beiden Carboxylgruppen bildet die Säure zwei Reihen von Salzen. Die neutralen Alkalisalze sind in Wasser leicht, die sauren Salze schwer, die Erdalkalisalze unlöslich.

Maleinsäure und Fumarsäure:

Beide Säuren sind Isomere mit der Formel HOOC—CH=CH—COOH. Maleinsäure schmilzt bei 130 °C, ist leicht in Wasser löslich und weniger beständig als Fumarsäure. Diese schmilzt bei 287 °C und ist in Wasser wenig löslich. Von beiden Säuren kommt nur die Fumarsäure natürlich vor. Sie ist ein Stoffwechselprodukt des tierischen Körpers und findet sich auch in verschiedenen Pflanzen, insbesondere im Erdrauch (Fumaria officinalis).

Wie wir wissen, kommt eine Doppelbindung durch eine σ- und eine π-Bindung zustande. Damit verlieren aber die so gebundenen C-Atome ihre freie Drehbarkeit gegeneinander. Sie liegen in einer Ebene (Abb. 116.1.).

Gleiche Liganden, z. B. die Carboxylgruppen, liegen entweder auf der gleichen Seite der Bindungsebene oder zu beiden Seiten. Man nennt diese Isomerie die *cis-trans-Isomerie*. Die cis-Form (diesseits) ist die, bei der gleiche Atome oder Atomgruppen auf der gleichen Seite der Bindungsebene liegen, die trans-Form (jenseits) die, bei der die gleichen Gruppen entgegengesetzt zu liegen kommen.

4) Umwandlung von Malein- in Fumarsäure: Bestrahle eine wäßrige Maleinsäurelösung, die 55 g Maleinsäure in 100 ml Wasser enthält, mit Licht (UV-Licht) und zeige in der Projektion das Ausfällen von Fumarsäure.

Da die Maleinsäure zur Anhydridbildung befähigt ist, während dies bei der Fumarsäure nicht der Fall ist, muß die Maleinsäure die cis-Form besitzen.

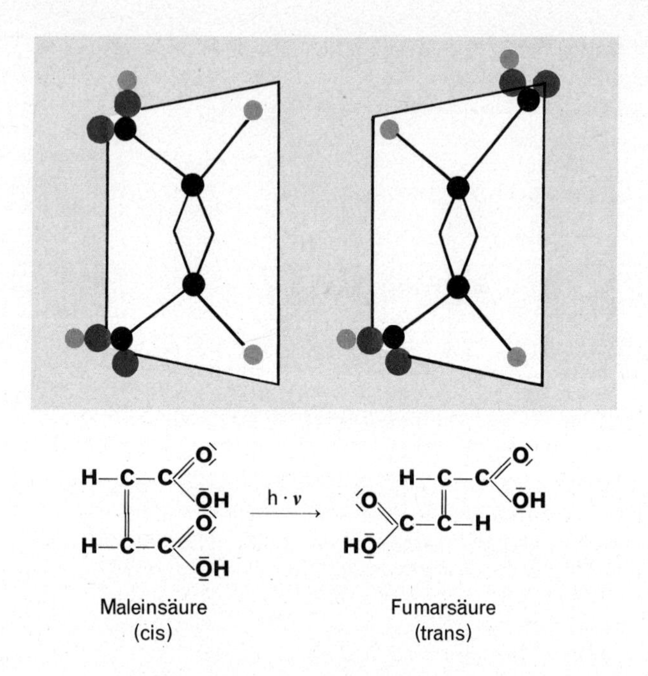

Abb. 116.1. Cis-trans Isomerie bei Malein- und Fumarsäure

Abb. 116.2. Kalottenmodelle von Malein- und Fumarsäure

In 100 ml Wasser lösen sich bei 25 °C 78,8 g Maleinsäure, dagegen nur 0,7 g Fumarsäure.

Durch Hydrierung werden beide Säuren in Bernsteinsäure übergeführt.

Die Weinsäuren

sind Dihydroxibernsteinsäuren. Sie enthalten zwei asymmetrische Kohlenstoffatome, die strukturell gleichartig sind. Die Zuordnung zur D- oder L-Reihe bezieht man auf das untere asymmetrische C-Atom (Norm-C*-Atom).

$$\begin{array}{c}COOH\\ |\\ HO-C-H\\ |\\ H-C^{*}-OH\\ |\\ COOH\end{array}\qquad\begin{array}{c}COOH\\ |\\ H-C-OH\\ |\\ HO-C^{*}-H\\ |\\ COOH\end{array}\qquad\begin{array}{c}COOH\\ |\\ H-C-OH\\ |\\ H-C^{*}-OH\\ |\\ COOH\end{array}\qquad\begin{array}{c}COOH\\ |\\ HO-C-H\\ |\\ HO-C^{*}-H\\ |\\ COOH\end{array}$$

D(−)-Weinsäure, L(+)-Weinsäure (zusammen: Traubensäure); Mesoweinsäure (inaktiv)

Erinnern wir uns an die optischen Isomeren der Milchsäure in Kapitel 20.11.5. Dort erkannten wir, daß bei einem asymmetrischen C-Atom zwei optische Isomere entstehen, ein Antipodenpaar. Hier, in der Weinsäure, liegen zwei asymmetrische C-Atome vor. Die Möglichkeit zur Bildung von Antipodenpaaren hat sich dadurch verdoppelt. Wir erwarten vier optische Isomere.
Wegen der strukturellen Gleichwertigkeit der beiden asymmetrischen C-Atome existieren nur drei verschiedene Weinsäuren, nämlich die beiden optischen Antipoden D(—)-Weinsäure und L(+)-Weinsäure, die zusammen als Racemat die Traubensäure bilden und die optisch inaktive Mesoweinsäure. In der Mesoweinsäure heben sich innermolekular die Drehung der Schwingungsebene des polarisierten Lichts durch die beiden asymmetrischen Kohlenstoffatome auf.
Setzen wir den Gedanken fort und untersuchen die Zahl der optischen Isomeren bei drei asymmetrischen C-Atomen, dann kann mit jedem der vier optischen Isomeren ein weiteres Antipodenpaar gebildet werden. In diesem Fall erwarten wir acht optische Isomere. Durch Anfügen eines neuen asymmetrischen C-Atoms entsteht jedesmal die doppelte Anzahl von Isomeren. Die Zahl der so entstandenen Isomeren wird durch die Reihe 2, 4, 8, 16, ... beschrieben. Versteht man unter n die Zahl der asymmetrischen C-Atome, dann ist die

Zahl der optischen Isomeren $= 2^n$.

5) Bildung von Weinstein: Versetze 3 ml einer 10%igen wäßrigen Weinsäurelösung mit 1 ml einer 10%igen Kaliumchloridlösung in einem sauberen Reagenzglas. Nach kurzer Zeit entstehen glitzernde, farblose Kristalle von Weinstein. Filtriere ab und versetze das Filtrat mit Alkohol.

6) Herstellung von Brausepulver: 1 g pulverisierte Weinsäure und 1 g Natriumhydrogencarbonat werden durch Schütteln im Reagenzglas gut gemischt, dann werden einige Tropfen Wasser zugegeben.

Die L(+)-Weinsäure kommt sowohl frei wie auch als Salz in vielen Früchten vor. Die Salze heißen Tartrate. Bei der Weinbereitung scheidet sich Kaliumhydrogentartrat als Weinstein ab (Versuch 5). Kaliumhydrogentartrat ist im Wasser besser löslich als in Alkohol. Das Kalium-Natriumtartrat heißt Seignettesalz.
Weinstein oder Weinsäure dient im Gemisch mit Natriumhydrogencarbonat als Backpulver oder Brausepulver, weil bei der Umsetzung zwischen den beiden Substanzen Kohlendioxid frei wird (Versuch 6).

$$HOOC-CHOH-CHOH-COOH + Na^{+}HCO_3^{-} \rightarrow \underset{\text{Natriumtartrat}}{C_4H_5O_6^{-}Na^{+}} + H_2O + CO_2$$

Kupfersalze bilden mit Alkalitartraten tiefblaue Komplexverbindungen. Als „Fehlingsche Lösung" dient eine wäßrige, alkalische Lösung als Reagens auf reduzierende Verbindungen (siehe Kapitel 20.8.).

20.12. Aliphatische Stickstoffverbindungen

20.12.1. Nitroverbindungen

Nitroverbindungen leiten sich von den Alkanen ab, in denen ein H-Atom durch die Nitrogruppe $—NO_2$ ersetzt wurde.

Je nachdem die Nitrogruppe an ein primäres, sekundäres oder tertiäres Kohlenstoffatom gebunden ist, unterscheidet man primäre, sekundäre und tertiäre Nitroverbindungen.
Man erhält die Nitroverbindungen der aliphatischen Reihe z.B. durch Einwirkung von Natriumnitrit auf α-Halogenfettsäure. Die entstehende α-Nitrofettsäure zerfällt in der Hitze in Kohlendioxid und das entsprechende Nitroalkan.

$$Cl—CH_2—C(=O)OH + NO_2^- \longrightarrow O_2N—CH_2—C(=O)OH + Cl^-$$

Monochloressigsäure — Nitroessigsäure

$$\longrightarrow CO_2 + H_3C—NO_2 + Cl^-$$

Nitromethan

Den Nitrosäureverbindungen sind die Salpetrigsäureester isomer. Silbernitrit und Halogenalkyl ergeben ein Gemisch der beiden Isomeren:

$$2\,C_2H_5Cl + 2\,NO_2^- \longrightarrow 2\,Cl^- + H_5C_2—NO_2 + C_2H_5—O—NO$$

Nitroethan — Salpetrigsäureethylester

In Nitroverbindungen kann ein Wasserstoffatom vom α—C-Atom als Proton zur Nitrogruppe wandern.

$$R—CH_2—\overset{\oplus}{N}(=O)—O^{\ominus} \rightleftharpoons \left[R—\overset{H}{\underset{\ominus}{C}}—\overset{\oplus}{N}(=O)—O—H \leftrightarrow R—\overset{H}{C}=\overset{\oplus}{N}(—O^{\ominus})—O—H \right]$$

Nitroalkan — Nitronsäure

Für diese isomere Form der Nitroverbindungen wurde die Bezeichnung aci-Form oder Nitronsäure eingeführt.
Die Nitroverbindungen besitzen saure Eigenschaften. Die „Beweglichkeit" der H-Atome an dem C-Atom, das die Nitrogruppe trägt, ist auf einen starken —I-Effekt zurückzuführen, den die Nitrogruppe hervorruft. Auf Grund dieses tautomeren Gleichgewichts und der Mesomeriemöglichkeiten ist die π-Elektronenverschiebung in den Nitroalkanen stärker als in den entsprechenden Carbonsäuren. Deshalb liegt z.B. das Dipolmoment des Nitroethans, das ein Maß für die Stärke der π-Elektronenverschiebung ist, wesentlich über dem der Propionsäure.

$$\left[H_5C_2{-}\overset{\oplus}{N}\genfrac{}{}{0pt}{}{\nearrow \overline{O}\rangle}{\searrow \overline{\underline{O}}|^{\ominus}} \leftrightarrow H_5C_2{-}\overset{\oplus}{N}\genfrac{}{}{0pt}{}{\nearrow \overline{\underline{O}}|^{\ominus}}{\searrow \overline{O}\rangle}\right] \qquad \left[H_5C_2{-}C\genfrac{}{}{0pt}{}{\nearrow \overline{O}\rangle}{\searrow \overline{\underline{O}}|^{\ominus}} \leftrightarrow H_5C_2{-}\overset{\oplus}{C}\genfrac{}{}{0pt}{}{\nearrow \overline{\underline{O}}|^{\ominus}}{\searrow \overline{\underline{O}}|^{\ominus}}\right]^{-} H^{+}$$

Dipolmoment: $12{,}4 \cdot 10^{-30}$ Cm $\qquad$ $6{,}1 \cdot 10^{-30}$ Cm

Die Nitrogruppe bewirkt an einem aliphatischen Rest die leichte Abspaltbarkeit benachbarter Wasserstoffatome. Diese reaktionsfördernde Wirkung macht die Nitroverbindungen für Synthesen besonders wertvoll.

20.12.2. Die Amine

Amine sind Substitutionsprodukte des Ammoniaks, dessen Wasserstoffatome schrittweise ersetzt werden können.

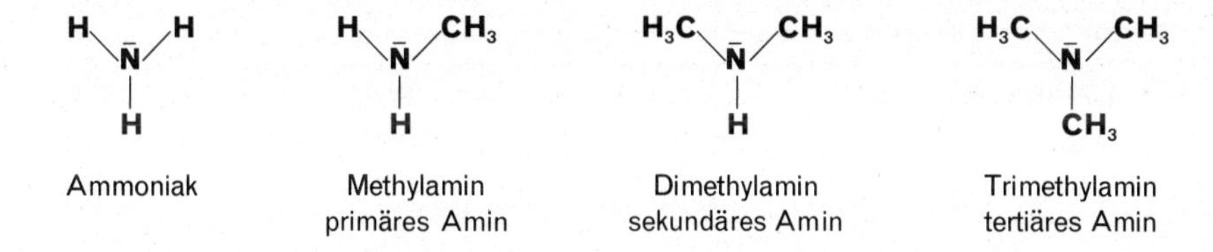

Amine entstehen durch Reduktion von Nitroverbindungen, z.B.

$$H_5C_2{-}NO_2 + 3\,H_2 \rightarrow H_5C_2{-}\overline{N}H_2 + 2\,H_2O$$

1) Herstellung von Methyl- und Dimethylamin: Erhitze 2 g Ammoniumchlorid mit 5 ml Formalin im Abzug und prüfe vorsichtig den Geruch der abziehenden Gase. Vorsicht, Methyl- und Dimethylamin sind giftig!

Ein Gemenge von Mono- und Dimethylamin kann durch Erhitzen von Ammoniumchlorid mit Formaldehyd erhalten werden, wenn man die Amine aus ihren Salzen z.B. mit Natronlauge austreibt.

$$3\,NH_4^+ + 3\,Cl^- + 6\,HCHO \rightarrow 2\,H_3C{-}NH_2 \cdot H^+Cl^- + (H_3C)_2{-}NH \cdot H^+Cl^- + 2\,CO_2 + 2\,H_2O$$

Die Methyl- und Ethylamine sind bei Zimmertemperatur gasförmig, die höheren flüssig. Sie besitzen einen unangenehmen Geruch. Da das Stickstoffatom in allen Aminen noch ein freies Elektronenpaar besitzt, können Amine als Lewis-Basen reagieren, z.B.

$$H_3C{-}\underset{H}{\overset{H}{N}}| + HI \rightarrow \left[H_3C{-}\underset{H}{\overset{H}{N}}{-}H\right]^{+} I^{-}$$

Methylammonium-
iodid

20.12.3. Die Nitrile

Nitrile sind Derivate der Cyanwasserstoffsäure, die auch Blausäure genannt wird.

Die Blausäure kann in zwei tautomeren Formen auftreten.

$$\mathrm{H{-}C{\equiv}N|} \qquad [|\overset{\ominus}{\mathrm{C}}{\equiv}\mathrm{N}|]^{-}\,\mathrm{H}^{+} \qquad |\overset{\ominus}{\mathrm{C}}{\equiv}\overset{\oplus}{\mathrm{N}}{-}\mathrm{H}$$

Cyanwasserstoff	Cyanwasserstoffsäure	Isocyanwasserstoffsäure

Ersetzt man in der Blausäure bzw. Isocyanwasserstoffsäure die Wasserstoffatome durch Alkylreste, so kommt man zu den Nitrilen bzw. Isonitrilen.

$$\mathrm{R{-}C{\equiv}N|} \qquad \mathrm{R{-}\overset{\oplus}{N}{\equiv}\overset{\ominus}{C}|}$$

Nitril	Isonitril

Beide Verbindungsklassen zeigen bei der Hydrolyse ein unterschiedliches Verhalten. Nitrile reagieren beim Erhitzen mit starken Basen oder Mineralsäuren unter Ammoniakabspaltung zu Carbonsäuren mit der gleichen Kohlenstoffzahl.

$$\underset{\text{Essigsäurenitril}}{\mathrm{H_3C{-}C{\equiv}N|}} + 2\,\mathrm{H_2O} \rightarrow \mathrm{H_3C{-}COOH} + |\mathrm{NH_3}$$

Isonitrile sind gegen Alkalien beständig. Mit verdünnten Mineralsäuren setzen sie sich zu Ameisensäure und dem entsprechenden primären Amin um.

$$\mathrm{R{-}\overset{\oplus}{N}{\equiv}\overset{\ominus}{C}|} + 2\,\mathrm{H_2O} \rightarrow \mathrm{R{-}\bar{N}H_2} + \mathrm{HCOOH}$$

Die Reaktion der Nitrile mit Wasser (Verseifung) besitzt große präparative Bedeutung.

20.12.4. Stickstoffhaltige Derivate der Kohlensäure

Die Kohlensäure H_2CO_3 könnte man als Hydroxiameisensäure auffassen HO—COOH, als solche lassen sich von ihr verschiedene Derivate gewinnen. Das Halbamid der Kohlensäure H_2N—COOH wird *Carbamidsäure* genannt. Als freie Säure ist sie nicht beständig. Ihre Salze, Ester und Amide sind jedoch von Bedeutung. Die Ester der Carbamidsäure werden *Urethane* genannt.
Trockenes Kohlendioxid und Ammoniak vereinigen sich zu Ammoniumcarbamat:

$$\mathrm{CO_2} + 2\,\mathrm{\bar{N}H_3} \rightarrow \left[\mathrm{H_2\bar{N}{-}C}\begin{matrix}\nearrow \mathrm{\bar{O}} \\ \searrow \mathrm{\bar{O}|^{-}}\end{matrix}\right]^{-} \mathrm{NH_4^{+}}$$

Beim Erhitzen über 135 °C unter Druckanwendung bis 40 bar spaltet Ammoniumcarbamat Wasser ab und geht in Harnstoff über.

$$\left[H_2\bar{N}-C\begin{matrix}\diagup O \\ \diagdown \bar{O}|^-\end{matrix}\right]^- NH_4^+ \rightarrow O{=}C\begin{matrix}\diagup \bar{N}H_2 \\ \diagdown \bar{N}H_2\end{matrix} + H_2O$$

Harnstoff

Harnstoff:

1) Salzbildung-Ureide: Eine Spatelspitze Harnstoff wird in 2–3 ml Wasser gelöst. Nun fügt man einige Tropfen konzentrierte Salpetersäure zu. Durch Abkühlen mit fließendem Wasser wird die Kristallisation beschleunigt.

2) Hydrolyse von Harnstoff: Gib zu einer Harnstofflösung einige Tropfen Natronlauge. Prüfe das entweichende Gas mit einem befeuchteten Indikatorpapierstreifen!

3) Zersetzung des Harnstoffs beim Erhitzen: Erhitze eine Spatelspitze Harnstoff im Reagenzglas und prüfe das entweichende Gas mit einem befeuchteten Indikatorpapierstreifen. Löse den Rückstand in wenig Wasser, versetze mit Natronlauge und gib dann einige Tropfen Kupfersulfatlösung zu. Erhitze schwach!

Harnstoff wurde 1773 durch Rouelle[1] im Harn entdeckt und 1818 durch Wöhler synthetisch hergestellt.
Harnstoff ist als Amid schwach basisch. Mit Salpetersäure bildet es Salze, die in Salpetersäure unlöslich sind.

$$H_2\bar{N}-\underset{\underset{O}{\|}}{C}-\bar{N}H_2 + H^+NO_3^- \rightarrow \left[H_2\bar{N}-\underset{\underset{O}{\|}}{C}-\bar{N}H_3\right]^+ NO_3^-$$

Verdünnte Säuren und Basen verseifen den Harnstoff in der Hitze (Versuch 2):

$$H_2\bar{N}-\underset{\underset{O}{\|}}{C}-\bar{N}H_2 + H_2O \rightarrow 2\,\bar{N}H_3 + CO_2$$

Trockenes Erhitzen bewirkt intermolekulare Ammoniakabspaltung, wobei *Biuret* entsteht (Versuch 3).

$$2\,H_2\bar{N}-\underset{\underset{O}{\|}}{C}-\bar{N}H_2 \rightarrow \bar{N}H_3 + H_2\bar{N}-\underset{\underset{O}{\|}}{C}-\bar{N}H-\underset{\underset{O}{\|}}{C}-\bar{N}H_2$$

Biuret

Mit Natronlauge und einigen Tropfen Kupfersulfatlösung bildet Biuret die violette Farbe einer innerkomplexen Verbindung:

$$2\,H_2\bar{N}-\underset{\underset{O}{\|}}{C}-\bar{N}H-\underset{\underset{O}{\|}}{C}-\bar{N}H_2 + 4\,Na^+ + 4\,OH^- + Cu^{2+} + SO_4^{2-}$$

$$\rightarrow [Cu(C_2H_3N_3O_2)_2(H)_4]^{2-}\ 2\,Na^+ + 2\,Na^+ + SO_4^{2-} + 4\,H_2O$$

(Komplex: zwei Biuret-Moleküle mit je zwei deprotonierten $\bar{N}^{\ominus}$-Gruppen (NH-Gruppen zwischen C=O), koordiniert an Cu^{2+}; Gesamtladung 2−)

[1] Guillaume-François Rouelle, 1730–1790, französischer Naturforscher

20.12.5. Die funktionellen Gruppen

Tab. 122.1. Übersicht über die wichtigsten funktionellen Gruppen

Halogen	—F, —Cl, —Br, —J	**Nitrogruppe**	$-N(=\overline{O})\overline{O}$
Hydroxi	$-\overline{O}H$	**Aminogruppe**	$-\overline{N}H_2$
Ether	$>C-\overline{O}-C<$	**Nitrile**	$-C\equiv N\vert$
Aldehyd	$-C(=\overline{O})H$	**Isonitrile**	$-\overset{\oplus}{N}\equiv\overset{\ominus}{C}\vert$
Carbonyl	$-C=\overline{O}$	**Isocyanate**	$-\overline{N}=C=\overline{O}$
Carboxyl	$-C(=\overline{O})\overline{O}H$	**Säurechloride**	$-C(=\overline{O})\overline{Cl}\vert$
Ester	$-C(=\overline{O})\overline{O}R$	**Säureanhydride**	$-C(=\overline{O})-\overline{O}-C(=\overline{O})-$
Säureamid	$-C(=\overline{O})\overline{N}H_2$		
Alkyl, z. B.	$-CH_3$, $-C_2H_5$ allg. R—		

Es gibt eine relativ geringe Zahl von Atomgruppen, die bei ihrer Verknüpfung mit Kohlenwasserstoffresten homologe Verbindungen mit ähnlichen Eigenschaften ergeben. Man nennt solche Atomgruppen *funktionelle Gruppen*. Die Reaktivität dieser Gruppen ist gegenüber dem restlichen Molekülteil häufig nicht nur größer, sondern auch so spezifisch, daß man Verbindungen mit gleichen funktionellen Gruppen zu Verbindungsklassen zusammenfaßt. Die funktionellen Gruppen werden deshalb in der organischen Chemie als ordnendes Prinzip verwendet, das den Überblick über die Vielzahl der organischen Verbindungen wesentlich erleichtert. Es ist empfehlenswerter, die Reaktionsweise der funktionellen Gruppen durch das chemische Verhalten eines exemplarischen Vertreters der entsprechenden Verbindungsklasse zu studieren, als die chemischen Eigenschaften einzelner Verbindungen zu lernen. Eine Einteilungsmöglichkeit nach funktionellen Gruppen bietet das vorangegangene Kapitel 20 an. Eine stärker zusammengefaßte Einteilung, die sich am Kohlenwasserstoffrest des Moleküls orientiert, unterscheidet:

Aliphatische Verbindungen

In dieser Verbindungsklasse sind die Kohlenstoffatome in geraden oder verzweigten Ketten angeordnet, die die verschiedenen funktionellen Gruppen tragen.

Alicyclische Verbindungen

Hier liegen verschieden große Kohlenstoffringe vor, die durch Ringschluß aus aliphatischen Verbindungen hervorgegangen sein könnten (z. B. die Derivate des Cyclohexans, s. S. 132).

Aromatische Verbindungen

Aromatische Verbindungen enthalten in einem ebenen Ringsystem aus Kohlenstoffatomen $(4n+2)$ mesomerierende π-Elektronen (siehe Benzol, Kapitel 21).

Heterocyclische Verbindungen

In diesen Verbindungen sind neben Kohlenstoffatomen auch andere „Heteroatome“ (N, S, O) in verschiedenen Ringsystemen enthalten (z. B. Adenin, Thymin, s. S. 187).

21. Aromatische Verbindungen

21.1. Aromatische Kohlenwasserstoffe

Das Benzol:

Benzol ist eine stark lichtbrechende Flüssigkeit von aromatischem Geruch, die bei 80,4 °C siedet und bei 5,4°C zu einer kristallinen Masse erstarrt. Die Elementaranalyse ergibt das Verhältnis H:C=1:1, die Molekülmassenbestimmung eine Molekülmasse von 78. Die Bruttoformel des Benzols ist demnach C_6H_6.
Ein Kohlenwasserstoff von der Zusammensetzung C_6H_6 müßte in der aliphatischen Reihe alle Reaktionen einer Verbindung von stark ungesättigtem Charakter zeigen. Das Benzol ist aber ein sehr beständiger Stoff, der nur geringe ungesättigte Eigenschaften zeigt. Brom wird z. B. nur sehr langsam addiert.
Die Aufklärung der Konstitution des Benzols beschäftigte zahlreiche Chemiker. 1865 schlug Kekulé[1] die unverzweigte Ringformel für den Benzolkern vor, nachdem man erkannt hatte, daß alle Wasserstoffatome im Benzol gleichberechtigt sind. Dabei mußte er drei alternierende Doppelbindungen einführen, wenn er die vier Valenzen des Kohlenstoffs beibehalten wollte. Diese Schreibweise erklärt aber einige Eigenschaften des Benzolrings nicht. Es ist nicht einzusehen, warum die Doppelbindungen im Benzolring dieser Verbindung einen geringeren ungesättigten Charakter verleihen sollen als bei den Alkenen.
Diese Schwierigkeiten versuchten von Baeyer[2], Claus[3], Armstrong[4], Dewar[5] und Thiele[6] zu meistern. Claus (1867) und Armstrong-Baeyer (1887) schreiben die vierten Valenzen gegen die Mitte zu. Sie heben sich nach diesen Vorschlägen in ihren Wirkungen gegenseitig auf. Ladenburg verwirft die Annahme eines ebenen Ringes und ordnet die C-Atome im Raume an (Prismenformel). Es konnte später einwandfrei nachgewiesen werden, daß diese Formel den Tatsachen nicht entspricht. Auch die Dewarsche Formel befriedigt nicht.

Kekulé

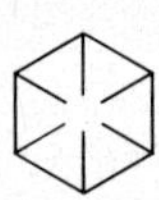

Armstrong, v. Baeyer

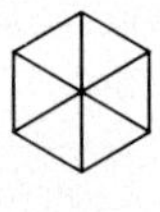

Claus

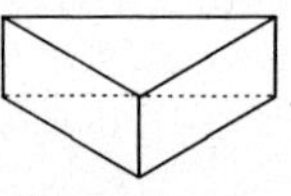

Ladenburg

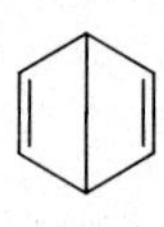

Dewar

Wie müssen wir nun, vom Blickpunkt der Elektronenvalenz aus gesehen, die Struktur des Benzolkerns uns vorstellen? Die Abstände zweier Kohlenstoffatome bei einfacher Bindung betragen $1,54 \cdot 10^{-10}$ m, bei Doppelbindung $1,34 \cdot 10^{-10}$ m. Bei Annahme der Kekuléschen Formel müßte entweder ein Abwechseln der Bindungsabstände oder bei Annahme eines raschen Wechsels der Bindungen von C-Atom zu C-Atom das Auftreten eines Mittelwertes aus den Abständen gefunden werden. Dieser Mittelwert würde $1,44 \cdot 10^{-10}$ m betragen. Der Abstand zwischen den Kohlenstoffatomen des Benzols beträgt aber durchweg $1,39 \cdot 10^{-10}$ m. Diese Kontraktion der C—C-Bindungen weist auf eine besondere Art der Bindung im Benzolkern hin.

[1] August Kekulé von Stradonitz, 1829–1896, deutscher Chemiker
[2] Adolf von Baeyer, 1835–1917, deutscher Chemiker
[3] Karl Claus, 1796–1864, russischer Chemiker
[4] H. Edw. Armstrong, 1848–1937, englischer Chemiker
[5] J. Dewar, 1842–1923, schottischer Chemiker [6] Johann Thiele, 1865–1918, deutscher Chemiker

Von den vier Valenzelektronen eines C-Atoms sind drei in σ-Bindung mit den beiden benachbarten Kohlenstoffatomen und dem Wasserstoffatom verbunden. Das vierte Elektron ist ein π-Elektron (siehe Kapitel 19.1. Seite 9). Man muß sich vorstellen, daß die sechs π-Elektronen keinem bestimmten Kohlenstoffatom zugeordnet sind, sondern eine Elektronenwolke bilden, die dem ganzen Ring gemeinsam zugehört. Diese π-Elektronenwolke ist symmetrisch oberhalb und unterhalb der σ-Bindungsebene angeordnet. Liegen diese Bindungsverhältnisse vor, dann spricht man von einem aromatischen System. Röntgenspektren bewiesen die ebene Ausbildung des Benzolkerns.

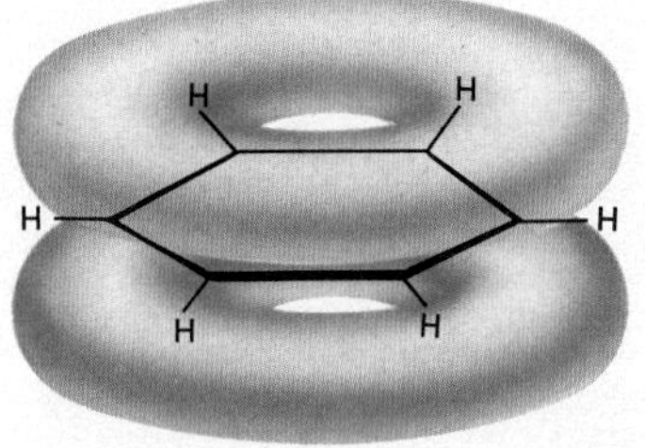

Abb. 125.1. Diese Modellvorstellung vom Benzolmolekül gewinnt man, wenn man sich die Orbitale mit gleichem Vorzeichen der Wellenfunktion „verschmolzen" vorstellt.

Abb. 125.2. Kalottenmodell des Benzols C_6H_6

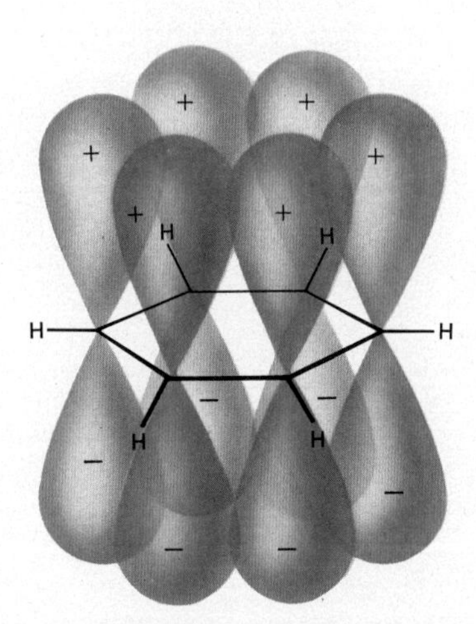

Abb. 125.3. Orbitalmodell des Benzolmoleküls (ohne s-Orbitale)

Für die Wiedergabe der Struktur des Benzolrings hat sich die Formel Kekulés mit den alternierenden Doppelbindungen durchgesetzt, obwohl sie den wahren Bindungsverhältnissen nicht entspricht.

Um die Bindungsverhältnisse im Benzolkern besser zu symbolisieren, muß man die Mesomerie des π-Elektronensextetts berücksichtigen (I)[1].

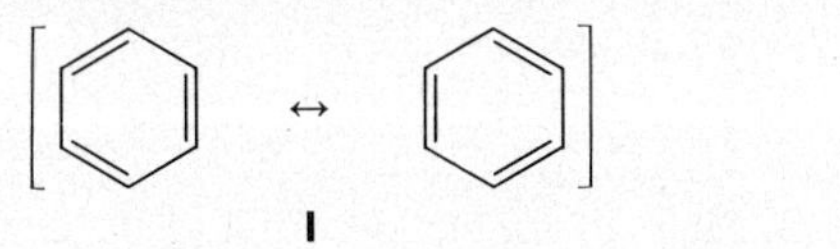

[1] An jeder Ecke dieser Abbildungen muß man sich eine >CH-Gruppe vorstellen

Die hohe Mesomerieenergie von 151 $\frac{kJ}{mol}$ ist ein Maß für die Stabilität des Benzolrings. Formel II ist ein neuerer Vorschlag zur Symbolisierung der Bindungsverhältnisse im Benzol, aus dem besonders deutlich hervorgeht, daß die sechs π-Elektronen nicht lokalisiert sind.

1) Benzol als Lösungsmittel: Schüttele etwas Benzol mit Wasser in einem Reagenzglas. Wiederhole den Versuch mit Öl.

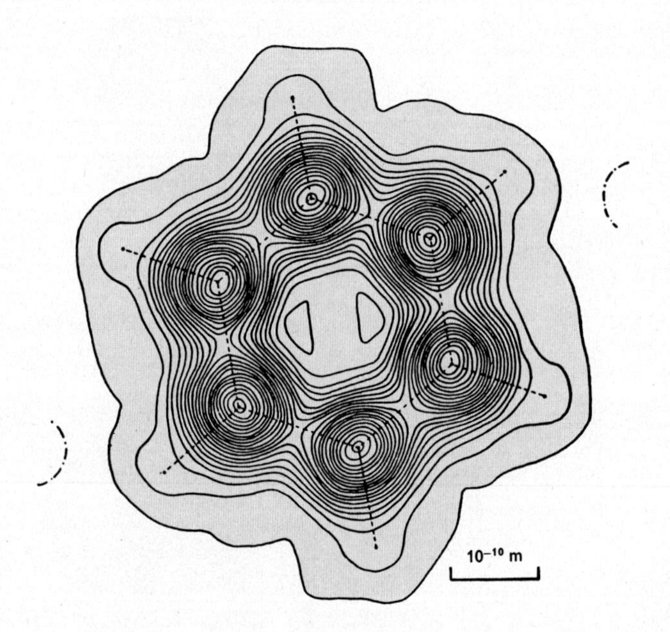

Abb. 126.1. Das Röntgendiagramm des Benzolrings beweist, daß die sechs Kohlenstoffatome im Benzolring gleichberechtigt sind. Die in der Form eines regelmäßigen Sechsecks angeordneten Kohlenstoffatome markieren sich hier als konzentrische Kreise. 18 mm in diesem Bild entsprechen 10^{-7} mm in der Natur.

2) Verbrennung von Benzol: Entzünde in einer Abdampfschale einige Tropfen Benzol und beobachte die Flamme.

Benzol mischt sich nicht mit Wasser, es besitzt keine hydrophilen Stellen im Molekül. Es ist ein gutes Lösungsmittel für Fette und Harze. Benzol ist leichter als Wasser und unterscheidet sich auch durch die stärkere Lichtbrechung von diesem. Es verdampft leicht. Seine Dämpfe brennen mit leuchtender, rußender Flamme. Benzoldämpfe sind giftig. Sie bilden mit Luft explosive Gemische.

Gewinnung des Benzols:

Technisch wird Benzol aus dem Steinkohlenteer, Acetylen und Benzin gewonnen. Läßt man Acetylen durch glühende Eisenröhren streichen, dann erfolgt Polymeri-

sation zu Benzol. Nach W. Reppe erfolgt diese Polymerisation vollständig, wenn sie bei 15 bar, 60–70 °C und der Einwirkung komplexer Nickelverbindungen durchgeführt wird.
In den USA werden bestimmte Benzinfraktionen bei 420–480 °C und einem $Pt—Al_2O_3$-Katalysator einem Wasserstoffdruck ausgesetzt. Dabei fallen u.a. beträchtliche Mengen Benzol an.

21.1.1. Eine Orbitaltheorie der π-Elektronen des Benzols

Die Ergebnisse der physikalischen Untersuchungen des Benzols bestätigen die Annahme einer ringförmigen Konstitution des Moleküls. Es gibt kein linear gebautes Molekül aus sechs Kohlenstoff- und sechs Wasserstoffatomen, in dem der C—C-Bindungsabstand $l = 1{,}39 \cdot 10^{-10}$ m beträgt, in dem von insgesamt dreißig Valenzelektronen sechs π-Elektronen sind, in dem alle sechs Kohlenstoffatome in einer Ebene und im sp^2-Hybridisierungszustand vorliegen und in dem die Elektronendichte um jedes Kohlenstoffatom so gleichmäßig verteilt ist, wie dies Abb. 126.1. zeigt. Bisher gelang es nicht einen Konstitutionsvorschlag für ein linear gebautes Molekül aufzustellen, der gleichzeitig alle diese Bedingungen erfüllt.
Um das Arbeiten mit Modellen besser demonstrieren zu können, wenden wir die in Kapitel 8.2. (15) und Kapitel 20.2.1. für lineare π-Elektronensysteme abgeleitete Gleichung (4) bewußt auf die sechs π-Elektronen des Benzols an. Stellen wir uns die sechs C-Atome des Benzols an den Ecken eines regelmäßigen Sechsecks im experimentell bestimmten Abstand von $1{,}39 \cdot 10^{-10}$ m vor, dann sind die π-Elektronenpaare des Benzols auf dem Umfang des Umkreises delokalisiert. Für die Strecke L ist dann einzusetzen:

$$L^* = 2\pi \cdot r \tag{1}$$

Auf dem Kreis mit dem Umfang L* können sich alle diejenigen stehenden Wellen ausbilden, die genau so viele Wellentäler wie Wellenberge besitzen, d.h. es muß immer die Bedingung

$$L^* = n_{zykl} \cdot \lambda \tag{2}$$

erfüllt sein. Der Umfang L* muß ein ganzzahliges Vielfaches der Wellenlänge sein.

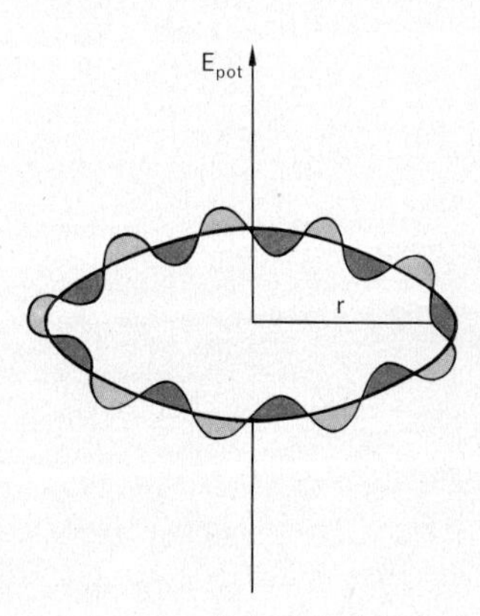

Abb. 127.1. Stehende Elektronenwelle im zyklischen System

Mit Hilfe dieser Auswahlregel lassen sich analog zum „eindimensionalen" Kasten (Kapitel 8.2.) die Energiestufen berechnen. Zur Vereinfachung gehen wir davon aus, daß sich die Kraftwirkungen der Protonen auf die Elektronen längs der Kreisbahn aufheben, die potentielle Energie also konstant ist. Da wir uns nur für Energieunterschiede interessieren, dürfen wir $E_{pot} = 0$ setzen. Dann folgt für die Energie E_n eines Elektrons mit der Quantenzahl n:

$$E_n = E_{pot} + E_{kin} = 0 + \frac{1}{2} m v^2 \tag{3}$$

$$= \frac{1}{2} m \left(\frac{h}{m\lambda}\right)^2 = \frac{h^2}{2m\lambda^2} = \frac{h^2}{2m\left(\frac{L^*}{n_{zykl}}\right)^2} \tag{4}$$

$$= \frac{h^2 n_{zykl}^2}{2m(2\pi r)^2} = \frac{h^2 n_{zykl}^2}{8m\pi^2 \cdot r^2} = \frac{h^2(2n_{zykl})^2}{8m L^{*2}} \tag{5}$$

Bei einem regelmäßigen Sechseck ist der Radius des Umkreises gleich der Seitenlänge. Also ist $r = 1{,}39 \cdot 10^{-10}$ m. Setzt man diesen Wert sowie h und m in den Term für E_n ein, ergibt sich:

$$E_n = \frac{h^2 \cdot n_{zykl}^2}{8m\pi^2 \cdot r^2} = \frac{(6{,}625 \cdot 10^{-34}\,\mathrm{Nms})^2 n_{zykl}^2}{8 \cdot 9{,}1 \cdot 10^{-31}\,\mathrm{kg}\,\pi^2 (1{,}39 \cdot 10^{-10}\,\mathrm{m})^2} \tag{6}$$

$$= 3{,}16 \cdot 10^{-19}\,\mathrm{Nm} \cdot n_{zykl}^2 = \frac{3{,}16 \cdot 10^{-19}\,\mathrm{VAs\,e} \cdot n_{zykl}^2}{1{,}6 \cdot 10^{-19}\,\mathrm{As}} \tag{7}$$

$$= 1{,}97\,\mathrm{eV} \cdot n_{zykl}^2 \tag{8}$$

Nach unseren bisherigen Überlegungen würden wir mit dem Modell des „eindimensionalen" Kastens erwarten, daß die sechs π-Elektronen die Zustände mit den Quantenzahlen n = 1, n = 2 und n = 3 besetzen.

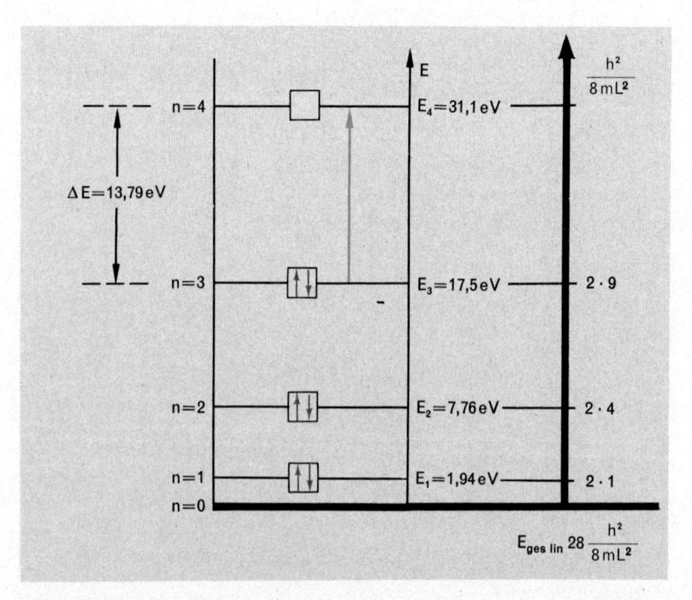

Abb. 128.1. Erwartetes Energieschema für die sechs π-Elektronen des Benzols nach dem linearen Modell des „eindimensionalen" Kastens

Jedes Orbital ist dabei mit zwei Elektronen besetzt (Pauli-Prinzip). Die kleinste Anregungsenergie würde sich ergeben, wenn ein Elektron aus dem Zustand mit n = 3 in den mit n = 4 „angehoben" wird. Also:

$$\Delta E = E_4 - E_3 = 1{,}97\ eV \cdot 4^2 - 1{,}97\ eV \cdot 3^2 = 1{,}97\ eV \cdot 7 \tag{9}$$

$$= 13{,}79\ eV \tag{10}$$

Licht, das diesen Elektronensprung ermöglicht, muß mindestens die Wellenlänge besitzen:

$$\Delta E = h \cdot \nu \quad \Rightarrow \quad E = h \cdot \frac{c}{\lambda} \tag{11}$$

$$\lambda = \frac{h\,c}{\Delta E} = \frac{6{,}625 \cdot 10^{-34}\ Nms\ 3 \cdot 10^8\ m}{13{,}79 \cdot 1{,}6 \cdot 10^{-19}\ Nms} = 90\ nm \tag{12}$$

Die Brauchbarkeit unseres Modells muß sich nun bei einem Vergleich dieses Ergebnisses mit dem experimentell ermittelten Absorptionsspektrum von Benzol erweisen.

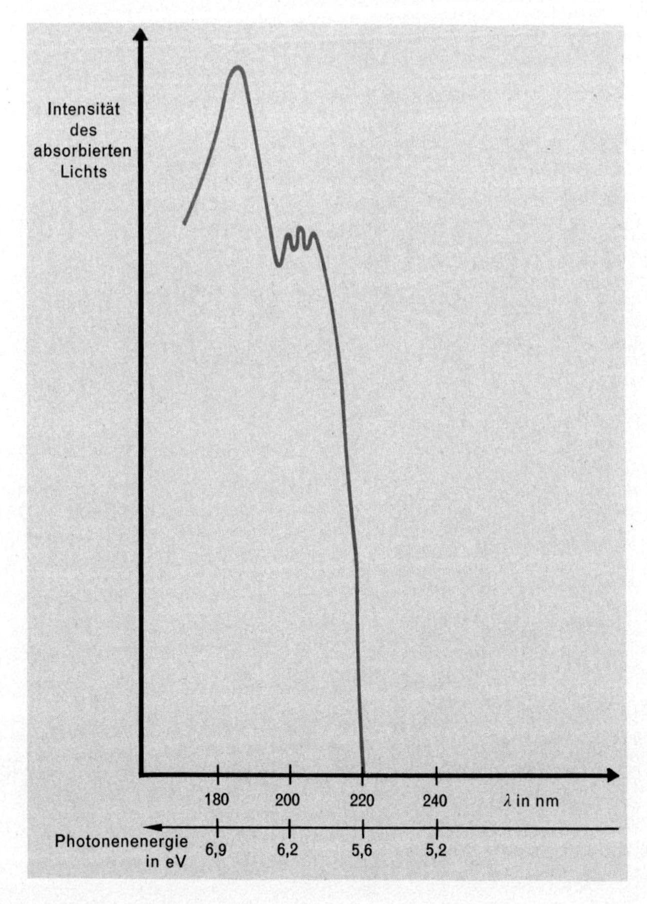

Abb. 129.1. Absorptionsspektrum von Benzoldampf

Aus Abb. 129.1. entnehmen wir, daß bei ca. 200 nm eine weit langwelligere Absorptionsbande auftritt. Es fällt aber auf, daß die Energie der langwelligeren Absorptionsbande ungefähr dem dreifachen Wert von 1,97 eV (= 5,91 eV) entspricht. Das würde einer „Anhebung" vom Zustand mit der Quantenzahl $n = 1$ in den Zustand mit $n = 2$ gleichkommen:

$$\Delta E = E_2 - E_1 = 1{,}97\,\text{eV} \cdot 2^2 - 1{,}97\,\text{eV} \cdot 1^2 = 1{,}97\,\text{eV} \cdot 3 = 5{,}91\,\text{eV} \qquad (13)$$

Um das Modell mit der Realität in Einklang zu bringen, biegen wir in Gedanken die Strecke L zu einem Kreis. Wir haben durch diese Operation ein Modell gewonnen, das den Bedingungen eines zyklischen π-Elektronensystems angepaßt ist. Auf dem Umfang eines Kreises sind alle Punkte gleichwertig. Es gibt auf einem Kreisumfang keine Punkte, die sich durch besondere Randbedingungen auszeichnen. Mit Hilfe der fiktiven Grenzstrukturen läßt sich die Delokalisierung des π-Elektronenpaare des Benzols wie folgt symbolisieren:

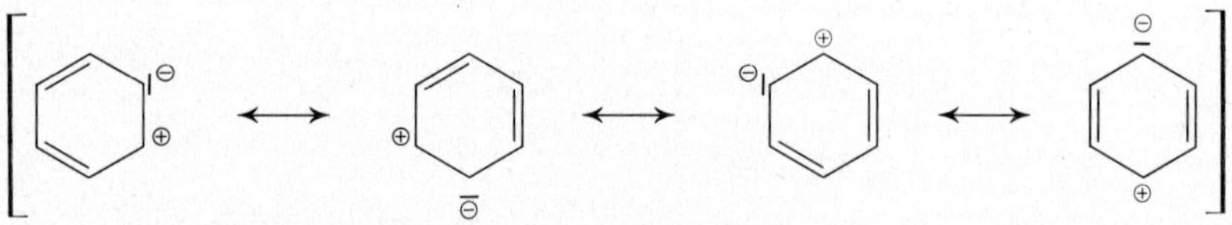

Weil der Energietransport in denjenigen Teilwellen (Komponenten), die sich zu einer stehenden Welle überlagern, auf dem Kreisumfang in entgegengesetzten Richtungen stattfinden kann, sind für den Wert der Zahl n_{zykl} nicht nur unterschiedliche Vorzeichen, sondern auch der Wert $n_{zykl} = 0$ zugelassen.

$$n_{zykl} = 0,\ \pm 1,\ \pm 2,\ \pm 3,\ \pm 4, \ldots \text{ usw.} \qquad (14)$$

Letztere Aussage steht nicht im Gegensatz zur Heisenbergschen Unschärfebeziehung (Kapitel 8.2.). Es ist durchaus zulässig, daß die Energie einer Komponente gleich Null ist $E = 0$, ohne daß andere Komponenten gleichzeitig den gleichen Wert besitzen. Die Werte für n_{lin} im „eindimensionalen" Kasten lassen sich nicht mit den Werten n_{zykl} des zyklischen Modells vergleichen, weil sie unter anderen Bedingungen eingeführt wurden. Im Kastenmodell beziehen sie sich auf die halben Wellenlängen der stehenden Wellen (Resultierende), im zyklischen Modell aber auf ganze Wellenlängen der Komponenten. Der Wert $n = 0$ ist im Kastenmodell sinnlos, weil unter dieser Voraussetzung kein Elektron im Kasten „eingesperrt" wäre.

Dem Modell entsprechend stellt man sich vor, daß die sechs π-Elektronen des Benzols das zyklische System nur bis zur Quantenzahl $n_{zykl} = 1$ füllen. Es liegt nahe, daß man sich die Energieniveaus $n_{zykl} \geqq 1$ aus zwei „quasigleichen"[1] Orbitalen vorstellt, wie dies durch die beiden entgegengesetzten Vorzeichen angedeutet wird. Das Orbital mit $n_{zykl} = 0$ kann nur zwei Elektronen aufnehmen.

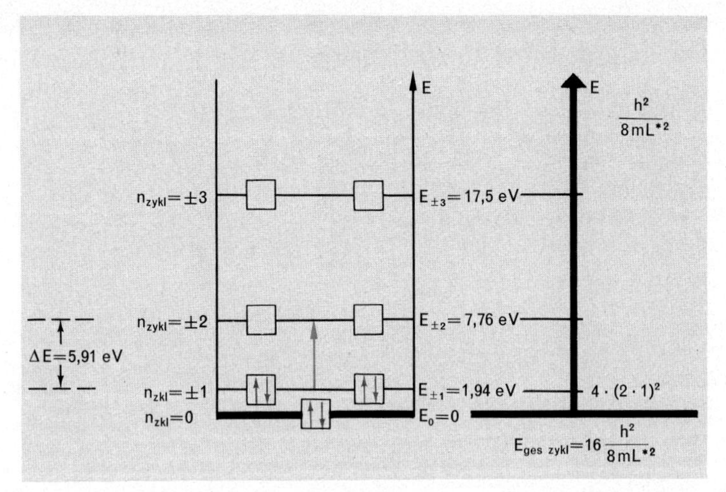

Abb. 131.1. Energieniveauschema für die sechs π-Elektronen des Benzols im zyklischen Modell

Ein Vergleich der beiden Energieschemata (Abb. 128.1. und Abb. 131.1.) ermöglicht die Aufstellung eines allgemeingültigen Zusammenhangs zwischen der Zahl k und der Anzahl Z_π der π-Elektronen in einem konjugierten System, wobei

$$k = 0, 1, 2, 3, 4, \ldots \text{ usw.} \tag{15}$$

Tab. 131.1. Vergleich der Anzahl π-Elektronen in linear und zyklisch konjugierten Systemen

k	0	1	2	3	4	Z
Z im linearen konjugiertem System	—	2	4	6	8	$Z=2k$
Z im zyklisch-konjugiertem System	2	6	10	14	18	$Z=4k+2$

$$Z = 4k + 2 \tag{16}$$

Nach Gleichung (16) ist nur dann ein zyklisch, mesomeriestabilisiertes π-Elektronensystem zu erwarten, wenn $Z_{\pi\ zykl} = 4k + 2$ π-Elektronen miteinander in Wechselwirkung treten können (Hückel-Regel).
Systeme, die diese Bedingungen erfüllen, nennt man aromatische Systeme.
Der Vergleich der Gesamtenergien für sechs π-Elektronen im linearen (Abb. 128.1.) und zyklischen (Abb. 131.1.) Modell

$$-\Delta \mathbf{E} = \mathbf{E}_{ges\ lin} - \mathbf{E}_{ges\ zykl} \tag{17}$$

$$= \frac{h^2 \cdot n^2}{8 \cdot m \cdot L^2} - \frac{h^2 \cdot n_{zykl}^2}{8 \cdot m \cdot \pi^2 \cdot r^2} \tag{18}$$

$$= \frac{h^2 \cdot n^2}{8m \cdot L^2} - \frac{h^2 (2\,n_{zykl})^2}{8 \cdot m \cdot L^{*2}} \qquad (19)$$

veranschaulicht deutlich die Stabilität des zyklischen Systems von sechs π-Elektronen. Eine Anordnung von sechs π-Elektronen ist im zyklischen System (Benzol) energieärmer, als im linearen System (hypothetisches Hexatrien).

Aufgaben:

1. Berechne für die π-Elektronen des Benzols den Wert der Gesamtenergie für $6{,}023\;10^{23}$ Moleküle, wenn $L^* = 8{,}4\;10^{-10}$ m beträgt!
2. Berechne für 1 Mol die Gesamtenergie eines linearen konjugierten Systems von sechs π-Elektronen, wenn die Länge L des Systems $L = 8{,}4\;10^{-10}$ m beträgt!

21.2. Reaktionen am Benzolkern

21.2.1. Addition

L 1) Bromwasser und Benzol: Schüttele im Schütteltrichter etwas Benzol einige Zeit mit Bromwasser.

L 2) Bildung von Hexachlorcyclohexan: Leite unter UV-Bestrahlung und Abkühlung einige Zeit Chlor durch Benzol. (Abzug!)

Die Additionsreaktionen sind beim Benzol nicht sehr ausgeprägt. So wird Bromwasser nicht entfärbt (Versuch 1) und nur unter UV-Bestrahlung und Kühlung erfolgt Addition des Chlors zu Hexachlorcyclohexan. Diese Verbindung wird als Schädlingsbekämpfungsmittel verwendet.

$+ \; 3\,Cl_2 \longrightarrow$

Hexachlorcyclohexan

Bei jeder Addition zweier beliebiger Addenden an eine der Doppelbindungen des Benzolkerns wird die cyclische Konjugation zwischen den drei Doppelbindungen und damit die Mesomeriemöglichkeit des aromatischen Systems aufgehoben. Zur Addition an den Benzolkern müssen ca. 151 $\frac{kJ}{mol}$ mehr aufgewendet werden als bei einer normalen Addition an ein Alkenmolekül. Deshalb sind die Additionen an Benzol energetisch erschwert.

21.2.2. Substitutionen

1) Bildung von Brombenzol: Gib in einen NS-Rundkolben 8 ml Benzol und 1,5 g Eisenpulver.
L Setze dann einen Tropftrichter auf und sorge für eine dichte Gasableitung in eine wassergefüllte Vorlage. Nun läßt man 4 g Brom zufließen und versetzt das Reaktionsgemisch mit 10 ml Wasser, sobald die Reaktion beendet ist. Das Ende der Reaktion erkennt man am Aufhören der Gasentwicklung. Das Wasser im Reaktionsgefäß wird mit Natronlauge neutralisiert und abdestilliert. Im Kolben bleiben schwere, ölige Tropfen von Brombenzol zurück.

Eisen-, Aluminium- und Antimonchlorid wirken katalytisch auf die Substitution von Halogenen. Die Substitution kann vom Monohalogenbenzol über sämtliche Zwischenstufen bis zum Hexahalogenbenzol laufen. Dabei entsteht als Zwischenprodukt häufig ein Additionsprodukt (Versuch 1).
Da der Reaktionsmechanismus der Substitution sowohl für die Einführung von Halogenen als auch für Nitrierungen, Sulfurierungen, Acylierungen und Alkylierungen gilt, möge er für das Brom als Beispiel etwas eingehender erläutert werden.
Der Katalysator polarisiert zuerst den Substituenten, in unserem Falle das Brom.

$$\mathbf{Fe^{3+} + 3\,Br^- + Br_2 \rightarrow Br^+ + [FeBr_4]^-}$$

$$|\overline{\underline{\mathbf{Br}}}\text{—}\overline{\underline{\mathbf{Br}}}| \xrightarrow{\text{Heterolyse}} |\overline{\underline{\mathbf{Br}}}^+ + |\overline{\underline{\mathbf{Br}}}|^-$$

Ein Brommolekül wird durch den Katalysator heterolytisch gespalten. Durch Anlagerung des Br^- an das Eisen(III)-bromid entsteht das Komplexion $[FeBr_4]^-$.
Weil zunächst das Br^+-Ion an der π-Elektronenwolke des Benzols anteilig wird, spricht man von einer elektrophilen Substitution. Als Zwischenstufe entsteht dabei der π-Komplex, der sich im weiteren Verlauf der Reaktion zum mesomeriestabilisierten σ-Komplex umlagert. Ein Benzolkohlenstoffatom wird dabei zum Träger einer positiven Ladung.

[Benzol ↔ Benzol] $+ \mathbf{Fe^{3+}} + \mathbf{3\,|\overline{\underline{Br}}|^-} + \mathbf{Br_2} \rightarrow$ [H, $|\overline{\underline{\mathbf{Br}}}|$]$^+$ $+ \mathbf{[FeBr_4]^-}$

π-Komplex

$\rightleftharpoons$ [H, $\overline{\underline{\mathbf{Br}}}|$, ⊕ ↔ ⊕ H, $\overline{\underline{\mathbf{Br}}}|$ ↔ H, $\overline{\underline{\mathbf{Br}}}|$, ⊕]$^+$ $+ \mathbf{[FeBr_4]^-}$

σ-Komplex

$\rightleftharpoons$ $\overline{\underline{\mathbf{Br}}}|$ $+ \mathbf{Fe^{3+}} + \mathbf{3\,|\overline{\underline{Br}}|^-} + \mathbf{HBr}\nearrow$

Monobrombenzol

Der σ-Komplex geht durch Abspaltung eines Protons in das stabilere Monobrombenzol über, wobei der Katalysator zurückgebildet wird und Bromwasserstoff entsteht.

Von dem den Substituenten bindenden Kohlenstoffatom aus gesehen, unterscheidet man drei Stellungen im Benzolkern: Diejenigen Kohlenstoffatome, die dem den Substituenten tragenden C-Atom direkt benachbart sind, stehen in *ortho*-Stellung (kurz: o-Stellung), das gegenüberliegende C-Atom begleitet die *para*-Stellung (p-Stellung). Dazwischen liegt die *meta*-Stellung (m-Stellung).

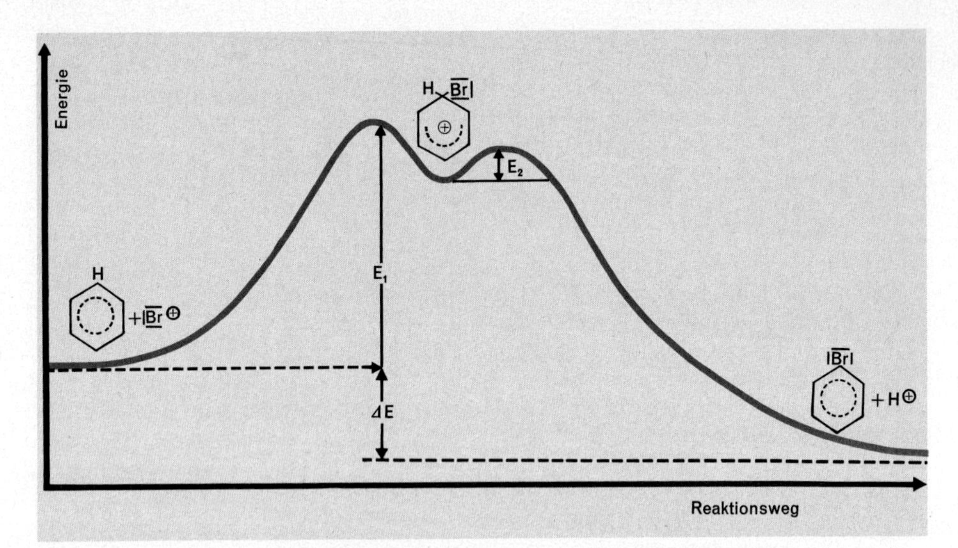

Abb. 134.1. Reaktionsverlauf der Benzolbromierung. Die Energie E_1 muß aufgewendet werden, um das mesomere System zu zerstören. Das dabei gebildete Zwischenprodukt ist wenig stabil. Nach Zufuhr der Anregungsenergie E_2 geht es unter Ausbildung eines neuen mesomeren Systems in den stabilen Endbestand über. Dabei wird mehr Energie frei als zuvor aufgewendet werden mußte. Die Reaktion ist exotherm (ΔE negativ).

X

o′ ortho | ortho o
m′ meta | meta m

para

Da alle elektrophilen Substitutionen nach demselben Mechanismus verlaufen, wird das π-Elektronensextett des Benzolrings durch diese Reaktionsart von verschiedenen Substituenten ähnlich beansprucht. Als Folge davon lenkt jeder Benzolsubstituent bei weiterer Substitution einen zweiten Liganden, unabhängig von dessen chemischer Beschaffenheit, bevorzugt in eine bestimmte Stellung am Kern.

Dabei konkurrieren der I-Effekt und der Mesomerieeffekt im reagierenden System miteinander. Können sich die Elektronen des Substituenten an der Mesomerie der π-Elektronen des Benzolrings beteiligen, dann wird die elektrophile Substitution in o- und p-Stellung[1] erleichtert, z. B.:

↔ ↔ ↔

Solche Substituenten heißen Substituenten 1. Ordnung.

[1] orthos (gr.) = aufrecht, meta (gr.) = Veränderung ausdrückend, para (gr.) = gegen

Substituenten 1. Ordnung sind z. B. $-\underline{\overline{O}}H$, $-\overline{N}H_2$, $-\overline{N}R_2$, $-CH_3$, $-OCH_3$.

Ist aber die elektronensaugende Wirkung der Substituenten stärker als die des π-Elektronensextetts im Ring, dann wird die elektrophile Substitution in ortho- und para-Stellung erschwert, z. B.:

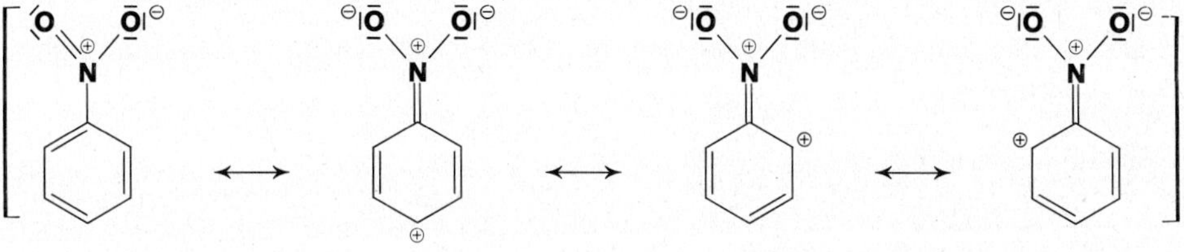

Substituenten, die die elektrophile Substitution in ortho- und para-Stellung erschweren, sind Substituenten 2. Ordnung.

Substituenten 2. Ordnung sind z. B. $-NR_3$, $-NO_2$, $-SO_3H$, $-CHO$, $-COOH$, $-C{\equiv}N$.

Zu Substitutionen, bei denen der Substituent das freie Elektronenpaar mitbringt, sog. nucleophile Substitutionen, besitzt das Benzol wenig Neigung. Nur einige Substituenten 2. Ordnung ermöglichen nucleophile Substitution in ortho- und para-Stellung. So wird z. B. Nitrobenzol in geschmolzenem Ätznatron in o- und p-Hydroxibenzol übergeführt.

Substitutionsregeln: Der Eintrittsort eines zweiten Substituenten in den Benzolkern wird ausschließlich von der Art des ersten Substituenten bestimmt. Substituenten 1. Ordnung aktivieren die ortho- und para-Stellung. Bei Substituenten 2. Ordnung überwiegen die meta-Substitutionsprodukte mengenmäßig gegenüber den o- und p-Substitutionsprodukten.

Die nucleophile Kernsubstitution spielt beim Benzol deshalb eine untergeordnete Rolle, weil die beiden π-Elektronenwolken, die oberhalb und unterhalb der σ-Bindungsebene angeordnet sind, den Kern gegen einen nucleophilen Angriff schützen.
Die elektrophile Substitution erfolgt bei Substituenten 2. Ordnung in meta-Stellung mit geringerer Reaktionsgeschwindigkeit als beim unsubstituierten Benzol. Man erklärt sich diese Tatsache aus der geringeren Elektronendichte im Kern des substituierten Benzols gegenüber dem nicht substituierten Benzolmolekül.
Die Tendenz des Benzols, sich nur schwer mit nucleophilen Agentien umzusetzen und die Verringerung der Elektronendichte durch Substituenten 2. Ordnung hat eine Verlangsamung der Reaktionsgeschwindigkeit im Vergleich zur Umsetzung mit nichtsubstituiertem Benzol zur Folge.

Substituenten 2. Ordnung verlangsamen bei weiterer Substitution die Reaktionsgeschwindigkeit.

21.3. Substitutionsprodukte des Benzols

21.3.1. Benzolkohlenwasserstoffe

L Synthese nach Fittig: Gleiche Mengen von Brombenzol und Iodethan werden in einem NS-14,5-Rundkolben gemischt und mit einem kleinen, gut abgetupften Stück Natrium versetzt. Solange die Reaktion andauert, setzt man dem Reaktionsgefäß einen Rückflußkühler auf. Das entstandene Ethylbenzol kann durch Destillation abgetrennt werden.

Die Synthese nach Fittig[1] entspricht der Wurtzschen Kohlenwasserstoffsynthese (Kapitel 20.5.).

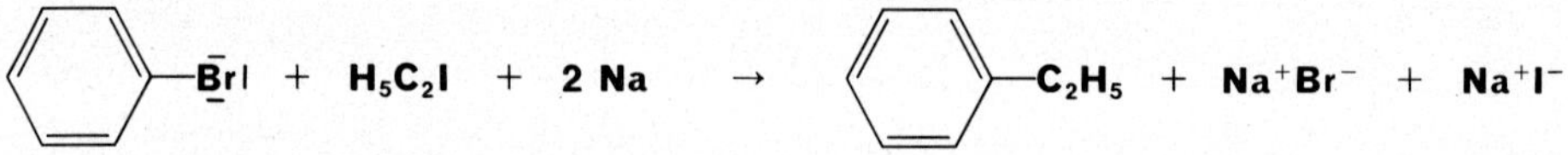

$$C_6H_5{-}Br + H_5C_2I + 2\,Na \rightarrow C_6H_5{-}C_2H_5 + Na^+Br^- + Na^+I^-$$

Die homologen Benzolkohlenwasserstoffe unterscheiden sich, wie alle anderen Glieder der homologen Reihen, durch den Besitz von $-CH_2$-Gruppen. Das erste Glied der homologen Reihe ist das *Toluol* $H_5C_6{-}CH_3$.

Bei weiterer Substitution muß man zwischen einem Angriff am Kern und einer Reaktion an der Seitenkette unterscheiden. Die zweiten Homologen von der allgemeinen Zusammensetzung C_8H_{10} können nun entweder durch Substitution zweier Methylgruppen oder einer Äthylgruppe erhalten werden. Der erste Stoff heißt *Xylol*[2], der zweite *Ethylbenzol*.

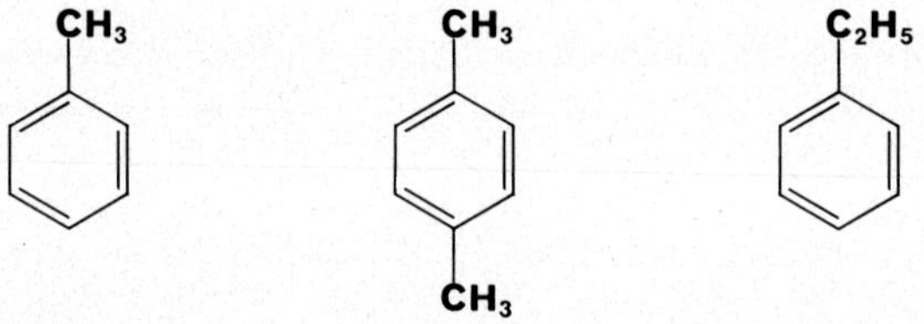

CH_3 / CH_3 – CH_3 / C_2H_5

Toluol p-Xylol Ethylbenzol

Styrol ist ein ungesättigter Kohlenwasserstoff, der aus Benzol und Ethylen über Ethylbenzol mit darauffolgender Dehydrierung technisch gewonnen wird. Es ist Ausgangsprodukt für viele Kunststoffe.

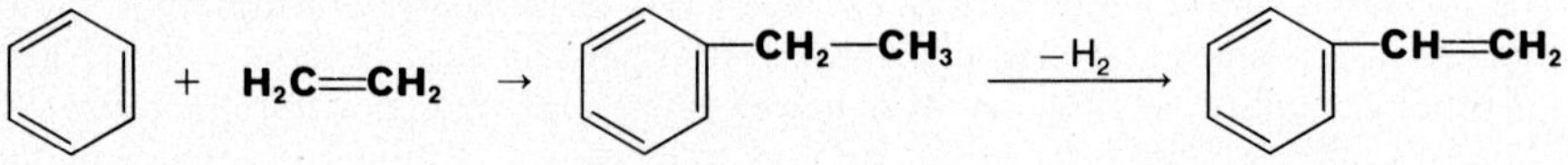

$$C_6H_6 + H_2C{=}CH_2 \rightarrow C_6H_5{-}CH_2{-}CH_3 \xrightarrow{-H_2} C_6H_5{-}CH{=}CH_2$$

Ethylbenzol Styrol

21.3.2. Die Phenole

Phenole sind aromatische Hydroxiverbindungen, deren OH-Gruppen am aromatischen Kern sitzen. Es gibt ein- und mehrwertige Phenole.

[1] R. Fittig, 1835–1910, deutscher Chemiker [2] xylon (gr.) = Holz; oleum (lat.) = Öl

Aus aromatischen Halogenverbindungen, die mit verdünnter Natronlauge im Autoklaven, mit Kupfersalzen als Katalysatoren, auf 350 °C erhitzt werden, kann man in einer nucleophilen Reaktion Phenol erhalten.

$$C_6H_5-\overline{\underline{Cl}}| + Na^+OH^- \rightarrow C_6H_5-\overline{\underline{O}}H + Na^+Cl^-$$

Phenol

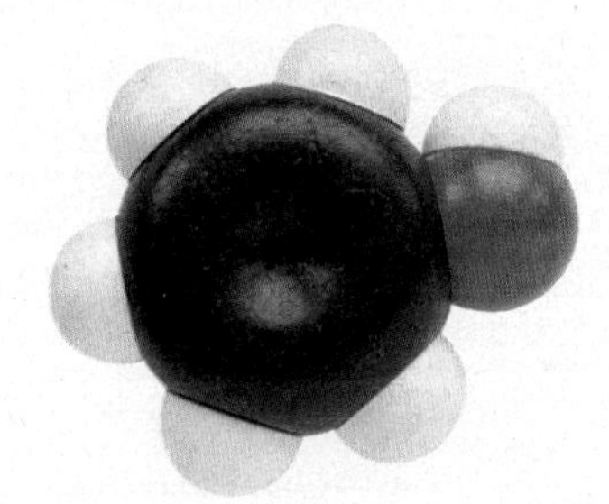

Abb. 137.1. Kalottenmodell des Phenolmoleküls $H_5C_6-\overline{\underline{O}}-H$

1) Phenol reagiert sauer: Prüfe wäßrige Phenollösung mit Universalindikatorlösung.

L 2) Phenolatbildung: Zu Phenol gibt man wenig Wasser, so daß sich nicht alles Phenol löst. Durch Zugabe von NaOH verschwindet auch der Rückstand. Salzsäure zerstört das Phenolat wieder, so daß Phenol frei wird.

L 3) Nitrieren von Phenol: Zu einigen Tropfen Phenollösung gibt man im Reagenzglas tropfenweise Salpetersäure und schüttelt jedesmal gut um. Nachdem man ungefähr die $1\frac{1}{2}$fache Menge Salpetersäure zugegeben hat, kühlt man das Reagenzglas möglichst mit Eiswasser ab.

Das einfachste Phenol wird als Phenol im engeren Sinne bezeichnet. Wegen der Säurewirkung führt es auch den Namen Carbolsäure. Runge[1] fand es 1834 im Steinkohlenteer. Es löst sich im Wasser nicht sehr leicht.
Die Acidität des Phenols ist nicht so stark wie die der Carbonsäuren (Versuch 1). Mit Laugen tritt Phenolatbildung ein (Versuch 2). Das Phenolat wird durch Salzsäure wieder zerstört.

$$C_6H_5-\overline{\underline{O}}H \rightleftharpoons \left[C_6H_5-\overline{\underline{O}}|^{\ominus} \leftrightarrow {}^{\ominus}|C_6H_5{=}\overline{O} \leftrightarrow {}^{\ominus}C_6H_5{=}\overline{O} \right]^- H^+$$

Mesomerie des Phenolations

Die Dissoziationskonstante des Phenols beträgt $1{,}05 \cdot 10^{-10}$. Die Salze dieser extrem schwachen Säure reagieren auf Grund der Hydrolyse alkalisch.

$$\left[C_6H_5-|\overline{\underline{O}}|^{\ominus} \right]^- Na^+ + H_2O \rightarrow C_6H_5-|\overline{O}H + Na^+OH^-$$

[1] F. F. Runge, 1795–1867, deutscher Chemiker

Beim Nitrieren mit konzentrierter Salpetersäure entsteht 2,4,6-Trinitrophenol (Versuch 3).

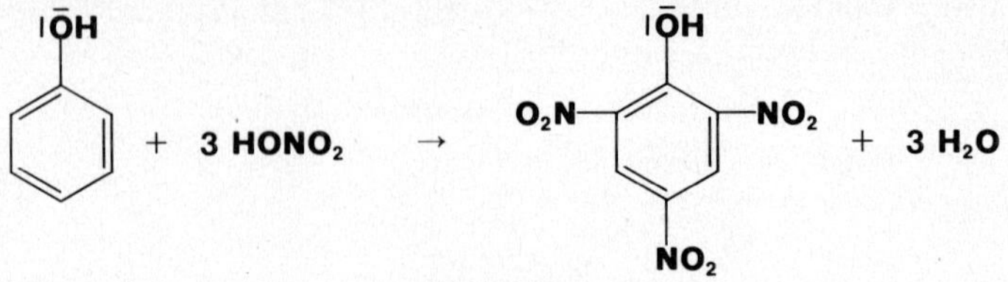

$$C_6H_5\overline{O}H + 3\ HONO_2 \rightarrow C_6H_2(NO_2)_3\overline{O}H + 3\ H_2O$$

2,4,6-Trinitrophenol

Wird verdünnte Salpetersäure verwendet, tritt nur eine Nitrogruppe, in ortho-Stellung, in das Phenolmolekül ein. Dieses o-Nitrophenol besitzt eine größere Flüchtigkeit als m- und p-Nitrophenol. Der Grund ist in der Chelatbindung zwischen der Nitrogruppe in o-Stellung und dem Wasserstoffatom der Hydroxylgruppe des Phenols zu suchen. Das Wasserstoffatom tritt dabei sowohl in das Elektronensystem eines Nitrogruppensauerstoffs, indem es sich an ein freies Elektronenpaar anlagert, als auch in das des Hydroxylsauerstoffs. Durch die Chelatbindung wird die Assoziation der Moleküle verhindert.
Das im Nitrophenol direkt am Kohlenstoff substituierte Stickstoffatom der Nitrogruppe ist durch eine Doppelbindung mit einem stärker elektronegativen Element verbunden. Diese N=O-Doppelbindung steht in Konjugation zum Kern und kann mit dessen π-Orbitalen in Wechselwirkung treten. Der Elektronensog aus dem Kern wird dadurch verstärkt, die O—H-Bindung deshalb gelockert. Je mehr Nitrogruppen am Phenol substituiert sind, um so besser kann das Wasserstoffatom der OH-Gruppe als Proton abdissoziieren. Die folgende Tabelle gibt die Dissoziationskonstanten einiger nitrierter Phenole wieder.

Tab. 138.1. Dissoziationskonstanten einiger Phenole

Substanz	Dissoziationskonstante
Phenol	$1{,}05 \cdot 10^{-10}$
o-Nitrophenol	$6{,}8 \cdot 10^{-8}$
2,4-Dinitrophenol	$1{,}1 \cdot 10^{-4}$
2,4,6-Trinitrophenol	$1{,}6 \cdot 10^{-1}$

Wegen der relativ starken Dissoziation wird 2,4,6-Trinitrophenol auch Pikrinsäure[1] genannt.

Mehrwertige Phenole:

Die drei isomeren Dihydroxibenzole heißen Brenzkatechin (1,2-Dihydroxibenzol), Resorcin (1,3-Dihydroxibenzol) und Hydrochinon (1,4-Dihydroxibenzol).

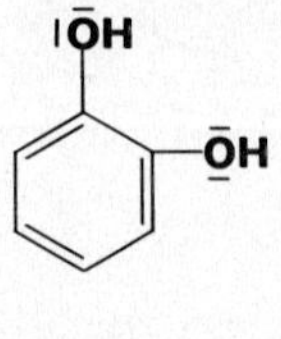

Brenzkatechin 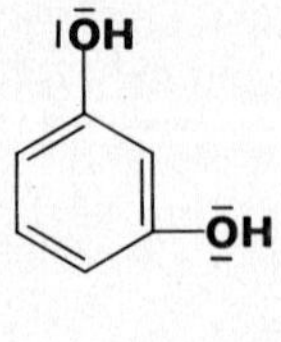 Resorcin 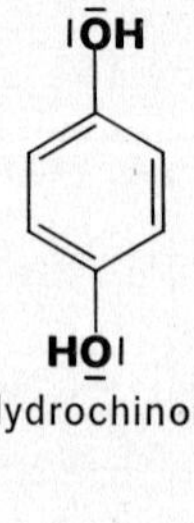 Hydrochinon

[1] pikros (gr.) = bitter

Auch die Trihydroxibenzole führen Trivialnamen. Gegenüber dem einfachen Phenol zeigen alle mehrwertigen Phenole eine gesteigerte Reaktionsfähigkeit. Die isomeren Verbindungen heißen Pyrogallol (1,2,6-Trihydroxibenzol), Phloroglucin (1,3,5-Trihydroxibenzol) und Hydroxi-hydrochinon (1,3,4-Trihydroxibenzol).

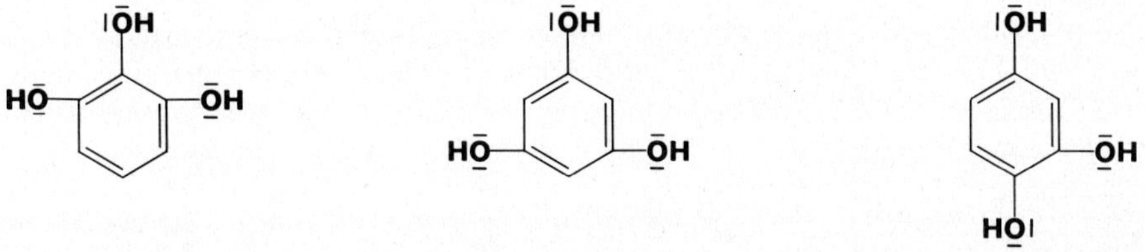

Pyrogallol Phloroglucin Hydroxi-hydrochinon

4) Fehlingsche Lösung und Hydrochinon: Man versetzt 3 ml Fehling I- mit 3 ml Fehling II-Lösung und gibt dazu einige Hydrochinonkriställchen. Unter dauerndem Schütteln wird zum Sieden erhitzt.

5) Dihydroxibenzole als photographische Entwickler: Man stellt sich 15 ml einer 10%igen Sodalösung her und versetzt sie mit einer Spatelspitze Natriumsulfit. Diese Lösung wird zu gleichen Teilen auf drei Reagenzgläser verteilt. Das erste Prüfglas wird mit einer Spatelspitze Brenzkatechin, das zweite mit der gleichen Menge Resorcin und das dritte ebenfalls mit der gleichen Menge Hydrochinon versetzt. Gib nun in jedes Gefäß die gleiche Menge frisch gefällten Silberbromids AgBr und beobachte.

In alkalischer Lösung sind Dihydroxibenzole gute Reduktionsmittel. Das Kupfer(II)-ion in der Fehlingschen Lösung wird von Hydrochinon zur Oxidationszahl +1 reduziert. Dabei fällt Kupfer(I)-oxid aus (Versuch 4).

$$2\,Cu^{2+} + SO_4^{2-} + \underset{\text{Hydrochinon}}{H_4C_6\text{—}(OH)_2} + 4\,Na^+ + 4\,OH^- \rightarrow 2\,Cu^+ + O^{2-} + \underset{\text{p-Chinon}}{C_6H_4O_2} + 4\,Na^+ + SO_4^{2-} + 3\,H_2O$$

Hydrochinon wird dabei zu p-Chinon oxidiert. Als sog. chromophore Gruppe (siehe Kapitel 21.4.) findet man den Chinonring in vielen Farbstoffen.
Das Silber(I)-ion im Silberbromid wird durch Brenzkatechin und Hydrochinon zu elementarem Silber reduziert (Versuch 5), wobei im Falle des Brenzkatechins o-Chinon und andernfalls p-Chinon entsteht.

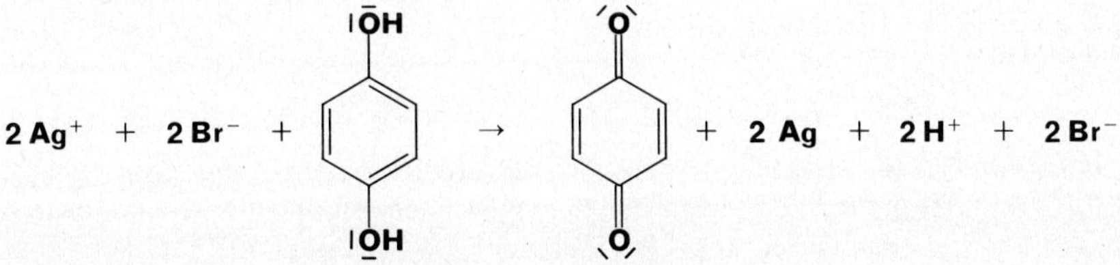

$$2\,Ag^+ + 2\,Br^- + \underset{\text{Hydrochinon}}{HO\text{—}C_6H_4\text{—}OH} \rightarrow \underset{\text{p-Chinon}}{O{=}C_6H_4{=}O} + 2\,Ag + 2\,H^+ + 2\,Br^-$$

Resorcin reagiert wesentlich langsamer, da sich bei der Oxidation des Resorcins nicht direkt ein konjugiertes System ausbilden kann. Hydrochinon wird als Entwickler in der Photographie verwendet.

21.3.3. Vergleich der aliphatischen mit den aromatischen Alkoholen

Der Vergleich von aliphatischen und aromatischen Alkoholen soll uns am Beispiel Methanol-Phenol den Zusammenhang zwischen Modellvorstellungen und theoretischen Überlegungen einerseits und meßbaren Stoffeigenschaften andererseits nahe bringen.
Der Besitz je eines Sauerstoffatoms verursacht im Phenol- wie auch im Methanolmolekül einen Elektronensog. Die große Elektronegativität des Sauerstoffatoms hat eine Erhöhung der Elektronendichte in seiner Nähe zur Folge. Der Elektronegativitätsunterschied ist aber zwischen der O—H-Bindung größer als zwischen der C—H-Bindung. Deshalb wird die Abspaltung des Wasserstoffatoms als Proton begünstigt. Beim Phenol wird die Wirkung dieses -Induktionseffekts durch die Mesomerie des π-Elektronensextetts noch verstärkt. Die freien Elektronenpaare am Sauerstoffatom werden in die Schwingung der π-Elektronen so mit einbezogen, daß ein konjugiertes System mit vier schwingenden Elektronenpaaren entsteht. Eine partiell positive Ladung am Sauerstoffatom verstärkt seine elektronensaugende Wirkung.

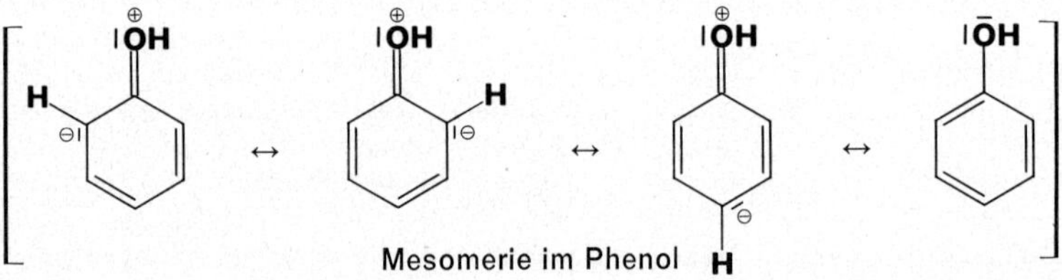

Mesomerie im Phenol

Eine Elektronenverschiebung zum Sauerstoff stände hier mit der Oktett-Regel nicht im Einklang. Ein mit einem π-Elektronensystem konjugiertes Atom, welches noch freie Elektronenpaare enthält, kann also bei der Mesomerie nur Elektronen abgeben. Eine Betrachtung der Mesomerieenergie läßt erkennen, daß die Energiedifferenz zwischen den mesomeren Grenzstrukturen und dem Grundzustand beim Phenolation geringer ist als beim Phenol selbst. Dann ist die Resonanz im Phenolation stärker als im Phenol. Dies spricht für eine stärkere Acidität des Phenols im Vergleich zum Methanol. Beide Verbindungen können salzartige Verbindungen bilden. Im Falle des Phenols ist aber die Dissoziationskonstante der Reaktion

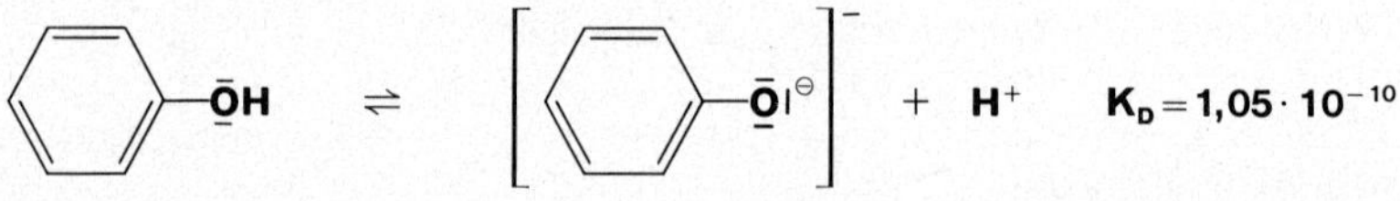

$$C_6H_5-\overline{O}H \rightleftharpoons [C_6H_5-\overline{O}|^{\ominus}]^- + H^+ \qquad K_D = 1{,}05 \cdot 10^{-10}$$

um sieben Zehnerpotenzen größer als die entsprechende Konstante beim Methanol.

$$H_3C-\overline{O}H \rightleftharpoons [H_3C-\overline{O}|]^- + H^+ \qquad K_D \approx 10^{-17}$$

Die Mesomerie im Phenolation bzw. Phenol ist auch eine der Ursachen für die unterschiedlichen Substitutionsreaktionen beider Reaktanden. In einer Gleichgewichtsreaktion kann z.B. die OH-Gruppe im Methanol durch einen nukleophilen Reaktionspartner substituiert werden (s. Kapitel 20.6.). Ein wesentlicher Reaktionsschritt ist dabei die Bindung des negativ geladenen Reaktionspartners am Carbenium-C-Atom. Bei dieser Reaktion würde die C—O-Bindung im Methanol gelöst.
Eine solche Reaktionsmöglichkeit ist beim Phenol sehr unwahrscheinlich, da die C—O-Bindung durch die Beteiligung der freien Elektronenpaare des Sauerstoffatoms

an der Mesomerie des π-Elektronensystems verstärkt wurde. Auch am Kern ist im Phenol eine nukleophile Substitution schwer möglich, weil ein nukleophiler Reaktionspartner durch die hohe Elektronendichte, die die π-Elektronen oberhalb und unterhalb der σ-Bindungsebene verursachen, abgestoßen wird. Begünstigt ist dagegen ein elektrophiler Reaktionsmechanismus, wie wir ihn im Kapitel 21.2.2. kennenlernten.
Die durch Mesomerie beanspruchten freien Sauerstoffelektronenpaare im Phenol bzw. Phenolation stehen zur Ausbildung einer koordinativen Bindung am Carbenium-C-Atom einer Carboxylgruppe nicht zur Verfügung, deshalb kann Phenol mit Carbonsäuren keine Phenolester bilden. Mit Methanol bereitet der Ablauf von Veresterungsreaktionen (Kapitel 20.11.1.) keine Schwierigkeiten. Auf anderem Wege sind Phenolester darstellbar.
Sowohl Methanol wie auch Phenol bilden Ether, wenn auch auf verschiedene Art und Weise. Während beim Methanol z. B. eine Etherbildung durch intermolekulare Wasserabspaltung mit Schwefelsäure als Katalysator über einen Oxoniumkomplex als Zwischenprodukt durchführbar ist (s. Kapitel 20.6.), stößt diese Reaktion beim Phenol wegen der Beanspruchung der freien Elektronenpaare am Sauerstoffatom auf Hindernisse. Schwefelsäure substituiert Phenol zu Phenol-2,4-disulfonsäure.
Ein weiterer Unterschied zwischen Methanol und Phenol kann an Hand der Reaktion mit Triphenylchlormethan (= Tritylchlorid) postuliert werden.

$(C_6H_5)_3C$—Cl = abgekürzt Ph_3C—Cl

Triphenylchlormethan
(Tritylchlorid)

Ph = C_6H_5—

Methanol reagiert mit Tritylchlorid unter HCl-Abspaltung zum Tritylmethylether.

Tritylmethylether Ph_3C—O—CH_3

Läßt man Tritylchlorid in einer ähnlichen Reaktion mit Phenol reagieren, dann ist die Reaktionsgeschwindigkeit viel niedriger als beim Methanol, obwohl man wegen des stärkeren Elektronensogs des Sauerstoffatoms eine erhöhte Tendenz des Phenols zur Ausbildung von Wasserstoffbrücken und damit eher eine Beschleunigung der Reaktion erwarten könnte. Das Phenol mit seinem voluminösen Phenylrest kann sich aber viel schwerer als das kleinere Methanolmolekül nukleophil am Carbenium-C-Atom des Tritylchlorids anlagern. Man spricht in diesem Fall von einer sterischen Hinderung.
Reagieren jedoch ein Mol Tritylchlorid, Methanol und Phenol miteinander, so findet man eine gegenüber der Reaktion mit Methanol auf das Siebenfache gesteigerte Reaktionsgeschwindigkeit, ohne daß jedoch Phenol in das Endprodukt der Reaktion einginge. Es entsteht auch hier reiner Tritylmethylether. Das Phenol hat unter diesen Bedingungen die Aufgabe, das Halogenidion vom Tritylchlorid abzuziehen, was es infolge seiner größeren Tendenz zur Ausbildung von Wasserstoffbrückenbindungen

besser vermag als Methanol. In einer Folgereaktion spaltet sich Chlorwasserstoff ab. Phenol katalysiert die Bildung des Tritylmethylethers.

$$H_3C{-}\underline{\overline{O}}{-}H + Ph_3C \leftarrow \overline{\underline{Cl}}| + H\underline{\overline{O}}{-}C_6H_5 \rightleftharpoons \overset{H_3C}{\underset{H}{\underline{O}}} \cdots CPh_3 \cdots Cl \cdots H \cdots \underline{\overline{O}}{-}C_6H_5$$

$$\rightarrow H_3C{-}\underline{\overline{O}}{-}CPh_3 + HCl\uparrow + H\underline{\overline{O}}{-}C_6H_5$$

21.3.4. Aromatische Amine

L 1) Anilin aus Nitrobenzol: Gib zu 7 ml Nitrobenzol (Vorsicht, Nitrobenzol ist giftig!) 16 g Zinn und 2 ml konzentrierte Salzsäure. Schüttele gut durch und kühle unter der Wasserleitung. Wenn die Reaktion langsamer wird, müssen nach und nach noch 16 ml konzentrierte Salzsäure zugegeben werden. Erhitze jetzt 20 Min. auf dem Wasserbad, kühle ab und mache alkalisch. Trenne mit dem Scheidetrichter.

2) Löslichkeit von Anilin: Füge zu 1 ml Anilin in einem 500-ml-Erlenmeyerkolben nach und nach aus einem Meßzylinder etwas Wasser und stelle die Löslichkeitsgrenze für Anilin fest. Prüfe die Lösung mit Universalindikatorlösung.

3) Salzbildung des Anilins mit Salzsäure: Versetze in einem Reagenzglas Anilin mit wenig konzentrierter Salzsäure und beobachte!

L 4) Diazotierung von Anilin: Mische in einem Becherglas 40 ml Wasser mit 8 ml konzentrierter Schwefelsäure und 8 ml Anilin. Versetze nach vollständiger Lösung mit Eisstückchen und kühle das Reaktionsgefäß mit einer Eis-Kochsalz-Mischung. Löse nun 6 g Natriumnitrit in 30 ml Wasser und gib diese Lösung zur kalten Anilinsulfatlösung in kleinen Portionen.

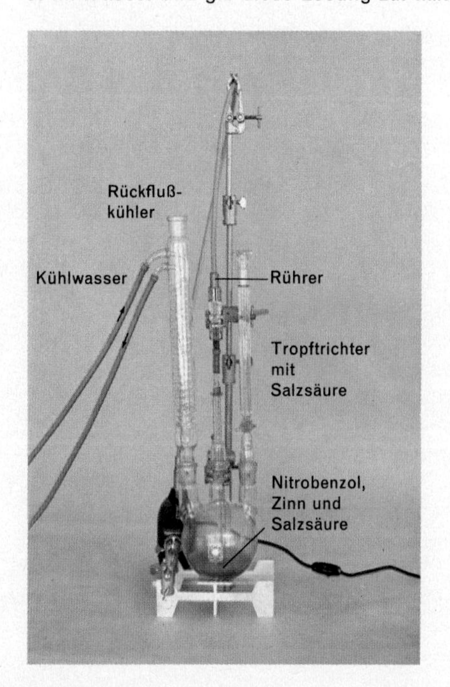

Abb. 142.1. Reduktion von Nitrobenzol mit Zinn und Salzsäure zu Anilin

Das wichtigste aromatische Amin ist das Anilin. Anilin erhält man durch Reduktion von Nitrobenzol (Versuch 1). Dabei entwickelt Salzsäure mit Zinn nascierenden Wasserstoff, der auf das Nitrobenzol einwirkt. Vereinfacht kann man die Reaktion folgendermaßen formulieren:

$$H_5C_6{-}NO_2 + 3\,Sn + 6\,H^+ \rightarrow \underset{\text{Anilin}}{H_5C_6{-}\bar{N}H_2} + 2\,H_2O + 3\,Sn^{2+}$$

In der Technik wird an Stelle des teueren Zinns mit Eisenspänen gearbeitet. Anilin ist zu ungefähr 3,5% im Wasser löslich, bei 20 °C. Wie durch die Farbe des Universalindikators angezeigt wird, ist Anilin eine sehr schwache Base. Lackmuslösung wird von Anilin nicht gebläut (Versuch 2). Mit konzentrierter Salzsäure bildet Anilin weißes Aniliniumchlorid (Versuch 3).

$$H_5C_6{-}\bar{N}H_2 + H^+ + Cl^- \rightarrow [H_5C_6{-}NH_3]^+ + Cl^-$$

Anilin ist eine schwerlösliche, farblose, ölige Verbindung von schwachem Geruch. Die eingeatmeten Dämpfe rufen Vergiftungserscheinungen hervor. Bei Versuch 4 entsteht ein Diazoniumsalz:

Diazoniumsalze entstehen bei der Einwirkung salpetriger Säure auf saure Lösungen aromatischer primärer Amine. Die Gewinnung von Diazoniumsalzen wird Diazotierung genannt.

Für die Diazotierung sind gleiche molekulare Mengen von Amin und Nitrit zu verwenden. Die Lösung muß zwischen 0 und 5 °C gehalten werden, da sich die Diazoniumsalze bei höherer Temperatur rasch zersetzen. Die Diazotierung des Anilinsulfats führt zu Benzoldiazoniumsulfat:

$$[C_6H_5{-}NH_3]^+ (HSO_4)^- + \underline{\bar{O}}{=}\bar{N}{-}\underline{\bar{O}}H$$

$$\rightarrow [C_6H_5{-}\overset{\oplus}{N}{\equiv}N|]^+ (HSO_4)^- + 2\,H_2O$$

Die Bezeichnung „Diazo" weist auf zwei Stickstoffatome [azote (frz.) = Stickstoff] hin, die an *einen* organischen Rest gebunden sind. Die Endung -onium soll die Parallele zu den Ammoniumverbindungen hervorheben. Bei den Diazoniumsalzen trägt das Stickstoffatom, das dem organischen Radikal zunächst liegt, die Ladung. Wäßrige Diazoniumsalzlösungen gehen beim Erwärmen in Phenol über.

$$[C_6H_5{-}\overset{\oplus}{N}{\equiv}N|]^+ Cl^- + H\underline{\bar{O}}H \rightarrow C_6H_5{-}\underline{\bar{O}}H + N_2 + H^+ + Cl^-$$

Auf Grund dieser Reaktion kann man Phenol herstellen. Reagieren Diazoniumsalze mit Alkoholen, erhält man die entsprechenden Ether. Mit Kupfer(I)-chlorid bzw. Kupfer(I)-cyanid bildet Benzoldiazoniumchlorid Chlorbenzol bzw. Benzonitril.

21.3.5. Aromatische Alkohole, Aldehyde und Carbonsäuren

Die Verbindungen dieser Stoffklassen führen die funktionelle Gruppe in der Seitenkette:

$C_6H_5-CH_2OH$ Benzylalkohol

C_6H_5-CHO Benzaldehyd

C_6H_5-COOH Benzoesäure

Zur Nomenklatur: Die verschiedenen aromatischen Reste kann man schon an ihrem Namen unterscheiden. Im einzelnen bedeuten:

Benzyl- $C_6H_5-CH_2-$

Benzal- $C_6H_5-CH<$

Benzoyl- C_6H_5-CO-

Phenyl- C_6H_5-

Benzylalkohol ist der einfachste aromatische Alkohol. Als Ester ist er in verschiedenen Pflanzen enthalten. Sein angenehmer Geruch läßt ihn in der Parfümerie Verwendung finden.
Benzaldehyd kommt in den bitteren Mandeln und anderen Kernen vor. Seine technische Gewinnung geht vom Toluol aus. Der Bittermandelgeruch der farblosen Flüssigkeit ähnelt dem des Nitrobenzols. Benzaldehyd färbt Fuchsinschwefligsäurelösung rot, reduziert ammoniakalische Silbernitratlösung und gibt eine Bisulfitadditionsreaktion.
Die Benzoesäure kommt in verschiedenen Balsamarten vor, aus welchen sie durch Erwärmen erhalten werden kann. Die technische Gewinnung geht vom Toluol oder dem Natriumbenzoat aus.

Abb. 144.1. Kalottenmodell der Benzoesäure $H_5C_6-C(=O)-OH$

1) Cannizzaro-Reaktion: Versetze in einer Stöpselflasche 10 g Benzaldehyd mit 9 g Ätzkali und 6 ml Wasser. Schüttele gut um und lasse bis zur nächsten Stunde stehen. Ziehe jetzt mit Wasser aus und schüttele den unlöslichen Rest mit Ether in der Stöpselflasche. Trenne die Flüssigkeiten im Scheidetrichter und versetze die wäßrige Phase mit konzentrierter Salzsäure und filtriere ab. Der Ether soll im Freien verdunsten. Versetze in der nächsten Stunde den Rest mit konzentrierter Schwefelsäure und erwärme!

2) Oxidation von Benzaldehyd: Gib ca. 10 Tropfen Benzaldehyd mit einer Tropfpipette in ein Reagenzglas, ohne die Gefäßwandung zu berühren. Versetze dann mit 8 ml 6%ige Kaliumpermanganatlösung und einigen ml verdünnter Schwefelsäure. Erhitze zum Sieden. Prüfe den Geruch vor der Permanganatzugabe und nach dem Erhitzen!

3) Benzoatbildung: Schüttele eine Spatelspitze Benzoesäure mit wenig Wasser. Gib das gleiche Volumen Natronlauge zu und schüttele wieder!

4) Bildung eines Esters der Benzoesäure: Löse in einem Reagenzglas eine Spatelspitze Benzoesäure in 3 ml Alkohol und setze die gleiche Menge konzentrierte Schwefelsäure zu.

Bei der Einwirkung von Lauge auf Benzaldehyd erfolgt Disproportionierung. Es entsteht Benzylalkohol und das Kaliumsalz der Benzoesäure (Versuch 1).

$$2\ C_6H_5\text{—}C(H)\text{=}O + K^+OH^- \rightarrow C_6H_5\text{—}CH_2OH + \left[C_6H_5\text{—}C(\text{=}O)\text{—}O|^{\ominus}\right]^- K^+$$

Die Cannizzaro-Reaktion wird von aromatischen Aldehyden besonders leicht gezeigt, da die Aldehydgruppe an einem C-Atom sitzt, das keine Wasserstoffatome mehr gebunden hat. Sind noch C—H-Bindungen an diesem Kohlenstoff vorhanden (aliphatische Aldehyde), kann im Alkalischen auch eine Kondensationsreaktion zwischen Aldehydmolekülen ablaufen. Da Benzaldehyd im Alkalischen disproportioniert, gibt er die Fehlingreaktion nicht. Bei Versuch 2 wird Benzaldehyd von Kaliumpermanganat in schwefelsaurer Lösung zur Benzoesäure oxidiert.

$$5\,H_5C_6\text{—}\overset{+1}{C}HO + 2\,\overset{+7}{Mn}O_4^- + 6\,H^+ \rightarrow 5\,H_5C_6\text{—}\overset{+3}{C}OOH + 2\,\overset{+2}{Mn}{}^{2+} + 3\,H_2O$$

Bei dieser Umsetzung wird Benzaldehyd quantitativ zu Benzoesäure oxidiert, der Geruch des Benzaldehyds nach bitteren Mandeln, verschwindet. Benzoesäure kristallisiert in farblosen Kristallen, sie ist in Wasser schwer löslich. Mit Natronlauge bildet sich das Natriumbenzoat (Versuch 3).

$$C_6H_5\text{—}C(\text{=}O)\text{—}OH + Na^+OH^- \rightarrow \left[C_6H_5\text{—}C(\text{=}O)\text{—}O|^{\ominus}\right]^- Na^+ + H_2O$$

Benzoation

Benzoesäure und p-Hydroxibenzoesäure-ethylester und ihre Natriumverbindungen sind einige der wenigen Konservierungsstoffe, die nach der Konservierungsstoff-Verordnung vom 19. 12. 1959 noch allgemein verwendet werden dürfen. Der Ethylester der unsubstituierten Benzoesäure dient wegen seines charakteristischen, angenehmen Geruchs zum Nachweis der Benzoesäure bzw. geringer Mengen Ethanol (Versuch 4). Der Benzoesäuremethylester findet in der Parfümerie als Niobeöl Verwendung. Herstellung des Benzoesäureethylesters (Versuch 4):

$$C_6H_5\text{—}C(\text{=}O)\text{—}O\text{—}H + H_5C_2\text{—}OH \rightarrow C_6H_5\text{—}C(\text{=}O)\text{—}O\text{—}C_2H_5 + H_2O$$

Benzoesäureethylester

Phthalsäure:

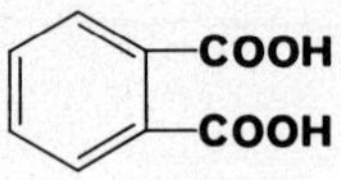

COOH
COOH

ist eine mehrprotonige, aromatische Carbonsäure. Als Benzoldicarbonsäure kann sie in drei isomeren Formen auftreten. Die wichtigste Verbindung ist die ortho-Säure, die Phthalsäure. Man erhält sie technisch durch Oxidation des Naphthalins mit Luftsauerstoff und Vanadinpentoxid als Katalysator. Vereinfacht läßt sich die Reaktion wie folgt darstellen:

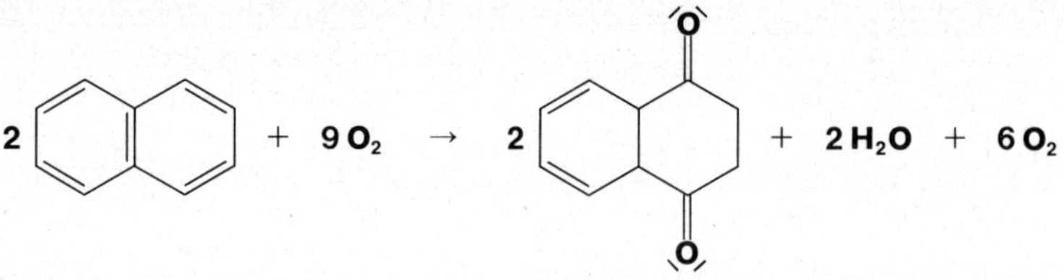

$$2\ \text{(Naphthalin)} + 9\,O_2 \rightarrow 2\ \text{(1,4 Naphthochinon)} + 2\,H_2O + 6\,O_2$$

1,4 Naphthochinon

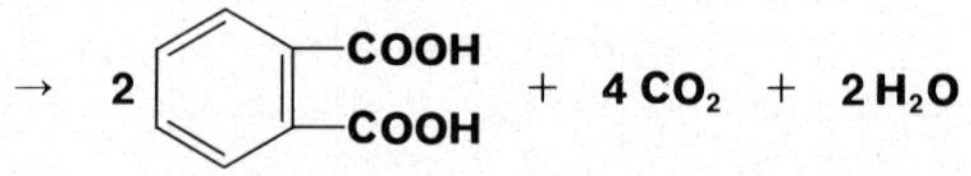

$$\rightarrow 2\ \text{(Phthalsäure)} + 4\,CO_2 + 2\,H_2O$$

Phthalsäure

Die Phthalsäurekristalle gehen beim Erhitzen über 230 °C unter Wasserabspaltung in Phthalsäureanhydrid über. Dieses kristallisiert in langen, weißen Nadeln vom Schmelzpunkt 128 °C. Phthalsäure wird in der Kunststoffindustrie und zur Herstellung von Farbstoffen verwendet.

Salicylsäure:

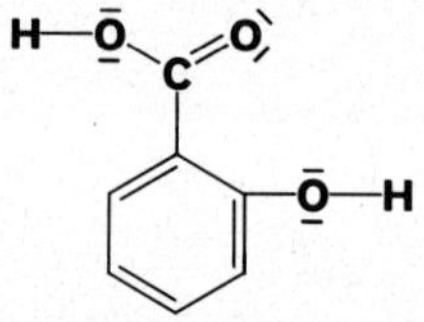

ist die ortho-Hydroxibenzoesäure. Sie kommt in der Natur als Ester und als freie Säure vor. Man erhält sie technisch durch Einwirkung von Kohlendioxid auf trockenes Natriumphenolat bei 120–140 °C und 6–7 bar.

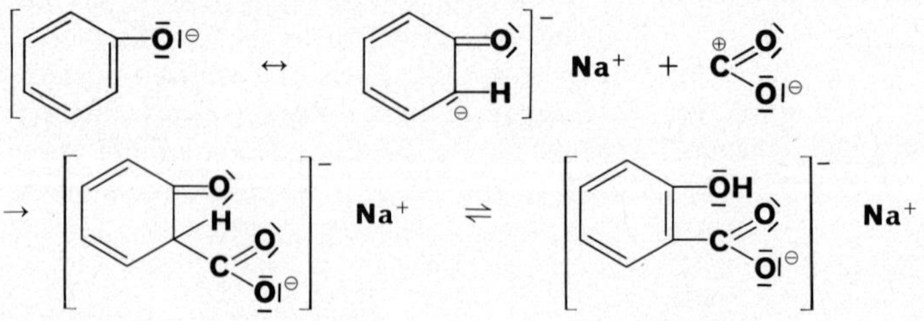

$$[\ldots]^- Na^+ + CO_2 \rightarrow [\ldots]^- Na^+ \rightleftharpoons [\ldots]^- Na^+$$

Salicylation

Salicylsäure kristallisiert aus heißem Wasser in farblosen Nadeln vom Schmelzpunkt 158 °C. Die Salicylsäure ist mit einer Dissoziationskonstante $K_S = 2{,}04 \cdot 10^{-3}$ eine

wesentlich stärkere Säure als die Benzoesäure mit der Dissoziationskonstante $K_S = 6{,}2 \cdot 10^{-5}$. Die stärkere Acidität der Salicylsäure ist auf den —I-Effekt der Hydroxigruppe in ortho-Stellung zurückzuführen. Zum Unterschied von der p-Hydroxibenzoesäure (Smp. 214 °C) ist die Salicylsäure durch höhere Löslichkeit und Flüchtigkeit charakterisiert. Dieses Verhalten ist auf die Ausbildung einer Wasserstoffbrücke (siehe auch Chelatbindung Kapitel 20.8.) zurückzuführen.
Salicylsäure findet Verwendung bei der Herstellung von Farb- und Riechstoffen, als Antisepticum in der Medizin und in Form des Natriumsalzes als Konservierungsmittel. Als fiebersenkendes Mittel ist die Acetylverbindung der Salicylsäure, das Aspirin bekannt.

Aspirin

21.4. Farbstoffe

Ein Stoff besitzt eine bestimmte Farbe, wenn er einen Teil des sichtbaren Spektrums absorbiert. Der sichtbare Bereich des Spektrums der elektromagnetischen Wellen liegt zwischen den Wellenlängen von $4000–8000 \cdot 10^{-10}$ m. Die reflektierte Farbe ist die Komplementärfarbe zum absorbierten Teil des Spektrums (Abb. 147.1.).

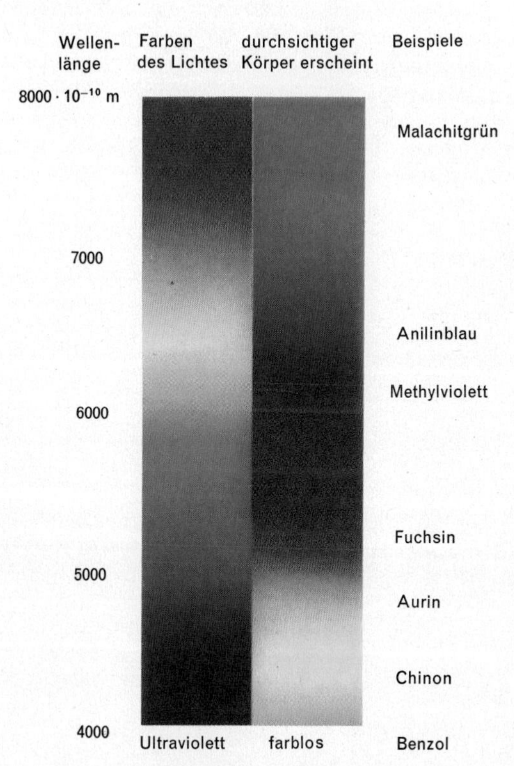

Abb. 147.1. Entstehung von Farben durch Absorption des Lichtes

Die Absorptionsfähigkeit eines Stoffes hängt von seinem molekularen Aufbau ab. Sind in einem Molekül alle Atome abgesättigt, dann kann dieses Molekül im sichtbaren Bereich nicht absorbieren. Im allgemeinen tritt dann keine Farbe bei der Verbindung auf. Da die π-Elektronen nicht so fest gebunden sind, können sie mit elektromagnetischen Wellen leichter in Wechselwirkung treten. Zur Anregung von π-Elektronen ist also weniger Energie notwendig. Die Absorption verschiebt sich bei Anwesenheit von Doppelbindungen im Molekül zu längeren Wellen hin.

Tab. 148.1. Absorptionsfähigkeit einzelner Bindungen

Absorptionsfähiges System	Wellenlänge der zur Anregung notwendigen Strahlung	Farbe der Verbindung
σ-Elektronen	$< 1200\ 10^{-10}$ m	farblos
freie Elektronenpaare	$1100–1300\ 10^{-10}$ m	farblos
π-Elektronen isolierter Doppelbindungen	$1500–1800\ 10^{-10}$ m	farblos
$H_2C{=}CH{-}CH{=}CH_2$	$2170\ 10^{-10}$ m	farblos
$H_5C_6{-}(CH{=}CH)_5{-}C_6H_5$	$3870–4240\ 10^{-10}$ m	orange
$H_5C_6{-}(CH{=}CH)_5{-}C_6H_5$	$5320–5700\ 10^{-10}$ m	grünschwarz

Radikale, die für die Absorption von Teilen des Spektrums verantwortlich gemacht werden können, heißen *chromophore*[1] *Gruppen*. In ihnen liegen besondere Elektronenanordnungen vor, die durch Aufnahme von Strahlungsenergie in energiereichere Quantenzustände übergehen.

Oft genügt die Anwesenheit von Chromophoren nicht allein, um die Absorption in den sichtbaren Bereich des Spektrums zu verschieben. Dann bedarf es einer anderen Gruppe von Radikalen, die die Wirkung der Chromophore verstärkt. Dies geschieht entweder durch das Eintreten einer zweiten oder auch dritten chromophoren Gruppe in das Molekül oder einer Verstärkergruppe, der *auxochromen Gruppe*. Chromophore Gruppen besitzen mesomeriefähige π-Elektronensysteme, die Auxochrome freie Elektronenpaare. Diese können sich an der Mesomerie des Farbstoffmoleküls beteiligen.

Chromophore Gruppen sind:

$$>C{=}O\rangle,\ -COOH,\ -NO_2,\ >C{=}C<,\ -C{\equiv}C-,\ -\overset{\oplus}{N}{\equiv}N|.$$

Auxochrome Gruppen sind: $-\underline{O}H$, $-\overline{N}H_2$, $-\underline{O}CH_3$, $-SO_3H$.

Azofarbstoffe:

1) Herstellung von Methylorange: Löse im Becherglas 2,5 g Sulfanilsäure in 45 ml verdünnter Natronlauge und gib eine Lösung von 1 g Natriumnitrit in 5 ml Wasser unter Umrühren zu. Kühle das Becherglas mit Eis. Hat sich alles gelöst, dann wird unter weiterer Kühlung mit 10 ml konzentrierter Salzsäure versetzt. Gieße die entstandene p-Diazobenzolsulfonsäure in ein Becherglas, das 4 ml konzentrierte Salzsäure, 20 ml Wasser und 3 g Dimethylanilin enthält. Neutralisiere einen Teil der Lösung mit verdünnter Natronlauge!

[1] chromos (gr.) = Farbe; phoros (gr.) = Träger

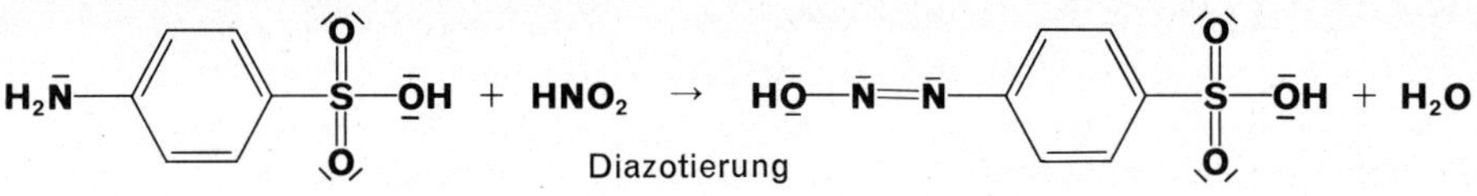

$$H_2N-C_6H_4-SO_2-OH + HNO_2 \rightarrow HO-N=N-C_6H_4-SO_2-OH + H_2O$$

Diazotierung

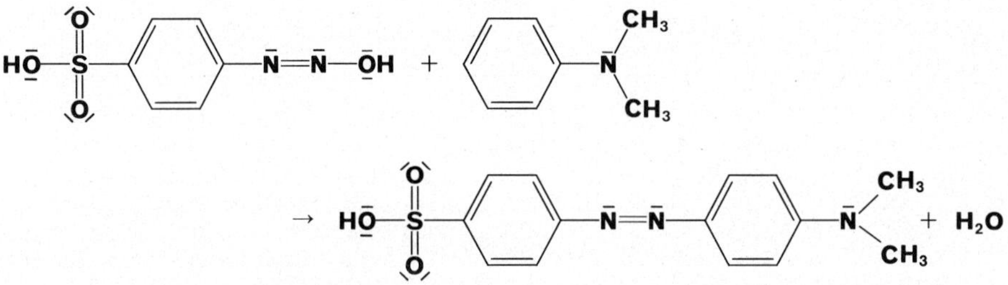

$$HO-SO_2-C_6H_4-N=N-OH + C_6H_5-N(CH_3)_2$$

$$\rightarrow HO-SO_2-C_6H_4-N=N-C_6H_4-N(CH_3)_2 + H_2O$$

Kupplung

Der Farbumschlag wird mit einem Übergang vom benzoiden in das chinoide System erklärt, dessen veränderte Mesomerieverhältnisse eine Verschiebung der Absorptionsbande zur Folge haben.

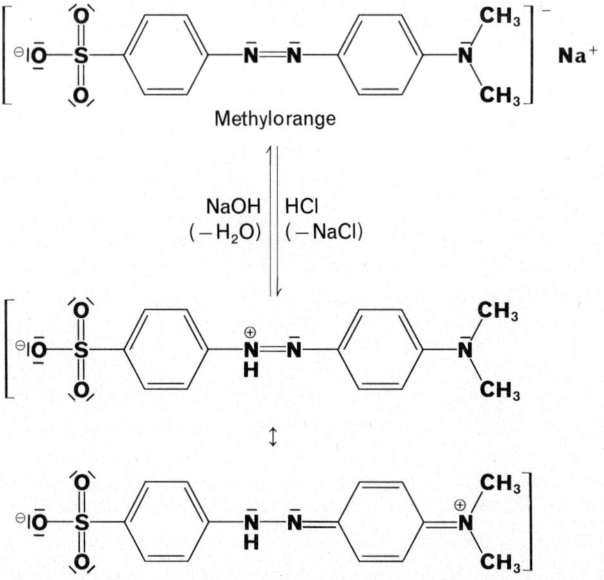

$$\left[{}^{\ominus}O-SO_2-C_6H_4-N=N-C_6H_4-N(CH_3)_2\right]^- Na^+$$

Methylorange

NaOH (−H_2O) ⇅ HCl (−NaCl)

$$\left[{}^{\ominus}O-SO_2-C_6H_4-\overset{\oplus}{N}H=N-C_6H_4-N(CH_3)_2\right.$$

$$\updownarrow$$

$$\left.{}^{\ominus}O-SO_2-C_6H_4-NH-N=C_6H_4=\overset{\oplus}{N}(CH_3)_2\right]$$

Diazoverbindungen erkennt man an der Gruppierung —N̄ = N̄—. Die Reaktion zwischen Diazoverbindungen und Aminen nennt man *Kupplung*. Methylorange ist der wichtigste Azofarbstoff. Andere Azofarbstoffe sind z.B. Bismarckbraun, Alizaringelb, Chrysoidin, β-Naphtholorange, Kongorot, Echtrot A usw. (siehe auch Abb. 150.1.).

Triphenylmethanfarbstoffe:

Der Grundkörper dieser Verbindungsklasse, das Triphenylmethan, entsteht aus Benzol und Chloroform nach der Synthese von Friedel-Crafts[1].

[1] Reaktion, die von Friedel und Crafts 1877–1890 entdeckt wurde

Abb. 150.1. Die Farben dieser Buchstaben sind durch Aufsprühen verschiedener Diazoniumsalzlösungen und Kupplungskomponenten auf dem Filtrierpapier entstanden. Folgende Lösungen wurden verwendet:

	Diazoniumsalz	Kupplungskomponente
A	Natriumdiazobenzolsulfonat	salzsaures Dimethylanilin
Z	Diazoaminobenzol	Anilin in Natriumacetatlösung
O	Diazo-o-Dianisidin	β-Naphthol

2) Synthese nach Friedel-Crafts: Zu 5 ml wasserfreiem Benzol gibt man 1 g sublimierbares, wasserfreies Aluminiumchlorid und fügt dann aus dem Tropftrichter tropfenweise 1,5 ml Chloroform zu. Leite die entweichenden Chlorwasserstoffdämpfe auf eine Wasseroberfläche, damit sie sich in Wasser lösen können! (Abzug!)

3) Herstellung von Phenolphthalein: In ein trockenes Reagenzglas gibt man eine Spatelspitze Phthalsäureanhydrid, die gleiche Menge Phenol und etwa die doppelte Menge wasserfreies Zinkchlorid und erhitzt das Gemisch vorsichtig über kleiner Flamme, bis eine braune Schmelze entstanden ist. Nach dem Abkühlen löst man in Methanol und versetzt einen Teil der Lösung mit verdünnter Natronlauge.

Bei einer Friedel-Crafts-Synthese läßt man Halogenalkyle bei Anwesenheit von wasserfreiem Aluminiumchlorid auf Benzol oder andere aromatische Kohlenwasserstoffe einwirken, wobei die Alkyle unter Abspaltung von HCl in die aromatischen Kohlenwasserstoffe eingebaut werden.

Das Aluminiumchlorid bildet dabei mit dem Halogen des Alkyls ein komplexes Anion, z.B. $(AlCl_4)^-$, während das dadurch entstandene Kation am Benzolkern angreift (Versuch 2).

$$3\,C_6H_6 + HCCl_3 \rightarrow H\text{–}C(C_6H_5)_3 + 3\,HCl$$

Triphenylmethan

In allen Triphenylmethanfarbstoffen wird das dreifach phenylsubstituierte Kohlenstoffatom durch die Mesomerie im Anion in den sp^2-Zustand überführt. Bei Versuch 3 setzt sich Phthalsäureanhydrid unter Wasserabspaltung mit 2 Mol Phenol um.

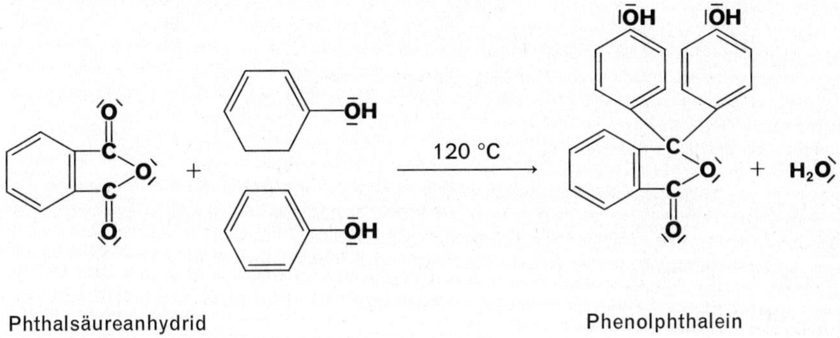

Phthalsäureanhydrid Phenolphthalein

Das bei dieser Kondensation entstandene Phenolphthalein ist in methanolischer Lösung farblos. Auf Zusatz von Alkalilauge wird der 5-Ring mit dem Sauerstoffatom als Ringglied aufgebrochen. Es bildet sich ein Natriumsalz einer chinoiden Form, das rot gefärbt ist.

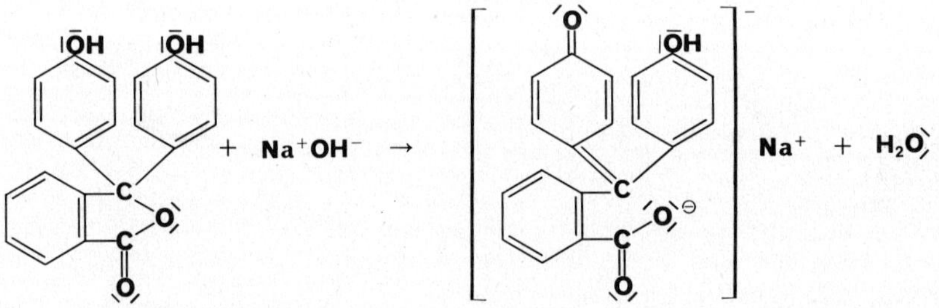

Wie man besonders deutlich am Phenolphthalein beobachten kann, ist die Ursache der Farbe weder allein auf den Besitz von chromophoren oder auxochromen Gruppen noch allein im Auftreten von benzoiden oder chinoiden Systemen zu suchen, sondern vielmehr darin, daß Mesomerie zwischen den beiden Systemen besteht. Die Umlagerung zwischen diesen beiden Strukturen ist aber als Tautomerie aufzufassen, da Protonen ausgetauscht werden.

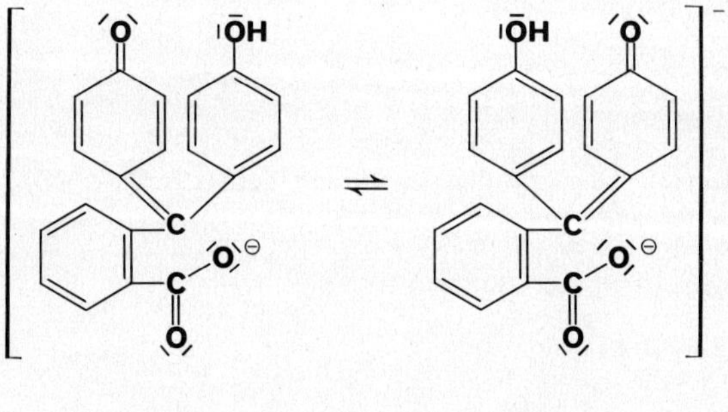

Andere Triphenylmethanfarbstoffe sind Aurin, Fuchsin, Malachitgrün, Fluorescein, Eosin usw.

Indigofarbstoffe:

Alle Indigofarbstoffe sind Derivate des Indols.

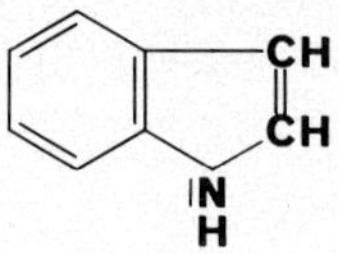

Indol

4) Herstellung einer Indigoküpe: In einer Reibschale verreibt man ca. 0,5 g Indigo mit etwas Ethanol und 10 ml Natronlauge. Dann bringt man die Suspension in 100 ml 70 °C warmes Wasser und versetzt mit 2 g Natriumdithionit.

Da Indigo in Wasser unlöslich ist, kann er nicht direkt zum Färben verwendet werden. Er ist ein Küpenfarbstoff. Die Reduktion des Farbstoffs, das Verküpen, erfolgt durch Natriumdithionit. Auch Zinkstaub kann verwendet werden. Bei der Verküpung geht Indigo in die fast farblose Leukoverbindung Indigweiß über, die wasserlöslich ist und deshalb auf der Faser aufgetragen werden kann. Der Luftsauerstoff kann Indigweiß wieder zu Indigo oxidieren.

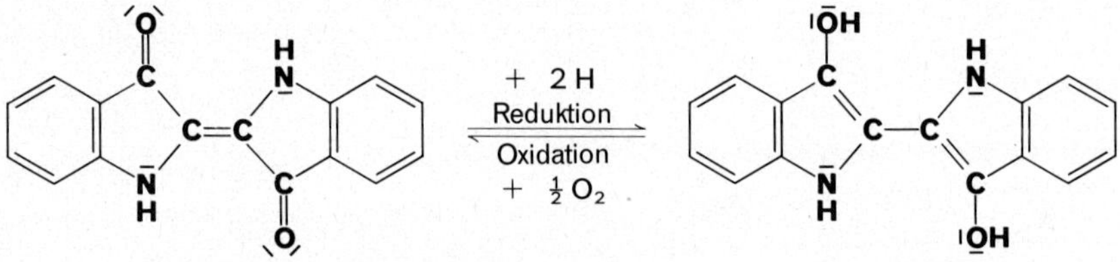

Indigo $\underset{\text{Oxidation } + \frac{1}{2}O_2}{\overset{+ 2H \text{ Reduktion}}{\rightleftharpoons}}$ Indigweiß

Anthrachinonfarbstoffe:

Der wichtigste Anthrachinonfarbstoff ist das Alizarin. Es ist in der Krappwurzel enthalten. Mit Krapp wird schon seit mehr als tausend Jahren gefärbt. Seit 1868 wird Alizarin synthetisch hergestellt.

Alizarin

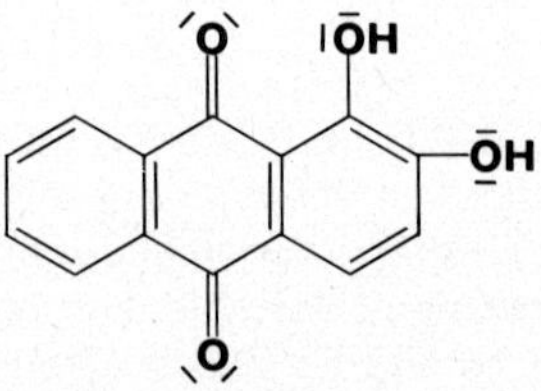

Alizarin kristallisiert aus Alkohol oder nach Sublimation[1] in roten Nadeln vom Schmelzpunkt 289 °C. In Wasser löst sich Alizarin schlecht, in Alkohol oder Alkalien leicht. Mit Metallhydroxiden bildet es intensiv gefärbte Verbindungen, die man Krapplacke nennt.

Phthalocyaninkupfer:

5) Phthalocyaninkupfer: 1,8 g o-Phthalsäuredinitril werden in einer Reibschale gründlich mit 0,6 g Kupfer(I)-chlorid vermischt und im Reagenzglas über der leuchtenden Bunsenflamme allmählich zum Schmelzen erhitzt. Sobald die heftige Reaktion abgeklungen ist (Dauer ca. 5 Minuten), läßt man die Masse erkalten, zerkleinert sie im Mörser und übergießt sie mit 50 g

[1] sublimare = sich emporheben

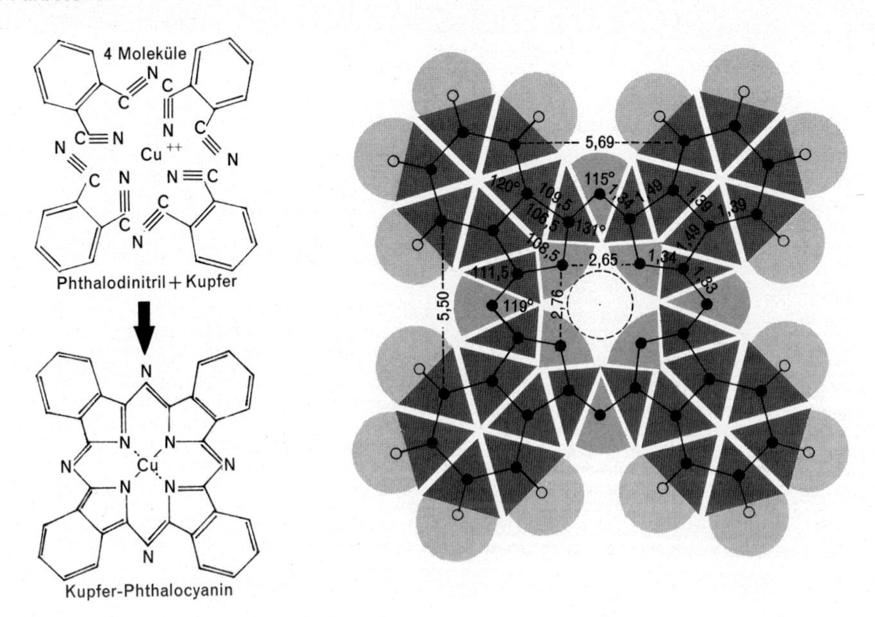

Abb. 153.1. Struktur des Phthalocyanins

Durch Ausmessen der Beugungsbilder von Röntgenstrahlen an den Gitterbausteinen eines Kristalls lassen sich detaillierte Auskünfte über die Anordnung der Atome und damit über den räumlichen Aufbau des Moleküls gewinnen. Das Bild zeigt die genaue Lage der Atommittelpunkte, der Bindungswinkel und Atomabstände beim metallfreien Phthalocyanin.

96%iger Schwefelsäure. Durch Verreiben wird das Pulver in Lösung gebracht und dann die Lösung in eine Mischung von 150 g Eis und 150 ml Wasser eingegossen. Das Endprodukt scheidet sich in Flocken aus und wird abfiltriert, mit Wasser gewaschen und bei 120 °C getrocknet.

Bei diesem Versuch entsteht blaues Phthalocyaninkupfer, ein Vertreter der *Phthalocyanine*, die heute als Pigmentfarbstoffe beim Anfärben von Kunststoffen große Bedeutung erlangt haben. Ähnliche Pigmente erhält man mit Kobalt-, Nickel- und Zinksalzen.

Pigmente sind Farbmittel, die im Binde- oder Lösungsmittel praktisch unlöslich sind.

Der Wert eines Farbstoffs hängt von der Lichtbeständigkeit, der Haftfestigkeit am Gewebe und der Widerstandsfähigkeit gegen chemische Einflüsse ab. Besonders Farbstoffe für Textilfasern müssen heute hohen Ansprüchen genügen. Im Verlauf eines bestimmten Färbeverfahrens muß der Farbstoff dazu gebracht werden können, aus einer Lösung oder Suspension auf die Faser und möglichst weit in die Faser hinein zu wandern und sich an diese mehr oder weniger fest zu binden („Fixieren"). Bei manchen Färbeprozessen werden die Fasern bis 220 °C mit Heißluft erhitzt. Für dieses Verfahren brauchbare Farbstoffe müssen die extreme Hitzeeinwirkung aushalten, ohne sich zu zersetzen oder zu sublimieren. Schließlich bildet die sog. Kombinierbarkeit ein nicht zu unterschätzendes Charakteristikum bei der Auswahl von Farbstoffen. Darunter versteht man die Fähigkeit eines Farbstoffs, gleichzeitig verschiedenartige Fasern anzufärben.

21.5. Säure-Basen-Indikatoren

Kristallviolett als Säure-Basen-Indikator: Löse eine geringe Menge Kristallviolett sowohl in ca. 10 cm^3 Wasser als auch in ca. 10 cm^3 Chlorbenzol und teile beide Lösungen auf je drei Reagenzgläser gleichmäßig auf. Zu zwei Gläsern der wäßrigen Lösung gibt man wenig konzentrierte Salzsäure und beobachtet den Farbumschlag. Eines dieser beiden Gefäße wird tropfenweise mit soviel konzentrierter Natronlauge versetzt, bis die Farbe wieder nach Blau umschlägt. Entsprechend werden zwei Reagenzgläser der Lösung des Indikators in Chlorbenzol mit wasserfreiem Aluminiumchlorid versetzt (Farbumschlag, wenn man eines der beiden Gefäße mit Pyridin versetzt!)

Die Reaktion in der wäßrigen Lösung kann man sich folgendermaßen vorstellen:

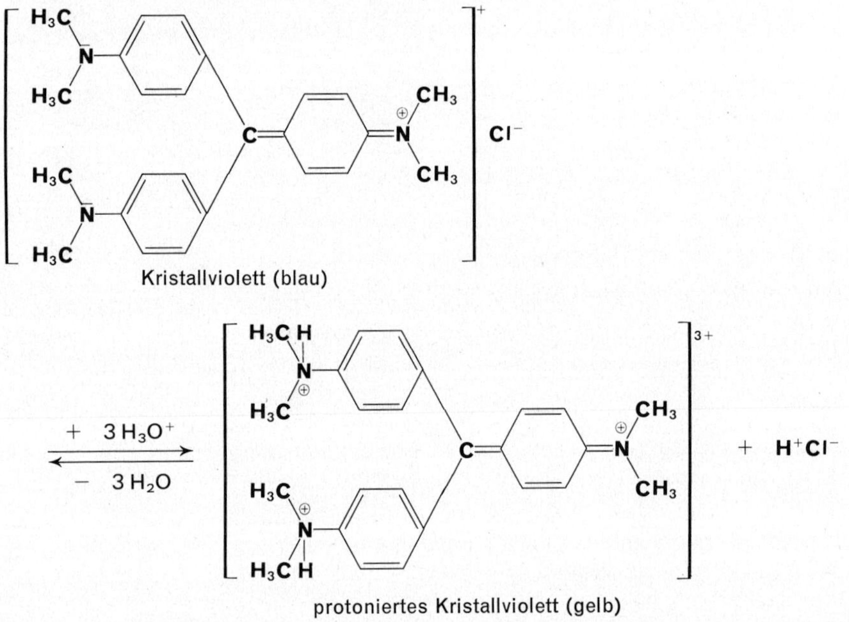

Cl^-

Kristallviolett (blau)

$+ 3\,H_3O^+$ / $- 3\,H_2O$ $\rightleftharpoons$ $[\ldots]^{3+}$ $+ H^+Cl^-$

protoniertes Kristallviolett (gelb)

Der Farbumschlag ist auf eine Verschiebung der Absorptionsbande zurückzuführen, deren Ursache die koordinative Bindung eines oder mehrerer Protonen ist. Das freie Elektronenpaar eines jeden Stickstoffatoms verursacht die koordinative Bindung der Protonen. Bei dieser Säure-Basen-Reaktion ist das Kation des Indikators Kristallviolett die Brönsted-Base (Kationenbase). Die OH^--Ionen der Natronlauge, die als Protonenacceptoren fungieren, können diese Verschiebung rückgängig machen, indem sie mit den abdissoziierten Protonen zu Wasser reagieren. Die Hydroxidionen stellen die stärkere Base dar, die dem protonierten Kristallviolett die Protonen entreißen können.

In der Lösung des Kristallvioletts in Chlorbenzol übernimmt das Aluminiumchlorid die Rolle der Protonen. Im Chlorbenzol sind die gelösten Al_2Cl_6-Moleküle

$$Al_2Cl_6 \rightleftharpoons 2\,AlCl_3$$

chloridmolekül vorliegt (Elektronensextett), können diese an dem freien Elektronenpaar der Stickstoffatome im Kristallviolett anteilig werden

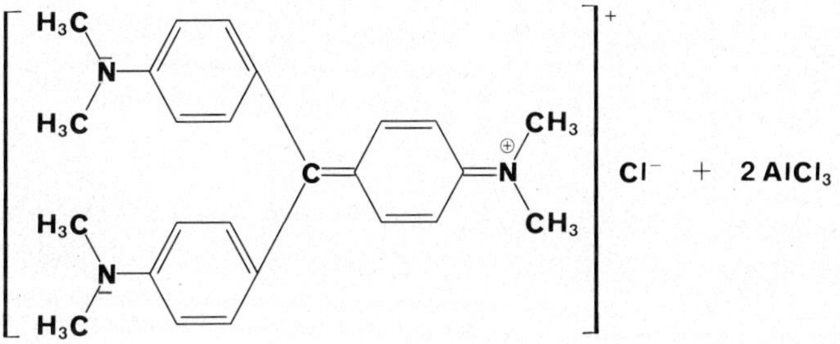

$Cl^- + 2\,AlCl_3$

Farbe: Blau

$\rightleftharpoons$ Cl^-

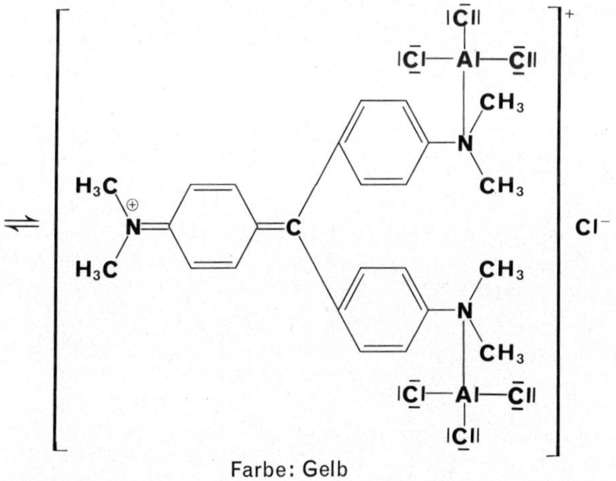

Farbe: Gelb

und so den analogen Farbumschlag verursachen. Nach Lewis (I, 15.1.) übernehmen die Stickstoffatome des Kristallvioletts mit ihrem freien Elektronenpaar die Funktion einer Base und die Aluminiumchloridmoleküle diejenige der Säure.
Der Zusatz von Pyridin C_5H_5N führt zu einer Konkurrenzsituation,

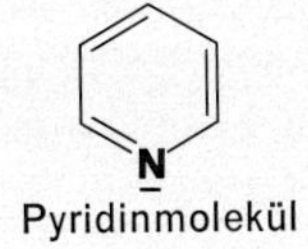

Pyridinmolekül

die zwischen dem freien Elektronenpaar eines jeden Stickstoffatoms im Kation des Indikators Kristallviolett und denen der Stickstoffatome im Pyridin besteht. Pyridin erweist sich in dieser Säure-Basen-Reaktion als stärkere Base, indem es die Indikatorkationen verdrängt.

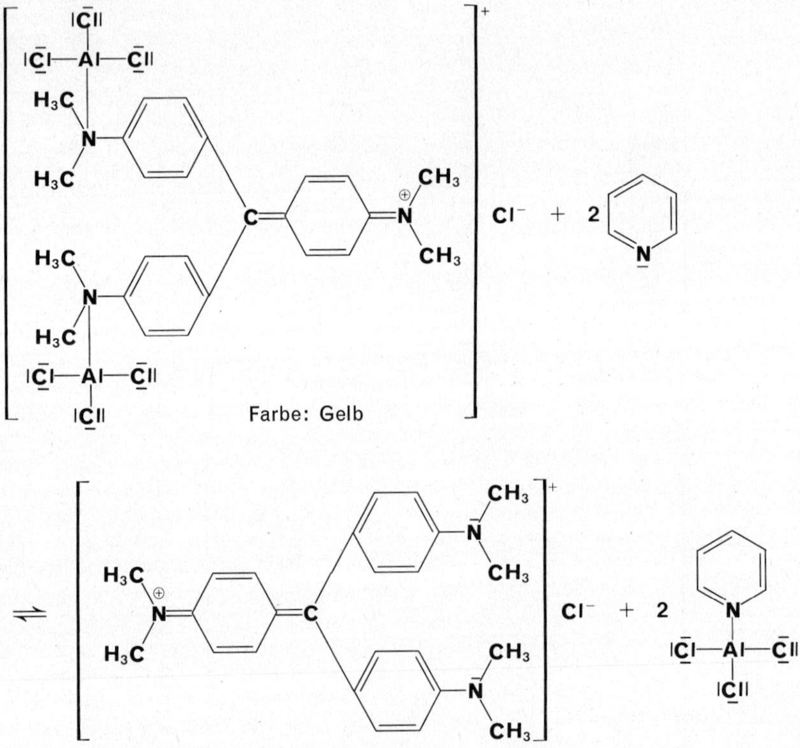

Farbe: Gelb

Farbe: Blau

21.6. Farbphotographie

Bei der Farbphotographie verwendet man einen Film mit drei übereinanderliegenden, lichtempfindlichen Schichten. Die oberste Schicht ist blau-, die mittlere grün- und die untere rotempfindlich. Zwischen die blau- und grünempfindliche Schicht ist ein Gelbfilter geschaltet. Auch in einem Farbfilm ist die lichtempfindliche Substanz ein Silberhalogenid. Silberchlorid ist aber nur bis zu einer Lichtwellenlänge von $4{,}5 \cdot 10^{-5}$ cm und Silberbromid bis $5{,}2 \cdot 10^{-5}$ cm empfindlich. Durch Beimischen von organischen Farbstoffen wird die Farbempfindlichkeit auf das ganze Spektralgebiet ausgedehnt. Dabei sind die Farbstoffmoleküle an den Silberhalogenidkörnern adsorbiert. Das Silberhalogenid nimmt die Lichtenergie auf und überträgt sie auf das Farbstoffmolekül. Man nennt diesen Mechanismus „*optische Sensibilisierung*".

Auf jeder Filmschicht entsteht bei Belichtung ein Bild der Farbeindrücke, für die sie empfindlich ist. Das Gelbfilter muß das Durchdringen von blauem und violettem Licht zu den unteren Schichten verhindern. Der resultierende Farbeindruck entsteht dabei nach dem Prinzip der *subtraktiven Farbmischung*. Dieses Prinzip beruht auf der

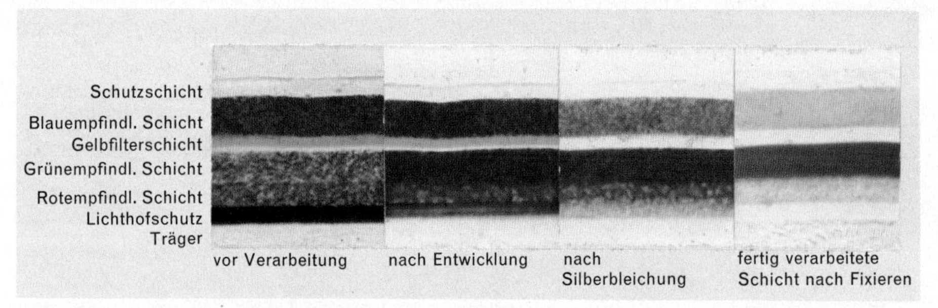

Abb. 157.1. Mikroskopische Aufnahme eines Schnitts durch einen Agfacolor-Negativ-Film

von Th. Young[1] aufgestellten Theorie, nach der das Farbsehen auf die Registrierung der drei Grundfarben Blau, Grün und Rot zurückzuführen ist. Entfernt (subtrahiert) man aus weißem Licht jeweils eine der drei Grundfarben, so erhält man die drei subtraktiven Farben Gelb, Purpur und Blaugrün. Je zwei subtraktive Farben vereinen sich zu einer additiven Farbe. Durchstrahlt man zwei entsprechend gefärbte Filter, z. B. gelb und purpur mit weißem Licht, dann wird Blau und Grün absorbiert und Rot bleibt übrig. Man erhält rotes Licht. Entsprechend lassen sich die anderen Farben erzeugen.

Beim Entwickeln entsteht mit dem Farbentwickler gleichzeitig das Silber- und das Farbstoffbild. Der Farbentwickler wird in seiner oxidierten Form bei der chromogenen Entwicklung in einer Folgereaktion Bestandteil des entstehenden Farbstoffs. Das Silber wird im Anschluß an die Entwicklung in einem Bleichbad wieder in Silberhalogenid überführt.

Gleichzeitig werden die aus kolloidalem Silber bestehenden Schichten (Gelbfilter und Lichthofschutz) entfärbt. Der Lichthofschutz soll am Trägermaterial zurückgeworfenes Licht absorbieren. Das Silberhalogenid wird in einem Fixierbad, ähnlich der Schwarz-Weiß-Entwicklung, mit Natriumthiosulfat herausgelöst. Bei diesem Entwicklungsverfahren entsteht ein Farbnegativ, das mit Hilfe eines auf dieses Negativ abgestimmten, aber im Prinzip gleich aufgebauten Materials zum Positiv umkopiert werden muß. Dabei absorbiert das Negativ aus weißem Licht die entsprechenden spektralen Anteile und die durchgehende Strahlung wird im sensibilisierten Positivmaterial registriert.

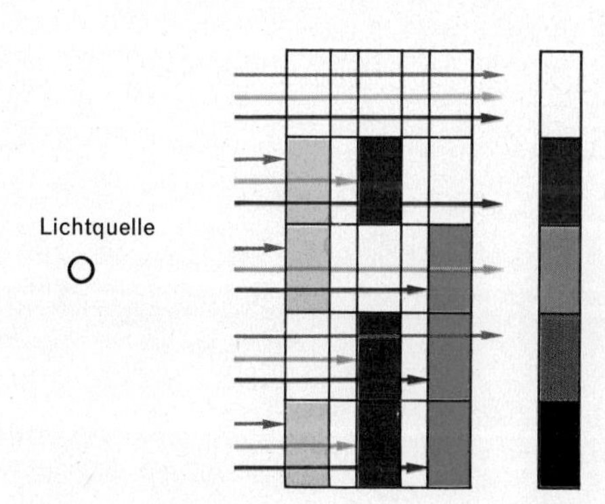

Abb. 157.2. Prinzip der subtraktiven Farbmischung

[1] Thomas Young, 1773–1829, englischer Physiker

Als Entwicklersubstanz wird häufig p-Dimethylphenylendiamin verwendet.

In einer Redoxreaktion ist diese Substanz in der Lage, das Silber(I)-ion des Silberbromids zu elementarem Silber zu reduzieren. Die bei dieser Redoxreaktion entstandene oxidierte Form des Entwicklermoleküls kann mit einem geeigneten Reaktionspartner, den man Farbkuppler oder Farbbildner nennt, zum eigentlichen Farbstoff weiterreagieren.

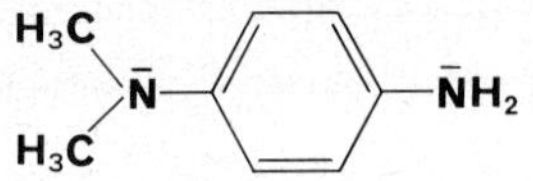

H_3C, N, NH_2

p-Dimethylphenylendiamin (Entwickler)

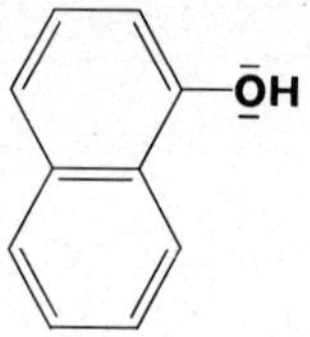

OH

α-Naphthol (Farbkuppler)

Farbentwicklung: Man stellt sich zwei Lösungen

a) 180 ml dest. Wasser, 1 g Natriumsulfit (wasserfrei) und 4 g Kaliumcarbonat,

b) 100 ml dest. Wasser und 2 g 1,4-Naphtholsulfonsäure (72%) von Bayer, Leverkusen

her und verteilt sie wie folgt auf zwei 100 ml-Bechergläser:
Becherglas 1 enthält 90 ml Lösung a und 0,2 g Entwicklersubstanz p-Dimethylphenylendiamin. Der Entwickler wird als Pulver erst kurz vor der Verwendung der Lösung zugesetzt.
Becherglas 2 enthält die gleichen Stoffarten wie das erste Gefäß, dazu noch 10 ml Lösung b. Bei nicht zu hellem Tageslicht werden gleichzeitig zwei gleichgroße Papierstreifen „Agfa Brovira Vergrößerungspapier" in die Gefäße eingetaucht. Der Streifen im ersten Becherglas wird schwarz, der im zweiten tiefblau gefärbt.

Auf dem ersten Brovirastreifen ist Silber durch die reduzierende Wirkung des Entwicklers entstanden. Diese Reaktion ist auch auf dem zweiten Brovirastreifen abgelaufen. Der oxidierte Entwickler kann aber in der zweiten Lösung mit dem Farbkuppler zu dem Farbstoff α-Naphtholblau weiterreagieren.

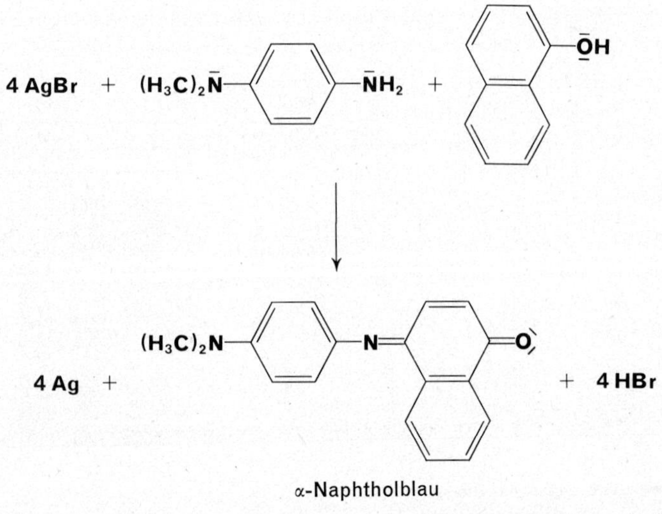

$4\,AgBr + (H_3C)_2N\text{–}C_6H_4\text{–}NH_2 + \alpha\text{-Naphthol (OH)}$

$\downarrow$

$4\,Ag + (H_3C)_2N\text{–}C_6H_4\text{–}N{=}C_{10}H_6{=}O + 4\,HBr$

α-Naphtholblau

Das ausgeschiedene Silber ist auf dem zweiten Papierstreifen mit Kaliumhexacyanoferrat(III) (Farmerscher Abschwächer) entfernbar. Dadurch tritt eine Aufhellung der Farbe ein.

21.7. Chromatographie

Die Bedeutung des Wortes Chromatographie[1] geht auf die griechischen Worte „chromos" = Farbe und „graphein" = schreiben zurück. Unter Chromatographie versteht man eine Sammelbezeichnung für verschiedene Trennungs- und Nachweismethoden mit kleinsten Substanzmengen.
So wie die destillative Fraktionierung oder die Gegenstromextraktion besteht auch die Chromatographie aus einer vielfachen Wiederholung eines Separationsprozesses. Als Separationsprozeß ist die Verteilung einer Substanz auf die stationäre (z.B. das Adsorptionsmittel einer Chromatographiersäule) und die mobile Phase zu betrachten. Das zu trennende Substanzgemisch wird häufig in einer mobilen Phase homogen aufgenommen. Kommt die mobile Phase mit der stationären Phase in Berührung, verteilen sich die Substanzen entsprechend ihren Wechselwirkungen untereinander und mit der stationären Phase. Dabei kann als Wechselwirkung zwischen den Phasen die ganze Skala von rein physikalisch wirkenden Kräften, die zur Adsorption führen, bis zum Zustandekommen von chemischen Bindungen zur Geltung kommen. Es stellt sich zwischen den Phasen ein Verteilungsgleichgewicht ein. Bei polaren oder polarisierbaren Teilchen beruhen diese Wechselwirkungen z.B. auf der Ausbildung von Dipol-Dipol-Kräften, Ionen-Dipol-Kräften oder auf Wasserstoffbrückenbindungen. Auch im Gleichgewicht wandern immer wieder Teilchen aus der einen in die andere Phase und umgekehrt. Da aber der Umsatz in beiden Richtungen gleich ist, bleibt, von außen betrachtet, alles unverändert. Man kann sich vorstellen, daß beim Übertritt von Teilchen in eine andere Phase die Molekülgestalt eine wichtige Rolle spielt. Sie bestimmt unter anderem die Geschwindigkeit der Gleichgewichtseinstellung. Als grobe Faustregel kann man feststellen, daß kleinere Teilchen schneller aus einer Phase abwandern als größere, hydrophile verlassen eine wäßrige Phase langsamer als hydrophobe Teilchen und umgekehrt. Bestehen keine Wechselwirkungen zwischen Substanz und stationärer Phase, dann wandert die Substanz mit der Front der mobilen Phase durch die Chromatographiersäule.

Nach der Art der Wechselwirkung unterscheidet man zwischen

1) Molekularsiebchromatographie
2) Verteilungschromatographie
3) Adsorptionschromatographie
4) Ionenaustauschchromatographie
5) Bindungschromatographie
6) Affinitäts-Chromatographie

Die *Molekularsiebchromatographie* wird auch Gelfiltration genannt. Molekularsiebe sind z.B. mit Wasser quellfähige Gele, die sich durch eine einheitliche definierte Porenstruktur auszeichnen. Ihre Porengrößen liegen im Bereich der kleineren Teilchendurchmesser. Sie besitzen ein spezifisches Adsorptionsvermögen für Substanzen bestimmter Teilchengröße. Sind Teilchen größer als die Poren im gequollenen Gel, vermögen sie nicht in diese einzudringen und durchwandern mit dem Lösungs-

[1] chroma (gr.) = Farbe, graphein (gr.) = schreiben

mittel rasch die Säule. Kleinere Teilchen dringen in die Gelpartikel ein. Je kleiner sie sind, desto öfter werden sie auf ihrem Weg durch die Säule aufgehalten. Sie wandern daher verzögert durch die Säulenfüllung. Die einzelnen Stoffe werden schließlich in der Reihenfolge abnehmender Teilchengröße eluiert[1], d.h. aus der Säule gespült.

1) Molekularsiebchromatographie: In einer Chromatographiersäule befindet sich ein mit Wasser gequollenes Gel (Sephadex 100), das die hohe Wasseraufnahme von 10 mg/g Substanz und entsprechend große Poren besitzt. Das aufzutrennende, in physiologischer Kochsalzlösung gelöste Substanzgemisch enthält je 1 g Vitamin B_{12}, Dextrangelb und Dextranblau. Als Elutionsflüssigkeit wird physiologische Kochsalzlösung verwendet.

In kurzer Zeit beobachtet man ein stark retardierendes[2] rotes Substanzband, in dem sich die relativ kleinen Vitamin B_{12}-Moleküle ansammeln. Ihre Molekülmasse ist 1357. Viel schwächer werden die Moleküle eines zweiten, gelben Substanzbandes retardiert. Es besteht aus den 15mal schwereren Dextrangelbmolekülen, die eine mittlere Molekülmasse von 20000 besitzen. Die Dextranblaumoleküle mit einer mittleren Molekülmasse von $2 \cdot 10^6$ wandern mit der Elutionsflüssigkeit, sie werden in der Säule nicht aufgehalten.

Als *Verteilungschromatographie* bezeichnet man die chromatographischen Verfahren, bei denen die stationäre Phase von einem Flüssigkeitsfilm gebildet wird, der meist an körnigem oder faserigem inertem Trägermaterial fixiert ist. Eine gelöste Substanz, die mit keiner der beiden Phasen reagiert, verteilt sich so zwischen zwei nicht mischbaren Phasen, daß das Verhältnis der Konzentrationen in beiden Phasen unabhängig von der Ausgangskonzentration und konstant ist.

2) Azobenzol, Pentan und Wasser: Versetze in einem großen, verschließbaren Reagenzglas 5 g Magnesiumsilikat mit 20 ml Pentan und 20 ml Wasser und gib eine Spatelspitze Azobenzol zu. Vergleiche die Farbverteilung zwischen beiden Phasen, nachdem kräftig durchgeschüttelt wurde.

Das zuvor weiße Magnesiumsilikat hat sich orange gefärbt. Bestimmt man colorimetrisch die Azobenzolkonzentrationen c_1 und c_2 in den beiden Phasen und trägt diese in einem Koordinatensystem auf, erhält man eine Gerade, aus deren Steigung man den Verteilungskoeffizienten für diese beiden Phasen ermitteln kann.

Bei der *Adsorptionschromatographie* ist die Separationsfunktion im wesentlichen ein Adsorptionsgleichgewicht. Als stationäre Phase kommen körnige oder faserige Adsorptionsmittel, d.h. Feststoffe mit großer Oberfläche in Frage. Häufig kommt das Adsorptionsprinzip gemeinsam mit dem Verteilungsprinzip zur Geltung. Der Charakter der Separationsfunktion ist nicht immer eindeutig bestimmbar.

3) Adsorptionschromatographie: In zwei Reagenzgläser bringt man als Adsorptionsmittel basisches Aluminiumoxid und versetzt mit Pentan als Elutionsflüssigkeit. Setze als Adsorbat je 5 mg Azobenzol zu und schüttele gut. Nach dem Abklären gibt man zu einem der Reagenzgläser einige Tropfen Methanol.

Azobenzol wird praktisch quantitativ am Aluminiumoxid adsorbiert. Bei Methanolzusatz wird das Azobenzol eluiert, denn an seiner Stelle „besetzt" das stärker polare Methanol die Oberfläche des Adsorptionsmittels. Bei der Adsorptionschromatographie nimmt mit steigender Polarität der Lösungsmittelmoleküle deren eluierende Wirkung zu.

[1] eluere (lat.) = auswaschen
[2] retardare (lat.) = verlangsamen

Auch die Chromatographie eines Blattfarbstoffgemisches mit Benzol hat als Separationsfunktion ein Adsorptionsgleichgewicht.

Die orangegelb gefärbten Carotinmoleküle wandern schnell durch die Trennsäule. Sie werden kaum an der stationären Phase adsorbiert. Im zeitlichen Mittel halten sich daher mehr Carotinmoleküle in der Elutionsflüssigkeit auf. Die grüngefärbten Moleküle von Chlorophyll a und Chlorophyll b werden stärker adsorbiert und haften deshalb länger an der stationären Phase.

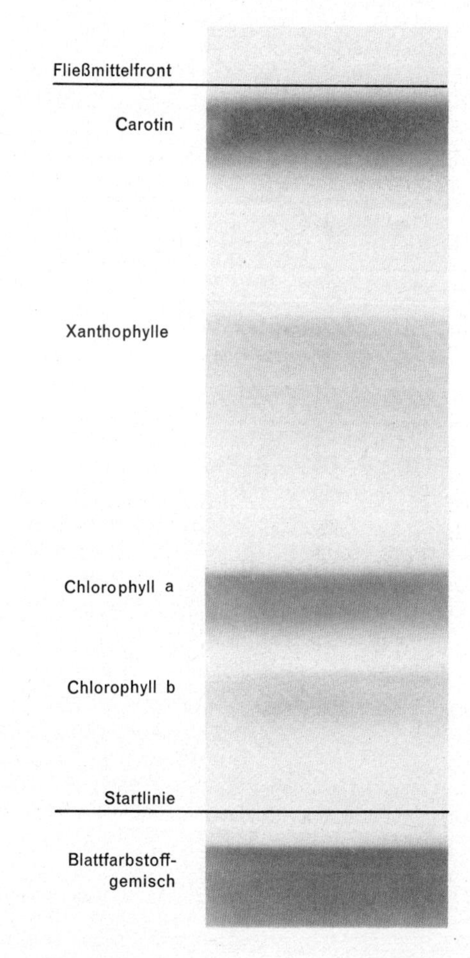

Abb. 161.1. Chromatogramm eines Blattfarbstoffgemisches

Die Abb. 162.1. zeigt uns das Papierchromatogramm der Tinte Pelikan 4001. Die Tinte besteht aus einem Farbstoffgemisch, dessen Komponenten Brillantgrün (1), Königsblau (2), Brillantschwarz (3), Blauschwarz (4) und Brillantrot (5) sind. Das Chromatogramm wurde auf einem Spezialpapier (Schleicher & Schüll 2043b) mit dem Fließmittel Butanol:Eisessig:Wasser = 4:1:5 aufgenommen. Die Bestandteile dieses Flüssigkeitsgemisches lösen sich nicht klar. Man schüttelte in einem Scheidetrichter gut durch und verwendete die klare obere Phase. Jeder Farbstoff hat bei Verwendung eines bestimmten Fließmittels eine charakteristische Wanderungsgeschwindigkeit. Sie ist ebenso eine typische Stoffkonstante wie der R_F-Wert. Der R_F-Wert ist der

Quotient aus der Entfernung der Substanz und der Entfernung der Fließmittelfront, die jeweils vom Ausgangsniveau aus gemessen wird.
Adsorptionsgleichgewichte bestehen aber nicht nur zwischen zwei festen oder einer festen und einer flüssigen Phase. In der Gaschromatographie stellt sich ein Adsorptionsgleichgewicht zwischen einer gasförmigen, mobilen Phase und einem festen Adsorptionsmittel als stationärer Phase ein. Dabei wählt man die Arbeitstemperatur so, daß die zu trennenden Substanzgemische gasförmig sind.
Mit Hilfe der abgebildeten Apparatur kann z.B. Butangas untersucht werden. Wasserstoff dient dabei als Trägergas (Abb. 163.1.).

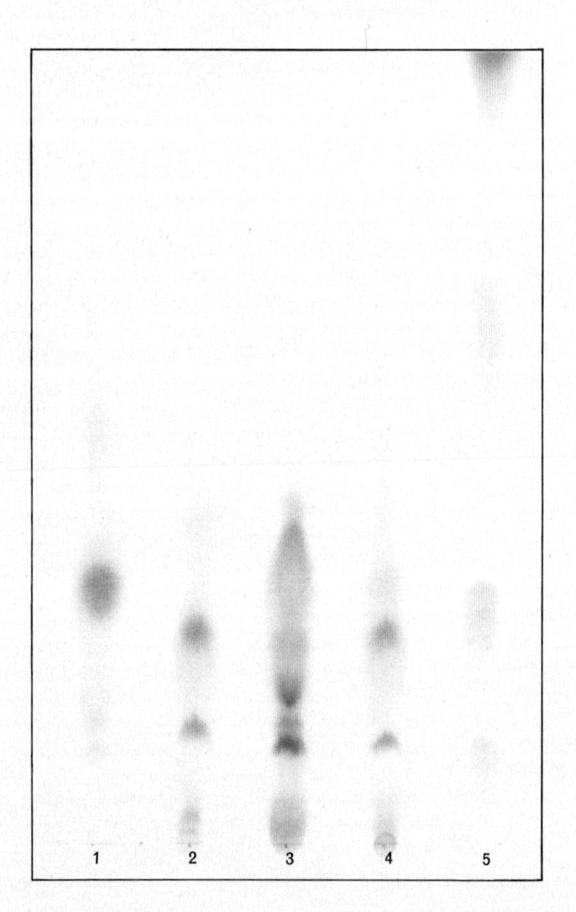

Abb. 162.1. Papierchromatogramm von Tintenfarbstoffen (Pelikan 4001): 1 = brillantgrün, 2 = königsblau, 3 = brillantschwarz, 4 = blauschwarz, 5 = brillantrot.

4) Gaschromatographie: Nach negativer Knallgasprobe werden mit Hilfe einer Injektionsspritze 10 ml Butangas C_4H_{10} (aus Labogazbrenner oder Patrone eines Gasfeuerzeugs) durch die Bohrung im Schraubverschluß des Gaschromatographen eingespritzt, nachdem der Wasserstoff an der Glasspitze des Meßfühlers entzündet wurde. Mit etwas Druck schiebt man die Spritze durch den Dichtungsring bis an das Trennrohr innerhalb des Glasmantels. Mit dem Kolben der Injektionsspritze wird das Gas in das Trennrohr gedrückt. Anschließend zieht man die Nadel aus dem Dichtungsring und Schraubverschluß heraus (Vorsicht, Nadel kann abbrechen!) und setzt im gleichen Augenblick eine Stoppuhr in Gang. Nach mehrfachem Gebrauch ist der Dichtungsring auszuwechseln (s. Abb. 163.1.).

Nach 70 Sekunden leuchtet die Wasserstoff-Flamme auf. Das Leuchten ist nach 80 Sekunden beendet. Ein zweites Mal leuchtet die Flamme nach 110 Sekunden auf, dieses Aufleuchten ist nach 130 Sekunden beendet. Schließlich erfolgt ein drittes Aufleuchten, das nach 180 Sekunden beendet ist. Dieses Versuchsergebnis zeigt, daß das untersuchte Butangas aus drei Komponenten besteht. Die erste Komponente entspricht einer Verunreinigung (Propan). Die zweite Komponente ist iso-Butan, die dritte n-Butan. Die Leuchtdauer ist dabei ein Maß für die Menge der Komponente im Gasgemisch. Je höher der Siedepunkt, um so länger ist die Verweilzeit (Retentionszeit) in der Trennsäule.
Die Wechselwirkungen der Teilchen mit dem Trennmaterial sind bei der Verteilungs- und Adsorptionschromatographie nicht so erheblich wie bei der *Ionenaustauschchromatographie*. Als Ionenaustauscher verwendet man im allgemeinen Kunstharze, an die anionische oder kationische „Austauschergruppen" chemisch gekoppelt worden sind. Beim Quellen in Wasser können an diesen Austauschergruppen Protonenübergänge stattfinden. Ionen, die die Ladung der funktionellen Austauschergruppe neutralisieren, lassen sich gegen andere gleichsinnig geladene Ionen austauschen.

5) Ionenaustauschchromatographie: Gequollenes Ionenaustauscherharz QAE-Sephadex wird in einer Trennsäule mit einer schwach alkalischen Hämoglobinlösung eluiert. Als Elutionsflüssigkeit verwendet man verdünnte Natronlauge.

Bei einem p_H 7 liegt das Hämoglobin als Polyanion vor und wird daher von dem Anionenaustauscher sofort gebunden. Durch Zugabe von verdünnter Säure wird Hämoglobin zum Kation umgeladen und geht wieder in Lösung. Hämoglobin kann allerdings auch von Chloridionen vom Austauschergerüst abgelöst werden. Bei Chloridionen liegt das Gleichgewicht der Separationsfunktion stärker auf Seiten der

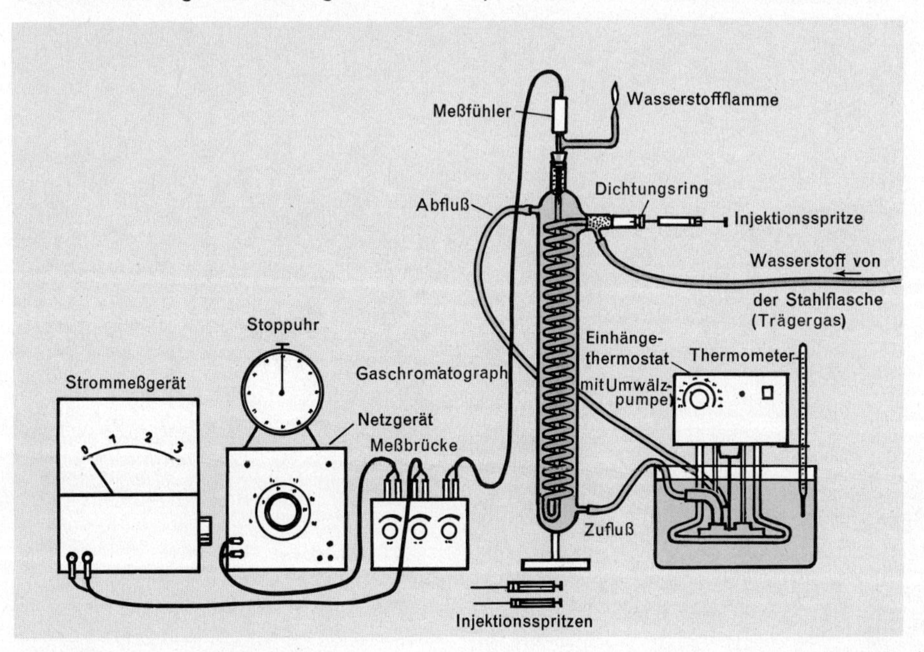

Abb. 163.1. Gaschromatograph

Bindung zum Anionenaustauscher als beim Hämoglobin. Es besteht hier ein Ionenaustauschgleichgewicht zwischen freien und am Austauscher gebundenen Anionen. Die Ionenaustauschchromatographie wirkt spezifisch selektierend auf ionogene Gruppen.
Es ist aber auch möglich, als stationäre Phase Träger zu verwenden, die mit solchen Gruppen substituiert sind. Sie reagieren unter den Trennbedingungen spezifisch mit einer der Komponenten unter Bildung einer kovalenten Bindung. Man spricht dann von *Bindungschromatographie*. Zum Ablösen der gebundenen Komponente wird dann dem Trennmedium ein Agens zugesetzt, das die Bindung zum Träger wieder löst. Die Bindungschromatographie wird hauptsächlich zur Abtrennung von Antikörpern aus Sera verwendet. Das Verfahren ist hoch selektiv und sehr aufwendig.

Ist der Trenngrad bei einer Differenzierung der Komponenten eines Gemischs nach Molekülgröße, Ladung oder anderen physikalisch-chemischen Parametern zu gering, bedient man sich der *Affinitäts-Chromatographie.*
Hier wird die biospezifische Selektion zweier wechselwirkenden Stoffarten als Separationsfunktion herangezogen. Für viele molekularbiologische Prozesse ist charakteristisch, daß sich die Reaktionspartner wechselseitig erkennen und binden. Solche Partnerpaare sind: Antigen-Antikörper, Enzym-Substrat, Rezeptor-Hormon, Desoxyribonucleinsäure oder Ribonucleinsäure-komplementär DNS bzw. RNS.
Dabei ist die Assoziationskonstante K_{ass}, die analog der Gleichgewichtskonstanten definiert ist, ein Maß für die Effektivität der Trennbedingungen. Für das Beispiel Antigen-Antikörper beträgt die Assoziationskonstante

$$\text{Antigen(AG)} + \text{Antikörper(AK)} \rightleftharpoons \text{AG—AK-Komplex}$$

$$K_{ass} = \frac{c_{AG\text{-}AK}}{c_{AG}\, c_{AK}} = 10^{10}\ \text{mol}^{-1}$$

Diese Größenordnung der Konstanten ist beim Separationsprozeß der Affinitäts-Chromatographie nichts Ungewöhnliches. In der Praxis wird der biospezifische Partner als reaktiver Ligand an eine geeignete stationäre Phase (Sorbens) fixiert. Das so gewonnene Affinitätssorbens wird in ein Trennrohr gefüllt, das zu trennende Gemisch aufgebracht und im Flüssigkeitsstrom durch die Säule transportiert. Dabei bindet der reaktive Ligand sie biospezifisch selektierte Komponente des Gemischs. Die anderen Bestandteile werden ausgewaschen. Danach kann mit einem geeigneten Lösungsmittel (Elutionsmittel) der Komplex von der Affinitätssäule getrennt werden. Nach dieser Methode wurden bereits verschiedene Gene isoliert. Man kann zum Beispiel auch aktiviertes Insulin als reaktiven Ligand an ein Sorbens anlagern und eine rezeptorenhaltige „Membranlösung" auftragen. Rezeptoren sind Proteine an den Zellmembranen über die Hormone den Stoffwechsel steuern können. Das Insulin bindet die Rezeptoren in einem Komplex, die man mit saurer Harnstofflösung eluieren kann.
Die Kopplung zwischen Ligand und Partner an der Sorbensoberfläche wird sowohl durch Wasserstoffbrückenbindungen wie auch durch Ionen-, Dipol-Dipol- oder echte kovalente Bindungen hervorgerufen. Das gegenseitige Erkennungsvermögen beruht hauptsächlich auf komplementären Oberflächenstrukturen.

22. Biochemie

22.1. Die Kohlenhydrate

Entwässerung von Zucker durch Schwefelsäure: Versetze in einem 600-ml-Becherglas (hohe Form) 100 g Zucker mit ca. 60 ml konzentrierter Schwefelsäure und rühre mit einem Glasstab rasch durch. Beobachte den Reaktionsablauf unter dem Abzug (siehe dazu Abb. 166.1.)!

Die konzentrierte Schwefelsäure kann dem Zucker alles Wasser entziehen, so daß reiner Kohlenstoff (Zuckerkohle) übrig bleibt. Unter Kohlenhydraten verstand man ursprünglich Verbindungen, die nur aus Kohlenstoff und Wasser aufgebaut sind. Einfache Kohlenhydratmoleküle sind so zusammengesetzt, daß sich ihre Bruttoformel allgemein als

$$C_n(H_2O)_n$$

angeben läßt. Diese einfache Definition ist aber heute nicht mehr gültig. Man kennt inzwischen Kohlenhydrate, die noch andere Elemente außer C, H und O enthalten und solche, in denen ein anderes Verhältnis zwischen Wasserstoff und Sauerstoff als H:O=2:1 besteht. Trotzdem wurde der Name Kohlenhydrate als Sammelbegriff für diese Verbindungsklasse beibehalten. Die Namen der einzelnen Kohlenhydrate enden auf die Silbe *-ose*. Nach der Zahl der in ihnen enthaltenen Kohlenstoffatome erhalten sie die Bezeichnungen Biosen, Triosen, Tetrosen, Pentosen und Hexosen.

22.1.1. Die Monosaccharide

Die einfachsten Vertreter dieser Verbindungsklassen sind:

Biose	Triose	Tetrose
C(=O)H	C(=O)H	C(=O)H
H_2C—OH	H—C—OH	H—C—OH
	H_2C—OH	H—C—OH
		H_2C—OH
Glykolaldehyd	Glycerinaldehyd	D(−)-Erythrose

Die Monosaccharide können nach der Natur der Carbonylgruppe Hydroxialdehyde oder Hydroxiketone sein. Danach werden sie in *Aldosen* oder *Ketosen* eingeteilt.
Der Glycerinaldehyd ist für alle optisch aktiven Verbindungen das Bezugssystem. Jede Verbindung, von der bekannt ist, daß ihre Konfiguration am asymmetrischen C-Atom der des D-Glycerinaldehyds entspricht, gehört zur D-Reihe, unabhängig davon, in welcher Richtung die Ebene des polarisierten Lichtes gedreht wird. Sind in einer Verbindung mehrere asymmetrische C-Atome enthalten, muß man ein asymmetrisches Norm-C-Atom festlegen, auf das diese Übereinkunft angewendet werden soll. Bei den Hexosen ist es das C-Atom Nr. 5, von der Aldehydgruppe aus

Pentose	Hexose	Aldose	Ketose
$\mathrm{C(=O)H}$	$\mathrm{C(=O)H}$	$\mathrm{{}^{1}C(=O)H}$	$\mathrm{H_2C-OH}$
$\mathrm{H-C-OH}$	$\mathrm{H-C-OH}$	$\mathrm{HO-{}^{2}C-H}$	$\mathrm{C=O}$
$\mathrm{H-C-OH}$	$\mathrm{HO-C-H}$	$\mathrm{HO-{}^{3}C-H}$	$\mathrm{HO-C-H}$
$\mathrm{H-C-OH}$	$\mathrm{H-C-OH}$	$\mathrm{H-{}^{4}C-OH}$	$\mathrm{H-C-OH}$
$\mathrm{H_2C-OH}$	$\mathrm{H-C-OH}$	$\mathrm{H-{}^{5}C-OH}$	$\mathrm{H-C-OH}$
	$\mathrm{H_2C-OH}$	$\mathrm{H_2{}^{6}C-OH}$	$\mathrm{H_2C-OH}$
D(−)-Ribose	D(+)-Glucose	D(+)-Mannose	D(−)-Fructose

gezählt. Allgemein wählt man zur Zuordnung zur D- oder L-Reihe die Stellung des Substituenten an dem asymmetrischen C-Atom, das von der Carbonylgruppe am weitesten entfernt ist.

Unter der Vielzahl der Monosaccharide nehmen die Hexosen eine besondere Stelle ein. Die Aldohexosen enthalten vier asymmetrische C-Atome, die Ketohexosen besitzen nur drei. Demnach gibt es von den Aldohexosen $2^4=16$ Stereoisomere und von den Ketohexosen $2^3=8$ Stereoisomere, die teils in der Natur aufgefunden, teils synthetisiert wurden.

Glucose

oder Traubenzucker ist die wichtigste Aldohexose. Sie findet sich in fast allen Obstsorten und im Blut (0,1%).

1) Glucose als Aldehyd: Versetze einige ml Fehling-Lösung und ammoniakalische Silbernitratlösung mit einer Spatelspitze Glucose und erwärme!

Abb. 166.1. Zuckerkohle aus Rohrzucker und konz. Schwefelsäure.

2) Glucose wird mit fuchsinschwefliger Säure bzw. Natriumbisulfitlösung versetzt: Gib zu einigen ml Glucoselösung etwas fuchsinschweflige Säure bzw. kalt gesättigte Natriumbisulfitlösung. Beobachte!

Wie uns die beiden vorangegangenen Versuche demonstrierten, gibt die Aldehydgruppe in der Glucose nicht alle Aldehydreaktionen, die wir kennenlernten. Fuchsinschweflige Säure wird nicht gerötet und Natriumbisulfit wird nicht addiert. Tollens hatte deshalb die Theorie aufgestellt, daß die Glucose in wäßriger Lösung zur Hauptsache in einer tautomeren Form vorliegt (siehe Kapitel 20.8.), die dadurch entsteht, daß ein Wasserstoffatom einer alkoholischen OH-Gruppe als Proton an den Carbonylsauerstoff wandert und an ihm unter Ringschluß addiert wird. Alle beobachteten Umsetzungen der Glucose stehen zu der Annahme von Tollens nicht im Widerspruch, man kann sie deshalb als gesichert betrachten.

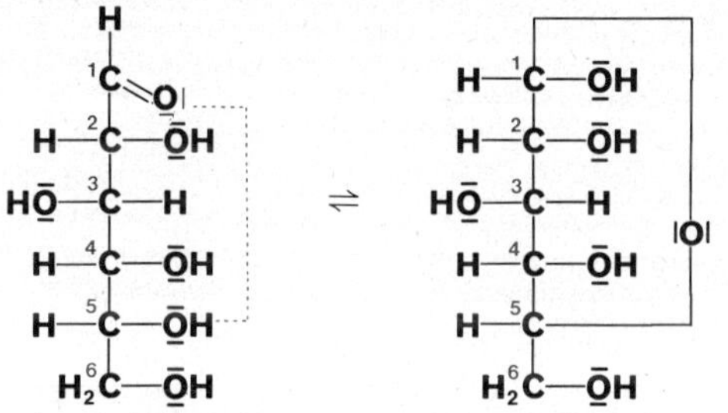

D(+)-Glucose ⇌ Lactolform

oder

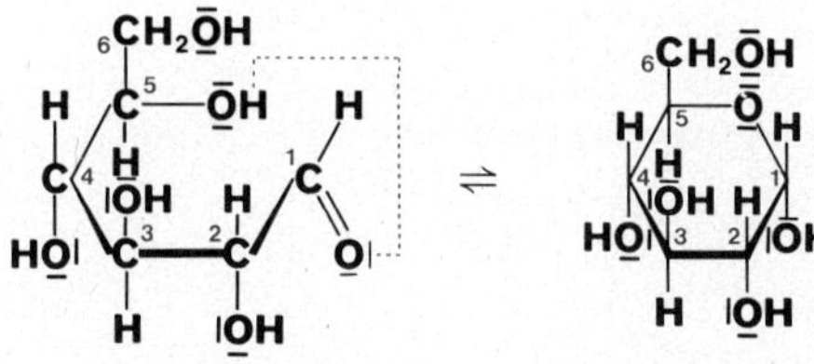

D(+)-Glucose ⇌ Lactolform

Bei diesem Ringschluß liegt eine innermolekulare Reaktion zwischen der Aldehydgruppe und einer alkoholischen OH-Gruppe vor. Man bezeichnet deshalb die Ringform auch als inneres, cyclisches Halbacetal oder als *Lactolform*. Wegen der Ringspannung ist die OH-Gruppe am C-Atom Nr. 5 zur Reaktion mit der Carbonylfunktion begünstigt.

Beim Übergang in die Halbacetalform, die auch Cyclo-Form im Gegensatz zur Oxo-Form genannt wird, tritt ein neues asymmetrisches Kohlenstoffatom auf. Es ist das C-Atom Nr. 1. Damit entstehen zwei optische Isomere, die man α-D-Glucose und β-D-Glucose nennt:

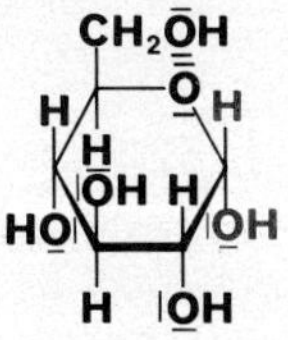

α-D-Glucose β-D-Glucose

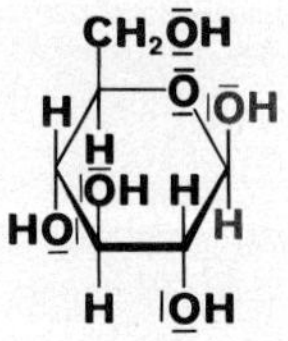

Abb. 168.1. Oxo-Cyclo Tautomerie bei der Glucose. Die Aldehydform (a) geht unter Protonenwanderung in die ringförmige Lactolform über. Dabei entsteht ein zusätzliches asymmetrisches C-Atom

Im Vergleich mit der Stellung der OH-Gruppe am C-Atom 2 kann man sich die α-D-Glucose auch als cis-Form, die β-D-Glucose als trans-Form vorstellen. Das Auftreten dieser beiden optischen Isomeren ist eine weitere Stütze für die Tollenssche Ringform der Glucose.

Löst man reine α-D-Glucose in Wasser, dann dreht die Lösung die Ebene des polarisierten Lichtes um +111°. Bei β-D-Glucose liegt der entsprechende Wert bei +19°. Nach einigen Stunden zeigen aber beide Lösungen ein gleiches optisches Drehvermögen von +53°. Diese Tatsache beruht auf der Gleichgewichtseinstellung zwischen α- und β-D-Glucose. Man bezeichnet sie als Mutarotation.

> Unter Mutarotation[1] versteht man die Änderung des optischen Drehvermögens von α-D- bzw. β-D-Glucoselösungen auf Grund einer Gleichgewichtseinstellung.

Das Gleichgewicht liegt bei 63% β-D-Glucose und 37% α-D-Glucose. In der Siedehitze und bei Anwesenheit von Salzsäure als Katalysator reagieren die isomeren Formen der Lactolform der Glucose mit Alkoholen zu Vollacetalen, die man Glycoside nennt.

> Glycoside sind die Vollacetale der Monosaccharide.

α-Methyl-glucosid β-Methyl-glucosid

Fructose

ist eine Ketose, in der die Carbonylgruppe am C-Atom 2 gebunden ist. Sie kommt ähnlich wie die Glucose in fast allen süßen Früchten vor. Fructose dreht die Ebene des polarisierten Lichtes nach links, sie heißt deshalb auch Lävulose. Im mensch-

[1] mutare (lt.) = ändern, rotare (lt.) = im Kreis herumdrehen

lichen Blut ist Fructose ebenfalls enthalten. Sie wird schneller als Glucose abgebaut.
Auch Fructose kann in einem tautomeren Gleichgewicht einen Lactolring bilden. Hier ist der Ringschluß zwischen C-Atom 2 und 5 bzw. 6 möglich. Hexosen, die im Lactolring fünf C-Atome und ein Sauerstoffatom enthalten, bezeichnet man als *Pyranosen*. Bilden nur vier C-Atome und ein Sauerstoffatom einen Fünfring, dann spricht man von *Furanosen*. Fructose kann sowohl einen Pyran- wie auch einen Furanring bilden.

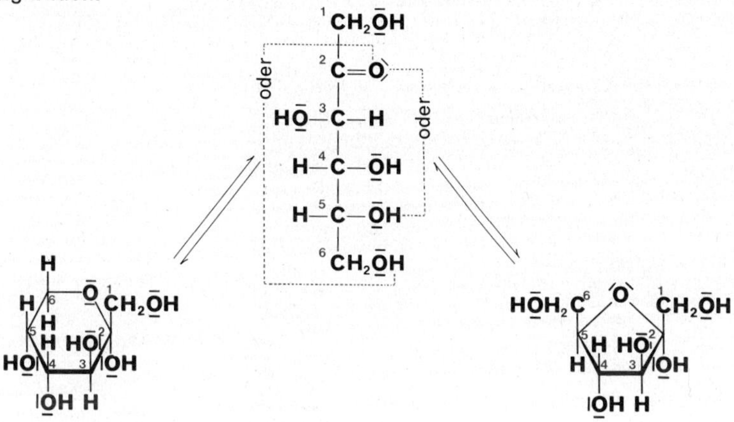

α-D-Fructopyranose D-Fructose α-D-Fructofuranose

3) Reaktion von Fructose mit Fehlingscher Lösung: Versetze einige ml Fehlingscher Lösung mit einer Spatelspitze Fructose und erhitze!
4) Unterscheidung von Glucose und Fructose: Versetze gleiche Mengen (einige ml) gleichkonzentrierter Fructose bzw. Glucoselösungen mit der gleichen Menge alkalischer Iodiodkaliumlösung.
5) Seliwanowsche Reaktion: Gib zu gleichkonzentrierten Lösungen von Fructose und Glucose in 1 n Salzsäure je eine kleine Spatelspitze Resorcin und erhitze, bis die Lösung siedet!
6) Chromatographischer Nachweis von Glucose und Fructose: Auf einer mit Kieselgel G beschichteten Platte trägt man in je einer Bahn einige mm^3 1%ige Glucose- bzw. Fructoselösung auf und stellt anschließend die Platte in mit Wasser gesättigtes Phenol in das Chromatographiergefäß (abdecken). Nachdem die Fließmittelfront genügend weit gestiegen ist, wird die Platte mit einer Mischung (m:n=4:1) aus einer Lösung (m), die in 80 ml 90%igem Alkohol 0,2 g Phloroglucin enthält, und einer 25%igen Trichloressigsäure (n) besprüht. Die so behandelte Platte wird bei 100–105 °C ca. 15 Minuten lang getrocknet.

Obwohl Ketone Fehlingsche Lösung nicht reduzieren, tritt eine solche Umsetzung mit Fructose ein (Versuch 3). Fructose lagert sich dabei in alkalischer Lösung in Glucose um. Diese Reaktion verläuft über eine Keto-Endiol-Tautomerie:

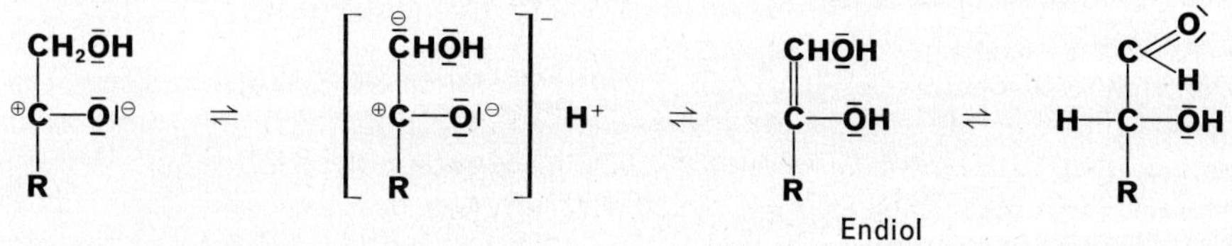

Endiol

Die gleiche Reaktion kann auch bei Versuch 4 ablaufen, wobei die intermediär gebildete Glucose vom Hypojodit zur Gluconsäure oxidiert wird. Da diese Oxidation

$$\text{H–C(R)(OH)–CHO} + K^+OJ^- \rightarrow \text{H–C(R)(OH)–COOH} + K^+J^-$$

mit der Glucoselösung aber schneller verläuft als mit der Fructoselösung, kann man sie zur Unterscheidung der beiden Substanzen verwenden.
Die Glucoselösung entfärbt die alkalische Iodiodkaliumlösung (Kaliumhypoioditlösung) schneller als die Fructoselösung.
Die Seliwanowsche Reaktion (Versuch 5) kann ebenfalls zur Unterscheidung von Glucose- und Fructoselösungen herangezogen werden. Dabei kann sich nur in der Fructoselösung Hydroximethylfurfural bilden,

$$\text{Fructose} \xrightarrow{-\,3\,H_2O} \text{Hydroximethylfurfural}$$

Fructose Hydroximethylfurfural

das mit Resorcin die rotgefärbte Verbindung ergibt.

22.1.2. Disaccharide

Das wichtigste Disaccharid ist die Saccharose oder Rohrzucker. Diese Verbindung ist in kleinen Mengen in zahlreichen Pflanzen enthalten. Größere Zuckergehalte finden sich fast nur im Zuckerrohr und der Zuckerrübe. Das Zuckerrohrmark enthält 14–16% und der Saft der Zuckerrübe 17–20% Saccharose.

1) Ausbleibende Aldehydreaktionen mit Rohrzuckerlösung: Versetze je 5 ml Rohrzuckerlösung mit der gleichen Menge fuchsinschwefliger Säure, kalt gesättigter Natriumhydrogensulfitlösung und Fehling-Lösung. Die letzte Probe wird kurz zum Sieden erhitzt.
2) Hydrolyse des Rohrzuckers: Gib zu 2 ml Rohrzuckerlösung, die 200 mg Rohrzucker enthält, 8 ml Eisessig und erhitze mindestens 1 Minute zum Sieden. Mache danach einen Teil der Lösung alkalisch und prüfe mit Fehling-Lösung.
3) Chromatographische Trennung der Hydrolyseprodukte des Rohrzuckers: Von der sauren Hydrolyselösung des Versuchs 2 gibt man ebenso einige mm^3 auf eine Bahn der mit Kieselgel beschichteten Platte wie von 1%iger Glucose-, Fructose- und Rohrzuckerlösung. Nachdem die Fließmittelfront (mit Wasser gesättigtes Phenol) genügend weit gewandert ist, besprüht man wieder mit einem Gemisch aus 0,25%iger alkoholischer (90%iger Alkohol, siehe Versuch 4 Kapitel 22.1.1) Phloroglucinlösung und 25%iger Trichloressigsäure, das im Verhältnis 4:1 frisch bereitet wurde. Anschließend wird bei 100–105°C ca. 15 Min. lang getrocknet (Abb. 171.1.).

Die negative Probe mit Fehling-Lösung, die ausbleibende Rötung der fuchsinschwefligen Säure und die fehlende Addition einer kalt gesättigten Natriumhydrogensulfitlösung (Versuch 1) lassen erkennen, daß im Saccharosemolekül keine Aldehydgruppen enthalten sind. Erst bei saurer Hydrolyse in der Siedehitze kann das Disaccharidmolekül in seine Komponenten zerlegt werden, die Fehling-Lösung reduzieren (Versuch 2). Um welche Komponenten es sich handelt, zeigt Versuch 3. Die Hydrolyselösung aus Versuch 2 gibt auf dem Chromatogramm, wie durch Vergleich

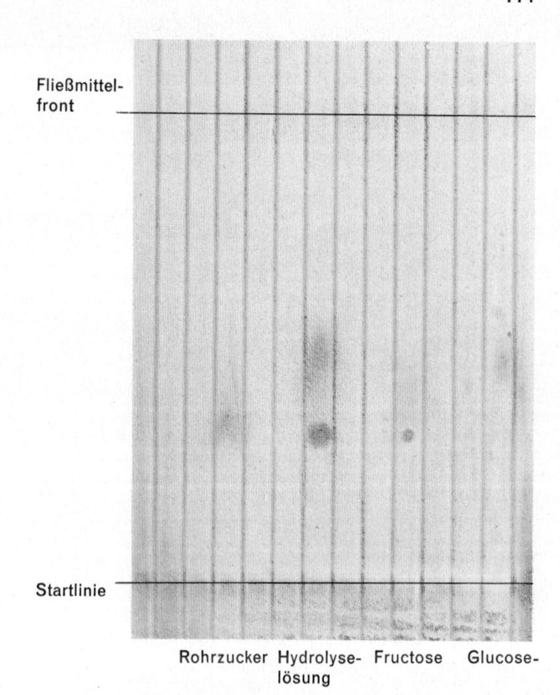

Abb. 171.1. Chromatogramm eines Glucose-, Fructose- und Saccharosenachweises.

zu erkennen ist, sowohl die graue Farbreaktion der α-D-Glucose wie auch die rote der β-D-Fructose.

Saccharose ist aus α-D-Glucose und β-D-Fructose aufgebaut.

Daß nur zwei Monosaccharide am Aufbau des Saccharosemoleküls beteiligt sind, kann eine kryoskopische Molmassenbestimmung einer Saccharoselösung beweisen. Da die α-D-Glucose und die β-D-Fructose im Rohrzucker keine Aldehyd- bzw. Ketozuckerreaktionen zeigen, kann man annehmen, daß die beiden funktionellen Gruppen dieser Monosaccharide durch die Bindung zum Disaccharid blockiert sind.

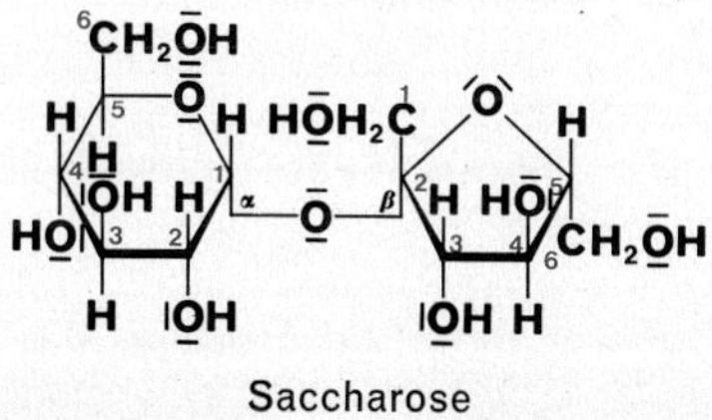

Saccharose

α-D-Glucopyranose β-D-Fructofuranose

Ist bei der Verknüpfung der beiden Monosaccharidmoleküle nur eine der beiden Carbonylgruppen beteiligt, dann spricht man von *Monocarbonylbindung* im Gegensatz zur *Dicarbonylbindung*, bei der beide Carbonylgruppen durch Sauerstoff verbunden sind. Die Bindung zum Disaccharid erfolgt in der Weise, daß die Acetal-

hydroxigruppe des einen Zuckermoleküls unter Wasserabspaltung mit der Hydroxigruppe des anderen Zuckermoleküls zusammentritt. Diese Bindungsart wird *Glucosidbindung* genannt.
Die wäßrige Rohrzuckerlösung dreht die Ebene des polarisierten Lichtes nach rechts. Durch verdünnte Säuren oder spezifisch wirkende Fermente wird das Rohrzuckermolekül hydrolytisch gespalten. Da die β-D-Fructose stärker nach links dreht als die α-D-Glucose nach rechts, tritt bei der Hydrolyse eine Umkehr der Drehrichtung ein. Dieser Umschlag der Drehrichtung wird Inversion[1] genannt. Das Gemisch von Traubenzucker und Fruchtzucker heißt Invertzucker.

Unter Inversion versteht man die Umkehr der Drehrichtung bei der Hydrolyse des Rohrzuckers.

Diejenigen Disaccharide, in denen die Monosaccharidkomponenten monocarbonylisch gebunden sind, können noch reduzierend wirken. Von diesen Molekülen können zahlreiche Isomere auftreten, da die Glucosidbindung an verschiedenen OH-Gruppen angreifen kann. Zu dieser Gruppe der Disaccharide gehören z.B. der Malzzucker und der Milchzucker.

α-D-Glucose α-D-Glucose

Maltose

β-D-Galaktose β-D-Glucose

Milchzucker

22.1.3. Oligo-[2] und Polysaccharide

Sind mehrere Monosaccharidmoleküle (3 bis ca. 10) zu einem Molekül verknüpft, spricht man von Oligosacchariden. Die *Dextrine* sind z.B. Oligosaccharide, in denen fünf oder mehr Glucosemoleküle glucosidisch verbunden sind. Es sind schwach gelbliche Pulver, die in Wasser sehr gut löslich sind. Man verwendet sie z.B. bei der Herstellung von Klebestoffen (Briefmarken) etc.
Ein weiteres Oligosaccharid ist die *Raffinose*, die aus drei verschiedenen Monosaccharidmolekülen aufgebaut ist. Sie ist im Wasser leichter löslich als Rohrzucker und reduziert Fehling-Lösung nicht. Raffinose wird als Zusatz bei der Herstellung von Bakteriennährböden verwendet.
Ist eine größere Zahl von Monosaccharidmolekülen verbunden, spricht man von Polysacchariden. In den wichtigsten Polysacchariden, der Stärke und der Cellulose, sind mehrere tausend Monosacharidmoleküle zu einem Makromolekül verknüpft.

Stärke:

1) Stärkelösung und Fehling-Lösung: Versuche, ob Stärkelösung die Fehling-Lösung reduziert. Erhitze bis zum Sieden. Vorsicht vor Siedeverzug!

[1] invertere (lat.) = umwenden [2] oligo... (gr.) = wenig...

2) Nachweis der Stärke mit Iod: Versetze eine abgekühlte Stärkelösung mit etwas Iodiodkaliumlösung. Erwärme die blaue Lösung und kühle sie wieder mit fließendem Wasser ab!

3) Saure Hydrolyse der Stärke: Koche eine Stärkelösung mit der gleichen Menge verdünnter Salzsäure. Nimm alle 2 Minuten mit einem Glasrohr als Stechheber gleiche Mengen der Stärkelösung heraus und prüfe nach dem Abkühlen mit Iodiodkaliumlösung!

4) Fermentativer Abbau der Stärke: Bereite eine Stärkelösung und versetze sie mit einer Spatelspitze käuflicher Diastase. Erwärme die Mischung eine halbe Stunde gleichmäßig auf 60 °C. Prüfe danach, ob Fehling-Lösung reduziert wird!

5) Chromatographischer Nachweis der Stärkeabbauprodukte: Bringe auf eine mit Kieselgel G beschichtete Platte je 3 mm^3 einer Stärke- und einer Glucoselösung. Außerdem trägt man in einer dritten Bahn noch je 3 mm^3 der Lösung aus Versuch 3 und in einer vierten Bahn 3 mm^3 der Lösung aus Versuch 4 auf und stellt sie in ein Chromatographiergefäß mit dem Fließmittel Phenol/Wasser. Nachdem die Fließmittelfront genügend weit gewandert ist, besprüht man mit einer Mischung ($m:n=4:1$) aus alkoholischer Phloroglucin- und Trichloressigsäurelösung, wie bei Versuch 6 Kapitel 22.1.1. angegeben.

Die Stärke ist ein Erzeugnis der Assimilation in den Chlorophyllkörnern. Von hier aus wird sie in die einzelnen Organe der Pflanze geleitet und an bestimmten Stellen (Wurzeln, Knollen, Samen) als Reservestoff gespeichert. Die Aufspeicherung erfolgt in Form von Stärkekörnern (Abb. 173.1.).

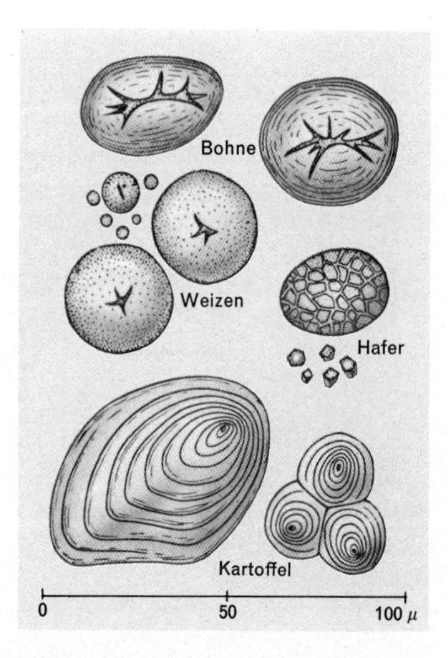

Abb. 173.1. Verschiedene Stärkekörner. Die Körner sind für die einzelnen Pflanzenarten verschieden und charakteristisch.

Diese Stärkekörner sind für jede Pflanzenart verschieden, so daß ihre Gestalt zur Erkennung dienen kann.
Die Stärkearten bilden weiße, geruch- und geschmacklose Pulver. In kaltem Wasser löst sich die Stärke fast nicht, in heißem Wasser nimmt sie viel Wasser auf und quillt. Die Flüssigkeit reduziert Fehling-Lösung nicht (Versuch 1). Beim Erkalten erstarrt die Lösung gelatinös (Stärkekleister).
Aus der Tatsache, daß der Fehlingkomplex nicht reduziert wird, muß man den Schluß ziehen, daß im Stärkemolekül keine Aldehydgruppen enthalten sind. Mit Iod bildet Stärkelösung in der Kälte eine Einschlußverbindung, die blau gefärbt ist (Versuch 2).

Man verwendet die Bildung dieser blauen Einschlußverbindung zum Nachweis der Stärke bzw. des Iods. Die blaue Farbe der Iodstärke verschwindet beim Erwärmen.
Die Versuche 3 und 4 lassen einen Abbau der Stärke erkennen, wobei Verbindungen entstehen, die den Fehlingkomplex reduzieren. Das Chromatogramm aus Versuch 4 beweist, daß nur bei der sauren Hydrolyse Glucose gebildet wird. Man erhält durch das Besprühen einen ähnlichen grauen Farbfleck wie bei der Trennung von Glucose und Fructose in Kapitel 22.1.2.

Versuch 4 gibt einen Hinweis darauf, daß die Stärke bei der fermentativen Hydrolyse nur bis zur Maltose abgebaut wird.

In der Stärke sind Glucosemoleküle α-(1,4)-glucosidisch verknüpft.

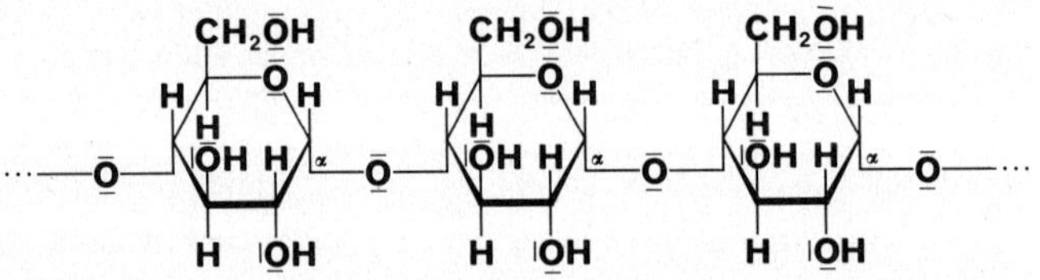

Stärke

Die Stärke im Stärkekorn besteht aus zwei Schichten. Die äußere Schicht baut sich aus Amylopektin, der Kern aus Amylose auf. Die Amylose löst sich in Wasser ohne Kleisterbildung auf und färbt sich mit Iod blau, das Amylopektin wird violett und verkleistert mit heißem Wasser. Da der Bindungswinkel zwischen zwei Glucosemolekülen bei 1,4 glucosidischer Verknüpfungen nicht 180° beträgt, ist das Stärkemolekül wie eine Schraubenlinie gewunden. In der Amylose sind die Malzzuckerreste unverzweigt angeordnet. Als Molekülmasse wurden Werte zwischen 20000 und 200000 gefunden. Das Amylopektin dagegen besitzt eine wesentlich höhere Molekülmasse (1–6 Millionen). In ihm treten Verzweigungen auf. Da die Zahl der Glucosemoleküle, die zum Aufbau der Stärke benötigt werden, nicht bekannt ist, schreibt man die Stärke $(C_6H_{10}O_5)_n$. Der Hydrolysevorgang kann dann summarisch, wie folgt, wiedergegeben werden:

$$(C_6H_{10}O_5)_n + n\,H_2O \rightarrow n\,C_6H_{12}O_6$$

Glykogen:

Der einzige Kohlenhydratspeicherstoff im tierischen Körper ist das Glykogen. Man findet es in der Leber und im Muskelgewebe. In seinem Aufbau ähnelt es dem Amylopektin. Glykogen besitzt einen stärkeren Verzweigungsgrad und eine größere Molekülmasse als Amylopektin.
Die Leber wirkt aber nicht nur als Speicherorgan für das Glykogen. Sie kann aus Milchsäure (siehe dazu Kapitel 22.6., S. 197) Glykogen synthetisieren und dieses zu Glucose abbauen. Indem die Leber Glucose an das Blut abgibt, decken die übrigen Organe ihren Nährstoffbedarf aus dem Glucosegehalt des Blutes. Daher ist der Glucosegehalt des venösen Blutes immer geringer als der des arteriellen.

Cellulose:

Die Cellulose kommt in den Pflanzen als Gerüststoff vor. Sie bindet nach verschiedenen Schätzungen die Hälfte der in der Atmosphäre vorhandenen Kohlendioxidmenge. Die Cellulose ist in Wasser, verdünnten Säuren und Laugen völlig unlöslich.

6) Lösen von Cellulose in Schweizers Reagens[1]: Verreibe 1 g Kupfersulfat in der Reibschale und führe es in ein Reagenzglas über. Löse in 5 ml dest. Wasser und fälle aus dieser Lösung mit Kalilauge das Kupfer(II)-hydroxid $Cu(OH)_2$ aus. Filtriere und wasche den Rückstand gut aus. Löse nun den Filterrückstand in 20 ml konzentrierter NH_4OH-Lösung. Lasse inzwischen einen Wattebausch in der Porzellanschale mit wenig Kalilauge quellen. Schütte nach 5 Minuten die Kupfertetraminlösung zum Wattebausch und rühre gut um. Größere Watteteilchen werden mit dem Glasstab zerdrückt. Schütte nach einiger Zeit diese Lösung in ca. 20 ml verdünnte Schwefelsäure. Die gelöste Cellulose fällt aus.

7) Hydrolytischer Abbau der Cellulose: In einer Reibschale verreibt man vorsichtig ca. 0,2 g Filtrierpapierschnitzel mit wenig 80%iger Schwefelsäure ungefähr 4 Minuten lang zu einem dicken Brei. (Vorsicht beim Reiben mit Schwefelsäure, Spritzer!) Nun versetzt man mit 50 ml Wasser und erhitzt in einem Becherglas. Die Lösung muß mindestens 30 Minuten sieden. Verdampfendes Wasser muß ergänzt werden. Ein Teil der Lösung wird alkalisch gemacht und zu Fehling-Lösung gegeben. Erhitzen! Der zweite Teil wird chromatographisch nach Versuch 5 (siehe Stärke) bzw. Versuch 6, Kapitel 22.1.1., untersucht.

8) Nachweis der Cellulose: Bereite eine Chlorzinkjodlösung durch Auflösen von 15 Teilen $ZnCl_2$, 5 Teilen KI und 1 Teil Iod in 8 Teilen dest. Wasser. Gib von dieser Lösung einen Tropfen auf ein Filterpapier.

Tetramminkupfer(II)-hydroxidlösung $[Cu(NH_3)_4](OH)_2$ ist ein gebräuchliches Lösungsmittel für Cellulose. Es wird nach seinem Entdecker M. E. Schweizer benannt. Beim Eingießen in Schwefelsäure fällt die gelöste Cellulose in farblosen Flocken aus (Versuch 6). Bei Versuch 7 wird Cellulose abgebaut. Die Reduktion des Fehlingkomplexes gibt uns einen Hinweis auf reduzierende Kohlenhydrate als Bausteine der Cellulose. Die chromatographische Untersuchung beweist, daß auch die Cellulose bei der sauren Hydrolyse in der Siedehitze bis zur D-Glucose abgebaut wird. Chlorzinkjodlösung färbt Cellulose blau. Man verwendet diese Blaufärbung als Nachweis für Cellulose (Versuch 8).
Die wesentlich verschiedenen Eigenschaften der Cellulose gegenüber der Stärke, bei gleichen D-Glucosebausteinen, beruht auf einer anderen Verknüpfungsart derselben zum Makromolekül. Während in der Stärke die Glucosemoleküle α-1,4-glucosidisch verbunden sind, liegt im Cellulosemolekül eine β-1,4-glucosidische Verknüpfung vor.

In der Cellulose sind β-D-Glucosemoleküle 1,4-glucosidisch zu einem Makromolekül verknüpft.

Die Cellulosemoleküle bilden durch die wechselnde Anordnung der Sauerstoffbrücken im Raum lange Ketten, die zu Bündeln vereinigt sind.

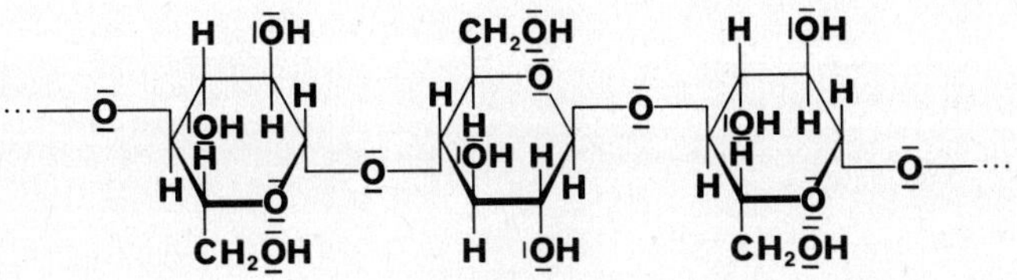

Cellulose

[1] Mathias E. Schweizer, 1818–1860, Chemiker in Zürich

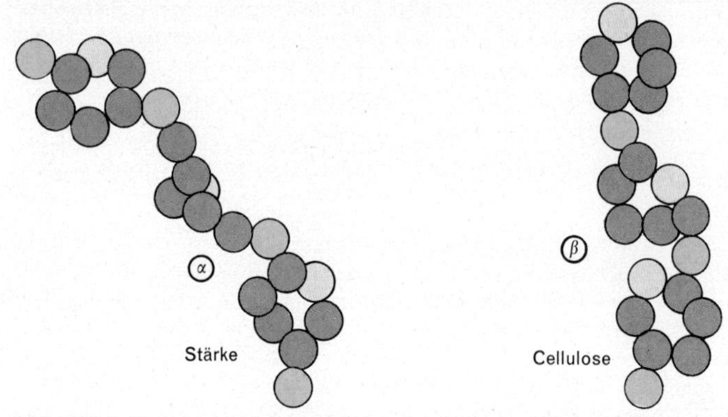

Abb. 176.1. Unterschied im Aufbau des Stärke- und Cellulosemoleküls. Die Stärke hat α-glucosidische, die Cellulose β-glucosidische Bindung. Die mechanische Festigkeit des Cellulosemoleküls wird auf die gestreckte Form der Moleküle mit β-glucosidischer Bindung zurückgeführt.

Das Papier:

Schon tausend Jahre vor Christi Geburt stellten die Ägypter aus den Stengeln der Papyrusstaude Blätter zum Schreiben her. Die Papyrusstaude gab den Blättern den Namen Papier. 200 Jahre nach Christi Geburt sollen die Chinesen dann Papier durch Verfilzung von Cellulosefasern gewonnen haben. Im 7. Jahrhundert wurde in Samarkand das Lumpenpapier hergestellt, und zur Zeit Karls des Großen fand es Eingang in Bagdad, von wo es durch die Mauren nach Spanien gelangte. Bis zur Erfindung der Papiermaschine (1800) wurde es in Europa als Büttenpapier in den Handel gebracht.
Bei der *Papierherstellung* wird das entrindete Fichten-, Kiefern- oder Buchenholz in walnußgroße Stücke zerkleinert und mit Sulfitlauge gekocht (Sulfitzellstoff). Der Name Sulfitlauge für die Lösung von Calciumhydrogensulfit ist irreführend, da sie schwach sauer reagiert. In Sulfitkochern wird das zerkleinerte Holz mit der Sulfitlauge 7–15 Stunden bei 4–6 bar und 140–150 °C gekocht. Nach Beendigung des Kochens werden Zellstoff und Sulfitlauge gemeinsam abgelassen. Zur Trennung gelangt die ganze Masse in Trommelfilter, die den Zellstoff von der braunen Sulfitablauge scheiden. Der Zellstoff wird gebleicht. Die Sulfitablauge kann wegen eines geringen Zuckergehaltes auf Spiritus verarbeitet werden.

22.2. Die Eiweiße oder Proteine[1]

Verquirle das Weiß eines Hühnereies mit der fünffachen Menge Wasser und filtriere. Benütze die Eiweißlösung für folgende Versuche:

1) Koagulation von Eiweißlösung: Gib in drei Reagenzgläser die gleiche Menge der frisch bereiteten Eiweißlösung und versetze je eines mit Natronlauge, Essigsäure bzw. einer konzentrierten Ammoniumsulfatlösung. Das erste Reaktionsgefäß muß vor der Laugenzugabe etwas erhitzt werden.

2) Nachweis von Schwefel in Eiweißen: Versetze eine Bleiacetatlösung mit soviel Natronlauge, bis sich der ursprünglich gebildete Niederschlag wieder löst. Gib nun Eiweißlösung hinzu und erwärme. Vorsicht, Bleiacetatlösung ist giftig!

[1] protos (gr.) = zuerst, ursprünglich

3) Nachweis von Stickstoff in Proteinen: In einer kleinen Abdampfschale versetzt man ca. 1 ml Eiweißlösung mit einem Blättchen Ätzkali und erwärmt. Die Schale wird mit einem Uhrglas bedeckt, an dessen Unterseite ein befeuchteter Indikatorpapierstreifen klebt.

4) Millons Eiweißnachweis: Gib zu einem Gemisch aus Quecksilber(II)-nitrat und Natriumnitrit verdünnte Salpetersäure. Von diesem „Millons Reagens" wird ein Tropfen zu ca. 1 ml Eiweißlösung gegeben und erwärmt. Eine rote koagulierte Masse zeigt Eiweiß an.

5) Eiweißnachweis nach Esbach: 1 g Trinitrophenol (Pikrinsäure) und 2 g Citronensäure werden in 97 ml dest. Wasser gelöst (Esbach Reagens). Zu ca. 3 ml Eiweißlösung gibt man die gleiche Menge Esbach-Reagens und erhitzt. Der Nachweis ist positiv, wenn ein gelber Niederschlag ausfällt.

6) Die Xanthoproteinreaktion: Betupfe eine Vogelfeder mit konzentrierter Salpetersäure!

Im Tier- und Pflanzenkörper treten zahlreiche Stoffe auf, die in ihren chemischen und physikalischen Eigenschaften dem Hühnereiweiß gleichen. Deshalb werden sie in der Gruppe der Eiweiße zusammengefaßt.
Wärme und Elektrolytzusatz führt zum Gerinnen der Eiweißlösung (Versuch 1). Die kolloidal gelösten Eiweißmoleküle koagulieren[1] auf Zusatz eines entgegengesetzt geladenen Ions oder durch Erwärmen. Das Proteinsol wird durch Koagulation in ein Gel übergeführt.
In den Pflanzen sind die Eiweiße meist Reservestoffe, im Tierkörper Aufbau- und Betriebsstoffe. Die Pflanzen bauen die Eiweiße synthetisch aus Assimilationsprodukten, Kohlenhydraten und stickstoffhaltigen Salzen auf, Tier und Mensch verwandeln fremdes Eiweiß in körpereigenes. Kern und Protoplasma aller Zellen bestehen aus Proteinen. Wie die Versuche 2 und 3 demonstrieren, sind am Aufbau der Eiweiße neben Kohlenstoff, Sauerstoff und Wasserstoff noch Schwefel, Stickstoff und in einigen Fällen auch Phosphor beteiligt. Der Schwefel wird in Versuch 2 als schwarzes Blei(II)-sulfid PbS und der Stickstoff in Versuch 3 als Ammoniak bzw. Ammoniumhydroxid nachgewiesen.
Alle Nachweisreaktionen für Eiweiße beruhen auf der Bildung unlöslicher, farbiger Verbindungen. Millons Reagens (Versuch 4) gibt mit bestimmten Eiweißbausteinen einen rotbraunen Niederschlag und bei der Esbachschen Nachweisreaktion (Versuch 5) entstehen unlösliche, gelbe Pikrate. Starke Salpetersäure gibt mit einigen Eiweißgliedern eine Gelbfärbung. Diese Reaktion nennt man Xanthoproteinreaktion (Versuch 6); das Eiweißmolekül wird an bestimmten Stellen nitriert.

7) Aminosäuren aus Eiweiß: Versetze 250 ml Milch mit Essigsäure, bis das Eiweiß ausflockt. Nachdem die Flüssigkeit mit Wasser auf einen Liter aufgefüllt wurde, filtriert man durch ein Tuch und trocknet das Eiweiß an der Luft. Eine Spatelspitze dieser Eiweißsubstanz wird im Reagenzglas mit 3 ml konzentrierter Salzsäure und 1 ml Wasser eingeschmolzen und auf dem siedenden Wasserbad mindestens 3 Stunden erhitzt. Danach wird die Flüssigkeit filtriert und vorsichtig zur Trockne eingedampft. Den Rückstand nimmt man mit wenig Wasser auf und neutralisiert mit einer Sodalösung.

8) Chromatographische Trennung und Nachweis der Aminosäuren: Gib auf einen Papierstreifen (Schleicher & Schüll 2043b) mehrmals einen Tropfen der Lösung aus Versuch 1 und lasse jeweils langsam eintrocknen. Die Substanzen werden mit dem Fließmittel n-Butanol:Eisessig:Wasser=4:1:5 (obere Phase) und anschließend senkrecht zur ersten Fließmittelrichtung mit Phenol/Wasser getrennt. Nachdem die Fließmittelfront durchgelaufen ist, besprüht man mit einer 0,1%igen an Wasser gesättigten Lösung von Ninhydrin in n-Butanol, der einige Tropfen Eisessig zugesetzt wurden. Das Chromatogramm wird bei 105 °C getrocknet. Vergleiche die R_F-Werte!

[1] coagulari (lat.) = gerinnen

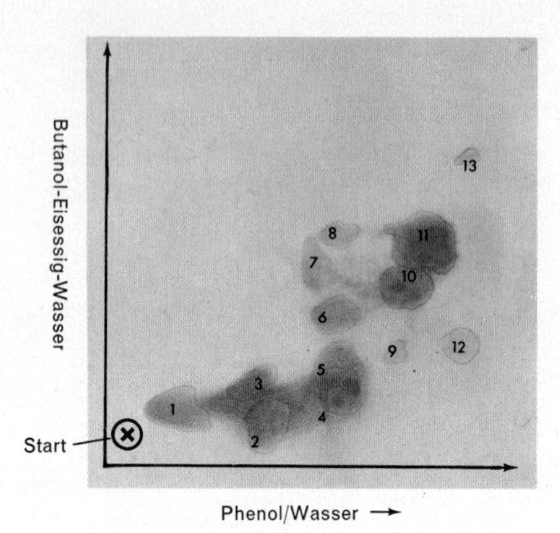

1. Asparaginsäure
2. Glutaminsäure
3. Serin
4. Glycin
5. Threonin
6. Alanin
7. Tyrosin
8. Valin
9. Leucin
10. Isoleucin
11. Phenylalanin
12. Prolin
13. Tryptophan

Abb. 178.1. Chromatogramm einer Aminosäuretrennung.

Im Magensaft ist Pepsinogen enthalten, das durch Salzsäure bei $p_H=2$ zum eiweißabbauenden Ferment Pepsin aktiviert wird. In Versuch 7 wird Eiweiß deshalb nur im 3. Reaktionsgefäß abgebaut, da Salzsäure bzw. Pepsin allein keinen fermentativen Abbau hervorrufen können. Wie die chromatographische Trennung und der Nachweis mit Ninhydrin (Versuch 8) erkennen läßt, entstehen beim fermentativen Abbau der Eiweiße Aminosäuren. Mit Alanin gibt Ninhydrin folgende Reaktion:

$$H-C(CH_3)(COOH)-\overline{N}H_2 + 2\ C_6H_4(CO)_2C(\underline{O}H)_2$$

Alanin Ninhydrin

$$\xrightarrow{-3\,H_2O} C_6H_4(CO)_2CH-\overline{N}=C(CO)_2C_6H_4 + CH_3-CHO + CO_2$$

farbiges Kondensationsprodukt Acetaldehyd

9) Biuretreaktion: Versetze 3 ml Eiweißlösung mit der gleichen Menge 10%iger Natronlauge und fünf Tropfen 10%iger $CuSO_4$-Lösung. Schüttele unter Daumenverschluß im Reagenzglas und beobachte die Farbe der Lösung!

Eiweiße sind aus α-Aminosäuren aufgebaut.

Man kennt heute 25 α-Aminosäuren, die am Aufbau der Proteine beteiligt sind. Die wichtigsten sind in der folgenden Tabelle aufgeführt.

Tab. 179.1. Die wichtigsten Aminosäuren

Trivialname	Formel	Chemische Nomenklatur
Glykokoll (Glycin)	$H_2NCH_2{-}COOH$	α-Aminoessigsäure
Alanin	$CH_3{-}CHNH_2{-}COOH$	α-Aminopropionsäure
Valin	$(CH_3)_2CH{-}CHNH_2{-}COOH$	α-Aminoisovaleriansäure
Leucin	$(CH_3)_2CH{-}CH_2{-}CHNH_2{-}COOH$	α-Aminoisocapronsäure
Isoleucin	$H_3C{-}CH_2{-}CHCH_3{-}CHNH_2{-}COOH$	α-Amino-β-methyl-valeriansäure
Phenylalanin	$C_6H_5{-}CH_2{-}CHNH_2{-}COOH$	α-Amino-β-phenyl-propionsäure
Asparaginsäure	$HOOC{-}CH_2{-}CHNH_2{-}COOH$	α-Aminobernsteinsäure
Glutaminsäure	$HOOC{-}CH_2{-}CH_2{-}CHNH_2{-}COOH$	α-Aminoglutarsäure
Ornithin	$CH_2NH_2{-}CH_2{-}CH_2{-}CHNH_2{-}COOH$	α, δ-Diaminoglutarsäure
Lysin	$CH_2NH_2{-}CH_2{-}CH_2{-}CH_2{-}CHNH_2{-}COOH$	α, ε-Diaminocapronsäure
Serin	$HOCH_2{-}CHNH_2{-}COOH$	α-Amino-β-hydroxi-propionsäure
Tyrosin	$HO{-}C_6H_4{-}CH_2{-}CHNH_2{-}COOH$	α-Amino-β-(p-hydoxi)-phenylpropionsäure
Threonin	$HO{-}CHCH_3{-}CHNH_2{-}COOH$	α-Amino-β-hydroxi-buttersäure
Prolin	$H_2C{-}CH_2$ $H_2C \quad CH{-}COOH$ N H	Pyrrolidin-2-carbonsäure
Tryptophan	H $C{-}CH_2{-}C{-}COOH$ $C{-}H \quad NH_2$ N H	α-Amino-β-indolyl-propionsäure
Histidin	$N{-}C{-}CH_2$ $HC \quad CH \quad HCNH_2$ $N \quad COOH$ H	α-Amino-β-imidazolyl-propionsäure
Cystein	$HS{-}CH_2{-}CHNH_2{-}COOH$	α-Amino-β-mercapto-propionsäure

Trivialname	Formel	Chemische Nomenklatur
Methionin	$CH_3-S-CH_2-CH_2-CHNH_2-COOH$	α-Amino-γ-methyl-mercaptobuttersäure
Arginin	$H_2N-C(=NH)-NH-(CH_2)_3-CHNH_2-COOH$	α-Amino-δ-guanidino-valeriansäure
Asparagin	$H_2NCO-CH_2-CHNH_2-COOH$	α-Aminobernsteinsäure-β-amid
Glutamin	$H_2NCO-(CH_2)_2-CHNH_2-COOH$	α-Aminoglutarsäure-γ-amid

Bei Versuch 9 erhält man eine ähnliche Umsetzung wie bei der Reaktion von Biuret mit Kupfer(II)-ionen im Kapitel 20.12.4. Dabei entsteht das analoge, violett gefärbte Komplexion wie dort, nur sind in diesem Fall nicht die Biuret-, sondern die Proteinmoleküle Liganden. Auch im Eiweißmolekül müssen demnach Stickstoff-Wasserstoff-Bindungen vorliegen, die einer Carbonylgruppe benachbart sind. Man nennt diese CO—NH-Bindung die *Peptidbindung*. Bei der Eiweißsynthese werden unter Wasseraustritt α-Aminosäuremoleküle peptidartig verbunden.

$$H_2\bar{N}-CH(R_1)-COOH \quad H\bar{N}(H)-CH(R_2)-COOH \quad H\bar{N}(H)-CH(R_3)-COOH$$

$$\downarrow -2\,H_2O$$

$$H_2\bar{N}-CH(R_1)-CO-\bar{N}H-CH(R_2)-CO-\bar{N}H-CH(R_3)-COOH$$

In den Eiweißen sind die α-Aminosäuremoleküle durch Peptidbindungen verknüpft.

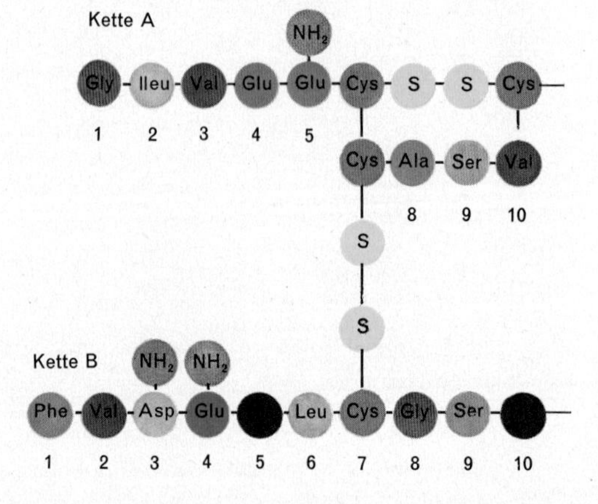

Abb. 180.1. Struktur des Insulinmoleküls (Monomeres) (Molekülmasse — 6000, Monosäuren sind durch die ersten Buchstaben ihrer Namen (s. Tab. 179.1.) gekennzeichnet).

Durch Peptidbindungen können weit über 100 α-Aminosäuremoleküle zu einem Polypeptid verbunden werden. Die Molekülmasse der Polypeptide kann größer als eine Million werden.
Die Reihenfolge der Aminosäuren in einem Polypeptid nennt man *Sequenz*. Die unzählig verschiedenen Proteine unterscheiden sich bei nur 25 α-Aminosäurebausteinen in ihrer Sequenz.
Wie in Abbildung 181.1. zu erkennen ist, bestehen zwischen Teilen einer Polypeptidkette Bindungen, die eine gewisse Orientierung des Moleküls zur Folge haben.
Solche Bindungen können z.B. zwischen Cysteinbausteinen geknüpft werden, die bei Oxidation Disulfidbrücken ausbilden.

$$2\,H-\underset{\underset{\textstyle CO\rangle}{|}}{\overset{\overset{\textstyle |NH}{|}}{C}}-CH_2-\bar{S}H \xrightarrow{-H_2} H\underset{\underset{\textstyle CO\rangle}{|}}{\overset{\overset{\textstyle |NH}{|}}{C}}-CH_2-\bar{\underline{S}}-\bar{\underline{S}}-CH_2-\underset{\underset{\textstyle CO\rangle}{|}}{\overset{\overset{\textstyle |NH}{|}}{C}}H$$

Disulfidbrücke

Aber auch ionogene Bindungen oder Wasserstoffbrückenbindungen sind vorstellbar.

$$H\underset{\underset{\textstyle CO\rangle}{|}}{\overset{\overset{\textstyle |NH}{|}}{C}}-CO\bar{O}|^{\ominus} \quad \overset{\oplus}{H_3N}-CH_2-\underset{\underset{\textstyle CO\rangle}{|}}{\overset{\overset{\textstyle |NH}{|}}{C}}H \qquad \begin{matrix} C=O\rangle & \cdots\rightarrow & H-N| \\ |N-H & \cdots\rightarrow & \langle O=C \end{matrix}$$

ionale Brücke Wasserstoffbrücke

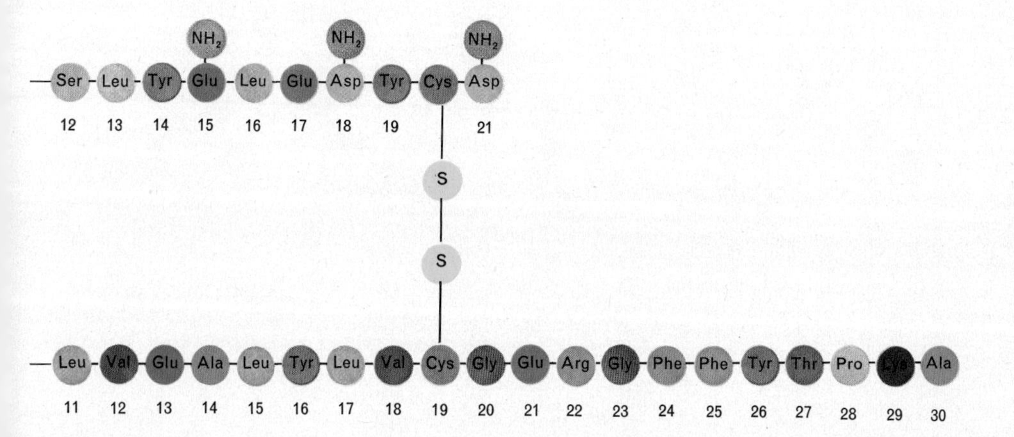

Die bei der ionalen Brücke angedeuteten Ladungen können durch Protonenwanderung auch innerhalb eines Moleküls entstehen. Man spricht dann von *Zwitterionen.*

Man teilt die Proteine nach einfachen Erkennungsmerkmalen ein:

I Wasserlöslich sind:

1) *Albumine*, z.B. Serumalbumin im Blutserum, Milchalbumin, Eialbumin.

2) *Histone*, reagieren alkalisch. In Bindungen an Nucleinsäuren sind sie am Aufbau von Zellkern und Plasma beteiligt.

3) *Protamine*, reagieren alkalisch, z.B. Clupein der Heringe.

II Wasserunlöslich sind:

4) *Globuline*, z.B. Fibrinogen im Blutserum, Myosin im Muskel.

5) *Prolamine*, sind in Weizen, Mais und Gerste enthalten.

6) *Gerüsteiweiße*, z.B. Kollagen in Knorpel und Bindegewebe, Elastidin, das Eiweiß der Sehnen, und Keratin in Horn und Haaren.

In den *Proteiden* sind Proteine mit anderen Gruppen, z.B. der Phosphorgruppe, den Kohlenhydraten oder den Nucleinsäuren verbunden. Die Proteide werden eingeteilt in:

1) *Phosphorproteide*, in denen die Eiweißkomponente an Phosphorsäure gebunden ist. Das Casein enthält die Phosphorsäure an Serin gebunden. Es findet sich als Calciumsalz in der Kuhmilch.

2) *Nucleoproteide* bestehen aus einer Proteinkomponente und Nucleinsäuren. Sie kommen in den Zellkernen und den verschiedenen Virusarten vor.

3) *Glucoproteide* enthalten als Kohlenhydratbestandteil das Glucosamin an Eiweiß gebunden. Das Mucoid und das Ovalbumin der Eier gehören hierher.

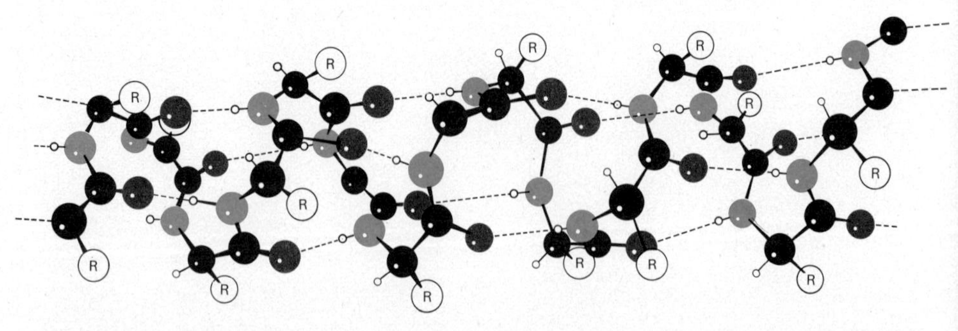

Abb.182.1. Räumliche Anordnung einer Polypeptidkette. Die Polypeptidkette ist in Form einer Schraube mit Linksgewinde angeordnet. Auf jedem „Gang" der Schraube liegen 3,6 Aminosäurebausteine, die untereinander durch Peptidbindungen und außerdem durch Wasserstoff vorhanden sind (—N̄H... O=C). Diese Struktur einer Polypeptidkette heißt α-Helix. Die Seitenketten der einzelnen Bausteine wurden mit Ⓡ bezeichnet.

22.3. Die Wirkstoffe – Enzyme, Vitamine, Hormone

Enzyme[1], Vitamine[2] und Hormone[3] gehören chemisch zu den verschiedensten Verbindungsklassen. Ihre Zusammengehörigkeit wird durch ihre physiologische Wirkung bestimmt.

Enzyme sind kompliziert gebaute Proteine, die von lebenden Zellen gebildet werden. Sie sind Katalysatoren für chemische Reaktionen, die sich in lebenden, pflanzlichen, tierischen und menschlichen Körpern abspielen.

Jedes Enzym setzt sich aus zwei Teilen zusammen, einem Eiweißstoff oder *Apoferment* und dem eigentlichen Wirkstoff, dem Coenzym *(Coferment)* oder auch *prosthetische*[4] *Gruppe* genannt. Das Coenzym geht mit dem Stoff, der durch das Enzym zerlegt werden soll, dem Substrat, in Reaktion. Es übt eine spezifische Wirkung aus, indem es z.B. Wasserstoff aufnimmt. Es verbindet sich dann wieder nach folgendem Reaktionsablauf mit dem Apoferment, z.B.

Substrat-H + Coenzym → Substrat + Coenzym-H

Coenzym-H + Apoferment → Enzym + H

Jedes Substrat besitzt sein eigenes Apoferment, während ein Coenzym mit verschiedenen Apofermenten zusammentreten kann.
Man teilt die Enzyme nach ihrer Wirkungsweise in verschiedene Gruppen ein. Ihre Namen enden immer auf der Silbe *-ase*. So unterscheidet man z.B.

Esterasen, die die Esterbindungen in Fetten lösen,
Amidasen, die die C—N-Bindungen von Säureamiden lösen,
Peptidasen, die Peptidbindungen hydrolysieren können (Pepsin),
Oxidasen, die mittels molekularem Sauerstoff Ionen oxidieren.

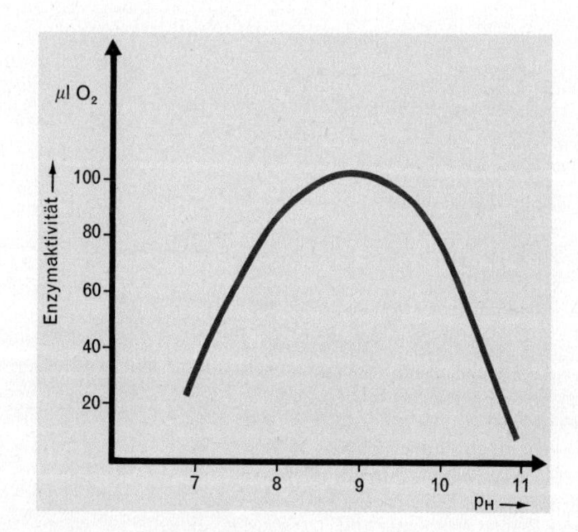

Abb. 183.1. pH-Optimum der Enzymaktivität von D-Aminosäureoxidase. Beobachtete Sauerstoffaufnahme pro Minute, bei Einwirkung gleicher Enzymmengen. Als Substrat wurde D,L-Alanin verwendet.

[1] auch Fermente genannt, von fermentum (lt.) = Sauerteig [2] vita (lat.) = Leben
[3] horman (gr.) = erregen, antreiben [4] prosthetos (gr.) = hinzufügen

Die Aktivität der Enzyme ist oft sehr spezifisch, sie ist vom Zusammenwirken verschiedener Faktoren abhängig. Aktivitätsbestimmende Faktoren sind z. B. Temperatur, p_H-Wert, Ionenkonzentration im Substrat, Redoxpotential usw.

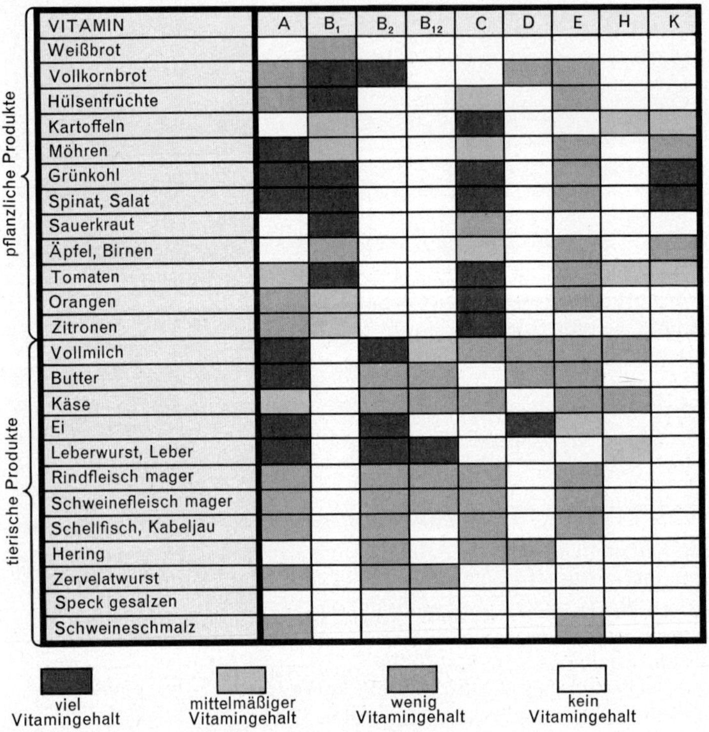

	VITAMIN	A	B_1	B_2	B_{12}	C	D	E	H	K
pflanzliche Produkte	Weißbrot									
	Vollkornbrot									
	Hülsenfrüchte									
	Kartoffeln									
	Möhren									
	Grünkohl									
	Spinat, Salat									
	Sauerkraut									
	Äpfel, Birnen									
	Tomaten									
	Orangen									
	Zitronen									
tierische Produkte	Vollmilch									
	Butter									
	Käse									
	Ei									
	Leberwurst, Leber									
	Rindfleisch mager									
	Schweinefleisch mager									
	Schellfisch, Kabeljau									
	Hering									
	Zervelatwurst									
	Speck gesalzen									
	Schweineschmalz									

viel Vitamingehalt — mittelmäßiger Vitamingehalt — wenig Vitamingehalt — kein Vitamingehalt

184.1. Gehalt verschiedener Lebensmittel an Vitaminen.

Vitamine sind Wirkstoffe des Stoffwechsels. Sie müssen mit der Nahrung aufgenommen werden, sonst treten krankhafte Störungen des Stoffwechsels (Avitaminosen) auf. Dies deutet darauf hin, daß sie im Körper, in dem sie wirken, nicht aufgebaut werden können.

Die Vitamine sind zum normalen Ablauf der chemischen Vorgänge in den Zellen unentbehrlich. Für einige Vitamine ist nachgewiesen, daß sie Bestandteile von Enzymen sind und zu deren Aufbau benötigt werden. Das Fehlen von Vitaminen in der Nahrung ruft Mangelkrankheiten, die Avitaminosen, hervor. Als Tagesdosis benötigt ein erwachsener Mensch ca. 100 mg Vitamin C. Aber auch ein Mehrfaches dieser Menge wird ohne Schaden für den Körper aufgenommen.

Nachweis von Vitamin C: Löse eine Cebion-Tablette in 100 ml Wasser (Vitamin C-Lösung). Titriere die Hälfte der angesetzten Lösung mit einer käuflichen Lösung des „Tillmans-Indikator" (2,6-Dichlorphenolindophenol). Die Entfärbung der Tillmanslösung zeigt Vitamin C an. Versetze eine ammoniakalische Silbernitratlösung mit dem Rest der Vitamin C-Lösung!

Vitamin C oder L(—)-Ascorbinsäure aktiviert reduzierende Enzyme des Körpers, es reduziert auch selbst.

$$\text{L(—)-Ascorbinsäure} \underset{+2H}{\overset{-2H}{\rightleftharpoons}} \text{Dehydroascorbinsäure}$$

L(—)-Ascorbinsäure — Dehydroascorbinsäure

Tab. 185.1. Die wichtigsten Vitamine

Bezeichnung	Vorkommen	Tagesdosis	Mangelerscheinungen	Heilwirkung bei	Verhalten gegen Hitze
A Provitamin: Karotin	Lebertran, Eier, Milch, Salat, Tomaten, frisches Fleisch, Butter, Käse	3–5 mg	Gewichtsabnahme, Hauterkrankungen, Nachtblindheit, Blasensteine	Infektionskrankheiten, da die Widerstandsfähigkeit erhöht wird	beständig
B_1 Aneurin	Hefe, Reiskleie, Kartoffeln, Eigelb, Tomaten, Gemüse, Haselnüsse, Leber, Niere	1–2 mg	Beriberi, Gewichtsabnahme, Veränderung im Kohlenhydratstoffwechsel, Neuralgien	Ermüdungserscheinungen, Nervenentzündung	wird über 100 °C zerstört
B_2 Lactoflavin	Milch, Leber, Hefe, grüne Blätter	2–4 mg	Pellagra, Wachstums- und Sehstörungen	schlechter Gewebeatmung	beständig
C L-Ascorbinsäure	frische Früchte (Citrus), Gemüse, Hagebutten	75–150 mg	Skorbut, Wachstumsstörungen, Frühjahrsmüdigkeit, Zahnfäule	Zahnfleischblutungen, Schwächezuständen, Infektionskrankheiten	sehr empfindlich
D aus Ergosterin	Leber, Lebertran, Eigelb, Milch, Butter, Hefe, Getreidekeime		Rachitis, Störungen des Ca-P-Stoffwechsels	englischer Krankheit, Skrofulose, Hauttuberkulose	beständig
K	Schweinsleber, Spinat, Grünkohl, Tomaten Joghurt	2 mg	Schlechte Blutgerinnung, da die Bildung des Prothrombin verhindert wird		beständig
P	Paprika, Obst, Zitronen		Verschlechtert die Durchlässigkeit der Gefäße	Arteriosklerose, Erkältungen (mit C gemeinsam)	

Die beiden benachbarten OH-Gruppen an der Doppelbindung bedingen die saure Reaktion der wäßrigen Lösung dieses Moleküls und ihr Reduktionsvermögen.
Verbindungen, die das als Coenzym dienende Vitamin von seinem Apoferment ver-

drängen und dafür an seine Stelle treten, werden *Antivitamine* genannt. Die neu entstandene Verbindung ist biologisch unwirksam. So spielt z. B. die p-Aminobenzoesäure eine wichtige Rolle als Coenzym für zahlreiche Bakterien. Sulfanilsäure und, noch besser, Sulfonamide können sich an die Stelle der p-Aminobenzoesäure setzen; dadurch werden sie für die Bakterien zu Antivitaminen und schwächen ihre Lebensfähigkeit. Auf dieser Eigenschaft beruht die Heilwirkung der Sulfonamide[1]. Antivitamine lassen sich durch große Dosen von entsprechenden Vitaminen wieder aus

Tab. 186.1. Die wichtigsten Hormone

Bildungsorgan	Hormon	Funktion
Hypophyse	Thyreotropes Hormon	fördert die Thyroxinausscheidung, wobei Thyroxin die Produktion des thyreotropen Hormons hemmt (rückgekoppelte Regulierung)
	Adrenokortikotropes Hormon	regelt die Funktion der Nebennierenrinde
	Gonadotrope Hormone	wirken stimulierend auf Sekretion von männlichen und weiblichen Sexualhormonen
	Prolaktin	steuert die Bildung des Gelbkörperhormons. Es nimmt an der Erhaltung der Schwangerschaft teil
	Vasopressin	vermindert die harnausscheidende Funktion der Nieren und erhöht den Blutdruck
	Oxitocin	bewirkt Kontraktion des graviden Uterus
Schilddrüse	Thyroxin	regt den Stoffwechsel an
Epithelkörperchen	Parathormon	reguliert den Calcium- und Phosphatstoffwechsel
Bauchspeicheldrüse	Insulin	senkt den Blutzuckerspiegel
Nebennierenrinde	Cortison	reguliert Mineralstoffhaushalt
Nebennierenmark	Adrenalin	kontrahiert periphere Blutgefäße und erhöht den Blutzuckerspiegel
Keimdrüsen ♂	Testosteron	beeinflußt Ausbildung der sekundären männlichen Geschlechtsmerkmale
Keimdrüsen ♀	Östradiol	beeinflußt Ausbildung der sekundären weiblichen Geschlechtsmerkmale

ihren Verbindungen mit dem Apoferment vertreiben. Die chemische Konstitution der Antivitamine ähnelt den Vitaminen sehr stark; so führt z.B. der Ersatz der NH_2-Gruppe in Vitamin B_1 durch eine Hydroxigruppe zur Bildung des Antivitamins.

Hormone sind Wirkstoffe, die im Körper in innersekretorischen Drüsen gebildet werden und direkt in den Blutkreislauf gelangen.

Man unterscheidet stickstoffhaltige und Steroidhormone. Das älteste bekannte Hormon ist das Adrenalin, das im Nebennierenmark erzeugt wird. Es steigert die

[1] Die Heilwirkung der Sulfonamide wurde von G. Domagk, 1895–1964, deutscher Chemiker, entdeckt.

Herztätigkeit, den Blutdruck und verursacht die Erhöhung der Blutzuckerkonzentration. Das Insulin (Abb. 180.1.) ist das Hormon der Bauchspeicheldrüse. Insulin erhält das Gleichgewicht in der Verdauung verschiedener Nährstoffe, besonders der Kohlenhydrate. Es senkt die Blutzuckerkonzentration.

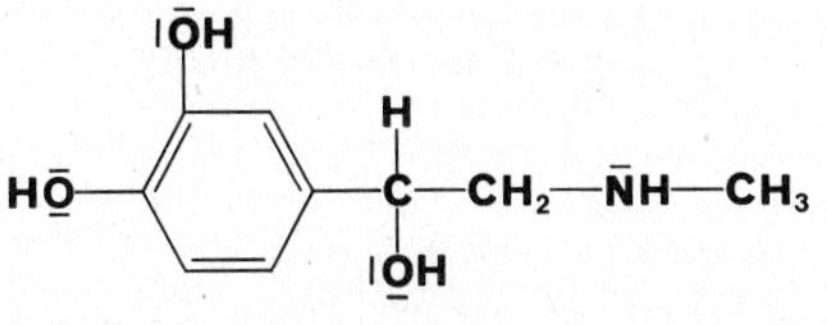

Adrenalin

22.4. Nucleinsäuren und Nucleoproteide

Nucleinsäuren können aus den verschiedenartigsten Zellen gewonnen werden, sie sind nicht nur in den Zellkernen, sondern auch im Zytoplasma vorhanden. Man unterscheidet Ribonucleinsäure und Desoxyribonucleinsäure. Das Zytoplasma enthält ausschließlich Ribonucleinsäure, die Zellkerne hingegen neben wenig Ribonucleinsäure hauptsächlich Desoxyribonucleinsäure.
Durch Hydrolyse mit 1- bis 2-n-Säure bei 100–120 °C zerfallen die Nucleinsäuren in ihre Bestandteile, aus denen sich folgende Verbindungen isolieren lassen:

Tab. 187.1.

	Basen	Kohlenhydrat	Säure
Ribonucleinsäure	Adenin, Guanin, Cytosin, Urazil	D-Ribose	Phosphorsäure
Desoxyribonucleinsäure	Adenin, Guanin, Cytosin, Thymin	D-2-Desoxyribose	Phosphorsäure

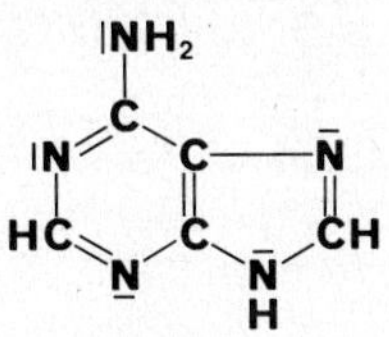

Adenin (A) 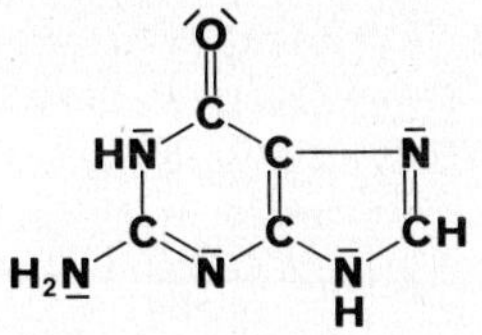 Guanin (G) 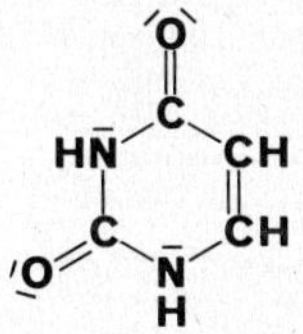 Urazil (U)

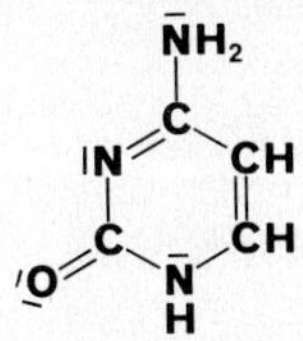

Cytosin (C) 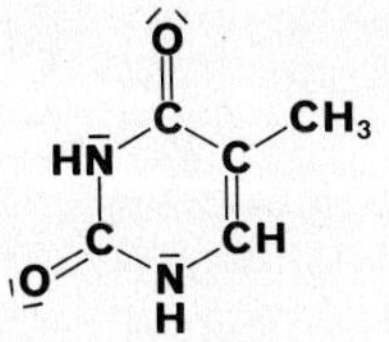 Thymin (T) 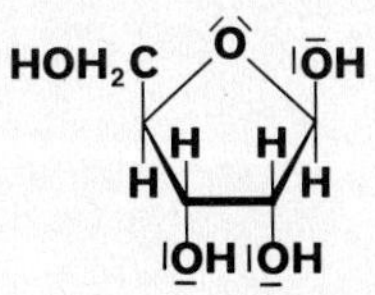 Ribose (R) 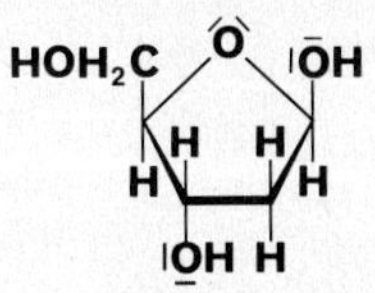 Desoxyribose (DR)

Ribose (R) oder Desoxyribose (DR) bilden mit einer stickstoffhaltigen Base Nucleoside, die mit Phosphorsäure verestert zu *Nucleotiden* zusammentreten. Man stellt sich die Verknüpfung der Ribose bzw. Desoxyribose mit einer stickstoffhaltigen Base und Phosphorsäure zu Nucleotiden schematisch folgendermaßen vor:

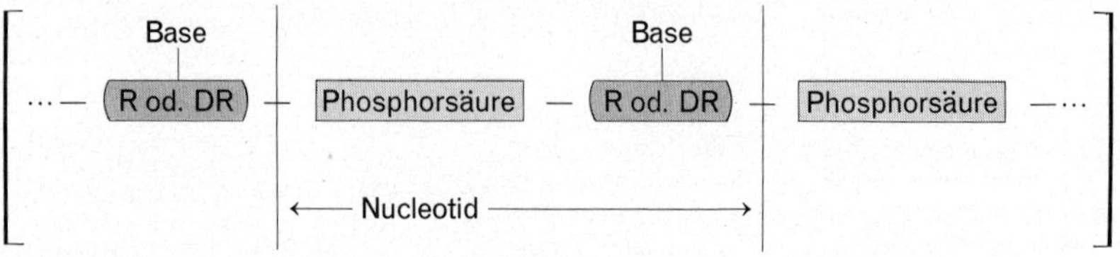

Base | Base
… — R od. DR — Phosphorsäure — R od. DR — Phosphorsäure — …
← Nucleotid →

Nucleinsäuren sind polymere Nucleotide. In der Desoxyribonucleinsäure (DNS) können Molekülmassen von über 100 Millionen erreicht werden.

Ein wichtiges freies Nucleotid ist das Adenosintriphosphat (ATP):

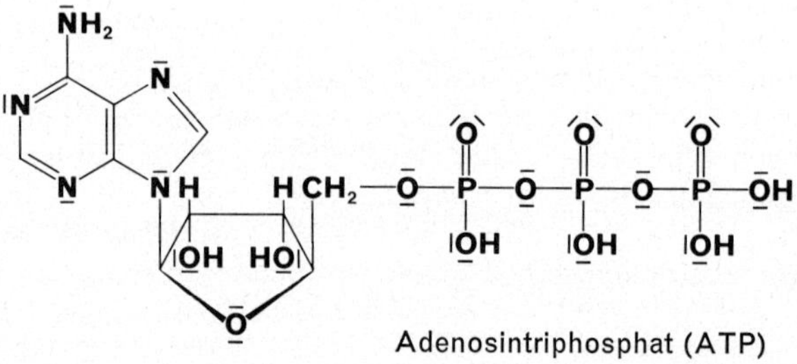

Adenosintriphosphat (ATP)

ATP ist in beträchtlichem Maß in allen Zellen vorhanden. Es stellt eine der wichtigsten energiespeichernden Verbindungen der lebenden Organismen dar. Die hydrolytische Abspaltung der Phosphatgruppen liefert pro Mol ATP 29.0 kJ, die zur Arbeitsleistung herangezogen werden können. Diese Energie wird für die verschiedensten Lebensvorgänge wie Synthese, Arbeitsleistungen, Reizleitungen etc. gebraucht. Durch Vorgänge wie die Atmung wird wieder jene Energie geliefert, die zur Rückbildung des ATP notwendig ist.
Die wichtigste energieliefernde Reaktion in der Natur ist die Abspaltung eines Phosphatrestes aus ATP, wobei Adenosindiphosphat (ADP) entsteht. Wie nun diese Abspaltung mit der gewünschten Reaktion gekoppelt wird, läßt sich am besten an einem Beispiel zeigen. Die Bildung von Glucose-6-phosphat, einem wichtigen Zwischenprodukt des Zuckerstoffwechsels, aus Glucose und Phosphorsäure ist eine stark endotherme Reaktion, d.h., das Gleichgewicht liegt nahezu vollständig auf der Seite der Ausgangsstoffe.

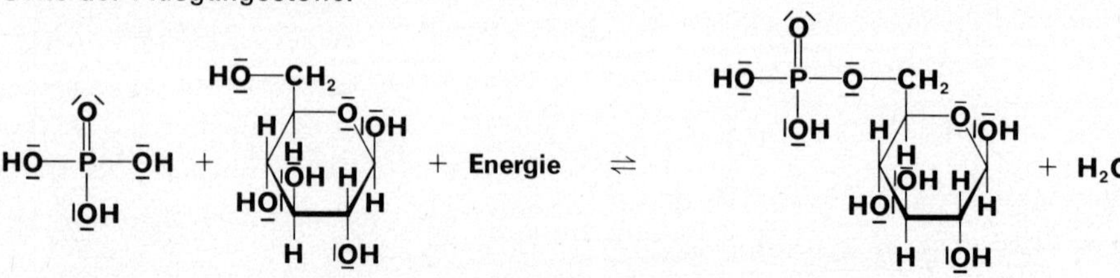

Phosphorsäure + Glucose + Energie ⇌ Glucose-6-phosphat (Nucleotid) + H_2O

Phosphorsäure | Glucose | Glucose-6-phosphat Nucleotid

Setzt man aber an Stelle der freien Phosphorsäure das energiereichere ATP ein, so ändert sich die Energiebilanz: bei der Umsetzung wird nun Energie frei. In Gegenwart eines Enzyms als Katalysator kann diese Reaktion auch in der Zelle ablaufen.

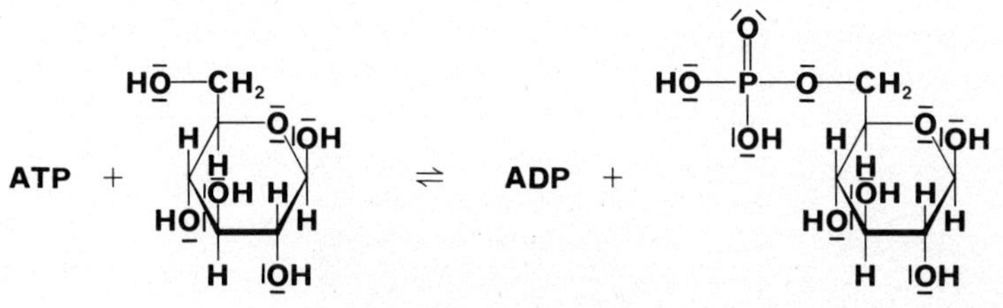

$$\text{ATP} + \ldots \rightleftharpoons \text{ADP} + \ldots$$

Abbau und Resynthese des ATP werden so gesteuert, daß in den Zellen der ATP-ADP-Spiegel möglichst konstant bleibt. Für die Muskelzelle ist das Verhältnis ATP:ADP$=10^3$:1.
Blockiert man dagegen im ATP die OH-Gruppen am Phosphoratom 2 und 3, so ändern sich die Eigenschaften der Verbindung vollständig. Sie reagiert jetzt nicht mehr als Phosphatüberträger, sondern als Überträger eines Nucleotids.

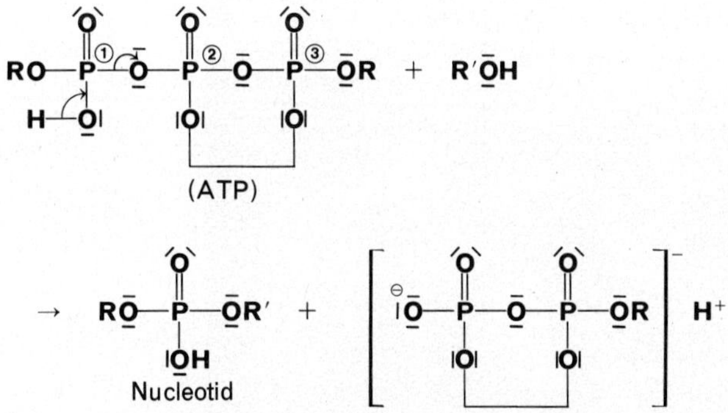

$$\text{RO–P}(\text{=O})(\text{OH})\text{–O–P}(\text{=O})(\text{O})\text{–O–P}(\text{=O})(\text{O})\text{–OR} + \text{R'OH} \quad (\text{ATP})$$

$$\rightarrow \text{RO–P}(\text{=O})(\text{OH})\text{–OR'} + \left[{}^{\ominus}\text{O–P}(\text{=O})(\text{O})\text{–O–P}(\text{=O})(\text{O})\text{–OR}\right]^- \text{H}^+$$

Nucleotid

Diese Reaktionsweise des ATP ist wichtig für die Synthese von Nucleinsäureketten.

Sind die Nucleinsäuren als prosthetische Gruppe salzartig an Proteine gebunden, dann erhält man Nucleoproteide.

Nucleoproteide kommen vor allem im Zellkern vor, sie sind in den Chromosomen angehäuft und besitzen die Fähigkeit, sich selbst zu reproduzieren. Auf dieser Reaktionsweise beruht die Vererbung, die Nucleoproteide sind die Träger der Erbfaktoren oder Gene.
Diese hervorragende Bedeutung der Nucleoproteide beruht auf ihrer Eigenschaft, Informationen bei der Vererbung weiterzugeben. Für die Übertragung der Erbinformation ist sowohl die Sequenz als auch die räumliche Struktur des Nucleoproteids maßgebend.

Nach einer Modellvorstellung von Watson[1] und Crick[2] treten die stickstoffhaltigen Basen zweier Informationsträgermoleküle durch Wasserstoffbrückenbindung zusammen. Da aber aus räumlichen Gründen nur Thymin zu Adenin und Cytosin zu Guanin paßt, bilden sich zwei parallele Stränge, bei denen die Basenfolge des einen die des anderen bestimmt. Damit ist auch die Zahl der Windungen pro Längeneinheit, die Sekundärstruktur des angelagerten „Stranges" festgelegt. Man nennt diese Struktur „Doppelhelix"[3].

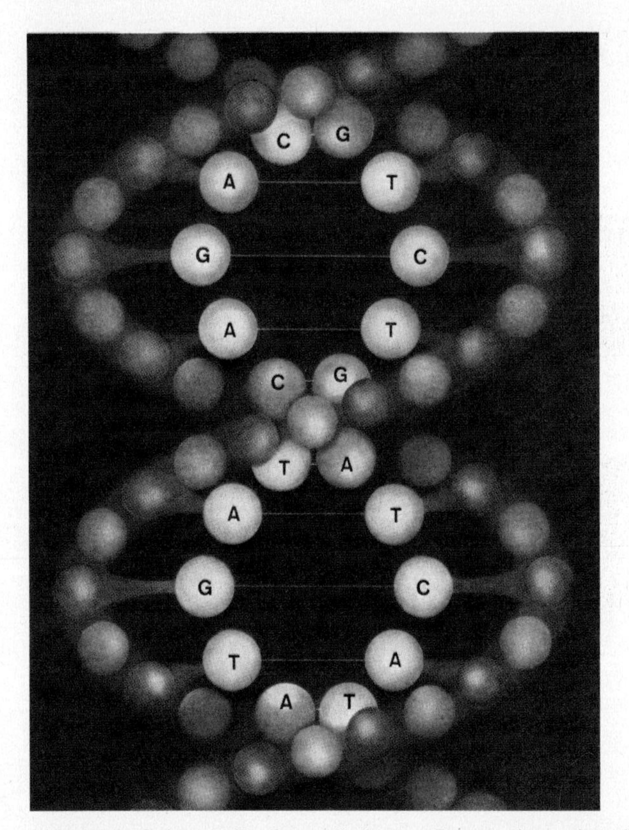

Abb. 190.1. Schema der Doppelhelix von Desoxyribonucleinsäure-Molekül. Die Basen sind hell, die Phosphorsäurereste dunkler und die Zuckerreste rosa gedruckt. Die dünnen Linien symbolisieren die Wasserstoffbrückenbindungen.

Basen	Adenin	Thymin	Guanin	Cytosin
Abkürzungen	A	T	G	C

Sollen gleiche Informationen bei der Vererbung weitergegeben werden, müssen sich die DNS-Moleküle, die in der Struktur einer Doppelhelix vorliegen, verdoppeln. Nach der erwähnten Modellvorstellung nimmt man an, daß die Information (Sequenz) als Abbild der DNS auf die Botenmoleküle, die Ribonucleinsäure, übertragen wird.

[1] James Dewey Watson, 1928, amerikanischer Biochemiker
[2] Francis Harry Crick, 1916, englischer Vererbungsforscher
[3] helix (gr.) = gewunden

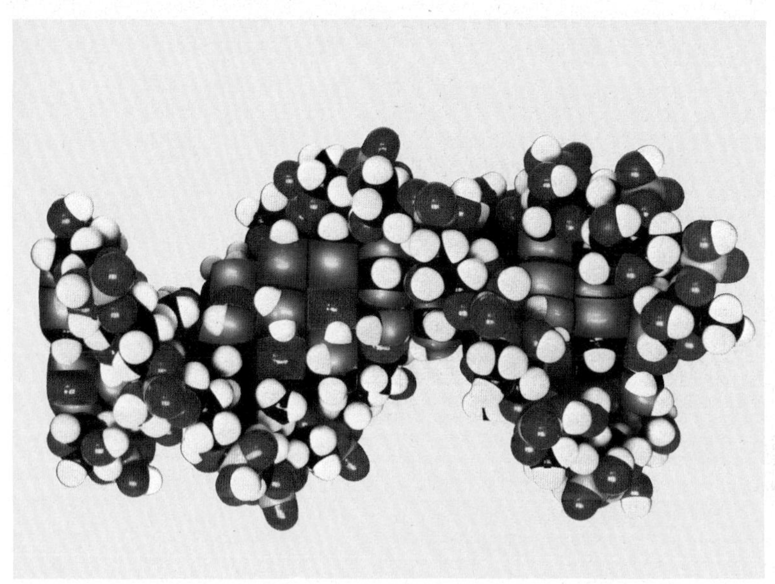

Abb. 191.1. Kalottenmodell der DNS

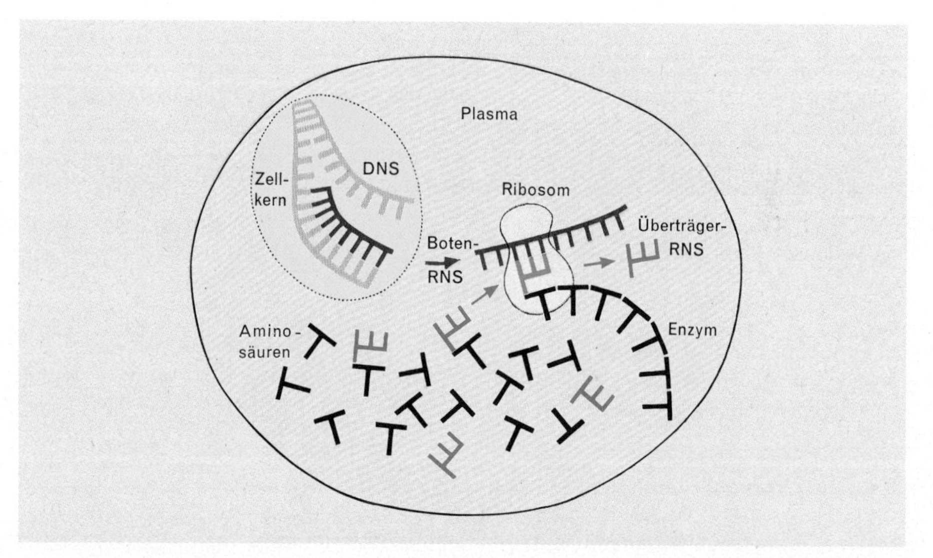

Abb. 191.2. Ein Eiweißkörper (Enzym) wird nach dem Erbcode aufgebaut (grobes Schema): Im Zellkern öffnet sich der Doppelstrang eines DNS-Moleküls und nach dem Matrizenverfahren wird aus Ribonucleinsäure (RNS, rot dargestellt) eine Kopie vom Erbcode hergestellt. Dieses messenger-RNS-Molekül wandert ins Plasma und lagert sich an ein Ribosom an. Die transfer-RNS-Moleküle (blau dargestellt) haben die Aufgabe, nach dem Negativ des Erbcodes die Bausteine des Enzyms (Aminosäuren) in der richtigen Folge aneinanderzufügen. Die transfer-RNS-Moleküle sind untereinander verschieden und je mit einer spezifischen Haftstelle für eine bestimmte Aminosäure (schwarz) ausgestattet; eine andere Haftstelle des RNS-Moleküls ist durch das Triplett (Basen-Dreiergruppe) gegeben, das jener Aminosäure zugeordnet ist. Diese wird so im Plasma aufgefischt und beim Aufbau des Enzyms entsprechend dem Erbcode eingeordnet.

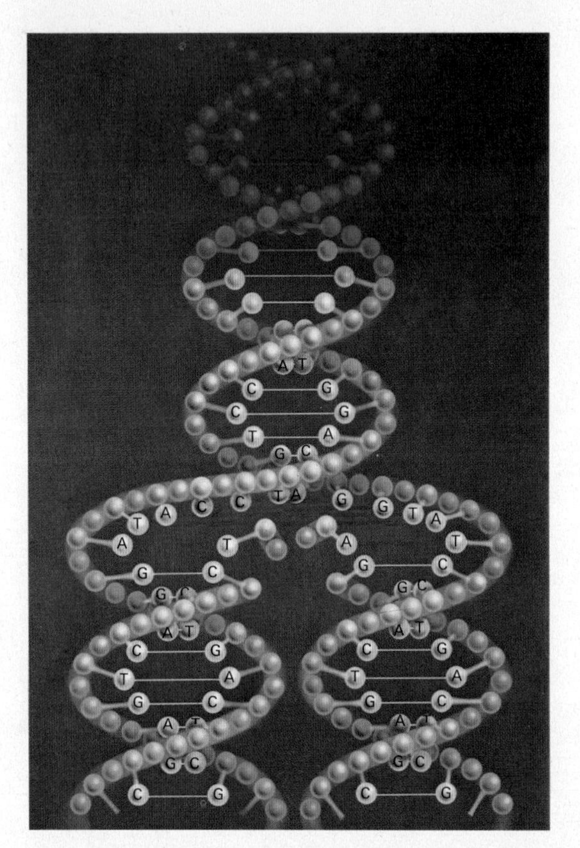

Abb. 192.1. Schema zur identischen Reduplikation. Wie die Abbildung erkennen läßt, bestehen die DNS aus zwei schraubenartig verwundenen Molekülketten, in denen sich die Moleküle der Phosphorsäure (grün) mit Molekülen der Desoxyribose (blau) abwechseln. Jedes der letzteren trägt eine der vier Basen Adenin (A), Thymin (T), Guanin (G) oder Cytosin (C), die beide Stränge über Wasserstoffbrücken „strickleiterartig" verbinden. Die Reihenfolge der Basenpaare trägt den genetischen Code. Bei einer Zellteilung spaltet sich die DNS wie ein Reißverschluß, und die so getrennten Ketten können über einem komplizierten Mechanismus wieder ihre Komplementärkette aufbauen.

Man stellt sich vor, daß dazu die Doppelhelix „aufgewunden" wird und an den nach außen gewandten Basen die Boten-RNS entstehen kann. Die Boten-RNS oder *messenger*[1]*-RNS* (m-RNS) veranlaßt an den *Ribosomen* den Aufbau der Polypeptidkette in der festgelegten Sequenz. Ribosomen sind die „Eiweißfabriken" im Plasma der Zellen, die matrizenartig die Aminosäuren aus ihrer Umgebung in der von der m-RNS angegebenen Sequenz „zusammenbauen". Als „Aminosäuresammler" wirkt die *transfer-RNS*, die die Aminosäuren aus dem Protoplasma an das Ribosom transportiert (Abb. 162.1.).
Im Experiment hat man Ribosomen eines Bacillus auf den Extrakt der m-RNS des Tabakmosaikvirus in einer Proteinlösung einwirken lassen. Man erhielt ein Protein, das dem der Virushülle entsprach.

[1] messenger (engl.) = Bote

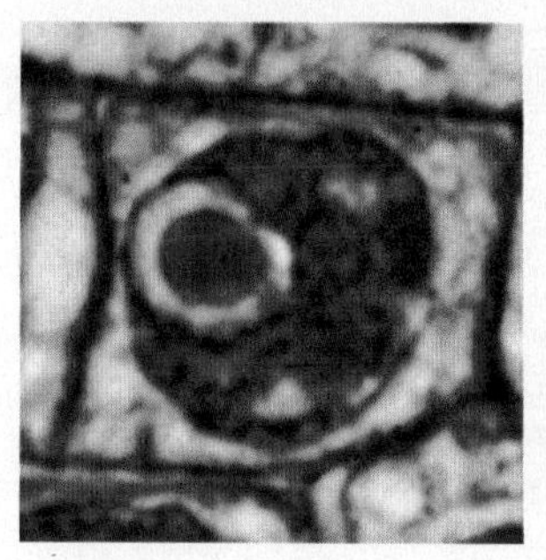
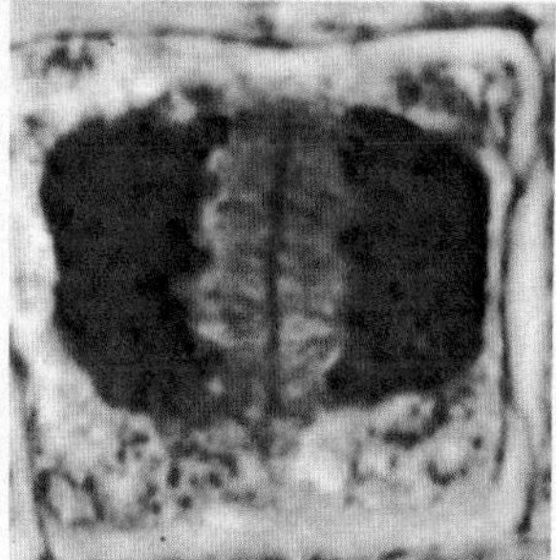
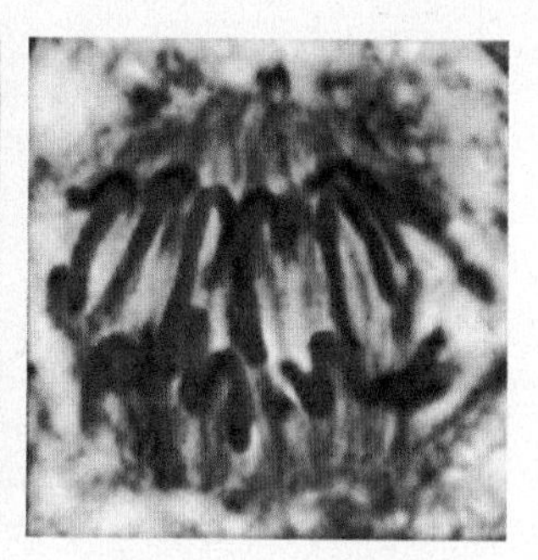

Abb. 193.1. Die drei Abbildungen zeigen den Beginn, eine Zwischenstufe und eine Schlußphase dieser indirekten Zellteilung.

Wird eine Doppelhelix an einem Ende geöffnet, lagern sich im Reißverschlußsystem nach dem Modellmechanismus nur solche Nucleotide an, die der Sequenz ihres Vorgängers entsprechen. Man nennt diesen Vorgang *identische Reduplikation*[1].
Bei der identischen Reduplikation entstehen zwei neue, gleiche Chromosomen mit dem gleichen Gehalt an Erbfaktoren. Dieser Vorgang muß aber nicht das ganze Chromosom ergreifen. Es ist möglich, daß zeitlich und örtlich verschiedene Reduplikationen an ein und demselben Chromosom ablaufen. Die jeweils „aktiven Zentren" im Chromosom sind aufgebläht, man nennt sie *Puffs*[2].
Untersuchungen mit dem Elektronenmikroskop haben darauf hingewiesen, daß die Aufspaltung einer Doppelhelix an bevorzugten Stellen im Molekül einsetzt. Man erkannte durch systematische Untersuchungen, daß adenin- und thyminhaltige Molekülteile diesbezüglich besonders anfällig waren. Zwischen Adenin und Thymin bestehen im Doppelhelixstrang nur zwei Wasserstoffbrückenbindungen, während zwischen Cytosin und Guanin deren drei ausgebildet werden. Man stellt sich vor, daß bei Energiezufuhr zunächst die leichter lösbaren Wasserstoffbrückenbindungen zwischen Adenin und Thymin angegriffen werden können.

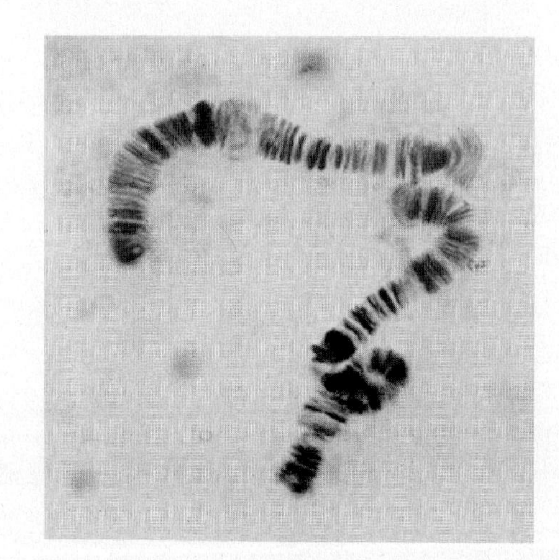

Abb. 193.2. Riesenchromosom,

Querscheiben zu „Puffs" aufgelockert sind

[1] reduplicare (lat.) = wiederverdoppeln
[2] puff (engl.) = Rauch, Dampfwölkchen

22.5. Die Gärung

Unter alkoholischer Gärung versteht man die Umwandlung von Kohlenhydraten in Kohlendioxid und Alkohol durch Hefepilze.

E. Bucher konnte 1897 zeigen, daß die Gärwirkung nicht an die lebenden Zellen, sondern an den Zellsaft der Hefepilze gebunden ist. Die wirksamen Stoffe sind Enzyme. Diese Enzyme kann man als Biokatalysatoren bezeichnen.
Bucher gab den Enzymen der Hefe die Bezeichnung Zymase. Heute weiß man, daß diese Zymase aus einer Anzahl verschiedener Enzyme besteht. Den Gärvorgang kann man summarisch durch die Reaktionsgleichung

$$C_6H_{12}O_6 \rightarrow 2\,CO_2 + 2\,C_2H_5OH$$

angeben. Diese Reaktionsgleichung läßt aber die große Zahl von nacheinander und nebeneinander ablaufenden Reaktionen und die Wirkungsweise der zahlreichen Enzyme nicht erkennen. Es gelang, ein genaues Bild des Reaktionsvorgangs zu erhalten, indem man den normalen Ablauf des Gärvorgangs unterbrach und die dabei entstehenden Zwischenprodukte isolierte.
Wir können bei der Gärung verschiedene Phasen unterscheiden, die teilweise auch bei den physiologischen Vorgängen wieder in Erscheinung treten. Bei der Angärung wird die Glucose in eine Form übergeführt, die es den Enzymen gestattet, die Hexose in zwei Moleküle Triose zu zerlegen. Die Triosen sind Glycerinaldehyd und Dioxiaceton. Die Enzyme können nur den Glycerinaldehyd weiter abbauen. Dioxiaceton wandelt sich langsam in Glycerinaldehyd um.
Ein wichtiges Zwischenprodukt des Abbaues ist die Brenztraubensäure, die durch Decarboxylierung zu Acetaldehyd wird. Die Hydrierung von Acetaldehyd führt schließlich zum Ethylalkohol.
Da Zucker selbst teuer ist und nicht in den benötigten Mengen vorhanden ist, werden im Gärungsgewerbe als billige Rohstoffe die stärkehaltigen Kartoffeln und Getreidearten vergoren. Die Stärke wird durch das Enzym Diastase[1] in Malzzucker hydrolysiert:

$$(C_6H_{10}O_5)_n + \frac{n}{2}\,H_2O + \text{Diastase} \rightarrow \frac{n}{2}\,C_{12}H_{22}O_{11}$$

Der Malzzucker wird dann durch die Maltase in 2 Moleküle Glucose zerlegt, die der direkten Vergärung unterliegen.

$$C_{12}H_{22}O_{11} + H_2O + \text{Maltase} \rightarrow 2\,C_6H_{12}O_6$$

22.6. Physiologisch-chemische Vorgänge

Alle Lebewesen nehmen aus der Umwelt Stoffe auf, formen sie in ihrem Körper zu arteigenen Stoffen um und scheiden Unverwertbares aus. Diese Vorgänge werden *Stoffwechsel* genannt.

[1] diastasis (gr.) = Zersetzung

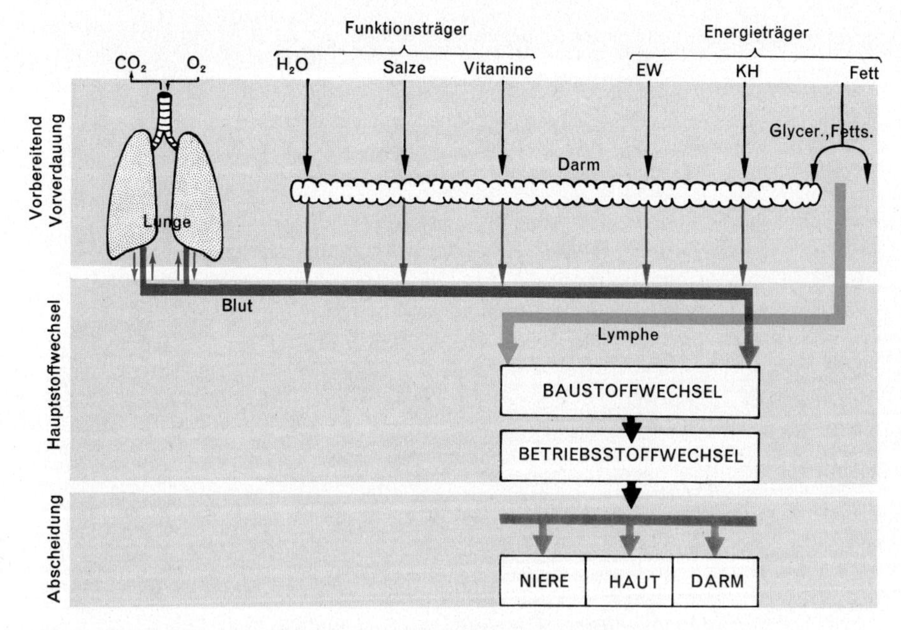

Abb. 195.1. Stoffwechsel-Eiweiße und -Kohlenhydrate (EW/Eiweiße, KH/Kohlenhydrate)

Abbau und Umbildung der aufgenommenen Nährstoffe machen Energie frei, die in mechanische Arbeitsfähigkeit und Wärme umgewandelt werden kann. Was an Nährstoffen für die Energiegewinnung verbraucht wird, unterliegt dem Betriebsstoffwechsel. Ein weiterer Anteil der aufgenommenen Nährstoffe wird für das Zellwachstum und den Ersatz für verbrauchte Gewebeteile benötigt (Bau- und Ersatzstoffwechsel).

Der Ernährung dienen Kohlenhydrate, Fette, Eiweißstoffe, Mineralstoffe, Vitamine und Wasser. Fett, Eiweiß und Kohlenhydrate können sich im Betriebsstoffwechsel zum Teil gegenseitig vertreten.

Im Baustoffwechsel muß täglich eine Mindestmenge von $1 \frac{g}{kg}$ Körpergewicht an Eiweißstoffen aufgenommen werden (Abb. 195.1.).

Die relativ großen Moleküle der drei Nährstoffe Fett, Kohlenhydrate und Eiweiß müssen in der Verdauung in Teile zerlegt werden, die durch die Darmwand treten können. Diese Spaltung erfolgt durch Enzyme der Verdauungssäfte. Die Verdauungssäfte entstehen in besonderen Drüsen.

Die Energie, die zu diesen Vorgängen benötigt wird, stammt zum Teil aus der Umwandlung von Adenosintriphosphat (ATP) in Adenosindiphosphat (ADP).

$$\mathbf{ATP + H_2O \rightleftharpoons ADP + Phosphorsäure + Energie}$$

Die *Kohlenhydratverdauung* beginnt schon mit dem Einspeicheln der Nahrung. Die Speichelamylase baut die höhermolekularen Kohlenhydrate bis zur Maltose ab. Polysaccharide, die die Speichelverdauung überleben, werden durch die Enzyme der Bauchspeicheldrüse, Amylase und Maltase, bis zur Glucose abgebaut. Der menschliche Körper besitzt keine Enzyme, die den Abbau von Polysacchariden mit β-glucosidischer Bindung katalysieren. Summarisch betrachtet wird die auf diesem

Weg abgebaute Glucose durch verschiedene Enzyme und Phosphorsäure Ⓟ in Brenztraubensäure übergeführt:

$$C_6H_{12}O_6 + 2\,ADP + 2Ⓟ \rightleftharpoons 2\,H_3C{-}CO{-}COOH + 4\,H + 2\,ATP$$

Brenztraubensäure

Der freigewordene Wasserstoff wird von Enzymen aufgenommen, die dadurch zu Reduktionsmitteln werden. In der Glykolyse oder in der Atmung wird die Brenztraubensäure weiter abgebaut.
Glykolyse nennt man den Zuckerabbau im Körper. Im Muskel erfolgt dabei eine Wasserstoffübertragung an die Brenztraubensäure, die in Milchsäure übergeht.

$$\begin{array}{c} COOH \\ | \\ C{=}O \\ | \\ CH_3 \end{array} + Col(2\,H) \rightleftharpoons \begin{array}{c} COOH \\ | \\ H{-}C{-}OH \\ | \\ CH_3 \end{array} + Col$$

Brenztraubensäure — Milchsäure

Col(2H) ist die reduzierte Form des Coferments I. Das freigewordene Coferment I (CoI) dient dem Glucoseabbau. Die Milchsäure sammelt sich bei Ermüdung im

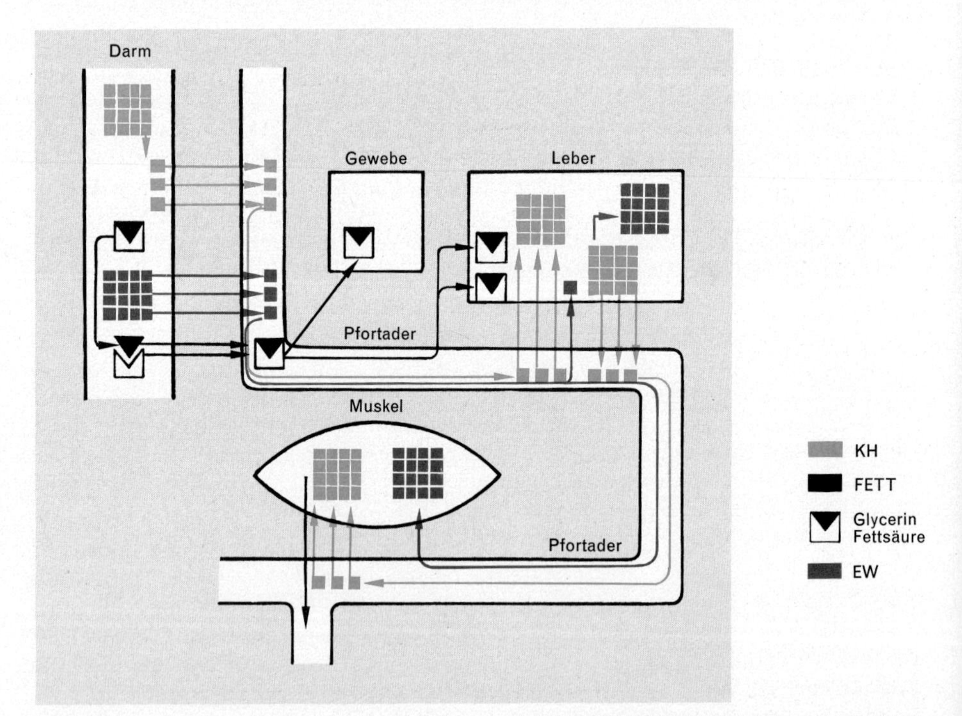

Abb. 196.1. Der Hauptstoffwechsel umfaßt eine Reihe chemischer Vorgänge, die sich in erster Linie in der Leber abspielen. In den Zellen und Geweben baut sich der Körper aus den Aminosäuren wieder sein körpereigenes Eiweiß auf und lagert das Fett im Fettgewebe und Knochenmark ab.

Muskel an. Sie kann aber durch die Rückreaktion wieder in Brenztraubensäure übergehen und unterliegt damit auch dem Abbau durch die Atmung.
Als *Atmung* bezeichnet man den Kohlenhydratabbau, wenn Sauerstoff an den Reaktionen beteiligt ist. Nach diesem Mechanismus wird Brenztraubensäure über den Zitronensäurezyklus bis zu CO_2 und Wasser abgebaut. Summarisch kann man diese Reaktionen sich so vorstellen, daß:

$$H_3C{-}CO{-}COOH + 2\tfrac{1}{2}\,O_2 + 12\,ADP + 12\,Ⓟ \rightarrow 3\,CO_2 + 2\,H_2O + 12\,ATP$$

Der Abbau der Fette wurde unter anderem auch von F. Knoop[1] untersucht. Knoop behauptete 1904, daß der *Abbau der Fettsäuren* in der Leber durch β-Oxidation erfolgt. Die β-Oxidation, d. h. die Oxidation am β-ständigen Kohlenstoffatom, führt durch Dehydrierung, einer durch Coenzym A aktivierten Fettsäure, zur Bildung einer α,β-ungesättigten Fettsäure. Diese lagert Wasser so an, daß die OH-Gruppe in β-Stellung gelangt. Die β-Hydroxisäuren werden aber leicht zu β-Ketosäuren oxidiert. Durch Abspaltung der Essigsäure bildet sich am β-Kohlenstoffatom eine neue Carboxylgruppe. Die β-Oxidation führt so zu einer Fettsäure, die um zwei Kohlenstoffatome kürzer ist als die C-Kette der ursprünglichen Säure. Erst in jüngerer Zeit konnten Lynen, Lipmann und Green durch Isotopenmarkierung (s. Kapitel 20.11.1. und 25.8.) diesen Mechanismus beweisen. Diese Umwandlung wird durch das Coenzym eingeleitet, nachdem das Fett durch Lipase in Glycerin und Fettsäure getrennt wurde. Wir verfolgen die β-Oxidation am Beispiel der Stearinsäure:

$$H_{31}C_{15}{-}CH_2{-}CH_2{-}COOH \xrightarrow{-2H} H_{31}C_{15}{-}CH{=}CH{-}COOH \xrightarrow{+H_2O} H_{31}C_{15}{-}CH(OH){-}CH_2{-}COOH \xrightarrow{-2H} H_{31}C_{15}{-}C({=}O){-}CH_2{-}COOH \xrightarrow{+H_2O} H_{31}C_{15}{-}C({=}O){-}OH + H_3C{-}COOH$$

Stearinsäure

Die bei der β-Oxidation freigewordene Essigsäure ist noch an den Enzymrest gebunden, man nennt sie „aktivierte Essigsäure“ oder Acetylcoenzym A.
Da die in den natürlichen Fetten vorkommenden Fettsäuren immer eine gerade Zahl von Kohlenstoffatomen besitzen, entstehen bei dem Fettsäureabbau auch wieder Fettsäuren mit gerader Kohlenstoffatomzahl. Das um zwei C-Atome ärmere Bruchstück ist ebenfalls noch an einen katalysierenden Enzymrest gebunden und kann wieder von Anfang an in den Reaktionsablauf eingeschleust werden. Obwohl zum Beispiel die Aktivierung der Stearinsäure durch das Coenzym A ATP erfordert, ist die β-Oxidation exotherm, da bei den einzelnen Reaktionsschritten insgesamt 5 Mol ATP und 4 Mol H-Atome pro Mol Stearinsäure frei werden. Das bei der Spaltung durch Lipase entstehende Glycerin wird in der Leber oxidiert. Das Acetylcoenzym A wird in dem Citronensäurezyklus bis zum Kohlendioxid abgebaut.
Der *Eiweißabbau* beginnt mit der Wirkung des Pepsins auf die Proteine im Magen. Gleich anderen eiweißabbauenden Enzymen kann auch Pepsin nur gewisse Peptide spalten. Erst durch die Enzyme der Bauchspeicheldrüse (Trypsin) und des Dünn-

[1] F. Knoop, 1875–1946, deutscher Chemiker

darms wird die Zerlegung der Proteide in Aminosäuren beendet. Der Abbau der Aminosäuren in der Leber erfolgt in umgekehrter Reihenfolge wie ihr Aufbau:

$$\underset{\text{Alanin}}{HO-C(=O)-CH(NH_2)-CH_3} \underset{-NH_3}{\overset{\text{Aminase} + \frac{1}{2}O_2}{\rightleftharpoons}} \underset{\text{Brenztraubensäure}}{HO-C(=O)-C(=O)-CH_3}$$

Das abgegebene Ammoniak wird mit Kohlendioxid unter Fermentwirkung über Zwischenstufen in Harnstoff verwandelt:

$$2\,NH_3 + CO_2 \rightarrow \underset{\text{Harnstoff}}{H_2N-CO-NH_2} + H_2O$$

Die Harnstoffsynthese der Leber befreit auch den übrigen Körper von Ammoniak, da aus dem Dickdarm ständig Ammoniak in das Pfortaderblut gelangt.

22.6.1. Die Photosynthese

Bei der CO_2-Assimilation oder Photosynthese wird die Strahlungsenergie des Sonnenlichts in Gegenwart von Chlorophyll in chemische Energie verwandelt. Dabei entstehen aus Wasser und CO_2 Sauerstoff und Kohlenhydrate.

$$n\,CO_2 + n\,H_2O \xrightarrow{h\nu^1} (CH_2O)_n + n\,O_2$$

Die Ansicht, daß sich das Kohlendioxid und das Wasser über Formaldehyd und anschließender Aldolkondensation zu Glucose aufbauen, hat sich als irrig erwiesen. Der genaue Ablauf der Reaktion konnte von M. Calvin[2] ermittelt werden. Man nimmt an, daß der Weg zur Glucosesynthese teilweise der Umkehrung des Kohlenhydratabbaues entspricht:

$$6\,CO_2 + 6\,H_2O \underset{\text{Atmung}}{\overset{\text{Photosynthese}}{\rightleftharpoons}} C_6H_{12}O_6 + 6\,O_2 \quad ; \Delta H = 2{,}81\,MJ$$

Durch Verwendung des Isotops ^{18}O konnte festgestellt werden, daß der ganze Sauerstoff, der zum Aufbau des Kohlenhydrats benötigt wird, aus dem Wasser stammt.

[1] Siehe Kapitel 20.7.2.

[2] Melvin Calvin, 1911, amerikanischer Chemiker

Danach besteht die primäre *Lichtreaktion* in einer Zerlegung des Wassermoleküls (Photolyse des Wassers):

$$H_2O + h\nu \rightarrow 2H + \tfrac{1}{2}O_2 \quad \textbf{(Hill-Reaktion)}$$

Wie später festgestellt wurde, verläuft die Reaktion so, daß das Chlorophyll unter der Einwirkung des Lichts ein Elektron an ein Proton bzw. Hydroniumion aus der Wasserdissoziation abgeben kann. Der dabei gebildete Wasserstoff reduziert das Coenzym Triphosphopyridinnucleotid[1] (TPN) zu TPNH oder NADP bzw. NADPH. Vereinfacht kann man sich vorstellen, daß sich zwei Hydroxidionen bei diesen Bedingungen unter Energieabgabe zu Wasser und Sauerstoff umsetzen, wobei zwei Elektronen frei werden. Diese Elektronen werden von dem roten, eisenhaltigen Cytochrom[2] eingefangen und an das Chlorophyll zurückgegeben.

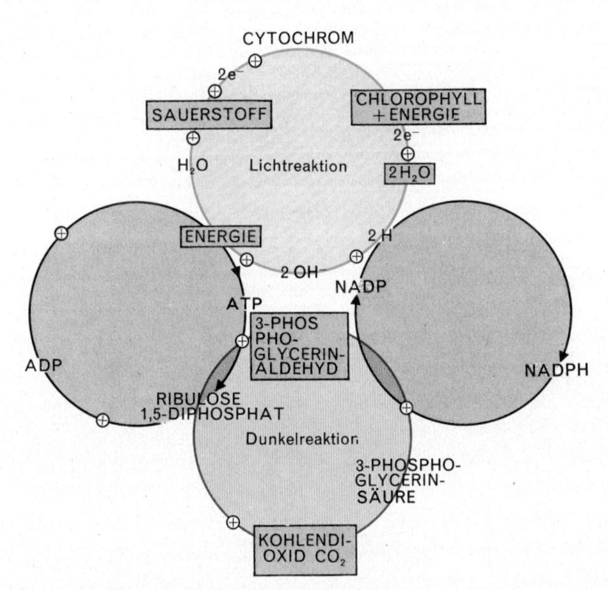

Abb. 199.1. Schema zur Photosynthese

In seinen, mit dem Nobelpreis ausgezeichneten Arbeiten zeigte Calvin durch Markierung des Kohlenstoffs mit dem Isotop ^{14}C, daß das aufgenommene Kohlendioxid, das bei der entgegengesetzt verlaufenden Reaktion der Atmung entsteht, zuerst mit einem Stoffwechselprodukt der Pflanzen, dem Ribulose-1,5-diphosphat reagiert. Hierbei entsteht Phosphoglycerinsäure, die mit dem als Folgeprodukt der Lichtreaktion gebildeten NADPH zu 3-Phosphoglycerinaldehyd reagiert. Die im NADPH und

[1] Im TPN verbindet eine Sauerstoffbrücke zwei P-Atome, die zu einer einfach bzw. doppelt mit Phosphorsäure veresterten Ribose gehören. An der einfach veresterten Ribose ist Nicotinsäureamid (das das H-Atom bindet), an der anderen Adenin gebunden. Deshalb wird TPN auch häufig mit NADP abgekürzt (Nicotinsäureamid-adenindinucleotidphosphat).

[2] Cytochrome sind eisenhaltige Häminproteide, die als elektronenübertragende Substanzen in einem komplizierten Reaktionsmechanismus die Redoxreaktion zwischen Wasser und Chlorophyll katalysieren können.

ATP gespeicherte Energie wird nun in der *Dunkelreaktion* der Photosynthese verwendet, um 3-Phosphoglycerinaldehyd zu synthetisieren, der sich ohne weiteren Energieverbrauch in Glucose umwandelt. Die dabei freiwerdende Phosphorsäure verestert ADP bei Energiezufuhr weiter zu ATP.
Man schätzt, daß pro Jahr die Pflanzen auf der gesamten Erde, einschließlich der Wasserpflanzen, aus der Atmosphäre $2 \cdot 10^{14}$ kg Kohlendioxid aufnehmen. Das sind 10% des gesamten Vorrats. Die zur Bindung aufgenommene und gespeicherte Energie beträgt $1{,}25 \cdot 10^{20}$ kJ, was etwa dem jährlichen Energiebedarf von 100 Millionen Großstädten entspricht. Es muß angenommen werden, daß mit zunehmender Entwicklung der Photosynthese der in geologischen Zeiträumen gebildete Sauerstoff die Änderung der ursprünglich reduzierenden in die oxidierende Atmosphäre verursacht hat. Der durch Photosynthese und Atmung hervorgerufene Kreislauf des Kohlenstoffs stellt die größte chemische Kraft auf der Oberfläche unseres Planeten dar.

23. Kunstfasern und Kunststoffe

23.1. Kunststoffe und Kunstfasern aus Naturstoffen

1) Herstellung von Nitrocellulose: Man stellt zuerst eine Nitriersäure her, indem man im trockenen Erlenmeyerkolben 12 ml Salpetersäure in kleinen Portionen mit 20 ml konz. Schwefelsäure unter Kühlen mischt. Nun übergießt man einen Wattebausch im Becherglas mit der Nitriersäure und wendet ihn 10 Minuten lang mit dem Glasstab in der Säure um. (Abzug!) Jetzt nimmt man den Bausch aus der Säure und legt ihn in eine Porzellanschale. Hier wäscht man ihn mit Wasser so lange, bis das Waschwasser keine saure Reaktion mehr zeigt. Nach kräftigem Ausdrücken läßt man die so nitrierte Watte an der Luft trocknen. Vergleiche Watte und nitrierte Watte beim Verbrennen. Vorsicht, nur kleine Mengen Nitrocellulose verbrennen!

2) Bildung von Cellulosexanthogenat: Übergieße einen Wattebausch mit Natronlauge und bearbeite ihn $\frac{1}{4}$ Stunde knetend mit dem Glasstab, so daß die Watte von der Lauge gut durchtränkt ist. Drücke ihn dann zwischen zwei Glasplatten aus, um ihn von überschüssiger Lauge zu befreien. Hierauf zerfasere den Wattebausch und lege ihn in eine Pulverflasche. Lasse bis zur nächsten Stunde stehen. Versetze nun mit 5 ml Schwefelkohlenstoff und schüttele gut durch (Abzug! Vorsicht, Schwefelkohlenstoff ist brennbar). Die Flasche bleibt an einem kühlen Ort bis zur nächsten Stunde stehen. Gib jetzt die gallertige Masse in eine Reibschale und befreie sie durch Drücken mit dem Pistill von überschüssigem Schwefelkohlenstoff. Versetze nun mit 5 ml Natronlauge und verreibe mit dem Pistill, bis eine gleichmäßige, gelbe Masse entstanden ist. Bis zur nächsten Stunde stehenlassen!
Füge dann soviel Wasser unter ständigem Reiben mit dem Pistill zu, bis ein orangegelber Sirup entstanden ist. Mische nun in einem 600er Becherglas (hohe Form) die Viscose mit $\frac{1}{3}$ ihres Volumens an Ammoniumsulfat durch Schlagen mit dem Glasstab und erhitze etwas. Wenn die Schaumbildung genügend stark ist, wird abgekühlt.

Das *Nitroverfahren*, bei dem Cellulosenitrat entsteht, ist das älteste Verfahren zur Herstellung künstlicher Fäden[1]. Es hat sich aber aus wirtschaftlichen und technischen Gründen nicht halten können, hat dafür aber bei der Herstellung von Celluloid, Kunstleder und Nitrolacken an Bedeutung gewonnen. Hochnitrierte Cellulose ist *Schießbaumwolle*, die an der Luft harmlos abbrennt, aber in gepreßter Form mit Initialzündung explosionsartig verpufft.
In der „Nitrocellulose"[2], wie in anderen Kunststoffen auf Cellulosebasis, verwendet man das natürliche Makromolekül als Ausgangsprodukt und unterwirft es einer chemischen Reaktion, die die Cellulosekette nicht aufbricht. Im Falle von Versuch 1 wird mit Nitriersäure der Celluloseester der Salpetersäure hergestellt.

$$[C_6H_7O_2(OH)_3]_n \;+\; 3n\ HNO_3 \;\rightarrow\; [C_6H_7O_2(NO_3)_3]_n \;+\; 3n\ H_2O$$

Ausschnitt aus einem Nitrocellulosemolekül

[1] Graf Hilaire de Chardonnet, 1839–1924, 1. Patent 1884, Besançon

[2] Der Name Nitrocellulose ist chemisch falsch, da keine Nitrogruppen vorliegen. Er ist ebenso als Trivialname aufzufassen wie Cellulosenitrat.

Das bei dieser Reaktion gebildete Wasser verhindert wahrscheinlich eine 100%ige Veresterung der Cellulose. Außerdem sind noch räumliche Gründe dafür maßgebend, daß keine volle Nitrierung des Makromoleküls möglich ist. Cellulosenitrat ist in einem Gemisch aus Ether und Alkohol löslich.
Celluloseacetat ist der Essigsäurester der Cellulose. Wesentlich schwieriger als die Veresterung zu Nitrocellulose ist die zur Acetylcellulose. Mit Eisessig kommt man selbst unter schärfsten Bedingungen nicht über die Veresterung von durchschnittlich einer OH-Gruppe hinaus, und auch mit Essigsäureanhydrid kann man natürliche Fasern zu höchstens 1,5–1,6 Acetylgruppen auf eine Glucoseeinheit verestern. Bessere Veresterungswerte erzielt man, wenn die Cellulose zuvor in einer Elektrolytlösung quellen konnte.

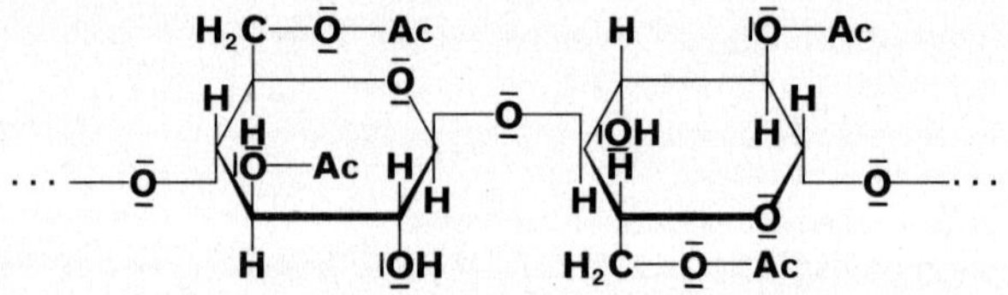

Ausschnitt aus einem Acetylcellulosemolekül (Ac=H_3CCO)

Celluloseacetat verwendet man zur Herstellung synthetischer Fasern, Filme, Folien und plastischer Massen.
Beim Viskoseverfahren reagiert Natroncellulose mit Schwefelkohlenstoff zu Cellulosexanthogenat (Versuch 2).

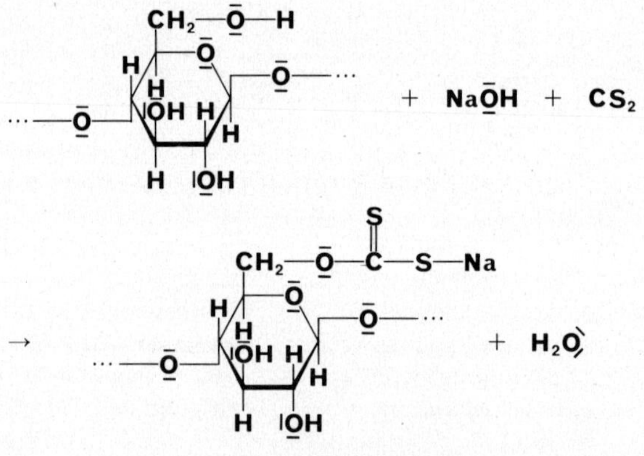

$+ NaOH + CS_2$

$\rightarrow$ $+ H_2O$

Cellulosexanthogenat

Preßt man die Viskoselösung in ein schwefelsaures Fällbad, wird das Xanthogenat in die entsprechende Xanthogensäure übergeführt, die unter Rückbildung der Cellulose zerfällt.
Technisch wird das Viskoseverfahren hauptsächlich zur Gewinnung von Fasern (Viskoseseide) ausgewertet. Cellophanpapier wird aus Viskosebasis durch Behandlung mit Glycerin hergestellt.
Schweizers Reagens, das Kupfertetramminhydroxid $[Cu(NH_3)_4](OH)_2$ ist das bekannteste und praktischste Lösungsmittel für Cellulose, und doch hat sich das auf dieser Reaktion beruhende *Kupferverfahren* erst nach dem Nitratverfahren entwickelt und ist nach einer ersten Erfolgsperiode (bis 1910) erst wieder in den zwanziger

Jahren zu neuem Aufschwung gelangt, ohne aber dem inzwischen hoch entwickelten Viskoseverfahren nachzukommen. Die Cellulose wird in nassen Flocken mit etwa 30% Trockengehalt in starke Ammoniaklösung eingetragen, das Kupfersalz unter Rühren zugesetzt und Natronlauge zur Umsetzung des restlichen Sulfats beigegeben. 100 Teile Spinnlösung setzen sich zusammen aus:

7–10 Teilen Cellulose,
8– 9 Teilen NH_3 als 24%ige Lösung,
3– 4 Teilen Kupfersalz,
2 Teilen Natronlauge, 8%ig,

der Rest ist Wasser. Nach Verspinnen in warmem Wasser wird der Faden durch eine 10%ige Schwefelsäure entkupfert.

Ein Kunststoff auf der Basis natürlicher Eiweiße ist das *Galalith* oder Kunsthorn. Es wird aus Casein hergestellt und ist einer der ältesten Kunststoffe. Wegen der ausgezeichneten Anfärbemöglichkeiten bildet dieser Kunststoff ein gesuchtes Material für die Knopfindustrie. In späteren Jahren (ab 1930) wurde Casein auch zur Herstellung von Kunstfasern verwendet. Der Italiener Ferretti brachte „Lanital", eine aus Casein hergestellte Kunstwolle, auf den Markt. Diese Kunstfasern ähneln der Wolle sehr, sie sind jedoch weniger wasserfest. In normalen Zeiten, wenn die Einfuhr von Wolle kein Problem ist, können sie nicht mit diesem tierischen Naturprodukt konkurrieren.

23.2. Kunststoffe und Kunstfasern durch Polymerisation

L 1) Radikalische Polymerisation von Styrol: Ein Gemisch aus 15–20 ml Styrol und ca. 2 g Dibenzoylperoxid erhitzt man gleichmäßig und langsam in einem 250-ml-NS-Rundkolben mit aufgesetztem Dimrothkühler. Nachdem die Reaktion in Gang gekommen ist, stellt man die Heizung ab und läßt noch ca. 10 Minuten weiter reagieren. Anschließend wird langsam auf Zimmertemperatur abgekühlt. Vorsicht, Styroldämpfe sind giftig und brennbar. (Abzug!)

2) Herstellung eines Polyamids: Zu 5–10 g ε-Caprolactam gibt man in einem Reagenzglas ein abgetrocknetes, erbsengroßes Stück Natrium und erhitzt langsam (Sparflamme) zum Sieden. Nachdem das Gemisch der Ausgangsprodukte geschmolzen ist, läßt man es einige Minuten sieden, bis es merklich viscos geworden ist. Mit einem Glasstab kann man aus der Schmelze meterlange Fäden ziehen.

Polyethylen:

Die Möglichkeit, Ethylen unter hohem Druck in ein festes Polymeres zu polymerisieren, wurde im Jahre 1933 von den Forschern der Imperial Chemical Industries Ltd. entdeckt. Ihre Versuchsapparatur beruhte auf einer Einrichtung, die es ermöglicht, unter Drucken bis zu 3000 bar und Temperaturen von 200 °C zu arbeiten. Im Jahre 1935 wurden im ICI-Labor einige Gramm des Polymerisats gewonnen und 1937 wurde ein kontinuierliches Verfahren zu Versuchszwecken in Betrieb genommen. Die Vollproduktion wurde in den Jahren 1939/40 erreicht.

Untersuchungen, die im Institut für Kohleforschung in Mülheim unter der Leitung von Prof. Ziegler angestellt wurden, führten 1952 zu der Erkenntnis, daß es möglich ist, Ethylen bei Atmosphärendruck und Temperaturen, die wenig über der Zimmertemperaur liegen, zu polymerisieren. Die Namen Ziegler und Natta[1] sind mit dem Niederdruckverfahren zur Polymerisation des Ethylens verbunden. Vereinfacht läßt sich diese Polymerisation durch die Reaktionsgleichung

[1] K. Ziegler, 1898, deutscher Chemiker, G. Natta, 1903, italienischer Chemiker

Abb. 204.1. Herstellung einer Folie aus Polyethylen

$$n\,H_2C{=}CH_2 \rightarrow [-CH_2-CH_2-CH_2-CH_2-]_{\frac{n}{2}}$$

wiedergeben. In Deutschland ist Polyethylen unter den Handelsnamen Hostalen und Lupolen bekannt.

Polystyrol:

Wenn man Styrol allein oder in Gegenwart von Katalysatoren erhitzt, findet eine Polymerisation statt, die eine harte, klare Substanz liefert. Diese Tatsache wurde zuerst von Simenon[1] im Jahre 1839 beobachtet. Bei Versuch 1 läuft dabei folgende Reaktion ab:

Startreaktion:

$$\text{HC{=}CH}_2\text{–C}_6\text{H}_5 + \text{R}\cdot \rightarrow [\text{H}\dot{\text{C}}\text{–CH}_2\text{R}\ (\text{–C}_6\text{H}_5)]$$

R· bedeutet hier das Benzoylradikal H_5C_6—COO·

Wachstumsreaktion:

$$n\,[\text{H}\dot{\text{C}}\text{–CH}_2\text{R}\ (\text{–C}_6\text{H}_5)] + n\ \text{HC{=}CH}_2\text{–C}_6\text{H}_5 \rightarrow [\text{RH}_2\text{C–CH(C}_6\text{H}_5\text{)–CH}_2\text{–}\dot{\text{C}}\text{H(C}_6\text{H}_5\text{)}]_n$$

Das entstandene Polymere ist in Aceton löslich, in Methanol unlöslich. Während der Erforschung der Chemie des Styrols und des Polystyrols, an der besonders H. Staudinger mitarbeitete, wurde gleichzeitig die Entwicklung seiner Technologie vorangetrieben. Dieser Kunststoff wurde in industriellem Maßstab zuerst in Deutschland produziert. Im Jahre 1936 wurden in Ludwigshafen schon 6000 Tonnen dieses Polymerisats hergestellt.

Polyvinylchlorid

zählt zu den wertvollsten Kunststoffen, die wir kennen. Man gewinnt es durch Polymerisation von Vinylchlorid, das z.B. aus Ethin und Chlorwasserstoff bei Anwesenheit von Hg^{2+}-Ionen als Katalysatoren hergestellt werden kann.

$$\text{HC{\equiv}CH} + \text{HCl} \xrightarrow{\text{Hg}^{2+}} \text{H}_2\text{C{=}CHCl}$$

Die Polymerisation des monomeren Vinylchlorids verläuft im Licht oder mit radikalischen Katalysatoren:

$$n\ \text{H}_2\text{C{=}CHCl} \rightarrow [\text{–CH}_2\text{–CH(Cl)–CH}_2\text{–CH(Cl)–}]_{\frac{n}{2}}$$

In Deutschland sind PVC-Polymerisate unter den Handelsnamen Vinoflex und Vinidur bekannt.

Herstellung von ε-Caprolactam:

In einem ersten Reaktionsschritt wird Phenol zu Cyclohexanol[2] hydriert:

$$\text{C}_6\text{H}_5\text{OH} + 3\ \text{H}_2 \rightarrow \text{C}_6\text{H}_{11}\text{OH}$$

Cyclohexanol = $C_6H_{11}OH$

[1] E. Simenon: in Liebigs Annalen 31, 1839, Seite 271

[2] cyclos (gr.) = Kreis

Dieser Alkohol wird in das entsprechende Keton, das Cyclohexanon, übergeführt und dann Hydroxylamin addiert.

$$C_6H_{11}\bar{O}H \rightarrow C_6H_{10}O + H_2$$

$$C_6H_{10}O + H_2N-\bar{O}H \rightarrow C_6H_{10}-NOH + H_2O$$

Hydroxylamin Cyclohexanon-oxim

Das entstandene Cyclohexanonoxim lagert sich mit konzentrierter Schwefelsäure bei 90 °C in ε-Caprolactam um:

$$\text{Cyclohexanonoxim } (C_6H_{10}{=}N\bar{O}H) \xrightarrow{H_2SO_4} \varepsilon\text{-Caprolactam}$$

Cyclohexanonoxim ε-Caprolactam

Bei Versuch 2 wird diese Verbindung mit Natrium nach einem Ionenkettenmechanismus polymerisiert. Man nennt diese Umsetzung Schnellpolymerisation. Es entstehen Makromoleküle, bei denen die einzelnen Glieder durch —CO—NH-Bindungen untereinander verknüpft sind. Man nennt diese Polymerisate die *Polyamide*. Die Schnell-

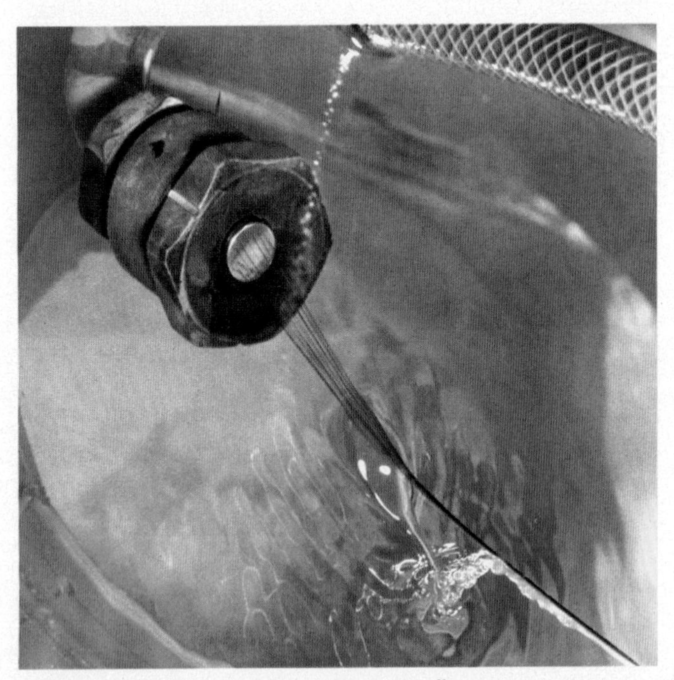

Abb. 206.1. Viscose wird durch die feinen Öffnungen einer Spinndüse gepreßt und in einem säurehaltigen Bad ausgefällt

polymerisation wird wegen ihrer ungünstigen Gleichgewichtseinstellung zur praktischen Herstellung von Polyamiden nicht herangezogen.
Bei allen Polymerisationsreaktionen wurden Moleküle eingesetzt, die mindestens eine Doppelbindung enthalten. An dieser Doppelbindung fand jeweils die Reaktion zum Makromolekül statt.

Unter einer Polymerisation versteht man Umsetzungen, an denen ungesättigte Moleküle teilnehmen, die sich unter Aufrichtung der Doppelbindung nach einem radikalischen oder ionogenen Mechanismus zu Makromolekülen zusammenlagern.

23.3. Kunststoffe und Kunstfasern durch Polykondensation

1) Grenzflächenpolykondensation: In 100 ml Tetrachlorkohlenstoff löst man 3 ml Sebazinsäuredichlorid und in 50 ml Wasser werden 4,4 g Hexamethylendiamin aufgelöst. Die Sebazinsäuredichloridlösung wird in einem 400-ml-Becherglas mit der wäßrigen Hexamethylendiaminlösung überschichtet. Entfernt man das Reaktionsprodukt laufend durch Herausziehen, treten die Ausgangsstoffe wieder neu zusammen. Das Endprodukt kann man so als Seil aus der Grenzfläche ziehen.

2) Herstellung eines Kationenaustauschers: Ein 500-ml-Zweihalskolben mit Rührwerk und Rückflußkühler wird mit 94 g Phenol, 26 g wasserfreiem Natriumhydrogensulfit, 31,5 g wasserfreiem Natriumsulfit, 75 g Paraformaldehyd und 11,3 g Wasser beschickt. Nach dem Einschalten des Rührwerks steigt die Temperatur im Kolben auf etwa 100 °C. Ist die einleitende Reaktion abgeklungen, erhitzt man am Rückfluß weiter, bis ein viscoser Sirup entsteht. Dieser wird in eine flache Glasschale gegossen und im Umluftofen 3 Stunden auf 100 °C, dann 16 Stunden auf 150 °C erhitzt, wodurch das Harz aushärtet.

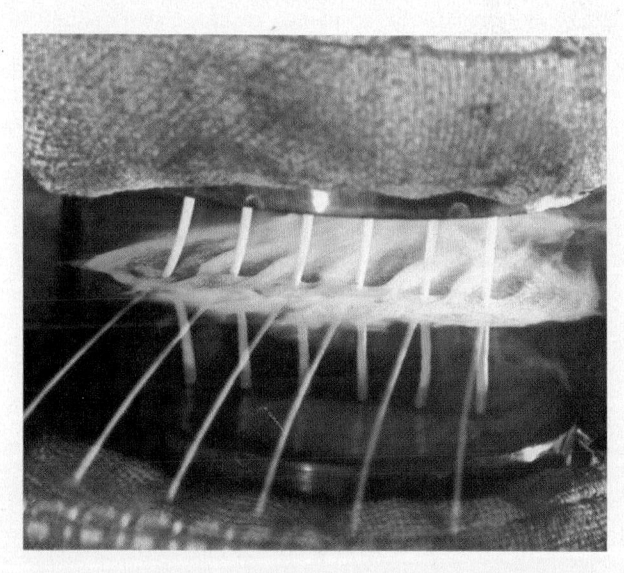

Abb. 207.1. Der Faserrohstoff ®Ultramid B (Nylon 6) wird kontinuierlich hergestellt. Hier verläßt das zähflüssige Produkt den Reaktor und erhärtet im Kühlwasser

Vergleiche die Wasserhärte von je 100-ml-Portionen Leitungswasser und dem Ionenaustauschereluat, indem mit Idranal-B-Lösung nach Zusatz der Indikator-Puffertablette und 1,0 ml konzentriertem Ammoniumhydroxid titriert wird.

Mit Hilfe der Polykondensation können lineare, hochmolekulare Moleküle hergestellt werden. Die Grundlagen dieser Entwicklung sind u.a. von dem amerikanischen Forscher W. H. Carothers[1] geschaffen worden. In Deutschland gelang fast gleichzeitig P. Schlack[2] im Werk Wolfen der ehemaligen IG-Farben-Werke im Jahre 1936 die technische Polymerisation des ε-Caprolactams.

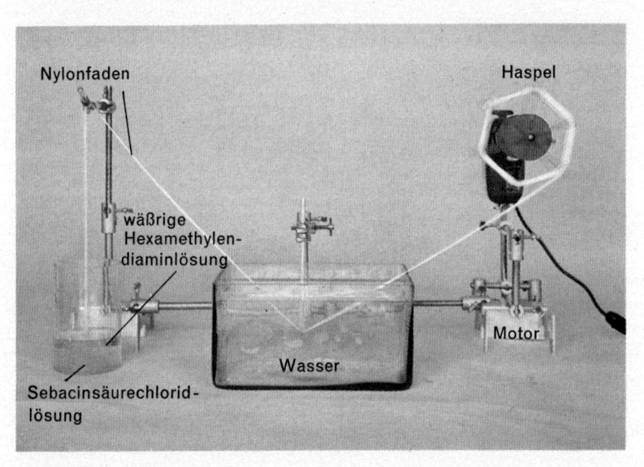

Abb. 208.1. Grenzflächenpolykondensation zwischen Sebacinsäurechlorid in CCl_4 und einer wäßrigen Hexamethylendiaminlösung

Carothers stellte zunächst ein Linearpolykondensat aus Hexamethylendiamin und Adipinsäure dar.

$$\text{n } H_2\bar{N}\text{—}(CH_2)_6\text{—}\bar{N}H_2 + \text{n } H\underline{\bar{O}}\underline{\bar{O}}C\text{—}(CH_2)_4\text{—}C\underline{\bar{O}}\underline{\bar{O}}H \rightarrow$$

Hexamethylendiamin Adipinsäure

$$[\text{—}H\bar{N}\text{—}(CH_2)_6\text{—}\bar{N}H\text{—}C\underline{O}\text{—}(CH_2)_4\text{—}C\underline{O}\text{—}\bar{N}H\text{—}]_n + 2\text{n } H_2O$$

Die Adipinsäure kann man durch Verseifung und das Hexamethylendiamin durch Reduktion von Adipinsäurenitril $|N\equiv C\text{—}(CH_2)_4\text{—}C\equiv N|$ erhalten.
Bei Versuch 1 findet die Kondensationsreaktion nicht unter Wasseraustritt, sondern durch Abspaltung von Chlorwasserstoff statt.

$$\text{n } H_2\bar{N}\text{—}(CH_2)_6\text{—}\bar{N}H_2 + \text{n } \begin{matrix} |\bar{O} \\ Cl \end{matrix}\!\!>C\text{—}(CH_2)_8\text{—}C\!\!<\!\begin{matrix} \bar{O}| \\ Cl \end{matrix}$$

$$\downarrow -2\text{n } HCl$$

$$(\text{—}H\bar{N}\text{—}(CH_2)_6\text{—}\bar{N}H\text{—}C\underline{O}\text{—}(CH_2)_8\text{—}C\underline{O}\text{—}\bar{N}H\text{—}(CH_2)_6\text{—}\bar{N}H\text{—})_n$$

[1] W. H. Carothers, 1896–1937, Chemiker, Erfinder des Nylons
[2] Paul Schlack, 1897, deutscher Chemiker, Stuttgart

Im Endprodukt der Grenzflächenkondensation sind die —$(CH_2)_4$-Gruppen der Adipinsäure durch die —$(CH_2)_8$-Kettenglieder der Sebacinsäure ersetzt. Man nennt deshalb das erste Polykondensat Nylon 6,6 und das zweite Nylon 6,10.

Abb. 209.1. Kalottenmodell eines Teils einer Nylonfaser

Bei der Herstellung des Kationenaustauschers in Versuch 2 fand folgende Reaktion statt:

$$n\ C_6H_5\text{—}\overline{O}H + 3n\ HCHO + n\ Na^+ + n\ HSO_3^- + 2n\ Na^+ + n\ SO_3^{2-}$$

$$\rightarrow \left[\cdots\text{—}CH_2\text{—}C_6H_2(\overline{O}H)(CH_2\text{—}\cdots)\text{—}CH_2\text{—}SO_2\text{—}\overline{O}|^{\ominus}\ Na^{\oplus} \right]_n + 2n\ H_2O + 2n\ Na^+ + n\ SO_4^{2-}$$

Läßt man nun eine Lösung mit verschiedenen Kationen durch einen Kationenaustauscher strömen, so werden die Kationen vom Austauscher gebunden und H^+-Ionen dafür an die Lösung abgegeben. Läßt man eine wäßrige Lösung durch einen Kationenaustauscher strömen, findet ein Austausch der verschiedenen Kationen gegen H_3O^+-Ionen statt.

Der Aufbau des Austauscherharzes aus verzweigten Makromolekülen bedingt, daß sich dieser Kunststoff beim Erhitzen zersetzt. Man nennt diese Art der Kunststoffe *Duroplaste*. Die Duroplaste müssen wir uns aus kettenförmigen Makromolekülen aufgebaut vorstellen, die untereinander gebunden sind. Bei diesem Vernetzungsvorgang, den man auch „Härten" nennt, werden z.B. kettenförmige Makromoleküle, die aus Phenol und Formaldehyd entstehen können, zu einem dreidimensionalen Netz über Methylenbrücken (—CH_2—) verbunden. Es ist schwer möglich, einzelne Abschnitte aus dem Verband des räumlichen Netzwerks herauszulösen, daher sind Duroplaste unlöslich und unschmelzbar.

Kunststoffe, deren kettenförmige Makromoleküle untereinander keine Bindungen besitzen, gehören zur Klasse der *Thermoplaste*. Die kettenförmigen Makromoleküle können in Thermoplasten aneinander vorbeigleiten und voneinander entfernt werden, deshalb sind Thermoplaste löslich und unzersetzt schmelzbar. Das im Kapitel 23.2. nach Versuch 1 hergestellte Polystyrol ist z.B. ein Thermoplast, der beim Erhitzen erweicht und beim Abkühlen erhärtet.

Thermoplaste sind z.B.: Polyvinylchlorid, Polystyrol, Polyethylen, Polyamide, bestimmte Polyester, Polymethacrylat, Celluloseacetate, Celluloid usw. Duroplaste sind z. B.: Phenoplaste, Aminoplaste, Polyester aus ungesättigten Ausgangsstoffen. Bei Kunststoffen sind die Eigenschaften der atomaren Bestandteile in den Hintergrund getreten. Ihre physikalischen und chemischen Merkmale werden vom Verhalten der Makromoleküle bestimmt.

Harnstoff-Formaldehyd-Polykondensate:

Die Kondensation kann an den vier Wasserstoffatomen des Harnstoffs einsetzen. Dabei bilden sich „Methylolverbindungen", z. B.

$$H_2\bar{N}-C\underline{O}-\bar{N}H_2 + HCHO \rightarrow H_2\bar{N}-C\underline{O}-\bar{N}H-CH_2\underline{\bar{O}}H$$

Durch Kondensation einiger Methylolverbindungen unter Wasserabspaltung bilden sich die Primärkondensate, die mit Füllstoffen versetzt durch Vernetzung erhärten. Nach dem Trocknen werden sie gemahlen und wie Phenoplaste weiterverarbeitet. Diese *Aminoplaste* sind hellfarbig, geruch- und geschmacklos. Deshalb finden sie für Haushalts- und Küchenartikel Verwendung. Das Primärkondensat dient als „Kauritleim" zur Holzverleimung. Als Schaumstoffe (Iporka) werden sie als Isoliermaterial in der Kältetechnik verwendet.

Silicone:

Durch den Einbau von Silicium in organische Verbindungen kann man Moleküle erhalten, die die Gruppe $-R_2SiO$ enthalten. Solche Verbindungen werden Silicone genannt. Bei der Kondensation können ketten- und ringförmige Makromoleküle entstehen. Sie können öl-, lack- oder kautschukartige Kunststoffe bilden, die sich durch große Hitzebeständigkeit auszeichnen.
Bei allen Polykondensaten kann man das Reaktionsgleichgewicht auf die Seite der Makromoleküle verschieben, wenn man das bei der Reaktion gebildete Wasser, Chlorwasserstoff, Ammoniak usw. aus dem Reaktionsgemisch entfernt. Dies ist auch eine Möglichkeit, die Molekülmasse der Endprodukte zu erhöhen.

Unter einer Polykondensation versteht man eine Umsetzung, die zwischen Molekülen mit mehreren reaktionsfähigen Stellen stattfindet und unter Abspaltung kleinerer Moleküle zu hochmolekularen Endprodukten führt.

23.4. Kunststoffe und Kunstfasern durch Polyaddition

Herstellung eines Moltoprenschaums: Man versetzt 100 g Desmophen 2200 und 44 g Desmodur T in einer Cola-Flasche (Reaktionsgefäß kann nicht wieder verwendet werden) mit 7 g einer Aktivatorlösung. In exothermer Reaktion erhält man einen grobporösen Kunststoff.

Die industrielle Herstellung von Polycaprolactam (Perlon) erfolgt nach einer Polyadditionsreaktion. Sie findet bei Temperaturen zwischen 200 und 270 °C unter Zusatz katalytischer Mengen Wasser statt. Es ist anzunehmen, daß das Wasser sich an das

Caprolactam addiert und die entsprechende ε-Aminocapronsäure fortgesetzt ε-Caprolactam unter Polyamidbildung anlagert.

$$n\ H_2\bar{N}{-}(CH_2)_5{-}C\bar{O}\bar{O}H + n\ \begin{matrix} H\bar{N}{-}CH_2{-}CH_2 \\ | \qquad\qquad \backslash \\ \qquad\qquad\quad CH_2 \\ | \qquad\qquad / \\ \langle O{=}C{-}CH_2{-}CH_2 \end{matrix} \rightarrow$$

ε-Aminocapronsäure ε-Aminocaprolactam

$$\rightarrow \left[{-}H\bar{N}{-}(CH_2)_5{-}\underset{\underset{O}{\|}}{C}{-}\bar{N}H{-}(CH_2)_5{-}\underset{\underset{O}{\|}}{C}{-} \right]_n + H_2O$$

Dieser Mechanismus macht verständlich, daß die Größe der entstehenden Makromoleküle mit wachsender Menge des zugesetzten Katalysators abnimmt.

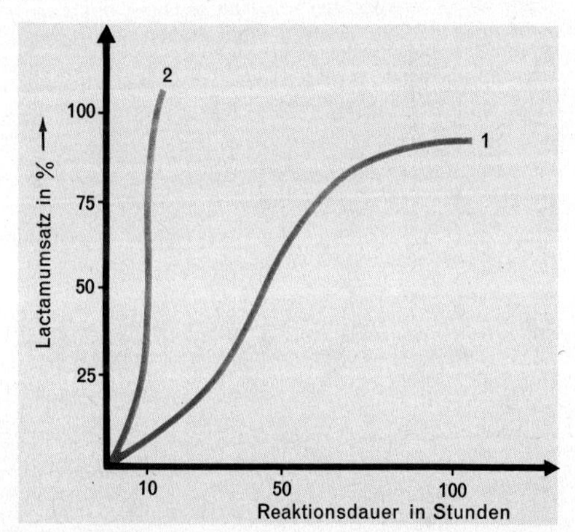

Abb. 211.1. Einfluß des Katalysators H_2O auf die Reaktionsgeschwindigkeit der Polycaprolactambildung. Kurve ① wurde bei 200 °C mit 10^{-2}Molen Wasser pro Mol ε-Caprolactam und Kurve ② bei der gleichen Temperatur mit $8 \cdot 10^{-2}$Molen H_2O pro Mol ε-Caprolactam aufgenommen. Je größer die Reaktionsgeschwindigkeit bei konstanter Temperatur, um so kleiner ist der mittlere Polymerisationsgrad

Durch Polyaddition erhält man aus Desmophen- und Desmodurtypen *Polyurethane*. Die Urethane sind Ester der Carbamidsäure. Desmophene sind verzweigte Polyester der Adipinsäure und Desmodure aromatische Isocyanate. Bei der Herstellung von Polyurethanen läßt man Diisocyanate mit Diolen (zweiwertige Alkohole) reagieren. Bei dem Versuch setzt sich Toluylen-2,4- und sein Isomeres Toluylen-2,6-diisocyanat mit einem Diol um.

CH_3 — Benzolring mit $-\bar{N}{=}C{=}O\rangle$ (2-Stellung) und $|N{=}C{=}O\rangle$ (4-Stellung)

Toluylen-2,4-diisocyanat

CH_3 — $\langle O{=}C{=}\bar{N}-$ Benzolring $-\bar{N}{=}C{=}O\rangle$

Toluylen-2,6-diisocyanat

Vereinfacht läßt sich diese Reaktionsgleichung folgendermaßen wiedergeben:

$$n\ \langle O{=}C{=}\bar{N}{-}R{-}\bar{N}{=}C{=}O\rangle + m\ H\underline{\bar{O}}{-}R'{-}\underline{\bar{O}}H$$
$$\downarrow$$
$$[\langle O{=}C{=}\bar{N}{-}R{-}\bar{N}H{-}C\underline{\bar{O}}{-}\underline{\bar{O}}{-}R'{-}\underline{\bar{O}}{-}C\underline{\bar{O}}{-}\bar{N}H{-}R{-}\bar{N}{=}C{=}O\rangle]_{(n-1)+m}$$

Produkte mit dieser und ähnlicher Zusammensetzung sind unter dem Handelsnamen Moltopren bekannt. Bei den verschiedenen Desmocoll-Typen werden hydroxylgruppenhaltige Polyester durch Polyaddition mit Diisocyanaten vernetzt. Man erhält dabei ausgezeichnete Klebestoffe, die sogar Metall-Metall-Klebungen durchführen lassen.

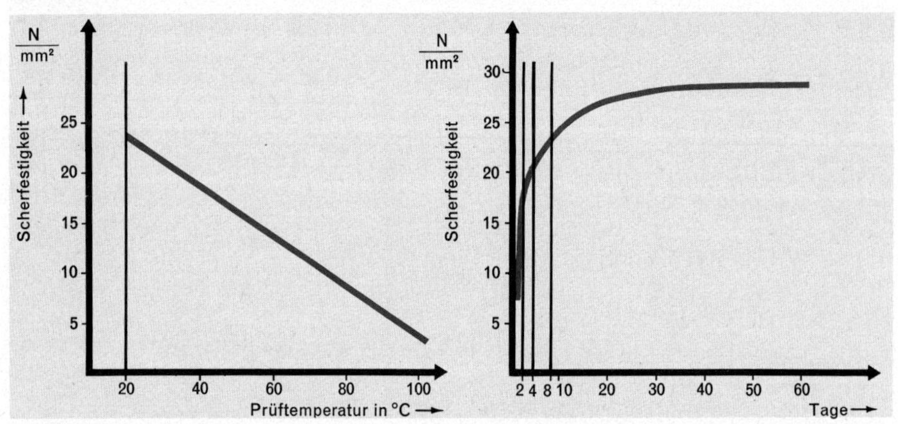

Abb. 212.1. Scherfestigkeiten von Metallklebungen mit Desmocoll 12 und Desmodur L bei einer Stahlblechdicke von 0,15 mm. Links: in Abhängigkeit von der Temperatur. Rechts: in Abhängigkeit von der Lagerzeit

Schon 1887 konnte O. Loew[1] eine Reaktion zwischen sechs Formaldehydmolekülen durch verdünnte Calciumhydroxidlösung hervorrufen, bei der ein Gemisch verschiedener Zucker entstand. Diese Umsetzung können wir als Polyaddition formulieren:

$$\underset{CH_2}{\overset{O}{\|}} + \underset{CH_2}{\overset{O}{\|}} + \underset{CH_2}{\overset{O}{\|}} + \underset{CH_2}{\overset{O}{\|}} + \underset{CH_2}{\overset{O}{\|}} + \underset{CH_2}{\overset{O}{\|}} \rightarrow \underset{CH_2}{\overset{H-O}{|}}{-}\underset{CH}{\overset{H-O}{|}}{-}\underset{CH}{\overset{H-O}{|}}{-}\underset{CH}{\overset{H-O}{|}}{-}\underset{CH}{\overset{H-O}{|}}{-}\underset{CH}{\overset{O}{\|}}$$

Man hat lange geglaubt, daß die Stärkebildung bei der Assimilation in gleicher Weise vor sich geht. Heute weiß man, daß dies nicht der Fall ist.

Unter Polyaddition versteht man eine chemische Reaktion, bei der die Bildung von Makromolekülen durch Addition der bifunktionellen Reaktionsteilnehmer erfolgt, ohne daß Molekülteile aus den reagierenden Gruppen abgespalten werden. Charakteristisch für diesen Reaktionstyp ist die Wanderung eines Wasserstoffatoms bei jedem Reaktionsschritt.

[1] Oskar Loew, 1844–1941, Chemiker in New York, München, Tokio und Berlin

Abb. 213.1. Demonstration der Festigkeit einer Polyurethan-Klebung (Zweikomponenten-Klebung). Die Kraft, mit der die durch Kunstharz verklebten Flächen aneinander haften, ist mindestens 250mal größer als diejenige, mit der ehemals Otto von Guerickes Magdeburger Halbkugeln aneinander hafteten.

24. Klassifizierungen chemischer Reaktionen

Nach der in Kapitel 20.8 erwähnten Definition zeigen alle Stoffarten Säurereaktionen, die positive Teilchen abgeben oder negative Teilchen aufnehmen. Positive Teilchen können Protonen ebenso sein, wie Kationen der Reaktanden. Analoge Überlegungen gelten für Anionen, nur daß hier zusätzlich als negative Teilchen das Elektron mit in Betracht gezogen werden muß. Die neuere Definition für Säure- und Basenreaktionen umfaßt damit auch alle Redoxreaktionen. Während diese zusammenfassende und weitreichende Definition die Gemeinsamkeiten vieler chemischer Reaktionen betont, kann die Vielfalt aller chemischen Umsetzungen nur dann überschaubar klassifiziert werden, wenn man Unterschiede hervorhebt und mehrere Klassifikationskriterien zur Unterscheidung heranzieht.

Als erstes Klassifikationsmerkmal kann der *Reaktionstyp* fungieren. Der Reaktionstyp gibt Hinweise auf die Art der gelösten und neu geknüpften Bindungen. Wichtige Reaktionstypen sind:

Additionen	Eliminierungen
Substitutionen	Umlagerungen

Die Eigenschaften des angreifenden Reagens können als weiteres Klassifikationsmerkmal dienen. Aus rein praktischen Gründen hat es sich durchgesetzt, daß weniger kompliziert gebaute Teilchen zweier Reaktanden als *Reagens* zu bezeichnen. Im Gegensatz dazu wird der Reaktionspartner mit der größeren molaren Masse *Substrat* genannt. Unter den Eigenschaften eines Reagens versteht man seinen *nucleophilen* oder *elektrophilen* Charakter (Elektronenpaarmangel bzw. Elektronenpaarüberschuß); auch Teilchen mit ungepaarten Elektronen (Radikale) sind hier gegebenenfalls zu berücksichtigen.

Tab. 214.1. Nucleophile und elektrophile Reagenzien

Nucleophile Reagenzien	Elektrophile Reagenzien
negative Ionen	positive Ionen
Teilchen, die Atome mit freien Elektronenpaaren besitzen	Teilchen mit Elektronenlücken (Carbeniumionen)
Teilchen mit π-Elektronenpaaren (Doppelbindungen)	Teilchen mit unvollständigen Elektronenschalen
Benzol und andere Aromaten	Halogene

Wie wir wissen, ist eine chemische Reaktion die Folge von wirksamen Zusammenstößen zwischen den Teilchen der Reaktanden. Dabei werden die Partikel des Endprodukts häufig nicht direkt durch die wirksamen Zusammenstöße gebildet. Oft entstehen energiereichere Übergangszustände, in denen die Teilchen der Reaktanden noch in Wechselwirkung stehen. Durch Energieabgabe können sich diese Übergangszustände stabilisieren. Das Ergebnis dieses Stabilisierungsprozesses sind die Teilchen der Endprodukte. Für *Übergangszustand* wird auch der Terminus *aktivierter Komplex* verwendet.

Die Zahl der Teilchen, die den aktivierten Komplex bilden, wird Molekularität genannt Die *Molekularität* ist ein drittes wichtiges Klassifikationskriterium für chemische Retionen.

24.1. Additionen

Nucleophile Additionen; Symbol Ad_N: Additionen sind Reaktionen an Doppelbindungen. Der Angriff eines nucleophilen Teilchens an eine Doppelbindung ist dann besonders begünstigt, wenn im Substrat ein Carbenium-C-Atom vorliegt. Diese Bedingung erfüllen diejenigen Verbindungen besonders gut, die eine Carbonylgruppe $>C{=}O<$ enthalten. Aufgrund der großen Elektronegativität des Sauerstoffatoms kann das π-Elektronenpaar der Carbonylgruppe im Extremfall dem Sauerstoff zugeordnet werden, wodurch die $>C{=}O<$ Doppelbindung polarisiert wird (siehe Kapitel 20.8., S. 80, polare Grenzstruktur). An der Elektronenlücke des Carbenium-C-Atoms kann ein nucleophiles Reagens unter Ausbildung einer koordinativen Bindung angreifen. Beispiele für nucleophile Additionen an der Carbonylgruppe sind die Bildung von Halb- und Vollacetalen (Kapitel 20.8., S. 82), die Addition von Hydrogensulfitionen an Aldehyde oder Ketone (Kapitel 20.9., S. 88) und alle Polymerisationen der Aldehyde (Kapitel 20.8., S. 81). Weil Protonen leicht von einem freien Elektronenpaar des Sauerstoffatoms gebunden werden, können diese bei nucleophilen Additionen an der Carbonylgruppe katalytisch wirken.

$$R{-}\underset{H}{C}{=}\bar{O} + H^+ \underset{\text{schnell}}{\overset{\text{schnell}}{\rightleftharpoons}} R{-}\underset{H}{\overset{\oplus}{C}}{-}\bar{O}{-}H$$

$$R{-}\underset{H}{\overset{\oplus}{C}}{-}\bar{O}{-}H + H{-}B| \underset{\text{langsam}}{\overset{\text{langsam}}{\rightleftharpoons}} R{-}\underset{H}{C}(\bar{O}{-}H){-}\overset{\oplus}{B}{-}H \underset{\text{schnell}}{\overset{\text{schnell}}{\rightleftharpoons}} R{-}\underset{H}{C}(\bar{O}{-}H){-}B + H^+$$

Die Rolle der Base-B| übernimmt bei der Acetalbildung und bei den Polymerisationen jeweils das Sauerstoffatom, bei der Hydrogensulfitaddition ist es das Schwefelatom. Elektrophile Additionen; Symbol Ad_E: Die elektrophile Addition eines Bromkations an Ethen wurde im Kapitel 20.2., S. 22, ausführlich diskutiert. Einleitender Reaktionsschritt ist die Heterolyse eines Brommoleküls. Durch Annäherung des Br_2-Moleküls an die Doppelbindung im Ethen tritt aufgrund einer elektrostatischen Abstoßung eine Polarisierung im Brommolekül auf.

$$H_2C{=}CH_2 + |\bar{Br}{-}\bar{Br}| \rightleftharpoons H_2C{=}CH_2 \cdots |\bar{Br}|^{\oplus} \; |\bar{Br}|^{\ominus}$$

Das bei Bindungsbruch entstehende Bromidion kann durch Ausbildung einer Hydrathülle in wäßriger Lösung ebenso stabilisiert werden, wie das $Br^{\oplus}$-Kation, das einen π-Komplex bildet. Wie der energetische Verlauf der elektrophilen Addition zeigt, liegt im π-Komplex ein relativ stabiles Gebilde vor, das durch die Überlappung der π-Orbitale des Ethens mit einem s- oder p-Orbital des Bromkations zustande kommt. Im Gegensatz zu einer Elektronenpaarbindung ist die Bindung des Bromkations an das Ethen im π-Komplex auf kein bestimmtes Atom gerichtet. Der relativ große

Atomradius des bereits gebundenen Bromatoms ist die Ursache dafür, daß das Bromidion Br^- leichter von der anderen Seite her das Carbenium-C-Atom angreifen kann. Deshalb findet die Addition überwiegend nach einem trans-Mechanismus statt. Bei der elektrophilen Addition von Halogenwasserstoffsäuren an Alkene wird infolge des + I-Effekts der Alkylgruppe die positive Ladung am wasserstoffärmeren C-Atom der Doppelbindung stabilisiert.

$$H_2C{=}CH{-}R + H^+|\overline{\underline{Cl}}|^- \rightleftharpoons H_2\overset{\ominus}{C}{-}\overset{\oplus}{C}H{-}R + H^+|\overline{\underline{Cl}}|^-$$

$$\rightleftharpoons H_3C{-}\underset{}{\overset{|\overline{\underline{Cl}}|}{\overset{|}{C}H}}{-}R$$

Diese Vorstellung erklärt die Regel von Markownikow, nach der das Halogenidion einer Halogenwasserstoffsäure bei der elektrophilen Addition an Alkene, am wasserstoffärmeren C-Atom der Doppelbindung angelagert wird.

24.2. Substitutionen

Elektrophile Substitutionen; Symbol S_E: Die elektrophile Substitution wird bevorzugt von positiv geladenen Teilchen an aromatischen Substratmolekülen hervorgerufen. Dabei wird ein Atom oder eine Atomgruppe durch ein anderes Atom oder eine andere Atomgruppe ersetzt. Ausgezeichnetes Beispiel einer elektrophilen Substitution ist die Reaktion von Brom mit Benzol, wie wir sie im Kapitel 21.2.2. kennenlernten. Zwischen der elektrophilen Addition und der elektrophilen Substitution besteht insofern eine Ähnlichkeit, weil in beiden Fällen durch den Angriff eines elektrophilen Reagens die π-Orbitale des Substrats so beansprucht werden, daß ein π-Komplex entsteht. Während aber bei der elektrophilen Addition die Anlagerung des Bromidions Br^- (Base) an den π-Komplex direkt zum Endprodukt führt, wird bei der elektrophilen Substitution die ungerichtete Bindung zwischen π-Orbitalen und Reagens im π-Komplex im weiteren Reaktionsverlauf in eine echte σ-Bindung umgewandelt (σ-Komplex). Da in diesem Teilschritt ein π-Elektronenpaar des mesomerierenden π-Elektronensextetts beansprucht wird, ist dazu eine hohe Aktivierungsenergie notwendig. Durch das Abdissoziieren eines Wasserstoffatoms des σ-Komplexes als Proton kann sich das stabile mesomerierende π-Elektronensextett zurückbilden. Dieser Vorgang läuft ebenfalls über einen π-Komplex. Wie man durch Isotopenmarkierung und spektroskopisch nachweisen kann, sind bei der elektrophilen Substitution an Aromaten π- und σ-Komplexe relativ stabile Zwischenstufen.
Nucleophile Substitution; Symbol S_N: Nucleophile Substitutionen finden bevorzugt an gesättigten C-Atomen statt. Ein nucleophiles Reagens, das negativ geladen ist oder freie Elektronenpaare besitzt, wird von den π-Orbitalen aromatischer Systeme abgestoßen. Deshalb ist die nucleophile Substitution an Aromaten von untergeordneter Bedeutung. Die Reaktion von Chlorethan mit Nitritionen, die im Kapitel 20.12.1., S. 118, angedeutet ist, weist uns aber auf Komplikationen hin. In einem Endprodukt, dem Nitroethan, wird bei dieser nucleophilen Substitution eine Kohlenstoff-Stickstoff-Bindung ausgebildet, im anderen Endprodukt, dem Salpetrigsäureethylester, entsteht dagegen eine Sauerstoff-Kohlenstoff-Bindung. Man kann sich vorstellen, daß bei dieser Substitution das Stickstoff- und das Sauerstoffatom des Nitritions um eine Bindung am Kohlenstoffatom konkurrieren. Wenn wir uns unter dem Symbol —X ein

Halogenatom oder die Hydroxigruppe vorstellen, können wir diese Konkurrenzreaktion allgemein formulieren:

$$\mathrm{R{-}\overline{\underline{X}}|} + [{}^{\ominus}|\overline{\underline{O}}{-}\overline{N}{=}\overline{O}\rangle \longleftrightarrow \langle\overline{O}{=}\overline{N}{-}\overline{\underline{O}}|^{\ominus}]^{-}$$

$$\longrightarrow |\overline{\underline{X}}|^{-} + \mathrm{R{-}\overline{\underline{O}}{-}\overline{N}{=}\overline{O}\rangle}$$

Salpetrigsäureester

$$\longrightarrow |\overline{\underline{X}}|^{\ominus} + \left[\mathrm{R{-}\overset{\oplus}{N}(=\overline{O}\rangle)({-}\overline{\underline{O}}|^{\ominus})} \longleftrightarrow \mathrm{R{-}\overset{\oplus}{N}({-}\overline{\underline{O}}|^{\ominus})(=\overline{O}\rangle)}\right]$$

Nitroalkan

Die folgenden Vorschriften erlauben in getrennten Ansätzen die Synthese jeweils eines der beiden Endprodukte:

L 1) Synthese von Salpetrigsäureethylester: 37 g Natriumnitrit werden in einem Gemisch aus 70 cm³ Wasser und 60 cm³ Ethanol gelöst. Nachdem die Lösung mit einer Eis-Kochsalz-Mischung auf 0 °C abgekühlt wurde, setzt man in kleinen Portionen 42 cm³ konzentrierte Salzsäure zu. Nach der Säurezugabe kann man den Salpetrigsäureethylester vorsichtig abdestillieren. Den Liebig-Kühler speist man mit Eiswasser, die Vorlage muß ebenfalls mit Eis gekühlt werden (Siedepunkt des Salpetrigsäureethylesters 17 °C). Abzug!

L 2) Synthese von Nitroethan: Ein Gemisch aus 34,5 g Natriumnitrit und 28 g Harnstoff werden in einem 1 l-Rundkolben mit Rückflußkühler und Rührwerk in 600 cm³ Dimethylformamid gelöst und mit 33 g Bromethan versetzt. Bei Raumtemperatur rührt man ca. 3 Stunden und gießt anschließend das Reaktionsgemisch in 1,5 l Eiswasser. Nach wiederholter Extraktion mit Ether und Trocknung über Calciumchlorid enthält man reines Nitroethan durch Destillation (Siedepunkt 114–115 °C). Abzug!

Spektroskopische Untersuchungen haben für die Synthese des Salpetrigsäureethylesters einen energetischen Reaktionsverlauf ergeben, wie er in Abb. 217.1. dargestellt ist.

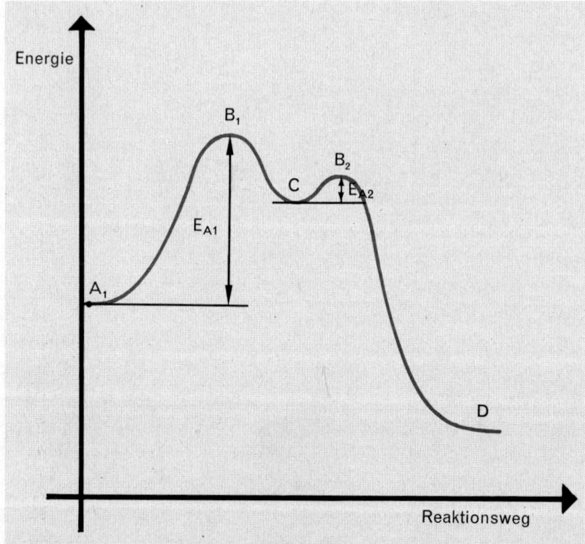

Abb. 217.1. Energetischer Reaktionsverlauf der Synthese von Salpetrigsäureethylester.

Die Energiemulde bei C deutet auf ein relativ stabiles *Zwischenprodukt* hin, das nach Zufuhr der ersten Aktivierungsenergie E_{A1} entstanden ist. Zur Annäherung des Reagens (Nitrition) an das Zwischenprodukt wird die zweite Aktivierungsenergie E_{A2} benötigt. Da die Summe der Energien der Endprodukte (Punkt D) geringer ist als die Summe der Energien der Ausgangsprodukte (Punkt A), ist die Gesamtreaktion exotherm. Kinetische Untersuchungen dieser nucleophilen Substitution haben ergeben, daß die Reaktionsgeschwindigkeit der Bildung des Salpetrigsäureethylesters von der Nitritionenkonzentration unabhängig ist. Die Reaktionsgeschwindigkeit der Bildung des Salpetrigsäureethylesters hängt nur von der Ethanolkonzentration ab. Man stellte außerdem fest, daß die Deuterierung einer C—H-Bindung in der Ethylgruppe des Alkohols (Substitution eines Wasserstoffatoms H durch ein Deuteriumatom D) zu einer Veringerung der Reaktionsgeschwindigkeit führt. Das Isotop Deuterium besitzt im Atomkern ein Neutron und ein Proton. Es besitzt deshalb eine nahezu doppelt so große Masse wie ein Wasserstoffatom. Wenn eine Vergrößerung der Masse die Verringerung der Reaktionsgeschwindigkeit zur Folge hat (kinetischer Isotopeneffekt), ist nach dem Zusammenhang zwischen reduzierter Masse m und der Eigenschwingungsfrequenz einer Bindung, wie wir ihn in Kapitel 20.7.2., S. 59, kennenlernten, eine Beteiligung der C—D- bzw. C—H-Bindung am geschwindigkeitsbestimmenden (langsamsten) Reaktionsschritt anzunehmen. Diese experimentell gewonnenen Ergebnisse machen folgenden Reaktionsablauf wahrscheinlich:
Die Zugabe der Salzsäure führt zur Protonierung des Ethanols:

$$H_5C_2{-}\overline{\underline{O}}H + H^+|\overline{\underline{Cl}}|^- \underset{\text{schnell}}{\overset{\text{schnell}}{\rightleftharpoons}} \left[H_5C_2{-}\underset{\displaystyle H}{\overset{-\,\oplus}{\underset{|}{O}}}{-}H\right]^+ + |\overline{\underline{Cl}}|^-$$

Aus dem protonierten Ethanol spaltet sich ein Wassermolekül ab, wodurch das Alkylkation $H_5C_2^+$ entsteht.

$$\left[H_5C_2{-}\underset{\displaystyle H}{\overset{-\,\oplus}{\underset{|}{O}}}{-}H\right]^+ \underset{\text{langsam}}{\overset{\text{langsam}}{\rightleftharpoons}} \underset{\text{Zwischenprodukt}}{H{-}\underset{H}{\overset{H}{C}}{-}\underset{H}{\overset{H}{C}}{}^{\oplus}} + H_2\overline{O}\rangle$$

Von diesem langsamsten Reaktionsschritt hängt die Reaktionsgeschwindigkeit der Gesamtreaktion entscheidend ab. Da an der geschwindigkeitsbestimmenden Gleichgewichtsreaktion keine Nitritionen beteiligt sind, ist die Gesamtreaktionsgeschwindigkeit von der Nitritionenkonzentration unabhängig. Das $H_5C_2^+$-Ion entspricht dem relativ stabilen Zwischenprodukt (Abb. 217.1., Punkt C).
Die Abspaltung des sehr stabilen Wassermoleküls führt bei dem C-Atom des Ethanols, an das die Hydroxigruppe gebunden war, zum Entzug eines Elektronenpaars (Elektronenlücke). Dieses primäre C-Atom geht dadurch vom vierbindigen in den dreibindigen Zustand über. Der dreibindige Zustand ist aber mit seiner planaren Symmetrie dem sp^2-Hybridisierungszustand zuzuordnen. Die Orbitalsymmetrie des primären C-Atoms, an das die OH-Gruppe gebunden war, ist nach der Reaktion planar und war zuvor tetraedrisch. Die damit verbundene Änderung der Bindungswinkel von 108° auf 120° weist auf die Beteiligung der C—H- bzw. C—D-Bindung im geschwindigkeitsbestimmenden Reaktionsschritt hin.
In einer Gleichgewichtsreaktion, deren Gleichgewichtszustand sich schneller einstellt als bei der geschwindigkeitsbestimmenden Reaktion, kann sich zwischen dem sp^2-

C-Atom des H—C-Ions und einem Sauerstoffatom des Nitritions eine koordinative Bindung ausbilden, die zum Molekül des Salpetrigsäureethylesters führt. Im Salpetrigsäureethylester liegt das zentrale C-Atom wieder im sp^3-Zustand mit tetraedrischer Symmetrie vor.

$$H_5C_2^{\oplus} + {}^{\ominus}|\overline{\underline{O}}—\overline{N}=O\rangle \underset{\text{schnell}}{\overset{\text{schnell}}{\rightleftharpoons}} H_5C_2—\overline{\underline{O}}—\overline{N}=O\rangle$$

Die Anwesenheit von Wassermolekülen im Reaktionsgemisch, die die reagierenden Ionen durch Ausbildung einer Hydrathülle stabilisieren, begünstigen diesen Reaktionsablauf. Am Zustandekommen des Zwischenprodukts ist im geschwindigkeitsbestimmenden Schritt nur ein Teilchen beteiligt, deshalb ist die Molekularität dieser nucleophilen Substitution 1, Symbol S_{N1}.

Vereinfacht und verallgemeinert (R-Alkylrest) kann man S_{N1}-Reaktionen wie folgt angeben (——X = Halogenatom oder OH-Gruppe, $Y|^-$ = Halogenidion, Hydroxidion oder Nitrition):

$$R—X \underset{\text{langsam}}{\overset{\text{langsam}}{\rightleftharpoons}} R^{\oplus} + X|^{\ominus}$$

$$R^{\oplus} + Y|^{\ominus} \underset{\text{schnell}}{\overset{\text{schnell}}{\rightleftharpoons}} R—Y$$

Die Alkoholsynthese (Kapitel 20.6., S. 41), die Ethersynthese (Kapitel 20.6., S. 47) und die Estersynthese (Kapitel 20.11.1., S. 96) sind Beispiele für S_{N1}-Reaktionen. Analoge energetische Überlegungen haben gemeinsam mit spektroskopisch gewonnenen Beobachtungsdaten für die Synthese des Nitroethans einen energetischen Reaktionsverlauf ergeben, wie er in Abb. 219.1. dargestellt ist.

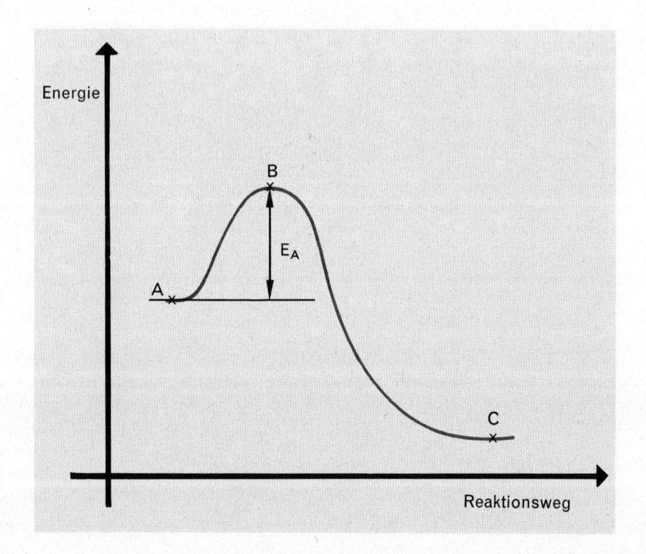

Abb. 219.1. Energetischer Reaktionsverlauf bei der Synthese von Nitroethan.

Auch hier ist die Summe der Energien der Endprodukte (Punkt C) geringer als die Summe der Energien der Ausgangsprodukte (Punkt A). Diese nucleophile Substitution ist exotherm. Im Punkt B liegt ein energiereicher *Übergangszustand* (aktivierter Komplex, transition state) vor. Kinetische Untersuchungen dieser Reaktion haben gezeigt, daß die Reaktionsgeschwindigkeit der Gesamtreaktion sowohl von der Bromethankonzentration wie auch von der Nitritionenkonzentration abhängt. Am Reaktionszentrum deuterierter C—H-Bindungen verursachen in diesem Fall keine Verringerung der Reaktionsgeschwindigkeit (kein kinetischer Isotopeneffekt). Diese Untersuchungsergebnisse machen folgenden Reaktionsablauf wahrscheinlich:

$$^{\ominus}O_2N| + H_2C(CH_3){-}\overline{\underline{Br}}| \rightleftharpoons \left[O_2N|\cdots C(CH_3)H_2 \cdots \overline{\underline{Br}}|\right]^- \rightleftharpoons O_2N{-}C(CH_3)H_2 + |\overline{\underline{Br}}|^-$$

Übergangszustand

Am Zustandekommen des Übergangszustandes sind sowohl die Nitritionen wie auch die Bromethanmoleküle beteiligt. Die Reaktionsgeschwindigkeit ist deshalb von der Konzentration beider Reaktanden abhängig. Die Molekularität dieser nucleophilen Substitution beträgt 2, Symbol S_{N2}.
Im Idealfall wird die C—Br-Bindung im Übergangszustand in dem Maße gelöst, wie das freie Elektronenpaar des Stickstoffatoms im Nitrition an dem zentralen reagierenden C-Atom anteilig werden kann. Das Bromatom entzieht beim Bindungsbruch dem C-Atom mit dem Bindungselektronenpaar ein Elektron und wird so zum Bromidion. Dadurch entsteht am zentralen reagierenden C-Atom des Substrates (Bromethan) eine Elektronenlücke (Carbeniumion), die vom freien Elektronenpaar des Stickstoffatoms im Nitrition aufgefüllt wird. In einer idealen S_{N2}-Reaktion erfolgt Bindungsbruch und Bindungsbildung gleichzeitig. Man bezeichnet S_{N2}-Reaktionen deshalb auch als synchrone Reaktionen im Gegensatz zu den asynchronen S_{N1}-Reaktionen. Das zentrale reagierende C-Atom des Substrats besitzt vor und nach einer S_{N2}-Reaktion den gleichen Hybridisierungszustand (sp^3), es gibt deshalb keinen kinetischen Isotopeneffekt.
Ein wesentlicher Unterschied zwischen den beiden nucleophilen Substitutionsreaktionen besteht darin, daß die Elektronenlücke des Carbenium-C-Atoms im Ethyl-Kation der S_{N1}-Reaktion durch ein freies Elektronenpaar eines Sauerstoffatoms aufgefüllt wird, während im Falle der S_{N2}-Reaktion ein freies Elektronenpaar des Stickstoffatoms an der Elektronenlücke des zentralen C-Atoms anteilig wird. Zum einen entsteht eine Kohlenstoff-Sauerstoff-Bindung neu (S_{N1}), zum anderen eine Kohlenstoff-Stickstoff-Bindung (S_{N2}). Diese unterschiedliche Reaktionsweise ist hauptsächlich durch die Eigenschaften der verwendeten Lösungsmittel bedingt.
Wasser, auch Alkohole und Carbonsäuren, besitzen sowohl nucleophile wie auch elektrophile Eigenschaften. Wassermoleküle können durch Ausbildung von Wasserstoffbrückenbindungen sowohl Anionen, mit Hilfe der basischen Eigenschaften der freien Elektronenpaare ihrer Sauerstoffatome, aber auch Kationen solvatisieren. Für einen monomolekularen, nucleophilen Substitutionsmechanismus (S_{N1}) sind diese Eigenschaften von entscheidender Bedeutung. Durch die Ausbildung von Hydrathüllen wird in unserem Beispiel nicht nur das Alkylkation $H_5C_2^{\oplus}$, sondern auch das Nitrition NO_2^- (und das Chloridion) stabilisiert. Das Alkylkation $H_5C_2^{\oplus}$ reagiert schließlich mit dem nucleophilen Reagens NO_2^- in einer echten Ionenreaktion zum Endprodukt Salpetrigsäureethylester. Dies erfolgt natürlich umso leichter, je größer die elektrostatische Anziehungskraft zwischen den reagierenden Ionen ist. Das Al-

kylkation $H_5C_2^{\oplus}$ reagiert deshalb bei einer S_{N1}-Reaktion bevorzugt mit dem Partner größter Elektronendichte. Diese Bedingung erfüllt ein Sauerstoffatom im Nitrition besser als ein Stickstoffatom.

Dimethylformamid $H-C(=O)-\overline{N}(CH_3)_2$ ist nicht in der Lage, Wasserstoffbrückenbindungen auszubilden. Es solvatisiert mittels der basischen Wirkung seiner freien Elektronenpaare ausschließlich Kationen. Der geschwindigkeitsbestimmende Reaktionsschritt einer S_{N1}-Reaktion wird von Dimethylformamid nicht begünstigt. Dimethylformamid behindert einen ionogenen Reaktionsablauf und unterdrückt damit die Reaktion mit dem Partner größerer Elektronendichte. In dem Maße, wie die Orientierung auf den Reaktanden größerer Elektronendichte unterdrückt wird, steigt die Reaktionsmöglichkeit für den Partner mit der größeren Tendenz Elektronenpaare abzugeben (Basizität). Dies gilt insbesondere auch deshalb, weil die Reaktionsgeschwindigkeit einer S_{N2}-Reaktion auch von der Konzentration dieses Reaktanden mit abhängt.

Bei S_{N1}-Reaktionen besteht bevorzugt Orientierung auf den Reaktanden mit größerer Elektronendichte, bei S_{N2}-Reaktionen dagegen wird der Partner mit der größeren Tendenz, Elektronenpaare abzugeben, bevorzugt.

Mit der eingeführten Symbolik (R, —X bzw. $Y|^{\ominus}$) kann man einen S_{N2}-Mechanismus vereinfacht und verallgemeinert wie folgt angeben:

$$Y|^{\ominus} + \rangle C-X \rightleftharpoons \left[Y|\cdots C\cdots X\right]^{-} \rightleftharpoons Y-C\langle + X|^{-}$$

Anhand dieses Reaktionsschemas kann man erkennen, daß am Reaktionszentrum optisch aktive Substanzen ihre Drehrichtung bei einer S_{N2}-Reaktion umkehren. Bei S_{N1}-Reaktionen tritt in analogen Fällen Racemisierung ein. Eine ablaufende Reaktion hat stets S_{N2}- wie auch S_{N1}-Merkmale. Die diskutierten Reaktionsmechanismen entsprechen idealisierten Vorstellungen.

Tab. 221.1. Vergleich von S_{N1}- mit S_{N2}-Mechanismus

Kriterium	S_{N1}-Reaktion	S_{N2}-Reaktion
Reaktionsgeschwindigkeit	hängt nur von Konzentration des Reaktanden R⁻X ab	ist sowohl von der Konzentration R⁻X wie auch von der Konzentration des Reaktanden $Y|^{\ominus}$ abhängig
Reaktion verläuft über	relativ stabiles Zwischenprodukt	Übergangszustand
Orbitalsymmetrie des reagierenden C-Atoms	sp^2, planar	sp^2, planar
Aktivierungsenergie	im allgemeinen größer als bei S_{N2}	im allgemeinen kleiner als bei S_{N1}
kinetischer Isotopeneffekt	positiv	negativ
optische Aktivität	führt zur Racemisierung	führt zur Umkehr der Drehrichtung

Durch geeignete Maßnahmen ist es möglich den einen oder anderen Mechanismus zu begünstigen: Wie schon angedeutet, ist in erster Linie der Einfluß des Lösungsmittels zu beachten. Polare Lösungsmittel, die sowohl Anionen wie auch Kationen solvatisieren (z.B. Wasser, Alkohole, Carbonsäuren), begünstigen den $S_{N}1$-Reaktionsablauf. Nucleophile Lösungsmittel (Aceton, Dimethylformamid, Dimethylsulfoxid, Dioxan), die keine Wasserstoffbrückenbindungen ausbilden können und deshalb auf Anionen schlecht solvatisierend einwirken, ermöglichen eine Bevorzugung des $S_{N}2$-Reaktionsablaufs.
Der +I-Effekt von Alkylgruppen kann auf C—X-Bindungen eine elektronenschiebende Wirkung ausüben, so daß die Trennung der C—X-Bindung

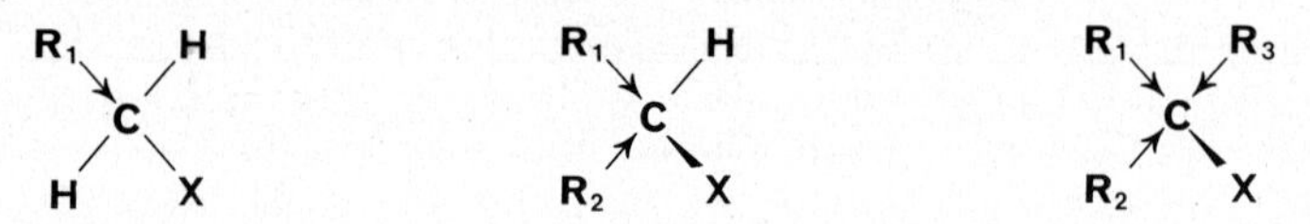

erleichtert wird. Der Reaktand —X tritt dadurch schneller aus dem Übergangszustand aus, als ein konkurrierender nucleophiler Reaktionspartner eintreten könnte. Zentrale tertiäre C-Atome begünstigen deshalb den $S_{N}1$-Mechanismus. Analoge Überlegungen gelten für den +M-Effekt.
Lewis-Säuren (z.B. Aluminiumhalogenide, Bortrifluorid, Antimonpentahalogenide etc.) solvatisieren als elektrophile Reaktanden Anionen und erleichtern damit die Ablösung des Bindungspartners —X aus einem R—X-Substrat als X^{-}, wodurch der $S_{N}1$-Mechanismus begünstigt wird.
Radikalische Substitution; Symbol S_R: Radikalische Substitution von Kohlenstoff-Wasserstoffbindungen im Hexan durch Brom wurden im Kapitel 20.5. Seite 39, durchgeführt. Zur Trennung eines Br_2-Moleküls in zwei Bromatome sind 193 kJ mol^{-1} erforderlich. Dazu reicht bereits die Energie des sichtbaren Lichtes mit einer Wellenlänge von 620 nm aus.

$$|\overline{\underline{Br}}—\overline{\underline{Br}}| \xrightarrow{h \cdot \nu} 2|\overline{\underline{Br}}\cdot \quad ; \quad \Delta H_1 = 193 \frac{kJ}{mol}$$

Die Bromradikale reagieren mit Hexanmolekülen C_6H_{14} unter Bildung von Hexylradikalen,

$$H_{13}C_6—H + |\overline{\underline{Br}}\cdot \longrightarrow H_{13}C_6\cdot + H—\overline{\underline{Br}}| \quad ; \quad \Delta H_2 = 62{,}8 \frac{kJ}{mol}$$

die in einer exothermen Reaktion mit Brommolekülen wieder Bromatome (Radikale) erzeugen.

$$H_{13}C_6\cdot + |\overline{\underline{Br}}—\overline{\underline{Br}}| \longrightarrow H_{13}C_6—\overline{\underline{Br}}| + |\overline{\underline{Br}}\cdot \quad ; \quad \Delta H_3 = -87{,}9 \frac{kJ}{mol}$$

Die so entstandenen Bromatome können wieder mit Hexan reagieren, wobei eine Kettenreaktion entsteht. Die Gesamtreaktion ist exotherm.

$$H_{13}C_6—H + |\overline{\underline{Br}}—\overline{\underline{Br}}| \longrightarrow H_{13}C_6—\overline{\underline{Br}}| + H\overline{\underline{Br}}| \quad ; \quad \Delta H_2 + \Delta H_3 = -25{,}1 \frac{kJ}{mol}$$

Reaktionen, die nach einem radikalischen Mechanismus ablaufen, werden durch Strahlung geeigneter Energie und/oder Peroxiden als Initiatoren (siehe z.B. Kapitel 23.2., Polymerisation von Styrol) gestartet.

24.3. Eliminierungen

Eliminierungsreaktionen (Symbol E) liegen dann vor, wenn ein Atom oder eine Atomgruppe aus einem Molekül unter Ausbildung einer Kohlenstoff-Kohlenstoff-Doppelbindung abgespaltet werden. Beispiele solcher Reaktionen sind durch die Wasserabspaltung aus Ethanol (Kapitel 20.6., S. 47), durch die Reaktion von Zink mit Dihalogenalkanen (Kapitel 20.5., S. 40) und durch die Wasserabspaltung aus Glycerin (Kapitel 20.8., S. 78) gegeben.
Praktisch ist die Eliminierung eine Konkurrenzreaktion zur nucleophilen Substitution, wie folgendes Schema zeigt:

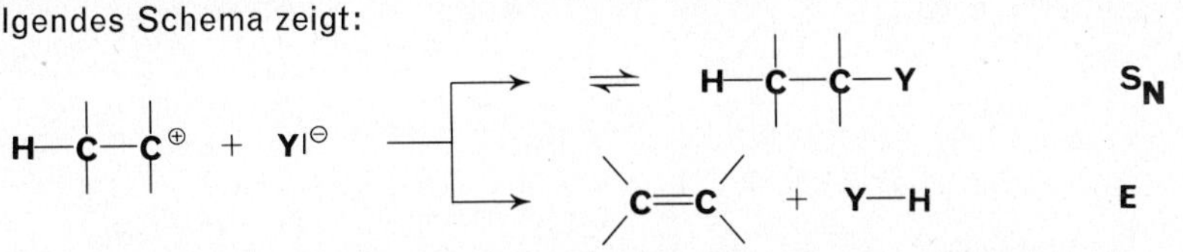

$$\mathrm{H{-}\overset{|}{\underset{|}{C}}{-}\overset{|}{\underset{|}{C}}^{\oplus}} + \mathrm{Y|^{\ominus}} \rightleftharpoons \mathrm{H{-}\overset{|}{\underset{|}{C}}{-}\overset{|}{\underset{|}{C}}{-}Y} \qquad S_N$$

$$\longrightarrow \mathrm{>C{=}C<} + \mathrm{Y{-}H} \qquad E$$

Ob eine Eliminierung oder eine nucleophile Substitution (S_{N1}) abläuft, hängt weniger von den Reaktanden —X und Y|$^{\ominus}$, als mehr von der Temperatur ab. Dies ist bei der Ethenbildung aus Ethanol insofern leicht verständlich, weil bei dieser Eliminierung die Entropie zunimmt ($\Delta S > 0$). Diese Eliminierungsreaktion ist bei hoher Temperatur begünstigt, weil dadurch der Wert des Produkts TdS größer wird und die freie Enthalpie der Eliminierungsreaktion damit kleiner (exergonischer) wird (siehe Gibbs-Helmholtz-Gleichung Kapitel 18, S. 387).

24.4. Umlagerungen und tabellarische Übersicht

Schon die S_{N2}-Reaktion wies uns durch das Umklappen der Bindungen („Regenschirmeffekt") am zentralen C-Atom des Substrats darauf hin, daß eine Elektronenlücke an einem C- oder Heteroatom die Ursache einer Umlagerung sein kann. Im speziellen Fall der S_{N2}-Reaktion war damit nur eine Umkehr der Drehrichtung optisch aktiver Substanzen verbunden. Die Elektronenlücke wurde hier durch das nucleophile Reagens Y|$^{\ominus}$ aufgefüllt. Stammt dieses nucleophile Reagens Y|$^{\ominus}$ aus dem Teilchen selbst, das die Elektronenlücke besitzt, findet sozusagen eine innere nucleophile Substitution statt, spricht man von einer Umlagerung (Symbol R).
Im vorliegenden Lehrbuch sind zwei Umlagerungen angegeben. Dies ist einmal die Umlagerung von Fructose in Glucose im Alkalischen (s. Kapitel 22.1.1., S. 169) und die Beckmann-Umlagerung von Cyclohexanonoxim in ε-Caprolactam (Kapitel 23.2., S. 206).
In letzterem Beispiel tritt nach der Protonierung des Cyclohexanonoxims mit anschließender Wasserabspaltung ein Aufbrechen des Rings ein.

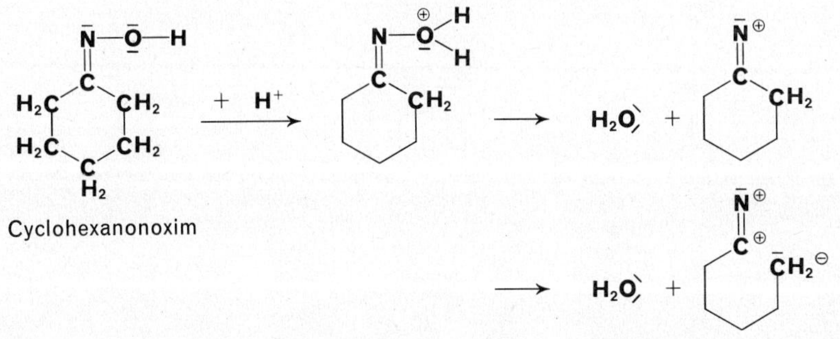

$$\text{Cyclohexanonoxim} + H^+ \longrightarrow \text{(C=N}{-}\mathrm{\overset{\oplus}{O}H_2}\text{)} \longrightarrow H_2O + \text{(C=}\mathrm{\bar{N}^{\oplus}}\text{)} \longrightarrow H_2O + \text{(}\mathrm{\bar{N}^{\oplus}{=}C^{\oplus}}\text{, }\mathrm{\bar{C}H_2^{\ominus}}\text{)}$$

Cyclohexanonoxim

Läßt man diese Teilchen mit Wassermolekülen reagieren, die das Nuklid $^{18}_{8}O$ enthalten, wird die intermediär am zentralen C-Atom entstehende Elektronenlücke durch die freien Elektronenpaare eines $^{18}_{8}O$ Sauerstoffs aufgefüllt.

Letztlich sind es also die freien Elektronenpaare des markierten Sauerstoffisotops, die die Elektronenlücke am zentralen C-Atom auffüllen. Wenn das Sauerstoffisotop $^{18}_{8}O$ in das Caprolactammolekül eingeht, ist dieser Reaktionsablauf sehr wahrscheinlich.

Tab. 224.1. Übersicht über die Klassifizierung organisch-chemischer Reaktionen

Reaktionstyp	Art des angreifenden Reagens	Molekularität	Symbol	Beispiele
Additionen	nucleophil	2	Ad_{N2}	Acetalbildung Hydrogensulfitaddition Polymerisation der Aldehyde
	elektrophil	2	Ad_{E2}	Brom an Ethen
Substitutionen	elektrophil	2	S_E	Brombenzol
	nucleophil	1	S_{N1}	Ethanol aus Jodethan Ethersynthese aus Ethanol Estersynthese
		2	S_{N2}	Nitroethan in Dimethylformamid
	radikalisch	2	S_R	Bromhexan
Eliminierungen	nucleophil und elektrophil	1 und 2	E	Ethen aus Ethanol Ethen aus Dibromethan Entwässerung von Glycerin
Umlagerungen	nucleophil und elektrophil	1 und 2	R	Fructose in Glucose Cyclohexanonoxim in ε-Caprolactam

25. Radioaktivität und Kernenergie

25.1. Radioaktivität

Kurz nachdem W. C. Röntgen[1] 1895 die nach ihm benannte Strahlung entdeckte, untersuchte der Franzose H. Becquerel[2] auf Anregung seines Landsmannes H. Poincaré[3] verschiedene Uranverbindungen. Poincaré vermutete, daß die Röntgenstrahlen und die Fluoreszenz verschiedener Mineralien zusammenhängen. Becquerel konnte diese Vermutung nicht bestätigen, fand jedoch bei seinen Untersuchungen, daß von allen Uranverbindungen Strahlen ausgehen, die in der Lage waren, Luft zu ionisieren. 1898 untersuchte Marie Curie das Mineral Uranpechblende aus Joachimsthal. Sie fand, daß dieses Mineral stärker strahlt, als auf Grund seines Urangehalts zu erwarten war. Gemeinsam mit ihrem Ehemann, Pierre Curie, analysierte sie die Pechblende und fand dabei ein neues Element, das 400mal stärker strahlt als Uran. M. Curie gab diesem Element den Namen Polonium. Noch im gleichen Jahr konnte das Ehepaar ein weiteres strahlendes Element, das Radium, in der Pechblende nachweisen.

L 1) Chemische Wirkung radioaktiver Strahlung: Mehrere radioaktive Präparate (z.B. ^{241}Am, ^{90}Sr/^{90}Y, ^{204}Tl, ^{60}Co) werden 2–3 mm über dem schwarzen Schutzpapier eines Polaroid-Films angeordnet. Zwischen dem Film und den Präparaten liegen kleinere metallische Gegenstände. Man läßt die Präparate mindestens 15 Minuten auf den Film einwirken. Wurde der Film zuvor in einer Dunkelkammer (ohne Dunkelkammerlicht!) in eine leere Filmpack-Kassette eines Polaroid-Films eingelegt, kann er sofort nach Versuchsende in der Polaroid-Kamera entwickelt werden.

L 2) Ionisierende Wirkung radioaktiver Strahlung: An die kreisrunden Platten eines Plattenkondensators werden die Pole einer regelbaren Gleichspannungsquelle über einen Meßverstärker angeschlossen.
Führt man ein Radiumpräparat zwischen die Platten ein und regelt anschließend die Spannung hoch, dann fließt ein Strom. Bringe bei angelegter Spannung ein Blatt Papier um das Präparat. (Vorsicht!) Fließt bei angelegter Spannung auch ohne Präparat ein Strom? (Vorsicht Hochspannung!)

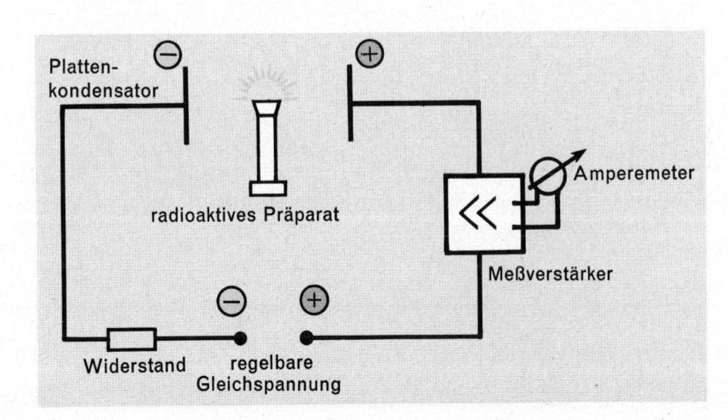

Abb. 225.1. Ionisierende Wirkung radioaktiver Strahlung

Die strahlenden Präparate bilden in Versuch 1 die kleinen metallischen Gegenstände auf dem Film ab. Die Strahlen wirken wie das Licht auf das Filmmaterial (siehe

[1] Wilhelm Conrad Röntgen, 1845–1923, deutscher Physiker [2] Henri Becquerel, 1852–1908, Physiker
[3] Henri Poincaré, 1867–1912, Physiker und Mathematiker

Kapitel 16.4.). Bei Versuch 2 steigt die Stromstärke bei Erhöhung der Spannung zunächst an. Sie nähert sich bei weiterer Spannungserhöhung einem Sättigungswert. Das eingebrachte Papier weist darauf hin, daß im Kondensator durch Strahlung Ionen entstehen, die jeweils zu den entgegengesetzt geladenen Kondensatorplatten wandern. Erst bei genügend großer Spannung gelangen alle Ionen an die Platten. Eine weitere Spannungserhöhung führt zu keinem weiteren Stromanstieg, es ist der Sättigungsstrom erreicht. Das Papier schwächt die vom Präparat ausgehende Strahlung so stark ab, daß keine Ionen mehr entstehen, deshalb fließt bei eingebrachtem Papier kein Strom.

Substanzen, die unsichtbare ionisierende Strahlen aussenden und einen photographischen Film schwärzen, sind radioaktiv[1].

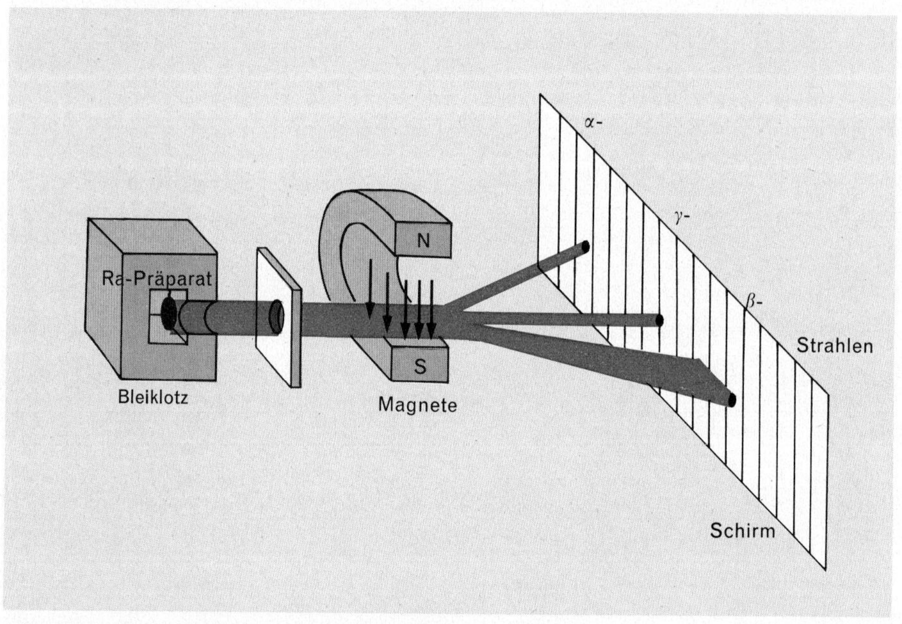

Abb. 226.1. Radiumstrahlen in einem Magnetfeld

Läßt man die radioaktive Strahlung durch ein Magnetfeld gehen, dann kann die Strahlung in drei verschiedene Strahlenarten aufgegliedert werden. Man unterscheidet α-, β- und γ-Strahlung.

Die *α-Strahlen* sind bewegte Heliumatomkerne He^{2+}, die eine Anfangsgeschwindigkeit von 10 bis ca. 20500 $\frac{\text{km}}{\text{s}}$ haben können. Ihre Energie wird durch die charakteristische mittlere Reichweite symbolisiert. Je größer die mittlere Reichweite ist, um so energiereicher ist die α-Strahlung. Ein Blatt Papier schwächt die α-Strahlen stark ab. Die von einem Präparat ausgesandten He^{2+}-Kerne haben alle gleiche Energie oder es sind Gruppen gleicher Energie: Man sagt: „Das α-Spektrum ist diskret."

Im Gegensatz zu den positiven α-Strahlen bestehen die *β-Strahlen* aus bewegten negativen Teilchen, wie man aus der Ablenkrichtung im Magnetfeld schließen kann.

[1] radius (lt.) = Strahl, agere (lt.) = handeln

Abb. 227.1. α-Strahlen ionisieren in einer Nebelkammer durch Stoß die Moleküle des Stickstoffs und des Sauerstoffs der Luft.

Die β-Strahlen sind bewegte Elektronen, deren Geschwindigkeit bis über 99% der Lichtgeschwindigkeit betragen kann. Je Zentimeter Luftweg können sie 50–100 Ionen bilden. Die Reichweite der β-Strahlen in Luft kann einige Meter betragen. Sie können bereits durch die Felder der Atomkerne und der Hüllenelektronen abgelenkt werden und verlaufen daher auch in Luft über längere Strecken nicht geradlinig. Jede β-Strahlung besitzt eine charakteristische maximale Energie E_{max}, die nicht überschritten wird. Es kommen aber stets alle unter E_{max} liegenden Energiewerte vor, das Spektrum der β-Strahlung ist kontinuierlich. Eine 1 mm dicke Bleischicht kann von β-Strahlen durchdrungen werden.
Die γ-Strahlung besteht aus sehr energiereichen elektromagnetischen Wellen. Sie entsteht, wenn angeregte Atomkerne (s. Kapitel 25.2.) ihre Anregungsenergie abgeben. Da diese Energieabgabe aus definierten Energieniveaus erfolgt, ist das γ-Strahlungsspektrum ein Linienspektrum und für ein radioaktives Element typisch. Die γ-Strahlung hat keine bestimmte Reichweite. Ihre Ionisationsfähigkeit hört nicht in einer gewissen Entfernung vom Präparat auf. Ihre Intensität nimmt mit dem Quadrat der Entfernung ab, wie bei einer sich ausbreitenden Lichtstrahlung. Die γ-Strahlung ist gequantelt, ein γ-Quant wird auch Photon genannt. Dicke Metallschichten schwächen die γ-Strahlung ab.

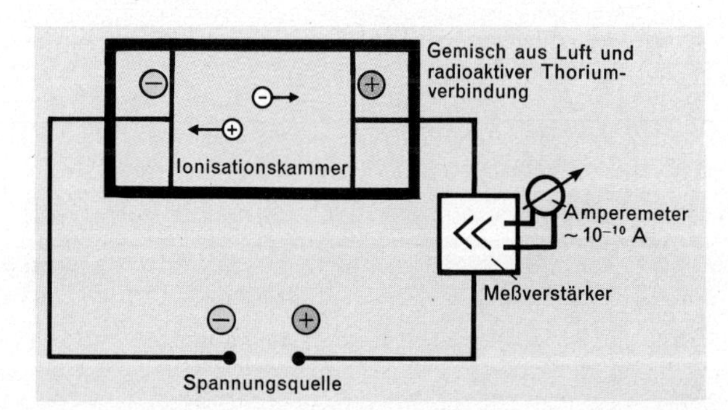

Abb. 227.2. Prinzip einer Ionisationskammer

Die Ursachen der radioaktiven Strahlung sind die Zerfallsreaktionen der Nuklide (Kernart). Energiereiche Nuklide wandeln sich stufenweise in energieärmere um und geben dabei Energie ab. Radioaktive Nuklide zerfallen von selbst. Die dabei entstandenen Teilchen beeinflussen die Geschwindigkeit des Vorgangs nicht. Eine solche Reaktion, bei der in der Zeiteinheit immer der gleiche Bruchteil der noch vorhandenen energiereichen Nuklide zerfällt, besitzt den Charakter einer monomolekularen Reaktion. Es ist dabei die in der Zeiteinheit zerfallende Menge eines Nuklids seiner noch vorhandenen Menge proportional.

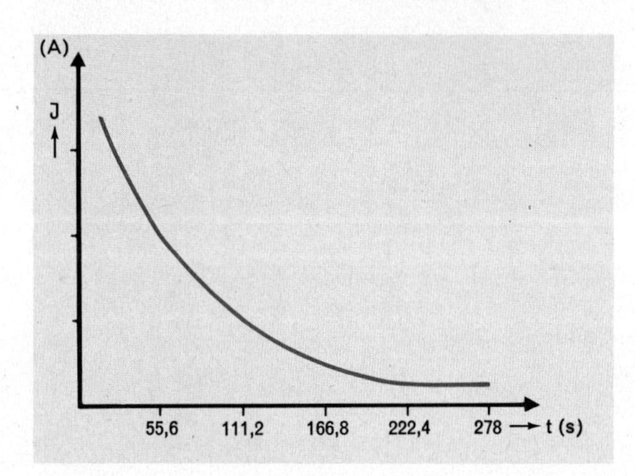

Abb. 228.1. Abnahme des Ionisationsstroms I mit der Zeit.

3) Messung des Ionisationsstroms: In eine Ionisationskammer wird vorsichtig ein Gemisch aus einer käuflichen radioaktiven Thoriumverbindung und Luft eingeblasen. Liegt über einen Meßverstärker Gleichspannung an den Platten, zeigt das Amperemeter einen Strom an. Man mißt die Abnahme der Stromstärke in Abhängigkeit von der Zeit.

Die radioaktive Substanz sendet ionisierende Strahlen aus. Dadurch entstehende Ionen wandern zu den entgegengesetzt geladenen Platten und verursachen den Strom. Die Stromstärke ist ein Maß für die Intensität der ionisierenden Strahlung. Der Ionisationsstrom sinkt bei diesem Versuch in 55,6 Sekunden immer auf die Hälfte ab, weil die Zahl N der zerfallbaren radioaktiven Nuklide in der Zeit dt um die Zahl der zerfallenen Nuklide dN abnimmt. Dabei ist:

$$dN \sim N \quad \text{und} \quad dN \sim dt$$

Zusammenfassend schreibt man:

$$dN = -k \cdot N \cdot dt \tag{1}$$

Das Minuszeichen weist auf die Abnahme von N hin. Die Proportionalitätskonstante k heißt *Zerfallskonstante*. Da dieser Wert das Verhältnis der Zahl der in der Zeit dt zerfallenden Kerne dN zur Zahl der vorhandenen Kerne N darstellt, hat k den Charakter einer Wahrscheinlichkeit. Die Zerfallskonstante besitzt die Dimension Zeiteinheit^{-1}, z.B. s^{-1}. Durch Integration von (1) findet man:

$$\int_{N_0}^{N} \frac{dN}{N} = -k \int_0^t dt \quad \text{bzw.} \tag{2}$$

$$\ln N = \ln N_0 - kt$$

So ergibt sich das radioaktive Zerfallsgesetz: (3)

$$N = N_0 \cdot e^{-kt} \tag{4}$$

Die Zeit, in der die ursprünglich vorhandene Zahl N_0 der Teilchen auf die Hälfte abnimmt, heißt Halbwertszeit T_H. Die Halbwertszeit ist eine Größe, die für jede radioaktive Substanz kennzeichnend ist.
Charakteristisch für die Stromstärke in der Ionisationskammer war, daß sie nach einer gewissen Zeit immer auf die Hälfte absank. Nach unserem Ansatz müßte sich die Anzahl der zerfallenen Atome N dabei immer halbiert haben.
Also:

$$N(T_H) = \frac{N_0}{2} \tag{5}$$

Damit erhält man aus (4)

$$\frac{N_0}{2} = N_0 \cdot e^{-kT_H} \tag{6}$$

$$e^{-kT_H} = \frac{1}{2} \tag{7}$$

Durch Logarithmieren erhält man aus (7):

$$k \cdot T_H = \ln 2. \tag{8}$$

Tab. 229.1. Zerfallskonstanten und Halbwertszeiten einiger Nuklide

Nuklid	k s^{-1}	T_H
Uran 238	$4{,}8 \cdot 10^{-18}$	$4{,}5 \cdot 10^9$ a
Uran 235	$3{,}8 \cdot 10^{-17}$	$7{,}1 \cdot 10^8$ a
Uran 234	$8{,}1 \cdot 10^{-13}$	$2{,}7 \cdot 10^5$ a
Thorium 232	$1{,}6 \cdot 10^{-18}$	$1{,}4 \cdot 10^{10}$ a
Radium	$1{,}38 \cdot 10^{-11}$	1594 a
Radon 222	$2{,}1 \cdot 10^{-6}$	3,825 d

Die Zerfallskonstante k gibt den in einer Sekunde zerfallenden Bruchteil des radioaktiven Stoffes an.

Zur Beschreibung, wie viele Teilchen pro Zeiteinheit zerfallen, benutzt man die Aktivität A:

$$A = \left| \frac{dN}{dt} \right| = |-k N_0 e^{-kt}| = kN \tag{9}$$

Ist beim Zerfall eines Nuklids der Folgekern nicht stabil, wird dieser auch wieder zerfallen. Es können ganze Zerfallsreihen entstehen, die erst bei Bildung eines stabilen Kerns enden. Die Nuklide einer Zerfallsreihe können sowohl α- wie auch β-Strahler sein bzw. dabei auch γ-Strahlung aussenden. Besteht in einem radioaktiven Material eine Zerfallsreihe, dann findet sich darin von allen zerfallenden Nukliden ein bestimmter Anteil vor, da stets die Substanz des einen Nuklids durch den Zerfall des anderen Nuklids nachgeliefert wird. Im Laufe der Zeit bildet sich bezüglich der Mengenverhältnisse der zerfallenden Nuklide in einer Zerfallsreihe ein Gleichgewichtszustand aus, das *radioaktive Gleichgewicht*. Ist dies erreicht, dann werden von jedem Nuklid pro Zeiteinheit ebensoviel Kerne neu gebildet, wie in der gleichen Zeit zerfallen. Die Aktivität A ist für alle Zerfallsreihen konstant. Dann gilt:

$$A_1 = A_2 \Rightarrow k_1 N_1 = k_2 N_2 = \cdots \quad (10)$$

oder $$\frac{N_1}{N_2} = \frac{k_2}{k_1} \quad (11)$$ oder $$\frac{N_1}{N_2} = \frac{T_{H_1}}{T_{H_2}} \quad (12)$$

Die im radioaktiven Gleichgewicht vorhandenen Nuklidmengen verhalten sich wie die zugehörigen Halbwertszeiten. In der gesamten Substanz reichern sich diejenigen Folgeprodukte an, die langsam zerfallen.

Hat sich das radioaktive Gleichgewicht eingestellt, ist in einer Zerfallsreihe von einem instabilen Nuklid um so mehr vorhanden, je größer seine Halbwertszeit ist.

Die radioaktiven Elemente:

Ein radioaktiver Zerfall ist nur bei den schwersten natürlichen[1] Elementen und den noch schwereren künstlichen Elementen zu beobachten. Es sind dies die Elemente von der Ordnungszahl 81 ab. Ab der Ordnungszahl 84 existieren keine stabilen Isotope mehr. Bei der natürlichen Radioaktivität wurde nur eine α- und β-Strahlung als Teilchenabgabe beobachtet. Eine Abgabe von Protonen oder Neutronen, die ja in erster Linie am Kernaufbau beteiligt sind, wurde nie festgestellt. Die γ-Strahlung ist eine energiereiche Begleiterscheinung.
Durch die Abgabe von α-Teilchen ändert sich die Kernladung um zwei Einheiten, die Kernmasse jedoch um vier Einheiten. Da die Kernchemie ständig mit Ladungs- und Massenänderungen der Kerne arbeiten muß, wurde für diese eine eigene Symbolisierung eingeführt. Man schreibt vor das Symbol des Elements die Massenzahl hochgestellt, die Kernladungszahl (Ordnungszahl) tiefgestellt.

Massenzahl
Elementsymbol
Ordnungszahl

Die Massenzahl gibt die Summe von Protonen und Neutronen im Kern an.

Das natürlich vorkommende Uran besteht zu 99,28% aus Uran mit der Masse 238. Wir schreiben dieses Uran $^{238}_{92}U$, ein α-Teilchen $^{4}_{2}He^{2+}$. Durch α-Strahlung geht das Uran in ein Element über, das eine Ordnungszahl von 92—2=90 besitzt. Dieses Element ist Thorium mit der Massenzahl 238—4=234. Wir schreiben diesen Vorgang:

$$^{238}_{92}\mathbf{U} \xrightarrow{\alpha} {}^{234}_{90}\mathbf{Th} + {}^{4}_{2}\mathbf{He}^{2+} + \mathbf{Energie}$$

$$^{234}_{90}\mathbf{Th} \xrightarrow{\beta} {}^{234}_{91}\mathbf{Pa} + {}^{0}_{-1}\mathbf{e}$$

$^{234}_{90}Th$ ist ein β-Strahler. Es sendet Elektronen aus, die bei der Umwandlung eines Neutrons in ein Proton frei werden. Die Abgabe von β-Teilchen (Elektronen) führt zur Erhöhung der Ordnungszahl um eine Einheit, die Massenzahl ändert sich dadurch

[1] Es gibt einige Elemente mit geringerer Ordnungszahl, wie z.B. das Kalium $^{40}_{19}K$, die eine natürliche Radioaktivität besitzen. Es sind heute über 40 natürliche radioaktive Strahler außerhalb der Zerfallsreihen bekannt.

nicht. Das beim Zerfall von $^{234}_{90}Th$ entstandene Protaktinium $^{234}_{91}Pa$ ist ebenfalls ein β-Strahler und geht in $^{234}_{92}U$ über. Den weiteren Zerfall zeigt Abb. 231.1. Die genannte Gesetzmäßigkeit bei der Umwandlung radioaktiver Elemente wurde 1913 aufgestellt.

Verschiebungsgesetz von Fajans[1] und Soddy[2]:

Die Ausstrahlung eines Heliumkerns führt zur Erniedrigung der Massenzahl um vier, der positiven Ladung und damit der Ordnungszahl um zwei Einheiten (α-Zerfall). Der β-Zerfall führt zur Erhöhung der Kernladung (Ordnungszahl um eine Einheit). Die Massenzahl bleibt beim β-Zerfall erhalten.

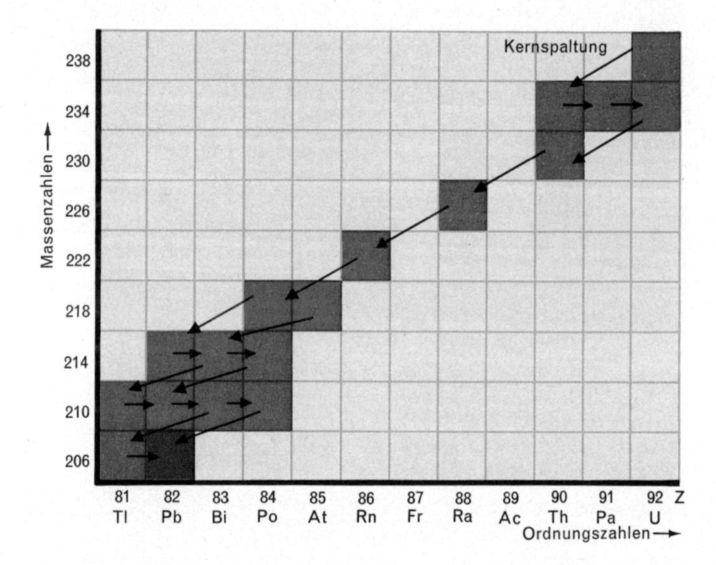

Abb. 231.1.
U-Zerfallsreihe

Die natürlichen radioaktiven Elemente bilden drei Zerfallsreihen, die alle mit einer nichtstrahlenden, stabilen Kernart enden. In der Uran-Radium-Zerfallsreihe der Abb. 231.1. finden wir für die Massenzahl 210 vier Elemente, für 214 drei, für 234 ebenfalls drei usw. Die drei Elemente mit der Massenzahl 234 waren Thorium, Protaktinium und Uran.

Atome gleicher Masse aber verschiedener Kernladung nennt man Isobare[3].

Man kennt aber auch Elemente mit verschiedenen Massenzahlen, wie z.B. das Uran mit 238 und 234 oder das Blei mit 206, 210 und 214 usw.

Atome eines Elements mit verschiedenen Massenzahlen heißen Isotope[4].

[1] Kasimir Fajans, 1887, Professor für physikalische Chemie in München und Ann Arbor
[2] Frederick Soddy, 1877–1956, englischer Chemiker
[3] isos (gr.) = gleich
[4] topos (gr.) = Ort, Stelle

Das Auftreten von Isobaren und Isotopen macht eine neue Festlegung des Elementbegriffs notwendig.

Ein Element ist eine Stoffart, dessen Atome alle die gleiche Kernladung besitzen.

Unter den verschiedenen Elementen kann man weiter zwischen Reinelementen und Mischelementen unterscheiden. Die Kerne der Reinelemente haben alle gleiche Masse. Die Atome der Mischelemente setzen sich aus Kernen verschiedener Massenzahl, aber gleicher Kernladungszahl (Isotope) zusammen. Die natürlich auftretenden Elemente sind meist Mischelemente. 1961 stellte die IUPAC[1] eine neue Atommassentabelle auf, die sich als Basis auf $\frac{1}{12}$ des Kohlenstoffisotops 12 bezieht. Im Oktober 1967 hat die gleiche Vereinigung eine neue Definition des Mols vorgeschlagen, und zwar:

Das Mol ist die Stoffmenge eines Systems, in dem soviel Teilchen enthalten sind wie ^{12}C-Atome in 0,012 kg Kohlenstoff. Die Teilchen können Atome, Moleküle, Ionen etc. sein.

Aufgaben:

1. Welche Aktivität A besitzen $m = 2 \cdot 10^{-3}$ g des Kohlenstoffnuklids C-14 mit der Halbwertszeit $T_H = 5{,}7 \cdot 10^3$ a?
2. Ein α-Strahler (Polonium-Präparat) hat die Aktivität $A = 1{,}85 \cdot 10^4\,s^{-1}$. Welche Poloniummasse besitzt das Präparat und wie groß ist die Zahl der nach $t = 5$ Jahren noch vorhandenen $^{210}_{84}Po$-Nuklide, wenn die Halbwertszeit $T_H = 1{,}19 \cdot 10^7$ s beträgt?
3. Welche Masse des Nuklids Jod-131 mit der Halbwertszeit $T_H = 6{,}912 \cdot 10^5$ s ist notwendig, um die Aktivität $A = 1{,}11 \cdot 10^8\,s^{-1}$ hervorzurufen?
4. Die Aktivität einer strahlenden Substanz sinkt innerhalb zweier Tage ($t_1 = 2$ d) von $A_1 = 14{,}8 \cdot 10^7\,s^{-1}$ auf $A_2 = 8{,}88 \cdot 10^7\,s^{-1}$. Wie groß ist die Aktivität A_3 nach weiteren 8 Tagen ($t_2 = 8$ d)?
5. Die Halbwertszeit für das bei Atombombenexplosionen entstehende radioaktive Element Sr-90 ist $T_H = 28$ Jahre. Wieviele Prozente dieses Elements sind nach $t = 600$ Jahren noch vorhanden?
6. Berechne die Halbwertszeit von $^{226}_{88}$Radium, wenn $m_{Ra} = 22{,}1 \cdot 10^{-3}$ g Radium mit $m_{Rn} = 1{,}4 \cdot 10^{-7}$ g Radon $^{222}_{86}Rn$ im radioaktiven Gleichgewicht stehen. Die Halbwertszeit von $^{222}_{86}Rn$ beträgt $T_{H\,Rn} = 3{,}82$ Tage!

25.2. Der Bau der Atomkerne und der Massendefekt

N. Bohr, der Begründer des Bohrschen Atommodells, hat auch eine Vorstellung über den Atomkern entwickelt, die man das *Tröpfchenmodell* nennt. Danach stellt man sich vor, daß das Kernvolumen der Nukleonenzahl proportional ist. Nukleonen

[1] IUPAC = *I*nternational *U*nion of *P*ure and *A*pplied *C*hemistry

sind Protonen und Neutronen, die den Kern aufbauen. Man kann sich vorstellen, daß Proton und Neutron nur zwei verschiedene Modellvorstellungen ein und desselben Nukleons sind. Man benutzt aber diese beiden Modelle, um das Verhalten der Nukleonen beschreiben zu können. Die Nukleonen sollen in jedem Kern gleich dicht gepackt sein, wie auch die Flüssigkeitsmoleküle in einem Flüssigkeitstropfen. Das Tropfenmodell besagt, daß die Nukleonen kugelförmig sind. Das Tröpfchenmodell „funktioniert" um so besser, je größer die Nukleonenzahl ist. Schwere Kerne verhalten sich bei der Kernspaltung ähnlich wie elektrisch geladene Wassertropfen, die durch einen äußeren Anstoß zur Schwingung angeregt werden und bei ausreichender Amplitude zerplatzen.

Neben dem Tropfenmodell versucht man mit Hilfe des *Schalenmodells* die Eigenschaften der Kerne zu beschreiben. Man nimmt an, daß auch der Atomkern angeregt werden kann, wobei nur bestimmte Anregungszustände möglich sind. Man kann danach auch für den Kern ein Termschema aufstellen, analog dem Termschema der Elektronen in der Atomhülle. Bei Energiezufuhr durch γ-Quanten können die Kerne vom Grundzustand in einen angeregten Zustand übergehen und nach kurzer Zeit wieder in diesen oder einen anderen energieärmeren Zustand „zurückfallen". Beim Übergang von einem energetisch niederen in einen höheren Zustand werden γ-Quanten aufgenommen, im umgekehrten Fall abgegeben.

Die Nukleonen werden durch die Kernbindekraft zusammengehalten. Sie ist größer als die abstoßende Kraft, die zwischen den Protonen besteht. Genaue Messungen mit dem Massenspektrographen[1] ergaben, daß die Masse eines Atomkerns geringer ist als die Summe der Einzelmassen aller im Kern enthaltenen Nukleonen. Die Differenz zwischen der Masse des Kerns und der Summe der Einzelmassen der Nukleonen wird *Massendefekt* genannt. Nach der von A. Einstein entwickelten speziellen Relativitätstheorie entspricht jeder Masse m ein Energiebetrag E.

$$\mathbf{E = m \cdot c^2}$$

c ist die Vakuumlichtgeschwindigkeit $2{,}998 \cdot 10^8 \frac{m}{s}$. Die Höhe der Kernbindeenergie läßt sich berechnen, wenn man in die Einsteinsche Gleichung für m den Massendefekt einsetzt. Wir verwenden für diese Berechnung die Ruhemassen aus folgender Tabelle.

Tab. 233.1. Ruhemassen und relative Atommassen einiger Teilchen

Teilchen	Zeichen	Ruhemasse m in g	relative Atommasse ^{12}C bezogen
Elektron	e^-	$9{,}10701 \cdot 10^{-28}$	$5{,}48586 \cdot 10^{-4}$
Proton	p	$1{,}6723 \cdot 10^{-24}$	1,00727
Neutron	n	$1{,}6747 \cdot 10^{-24}$	1,00866
H-Atom	H	$1{,}6735 \cdot 10^{-24}$	1,00797
Deuteron	D	$3{,}3430 \cdot 10^{-24}$	2,01355
He-Atom	He	$6{,}6454 \cdot 10^{-24}$	4,0026
α-Teilchen	α	$6{,}6425 \cdot 10^{-24}$	4,0015

[1] Siehe Kapitel 25.5.

Danach beträgt der Massendefekt für ein α-Teilchen $\Delta m = 2\,m_p + 2\,m_n - m_{He^{2+}} = 5{,}05 \cdot 10^{-29}$ kg. Dieser Masse entspricht die Energie E.

$$E = \frac{5{,}05 \cdot 10^{-29}\,\text{kg}\; 2{,}998^2 \cdot 10^{16}\,\text{m}^2}{\text{sec}^2} = 45 \cdot 10^{-13}\,\text{Nm}$$

Da 1 Nm gleich $0{,}624 \cdot 10^{19}$ eV ist, erhält man für die Kernbindungsenergie des Heliumkerns $28{,}3 \cdot 10^6$ eV = 28,3 MeV.

Der Massendefekt ist ein Maß für die Bindungsenergie der Nukleonen in den Atomkernen.

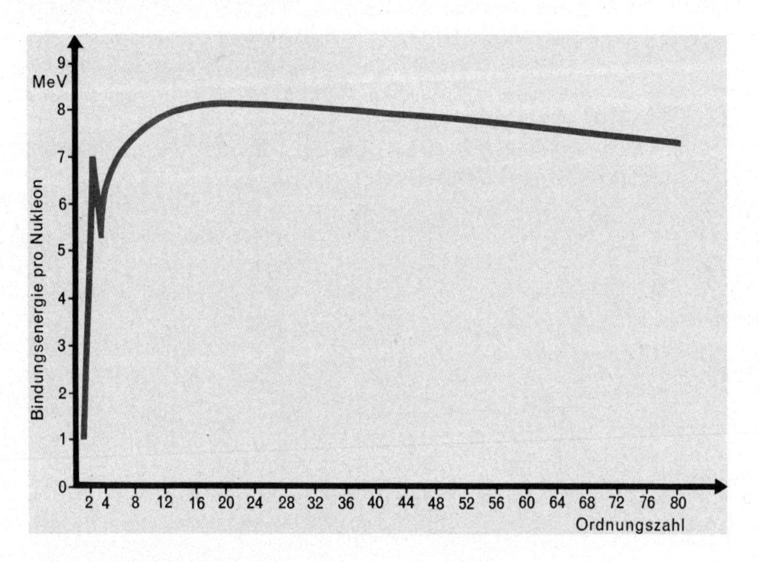

Abb. 234.1. Die Kurve gibt den Wert der Bindungsenergie an, der bei den verschiedenen Elementen auf ein Nukleon trifft.

Abb. 234.1. zeigt den Anteil der Bindungsenergie, der auf ein Nukleon entfällt. Man erkennt deutlich das Maximum bei Chrom und die hohe Bindungsenergie der Heliumkerne. Der Anteil der Bindungsenergie pro Nukleon beträgt beim Helium 7,03 MeV. Nach unseren bisherigen Kenntnissen ist es schwer verständlich, wie die Nukleonen im Kern aneinander gebunden sind. Die gleichsinnige positive Ladung des Protons ließe eher eine Abstoßung als eine Anziehung erwarten. Man stellt sich vor, daß zwischen den Nukleonen verschiedene Kräfte herrschen. Zunächst sind es die sogenannten *Kernbindungskräfte*. Man versteht darunter anziehende Kräfte, ähnlich der Newtonschen Massenanziehungskraft. Während aber das Newtonsche Gravitationsgesetz die Größe der Kraft umgekehrt proportional dem Quadrat des Abstandes angibt, spielt hier offenbar der Abstand der betreffenden Nukleonen eine weit stärkere Rolle. Die Kernbindungskräfte sind bei den hier vorhandenen geringen Entfernungen (Kerndurchmesser = 10^{-12} cm) unwahrscheinlich groß, lassen aber mit zunehmender Entfernung sehr stark nach. Die Kernbindungskräfte haben nur eine Reichweite von $2 \cdot 10^{-13}$ m.

Als weitere Kräfte wirken zwischen geladenen Teilchen die *Coulombschen Kräfte*. Sie treiben die gleichnamig geladenen Protonen eines Kerns auseinander, wirken also den Kernbindungskräften entgegengesetzt. Da auch die abstoßenden Kräfte bei geringer werdenden Abständen stark anwachsen, folgt, daß Kerne, die nur aus Protonen bestehen, undenkbar sind und daß die Neutronen innerhalb des Kerns durch Verstärkung der bindenden Kräfte praktisch die Funktion eines „Kernkitts" übernehmen.
Es ist nicht zu erwarten, daß Neutronen und Protonen im Kern sich etwa in Ruhe befinden und eine festgelegte geometrische Position zueinander haben, sondern daß sich vielmehr die Position zueinander in dauernder Änderung befindet. Bereits derart einfache Überlegungen ergeben, daß mit größerer Protonenzahl die Anzahl der benötigten Neutronen im Kern immer stärker anwachsen muß, daß die Beständigkeit eines Kerns mit zunehmender Ordnungszahl immer geringer wird und schließlich ganz aufhört.

Aufgaben:

1. Welcher Energie entspricht ein Massendefekt von $m = 10^{-3}$ g?
2. Welche Energie würde frei, wenn $L = 6{,}023 \cdot 10^{23}$ Heliumatome der Masse $m_{He} = 4{,}0026$ u aus Wasserstoffatomen der Masse $m_H = 1{,}007825$ u gebildet werden?
3. Berechne die Energie, die der atomaren Masseneinheit $u = 1{,}66 \cdot 10^{-27}$ kg entspricht!

25.3. Kernchemie

Die natürliche Radioaktivität zeigte das Auftreten von Isobaren und Isotopen und die Umwandlung von Elementen in andere. Diese Umwandlung läßt sich nicht beeinflussen, sie läuft zwangsläufig ab. Es lag nun der Gedanke nahe, die Elementumwandlung künstlich hervorzurufen. Jeder Atomkern baut sich aus einer Anzahl von Protonen und Neutronen auf. Eine Veränderung der Zahl dieser Nukleonen führt zu neuen Elementen oder Isotopen.
Jeder Atomkern hat eine Anzahl von Protonen, die ihm eine positive Ladung verleihen. Als E. Rutherford 1919 den Gedanken der künstlichen Atomumwandlung ins Auge faßte, waren nur die Protonen und α-Teilchen als Teile des Kerns bekannt. Das Neutron wurde erst 1932 von Chadwick gefunden. Protonen und α-Teilchen sind nun selbst positiv geladen. Bei der Annäherung an einen Atomkern wirken die beiden positiven Ladungen abstoßend aufeinander. Diese Abstoßung kann nur durch eine hohe Energie überwunden werden, die dem Teilchen, das in den Atomkern eingebaut werden soll, verliehen werden muß. Rutherford hatte α-Teilchen von radioaktiven Stoffen zur Verfügung. Sie sind energiereich. Wegen der hohen Geschwindigkeit, mit der die α-Teilchen auf den Atomkern eines Stoffes auftreffen, spricht man von Beschießung eines Atomkerns mit α-Teilchen. Das Bestrahlungsobjekt, an dem durch Beschuß mit beschleunigten Teilchen eine Kernreaktion ausgelöst wird, nennt man *Target*.

Beim Beschuß von Stickstoffkernen mit α-Teilchen erhielt Rutherford Sauerstoffkerne und Protonen. Es war die erste künstliche Atomumwandlung.

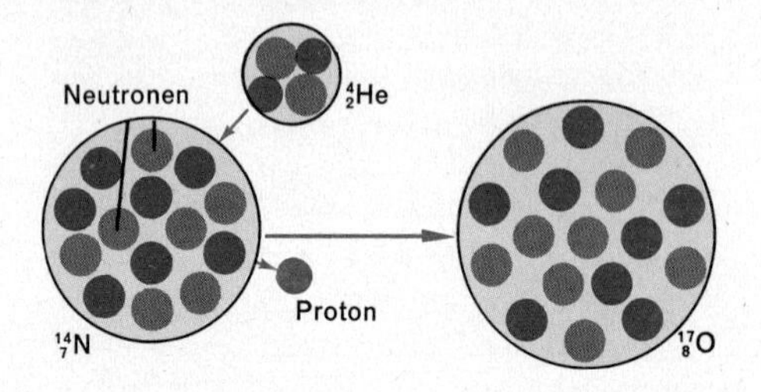

Abb. 236.1. Erste künstliche Atomumwandlung.

$$^{14}_{7}N + ^{4}_{2}He \rightarrow ^{17}_{8}O + ^{1}_{1}H$$

Bei der Beschießung von Berylliumkernen mit α-Teilchen erhielt 1930 der deutsche Physiker W. Bothe[1] eine energiereiche Strahlung, die er für eine γ-Strahlung hielt. Chadwick zeigte aber, daß bei dieser Reaktion ein Neutron ausgestoßen wurde.

$$^{9}_{4}Be + ^{4}_{2}He \rightarrow ^{12}_{6}C + ^{1}_{0}n$$

Das Neutron ist als „Element" durch das Symbol Nn, als Nukleon durch n gekennzeichnet. Analog schreibt man für das Wasserstoffion H^+ und für das Proton als Nukleon p. Man formuliert damit diese Reaktion kürzer:

$$^{9}_{4}Be\ (\alpha, n)\ ^{12}_{6}C$$

Dabei wird das in der Klammer zuerst genannte Teilchen auf den Kern geschossen, das zweite entsteht.

Die Energie der natürlich erzeugten α- und β-Teilchen, Protonen und Neutronen ist begrenzt. Um weitere Kernreaktionen zu ermöglichen, erteilt man den Teilchen in geeigneten Maschinen hohe kinetische Energien.

Für die Elementumwandlung eignen sich Protonen und Neutronen besser als α-Teilchen. Die Protonen haben nur die Hälfte der positiven Ladung eines α-Teilchens. Daher ist ihre Abstoßung durch den Atomkern des Elementes, das umgewandelt werden soll, halb so groß. Die Energie des Protons kann deshalb auch geringer sein. Es genügen für eine Kernumwandlung mit Protonen einige 100000 eV. Neutronen müssen gar keine abstoßende Kraft überwinden.

Es gelingt durch geeignete Dosierung der Energie, Protonen und Neutronen in Atomkerne einzubauen, ohne einen anderen Kernbestandteil zu verdrängen. Durch Einbau eines Wasserstoffkerns in einen Atomkern erhält man das Element mit der nächst höheren Ordnungszahl, bei Einbau eines Neutrons entsteht ein Isotop des ursprünglichen Elementes. Erfolgt die Beschießung mit Protonen oder Neutronen höherer Energie, können auch Kernteilchen ausgeschleudert werden.

Die künstlichen Elemente, die durch Beschießung von Elementen mit Heliumkernen, Wasserstoffkernen oder Neutronen entstehen, sind meist radioaktiv, d.h. nicht beständig.

Das erste künstliche radioaktive Element fand 1934 das Ehepaar Irene Curie, die Tochter von P. und M. Curie, und Frederic Joliot. Sie beschossen Aluminium mit α-Strahlen und erhielten strahlenden Phosphor:

$$^{27}_{13}Al\ (\alpha, n)\ ^{30}_{15}P$$

[1] Walter Bothe, 1891

Durch die Kernumwandlung gelang es, fast von allen Elementen Isotope zu erhalten. Abb. 237.1. zeigt die Isotope der zehn leichtesten, Abb. 237.2. die der schwersten Elemente, soweit sie bekannt sind. In Abb. 237.1. ordnen sich die Isotope zu beiden Seiten der *Stabilitätskurve*. Je weiter ein Isotop von dieser Kurve entfernt ist, desto weniger beständig ist es. Der Kern der stabilen Elemente zeigt ungefähr gleiche Zahl von Protonen und Neutronen. Eine Verschiebung dieses Zahlenverhältnisses kann man durch Aufnahme oder Abgabe von Nukleonen erreichen.

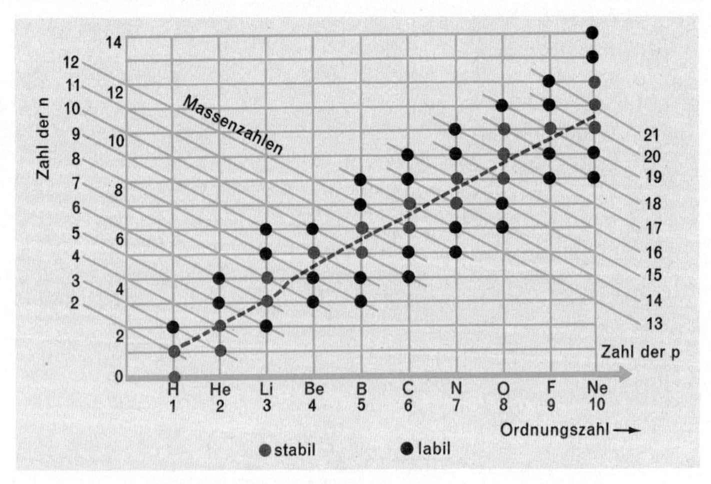

Abb. 237.1. Isotope der 10 leichtesten Elemente

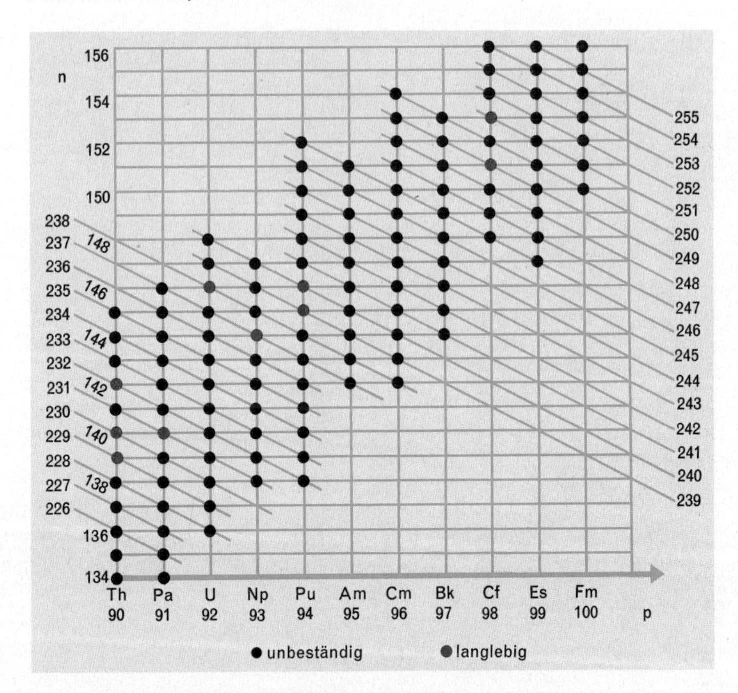

Abb. 237.2. Isotope mit den Ordnungszahlen zwischen 90—100

Da Neutronen keine Ladung tragen, sind sie für Kernreaktionen besonders gut geeignet. Die Wechselwirkungen der Neutronen mit Materie sind von ihrer Energie sehr stark abhängig. Man teilt deshalb die Neutronen nach ihrem Energiegehalt ein. Man unterscheidet *schnelle* Neutronen mit Energie zwischen 20 keV und 10 MeV, *mittelschnelle* Neutronen mit Energien im keV-Bereich und *langsame* Neutronen, deren Energien im eV-Bereich und darunter liegen. Innerhalb des Gebiets der langsamen Neutronen interessieren häufig besonders die *thermischen Neutronen*, deren Geschwindigkeit der Wärmebewegung der Materieteilchen entspricht. Die Energie der thermischen Neutronen liegt bei 0,025 eV. Neutronen mit noch geringerer Energie heißen *kalte Neutronen*.

Da beim β-Zerfall das Elektron bei gleichem Ausgangszustand verschieden viel Energie erhält (kontinuierliches Energiespektrum), vermutete Pauli, daß ein weiteres Teilchen – das Neutrino – ausgesandt wird. Das Neutrino hat keine elektrische Ladung und keine merkliche Masse, so daß man ihm die Ruhemasse 0 zuschreibt. Es besitzt aber eine kinetische Energie, die gerade der Energiedifferenz entspricht, die beim *β^--Zerfall*, wie man die Umwandlung eines Neutrons in ein Proton wegen der Ausschleuderung eines Elektrons (e^-) nennt, auftritt. Seit der Entdeckung des Neutrons durch Chadwick wissen wir, daß die vom Kern emittierten Elektronen keine Kernbausteine sind, sondern erst im Augenblick des β^--Zerfalls erzeugt werden.

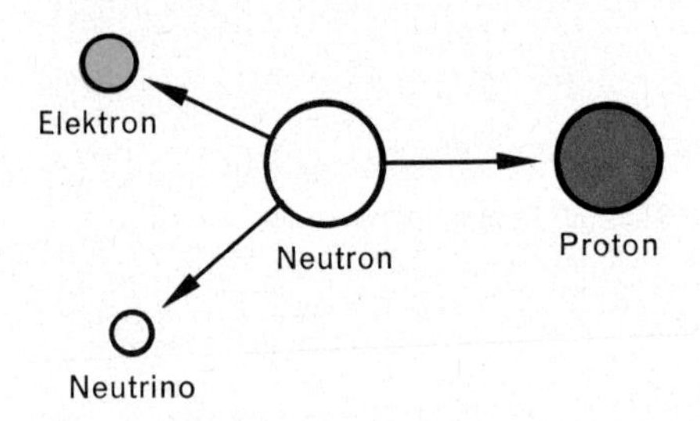

Abb. 238.1. Umwandlung freier Neutronen

Die Umwandlungsvorgänge zwischen Proton und Neutron bei der Entstehung der β-Strahlen bringen die Vermutung nahe, daß das Neutron aus einem Proton und einem Elektron besteht. Die Berechnung der Massensummen zeigt ein überraschendes Ergebnis:

Die Masse eines Protons ist	1,00727 u[1],
die Masse eines Elektrons	0,00055 u
Die Summe ergibt sich zu	1,00782 u
während die Masse des Neutrons	1,00866 u ist.

Hier ist also die Summe der Einzelmassen geringer als die Gesamtmasse. Man nennt dies einen negativen Massendefekt, $\Delta m = -0{,}00084$ u. Daraus folgt, daß ein freies Neutron nicht beständig ist und unter Energieabgabe zerfällt. Dem Massendefekt von $\Delta m = 0{,}00084$ u entspricht die Energie $E = 0{,}00084\ \text{u} \cdot 931\ \text{MeV} = 0{,}78\ \text{MeV}$.

$$\mathbf{n \rightarrow p^+ + e^- + \nu + 0{,}78\,MeV}$$

[1] u = Atomare Masseneinheit = $1{,}660277 \cdot 10^{-27}$ kg

Die Neutrinomasse ist hierbei nicht berücksichtigt. Sie beträgt wahrscheinlich weniger als den 500. Teil der Elektronenmasse und kann deshalb vernachlässigt werden. Die Halbwertszeit des Neutronenzerfalls beträgt 13 min.
Das Neutrino (Abkürzung ν) wurde zunächst rein hypothetisch von W. Pauli 1931 gefordert.
Wenn seine Ruhemasse 0 ist, muß es sich nach der spez. Relativitätstheorie mit Lichtgeschwindigkeit c bewegen. Es ist ein dem Photon sehr ähnliches „Teilchen". Der indirekte Nachweis durch eine Reaktion mit einem anderen Teilchen gelang erst 1956. Später hat man das Neutrino im Rahmen der Elementarteilchensystematik in Antineutrino umbenannt und ein anderes Teilchen mit Neutrino bezeichnet. Dadurch ergaben sich Erhaltungssätze für gewisse Teilchenarten.

L Kernreaktion durch langsame Neutronen: Ein zylindrisches Stück Indiumblech bringt man ca. 24 Stunden in die Bohrung des Moderatormaterials (Paraffin) einer Schulneutronenquelle. Zuvor überzeugt man sich am Geigerzähler davon, daß das Indiumblech nicht strahlt. Schiebt man nach dieser Zeit das Blech über ein β-Zählrohr, das sich in der Bohrung eines Abschirmzylinders befindet, findet man pro Minute eine wesentlich über dem Nulleffekt liegende Zählrate.

Ein Papierbogen beeinflußt die Strahlung des Indiums nicht merklich, das Indiumblech ist zum β-Strahler geworden. Die Halbwertszeit des künstlich radioaktiv gemachten Indiums liegt bei 54 Minuten. Nach 54 Minuten mißt man pro Minute nur noch die halbe Zählrate. In der Schulneutronenquelle besteht ein Neutronenfluß von ca. 100 langsamen Neutronen pro Sekunde und pro Quadratzentimeter. Diese Neutronen werden von $^{115}_{49}In$ eingefangen und bilden ein angeregtes Indiumisotop.

$$^{115}_{49}\mathbf{In}(\mathbf{n}, \gamma)\,^{116}_{49}\mathbf{In}^*$$

Dieses angeregte Indiumisotop* zerfällt in einem β-Prozeß mit einer Halbwertszeit von 54 Minuten.

$$^{116}_{49}\mathbf{In}(\beta, \gamma)\,^{116}_{50}\mathbf{Sn}$$

Nichtangeregtes Indium-116 zerfällt in das gleiche Zinnisotop, allerdings mit einer Halbwertszeit von 13 Sekunden.

$$^{116}_{49}\mathbf{In} \xrightarrow[13\,s]{\beta} {}^{116}_{50}\mathbf{Sn}$$

Bringt man das künstlich radioaktiv gemachte Indiumblech sofort aus der Neutronenquelle über das Zählrohr (Abschirmung!), kann man diesen Zerfall verfolgen.

Kerne, die die gleiche Protonen- und Neutronenzahl besitzen, sich aber in ihrem Anregungszustand unterscheiden (z. B. $^{116}_{49}In^*$ und $^{116}_{49}In$), sind isomer. Isomere Kerne besitzen eine unterschiedliche Halbwertszeit.

Von besonderer Bedeutung sind die Reaktionen der Uranisotope, die unter Neutronenbeschuß stattfinden können. Werden *U-238*-Kerne von Neutronenstrahlung getroffen, so kann man dreierlei Reaktionen beobachten:

1) Der U-238-Kern kann gespalten werden. Das tritt jedoch nur bei hohen Neutronenenergien (über 1,5 MeV) ein und auch da nur verhältnismäßig selten bei etwa 10% der erfolgenden Zusammenstöße, so daß sich daraus keine Kettenreaktion entwickeln kann (s. Kapitel 25.5.).

2) Das Neutron wird am U-238-Kern elastisch reflektiert. Als thermisches Neutron ist es dann für U-238-Kerne wirkungslos.
3) Bei ganz bestimmten Resonanz-Energien zwischen 8 und 100 eV wird das Neutron von einem U-238-Kern aufgenommen. Es bildet sich ein β-strahlendes Isotop $^{239}_{92}U$, aus dem nach dem Fajans-Soddy-Verschiebungssatz Neptunium $^{239}_{93}Np$ wird. Da auch dieser Kern ein β-Strahler ist, entsteht daraus schließlich Plutonium $^{239}_{94}Pu$, das ein α-Strahler mit recht großer Halbwertszeit ist.
Der *U-235*-Kern wird von schnellen und langsamen Neutronen gespalten. Besonders stark tritt jedoch die Spaltung dieses Kerns durch thermische Neutronen auf. Bei der Spaltung durch schnelle Neutronen oder andere energiereiche Teilchen sind die Spaltprodukte annähernd gleich groß. Bei der viel häufigeren Spaltung durch thermische Neutronen entstehen Spaltprodukte, deren Massenzahlen sich etwa wie 3:2 verhalten.

25.4. Kernspaltung und Kernfusion

Unter Kernspaltung versteht man das Zerfallen eines getroffenen schweren Kerns in zwei Kerne mittlerer Größe und damit die Verdoppelung der Atomzahl.
1939 gaben die beiden Deutschen O. Hahn[1] und F. Straßmann[2] bekannt, daß sie bei der Bestrahlung von Uran mit langsamen Neutronen eine Spaltung des Urankerns erhalten haben. Bei dieser Kernspaltung wurde eine ungeheure Energie frei. Die Spaltstücke waren zwei Kerne von mittleren Massenzahlen und 2–3 Neutronen.
Das Uranisotop-235 nahm zuerst das zugeführte Neutron auf und verwandelte sich in Uran-236, das von selbst zerfiel. Beispiel:

$$\mathbf{n} + {}^{235}_{92}\mathbf{U} \rightarrow {}^{236}_{92}\mathbf{U}$$

$${}^{236}_{92}\mathbf{U} \rightarrow {}^{143}_{54}\mathbf{Xe} + {}^{90}_{38}\mathbf{Sr} + 3\mathbf{n}$$

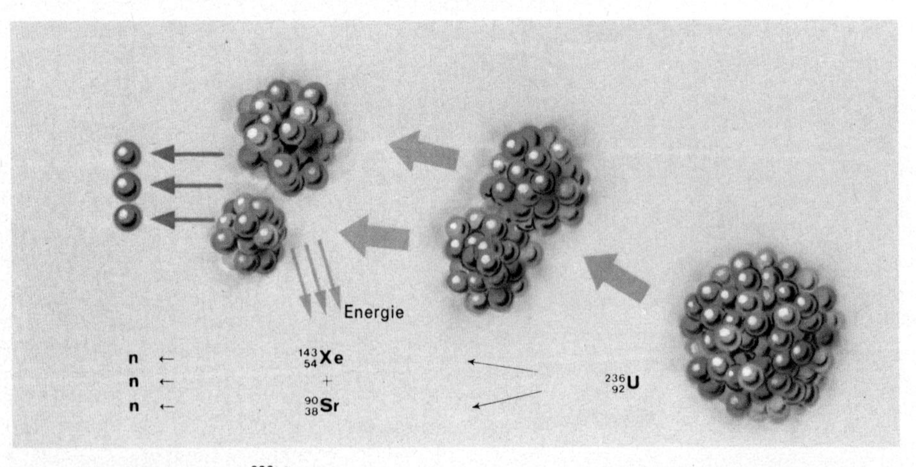

Abb. 240.1. Spaltung von $^{236}_{92}$Uran

[1] Otto Hahn, 1879–1968, Physiker
[2] Fritz Straßmann, 1902, Physiker und Chemiker

Da schwere Kerne etwa 1,6mal soviel Neutronen wie Protonen haben, bei den mittelschweren Kernen jedoch im stabilen Zustand das Neutronen-Protonenverhältnis unter 1,5 liegt, sind die Spaltprodukte im allgemeinen Kerne mit Neutronenüberschuß und damit β-Strahler (s. Kapitel 25.3.). Außerdem werden bei der Kernspaltung noch einige Neutronen als schnelle Neutronen abgestrahlt. Im Durchschnitt sind es etwa 2,5 Neutronen je Spaltung. Nun werden 0,7% dieser schnellen Neutronen von den Spaltprodukten nicht sofort, sondern erst nach einigen Sekunden ausgestoßen. Für diese verspäteten Neutronen hat sich die Bezeichnung „verzögerte Neutronen" eingeführt. Im Gegensatz dazu nennt man die sofort frei werdenden Neutronen „prompte Neutronen". Die Erscheinung, daß einige Neutronen erst mit einer zeitlichen Verzögerung auftreten, ist die Grundlage für die Steuerung von Kernreaktoren. Die Freisetzung von Neutronen bei Kernspaltungen macht diese Kernreaktionen zu einer wichtigen Neutronenquelle.

Pro Spaltung des U-235-Kerns werden rund 200 MeV an Energie frei, die sich wie folgt zusammensetzt. Aus der Bewegungsenergie der

Spaltprodukte	166 MeV,	β- und γ-Strahlung der Spaltprodukte	13 MeV,
Neutronen	5 MeV,	Neutrino-Strahlung der Spalt-	
γ-Strahlung bei der Spaltung	5 MeV,	produkte	11 MeV.

Bei der vollständigen Spaltung von 1 g des Uranisotops U-235 wird die Energie[1] frei:

$$E = \frac{2 \cdot 10^{8}\,\text{eV}\;1{,}6 \cdot 10^{-19}\,\frac{\text{Nm}}{\text{eV}}\;6{,}023 \cdot 10^{23}\,\text{mol}^{-1}}{235\,\text{g mol}^{-1}}$$

$$\underline{E = 8{,}2 \cdot 10^{10}\,\text{Nm g}^{-1}}$$

Im Vergleich dazu wird bei der Verbrennung von 1 g Kohlenstoff die Energie von ca. 32,8 kJ ($= 32{,}8 \cdot 10^{3}$ Nm) frei.

Eine andere Möglichkeit, die Bindungsenergie der Nukleonen in den Atomkernen nutzbar zu machen, liefert die *Kernfusion*[2]. Aus Abb. 234.1., Kapitel 25.2., ist ersichtlich, daß nur im Bereich kleiner Atommassen die Verschmelzung von Atomkernen mit Energiegewinn verbunden ist. Lagert beispielsweise ein Wasserstoffkern $^{1}_{1}H$ ein Neutron an, so entsteht ein Deuteriumkern $^{2}_{1}D$. Deuterium ist ein Wasserstoffisotop, das 1932 der Amerikaner H. C. Urey[3] fand.

$$^{1}_{1}\mathbf{H} + {}^{1}_{0}\mathbf{n} \rightarrow {}^{2}_{1}\mathbf{D}$$

Der Massendefekt beträgt bei dieser Fusion $2{,}389 \cdot 10^{-3}$ u, dies entspricht bei der Verschmelzung von einem Wasserstoffkern mit einem Neutron der Energie von $2{,}2 \cdot 10^{6}$ eV, die als γ-Strahlung frei wird. Während bei der Oxidation von 1 mol Kohlenstoffatomen zu Kohlendioxid etwa 394 kJ frei werden, entstehen bei der Vereinigung eines Protons mit einem Neutron zu einem Deuteron $2{,}1 \cdot 10^{9}$ J je Mol. Die Kernbindungsenergien sind also um mehrere millionenmal größer als die chemischen Bindungsenergien der Moleküle.

In der üblichen Veranschaulichung bedeutet der Massendefekt bei der Kernfusion, daß z. B. 1 kg Wasserstoff nur 993 g Helium ergibt und daß dieser Massendefekt von 7 g eine freiwerdende Energie von 175 Millionen kWh darstellt.

Bei der Fusion von Kernen müssen sich diese aufgrund der geringen Reichweite der Kernkräfte auf ca. 10^{-14} m annähern. Dem steht die Tatsache entgegen, daß die Kerne

[1] 1 eV $= 1{,}6 \cdot 10^{-19}$ Nm
[2] fundere (lt.) = ausbreiten
[3] Harold Clayton Urey, 1893, Chemiker

wegen der umgebenden Elektronenschalen nicht so nahe zusammen kommen können und wegen der positiven Kernladung sich abstoßen. Hierfür ist der sogenannte Plasmazustand der Materie notwendig, bei dem infolge übermäßig starker Wärmebewegung die Elektronenhüllen zerschlagen sind. Dieser Zustand setzt aber Ausgangstemperaturen von einigen Millionen Grad voraus. Aus diesem Grunde ist eine geregelte Gewinnung der Fusionsenergie noch nicht möglich, während die Fusionsbombe, die sogenannte Wasserstoffbombe, die Richtigkeit dieser Berechnungen erwiesen hat. Bei dieser explosionsartigen Kernfusion entstehen aus Wasserstoffkernen und Neutronen Heliumkerne.

$$2\,{}^{1}_{1}\mathrm{H} + 2\,{}^{1}_{0}\mathrm{n} \rightarrow {}^{4}_{2}\mathrm{He}$$

Dabei werden pro Mol $2{,}64 \cdot 10^{12}$ J frei.

Abb. 242.1. Thorusmagnet-Fusionsplasma (Garching-Wendelstein)

25.5. Kernreaktoren, Isotopentrennung und Wiederaufarbeitung

Bei der durch O. Hahn und F. Straßmann eingeleiteten Uranspaltung entstanden Neutronen. Da die Spaltung durch Beschuß mit Neutronen ausgelöst wurde, können die bei der Spaltung freigesetzten Neutronen neue Uranatome spalten. Sind bei der Spaltung des ersten Uranatoms drei Neutronen in Freiheit gesetzt worden, können diese drei weitere Uranatome spalten, deren 9 Neutronen setzen aus 9 Uranatomen 27 Neutronen frei, und so wächst die Reaktion von selbst lawinenartig an.

Die Beschießung von Uran-235 mit Neutronen löst eine Kettenreaktion aus, die es ermöglicht, die Atomkernenergie großtechnisch auszunutzen.

Verläuft die Kettenreaktion nach Abb. 243.1., dann spricht man von einer ungesteuerten Kettenreaktion, die die Grundlage der Uranbombe, der ersten Atombombe im Jahre 1945, bildete.

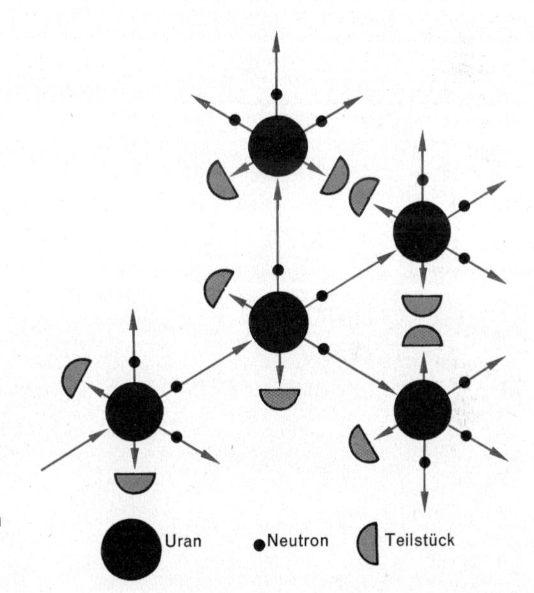

Abb. 243.1. Schema der Kettenreaktion

Im natürlich vorkommenden Uran tritt die Kettenreaktion nicht ein, da das Uran aus drei Isotopen, dem Uran-238, -235 und -234 besteht. Der Anteil des Isotops U-234 ist so gering, daß er für die Praxis keine Rolle spielt. Die beiden anderen Isotope finden sich im natürlichen Uran zu 99,3% (U-238) und 0,7% (U-235).

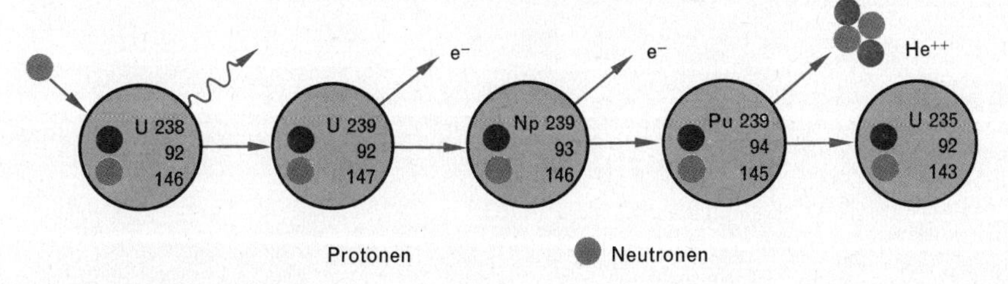

Abb. 243.2. $^{235}_{92}U$ aus $^{238}_{92}U$

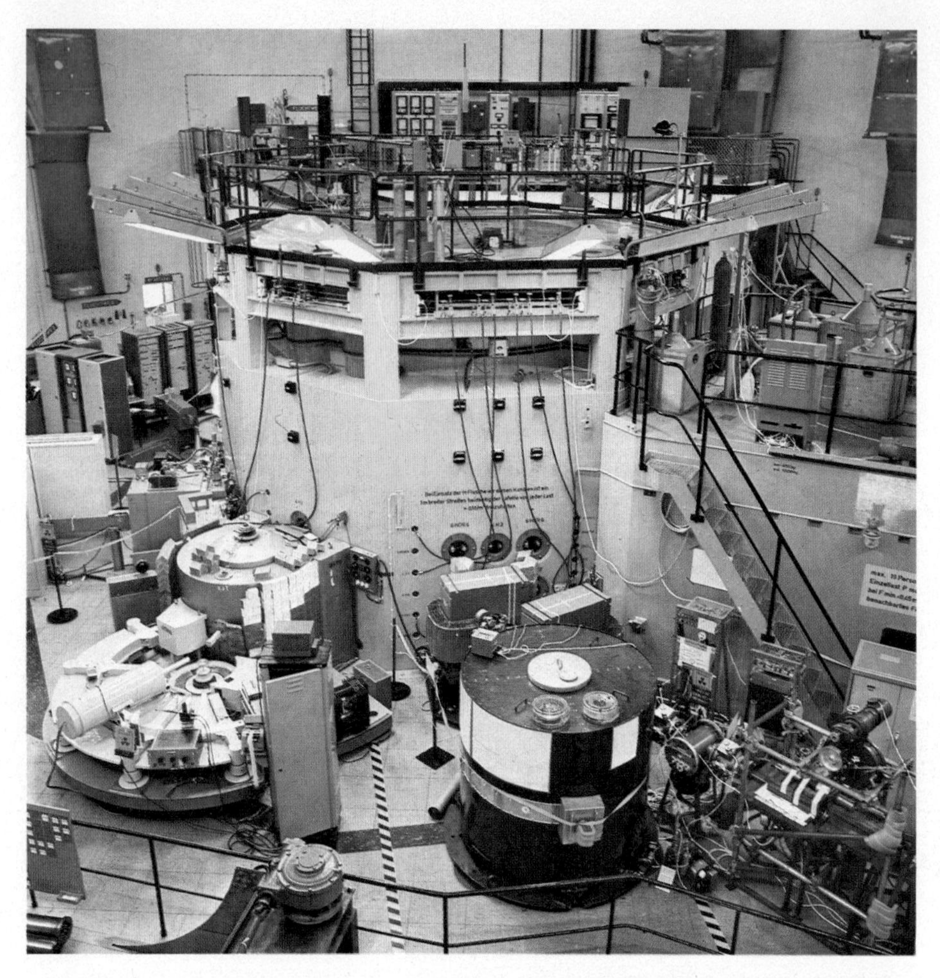

Abb. **244**.1. Forschungsreaktor FRJ-2 der Kernforschungsanlage Jülich. Es handelt sich hierbei um einen mit schwerem Wasser moderierten sogenannten Tankreaktor von $15 \cdot 10^6$ Watt thermischer Leistung. Vorn links steht eine Neutronenbeugungsapparatur, die zur Kristallstrukturanalyse, zur Untersuchung des thermischen Verhaltens von Gitteratomen oder zu magnetischen Messungen u.ä. verwendet werden kann.

Treffen auf Uran-238 Neutronen, dann werden diese aufgenommen (Abb. 243.2.). Es entsteht das langlebige Pu-239 ($T_H = 24{,}3\,a$). Dadurch werden die Neutronen der Kettenreaktion entzogen. Da bedeutend mehr Atome des Isotops U-238 als Atome U-235 vorhanden sind, werden alle Neutronen abgefangen, und die Kettenreaktion kommt zum Erliegen.

Für die praktische Ausnutzung der Kernenergie war es notwendig, die Kettenreaktion so zu steuern, daß sie nicht zum Zerfall des ganzen Urans und auch nicht zum Erliegen der Kettenreaktion führte.

Die Anlagerung der Neutronen an Uran-238 erfolgt bei einem Energieinhalt der Neutronen von $25 \cdot 10^6$ eV, d.h. *Uran-238 lagert schnelle Neutronen an.* Langsame Neutronen werden nicht angelagert. Aber gerade die langsamen Neutronen führen die Kernspaltung des Uran-235 herbei. Die Aufgabe der Steuerung der Kettenreaktion lautete nun, Wege zu finden, die

a) zur Abbremsung der schnellen Neutronen führen,
b) die Gesamtzahl der freien Neutronen regeln.

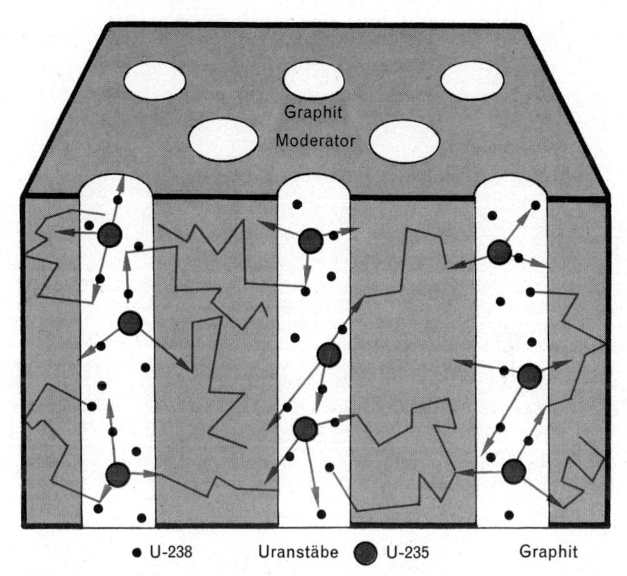

Abb. 245.1. Schema der Moderatorwirkung

Als Bremssubstanzen für Neutronen höherer Energie (schnelle Neutronen) verwendet man Graphit, schweres oder leichtes Wasser, borhaltige Legierungen oder Verbindungen und Cadmium. Die Teilchen dieser, als Moderatoren bezeichneten Substanzen, führen mit schnellen Neutronen elastische Stöße aus und wirken deshalb auf diese bremsend. Dabei wird kinetische Energie in Wärme umgewandelt. Wärme entsteht auch beim Abbremsen der Spaltprodukte im Brennmaterial. Damit die Kettenreaktion im Kernreaktor nicht erlischt, muß stets ein Teil der freigewordenen schnellen Neutronen, nachdem diese durch Moderatoreinwirkung abgebremst wurden, neue Kernspaltungen hervorrufen. Der Multiplikationsfaktor

$$k = \text{Multiplikationsfaktor} = \frac{\text{Anzahl der bei Spaltungen erzeugten Neutronen}}{\text{Anzahl der absorbierten und abgestrahlten Neutronen}}$$

dient der Beschreibung des Reaktorzustandes. Ist $k<1$, werden mehr Neutronen absorbiert als erzeugt, die Kettenreaktion erlischt. Wenn $k>1$ nimmt die Zahl der Spaltungen pro Zeiteinheit schnell zu. Leistungsreaktoren sind so konstruiert, daß sie in diesem Fall automatisch abgeschaltet werden. Der Zustand mit $k=1$ wird angestrebt. Man bezeichnet ihn als den *kritischen Zustand* des Reaktors. Bei $k=1$ werden genausoviel Neutronen absorbiert und abgestrahlt, wie bei Kernspaltungen in der gleichen Zeit erzeugt werden. Die Tatsache, daß 0,7% der Neutronen, die bei Spaltungen des Nuklids U-235 entstehen, 10 bis 20 Sekunden verzögert frei werden, erleichtert die Einhaltung des kritischen Zustandes. Die Masse des Brennstoffs, des Moderators

und der Sicherungsstäbe muß so aufeinander abgestimmt sein, daß die Kernreaktion zu jeder Zeit gerade noch im Gang bleibt.
Nimmt man die Spaltung des Uranisotops 235 durch Neutronen mit kleinen Mengen vor, dann wird ein großer Teil der bei der Reaktion freiwerdenden Neutronen durch die Oberfläche des Urans abgeleitet. Der Neutronenverlust durch die Oberfläche verhindert eine ungesteuerte Kettenreaktion. Wenn die Uranmasse größer wird, dann verändert sich das Verhältnis von Oberfläche zum Volumen, und der Augenblick tritt ein, in dem der Neutronenverlust durch die Oberfläche zu gering wird: Die Kettenreaktion wird zur Explosion. Man nennt die Menge, bei der das Uran explodiert, die *kritische Menge*. Sie liegt bei Uran-235 zwischen 10 und 20 kg. Das Plutonium ist leichter als das Uran-235 zu gewinnen, denn es entsteht im Reaktor aus Uran-238. Es diente daher schon bei der zweiten Atombombe des letzten Weltkrieges als Sprengstoff.

Reaktortypen:

Im Grunde arbeiten alle Kernreaktortypen, die in der Bundesrepublik zur Erzeugung elektrischer Energie in Betrieb sind, nach dem gleichen Prinzip: Uran-235 Nuklide werden durch Neutronenbeschuß gespalten. Die dabei freiwerdende Wärme dient der Erzeugung von Wasserdampf, der seinerseits Turbinen antreibt. Im wesentlichen unterscheiden sich die einzelnen Reaktortypen in der Anordnung der Uranstäbe im Core – das ist der Reaktorkern –, seiner Dimension und Konstruktion sowie in der Arbeitsweise des Kühlmittels und der Art des Moderators. Man unterscheidet Leistungs- und Forschungsreaktoren. Forschungsreaktoren besitzen häufig einen hohen Neutronenfluß, der experimentellen Zwecken dient. Außerdem setzt man sie bei der Erforschung neuer Techniken, der Beanspruchbarkeit neu entwickelter Materialien und der Verwendbarkeit anderer Brennstoffe ein.
In Leistungsreaktoren wird Kernenergie über Wärme in elektrische Energie umgewandelt. Von der eigentlichen thermischen Leistung eines Reaktors gehen bei der Umwandlung in elektrische Energie ca. $\frac{2}{3}$ verloren. Nur ~33% der erzeugten Wärme stehen als elektrische Energie zur Verfügung. Dieses Problem besteht in abgeschwächter Form auch bei konventionellen Wärmekraftwerken und ist für Kernreaktoren nicht typisch. Bei den Leistungsreaktoren unterscheidet man Siedewasserreaktoren, Druckwasserreaktoren und Hochtemperaturreaktoren. Während zu Beginn der 60er Jahre überwiegend Siedewasserreaktoren gebaut wurden, ist heute ein Trend zum Bau von Druckwasserreaktoren zu beobachten. Hochtemperaturreaktoren sind noch in der Entwicklungsphase.
Die Wärme wird auch im Druckwasserreaktor durch Spaltungen der Nuklide von Uran-235 erzeugt, die in der Brennstoffsubstanz auf 2–3% angereichert sind. Den Hauptbestandteil des Kernbrennstoffs bilden die Nuklide des Uran-238. Der Kernbrennstoff wird als Uran(IV)-oxid UO_2 in Tablettenform in ca. 3 m lange Metallrohre (Zircaloy) gefüllt, die einen Außendurchmesser von 1–2 cm besitzen. Mehrere dieser Brennstäbe sind zu einem Brennelement zusammengefaßt. Die entstandene Wärme muß durch das entlang der Brennstäbe fließende Kühlmittel abgeführt werden.
Im Druckwasserreaktor wird Wasser (H_2O) als Kühlmittel verwendet, das unter einem Druck von 140–160 bar steht. Bei diesem Druck kann Wasser auf 300 °C erhitzt werden, ohne zu sieden. Das Leitungssystem, in dem diese Bedingungen herrschen, muß zur Sicherheit für höhere Drucke und Temperaturen ausgelegt sein. In diesem Primärkühlwasserkreislauf wird das auf 300 °C erhitzte Wasser aus dem Reaktorcore in den

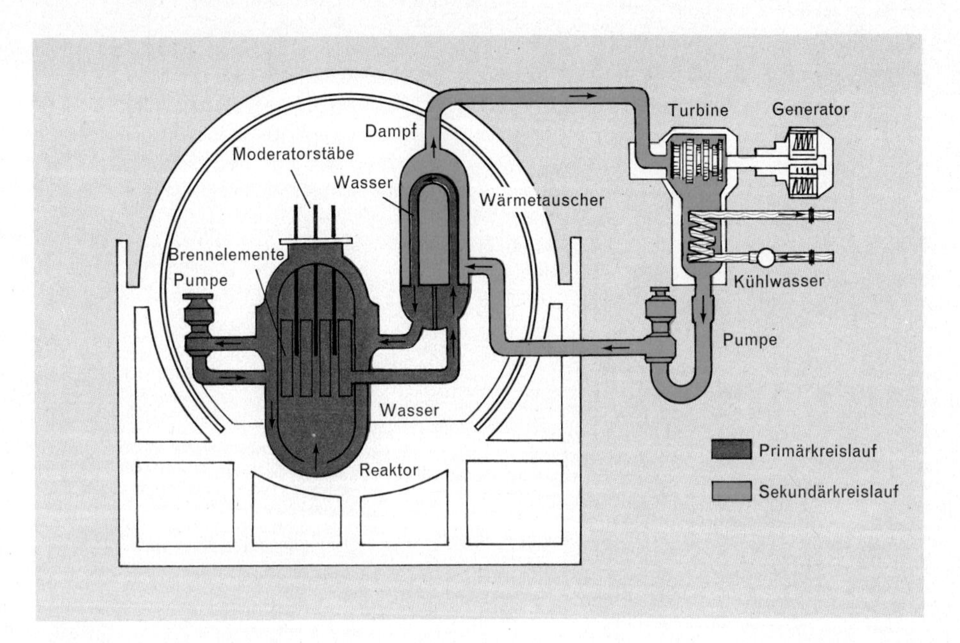

Abb. 247.1. Schema eines Druckwasserreaktors

Wärmetauscher gepumpt, wo es seine Wärme an einen zweiten Wasserkreislauf abgibt. Anschließend fließt es wieder in das Core zurück. Der Primärkreislauf ist ein geschlossenes System.

Im Wärmetauscher wird Wasserdampf erzeugt, der im Sekundärkreislauf die Schaufelräder der Turbinen antreibt. Da dieser Wasserdampf in keiner direkten Verbindung mit dem Reaktorcore steht, kann er nicht radioaktiv werden. Während des Betriebs eines Druckwasserreaktors darf das Kühlmittel Wasser auf keinen Fall sieden. Die beim Sieden entstehenden Dampfblasen könnten an den Brennstäben zu lokalen Überhitzungen führen.

Im Hochtemperaturreaktor versucht man die Ausbeute an elektrischer Energie dadurch zu erhöhen, daß man das gasförmige Kühlmittel Helium zum Turbinenantrieb verwendet. Als Material für die Hülle der Brennstäbe bzw. Brennelemente muß beim Hochtemperaturgenerator Graphit verwendet werden. Bei den hohen Temperaturen würden Metalle zu schnell korrodieren. Die Bildung von Plutonium-239 ist in allen Reaktortypen, die mit angereichertem Uran als Brennsubstanz betrieben werden, unvermeidlich. Die Eigenschaft seiner Spaltbarkeit macht es möglich, daß Plutonium-239 als Brennmaterial für eine weitere Reaktorengeneration verwendet werden kann.

Reaktoren, die mehr spaltbares Material erzeugen, als sie in der gleichen Zeit selbst verbrauchen, bezeichnet man als Brutreaktoren. Sie unterscheiden sich in der Konstruktion in wesentlichen Punkten von den Leistungsreaktoren. Der *Schnelle Brüter* besitzt keinen Moderator. Die Geschwindigkeit der spaltend wirkenden Neutronen ist hier größer als z.B im Druckwasserreaktor. Daher der Name Schneller Brüter. Das Kühlmittel darf keine Neutronen absorbieren und sollte hohe Betriebstemperaturen ermöglichen. Von den in Frage kommenden Stoffarten ist Natrium am wirtschaftlichsten einsetzbar. Es schmilzt bei 100 °C und siedet erst bei ca. 950 °C. Es besitzt gute thermische Eigenschaften und braucht nicht unter Hochdruck gehalten zu werden. Im Kern schneller Brutreaktoren sind stabförmige Brennstäbe mit einem Brennstoffgemisch aus Plutonium(IV)-oxid (20–25%) und Uran(IV)-oxid $^{239}_{94}PuO_2$ und $^{238}_{92}UO_2$ enthalten, die von einem Brutmantel aus Uran-238 umgeben sind. Die aus dem Reaktorkern entweichenden mittelschnellen Neutronen verursachen den Brutprozeß, bei dem in einer (n, γ)-Reaktion aus dem nichtspaltbaren Uran-238 zunächst Uran-239 entsteht, das als β-Strahler mit einer Halbwertszeit von 23 Minuten in das Neptuniumisotop Np-239 zerfällt. Der β-Strahler Np-239 zerfällt mit einer Halbwertszeit von 2,3 Tagen in Plutonium-239:

$$^{238}_{92}\mathbf{U} + ^{1}_{0}\mathbf{n} \longrightarrow ^{239}_{92}\mathbf{U} + \gamma$$

$$^{239}_{92}\mathbf{U} \xrightarrow[T_H=23\,min]{} ^{239}_{93}\mathbf{Np} + ^{0}_{-1}\mathbf{e}$$

$$^{239}_{93}\mathbf{Np} \xrightarrow[T_H=2,3\,d]{} ^{239}_{94}\mathbf{Pu} + ^{0}_{-1}\mathbf{e}$$

Wenn der Stand der technischen Entwicklung beim Schnellen Brüter dem der heutigen Leistungsreaktoren entspricht, wenn darüber hinaus die Lösung spezieller Sicherheitsprobleme abgeschlossen ist, erhofft man sich von diesem Reaktortyp eine bessere Ausbeute der Wärme, als bei der heutigen Generation der Kernreaktoren. Man rechnet damit, daß dieser Zustand am Ende unseres Jahrtausends erreicht ist.

Isotopentrennung:

Soll die Kettenreaktion zur Explosion werden, dann muß man die beiden Uranisotope 238 und 235 voneinander trennen. Dies ist nicht leicht, da sich Isotope chemisch völlig gleich verhalten. Man muß zur Trennung die verschiedenen Massen oder das verschiedene Verhalten ionisierter Teilchen im elektromagnetischen Feld verwenden. Dazu benutzt man den *Massenspektrographen.*

Die aus dem Kathodenkanal kommenden positiven Kanalstrahlionen haben verschiedene Geschwindigkeiten. Sie werden im elektrischen Feld des Plattenkondensators umgekehrt proportional dem Quadrat ihrer Geschwindigkeit abgelenkt. Dann treten sie in ein zum elektrischen Feld senkrechtes Magnetfeld, welches die Ablenkung zum Teil rückgängig macht. Die magnetische Ablenkung ist dem Impuls der Teilchen und damit auch ihrer Geschwindigkeit umgekehrt proportional. Man kann durch geeignete Apparatedimension erreichen, daß die Bahnen gleicher Ionen verschiedener Geschwindigkeiten sich hinter dem Magnetfeld in einem Punkt schneiden. Bringt man an diese Stelle eine photographische Platte, so sind die Ionen gleicher Masse (Isotope) durch das gleiche „Bild" auf der Platte veranschaulicht. Man kann aus der Lage der Bilder im Massenspektrum zueinander die Masse der Isotopen recht genau berechnen.

Eine weitere Möglichkeit zur Isotopentrennung bietet das von Clusius[1] entwickelte Trennrohr. Seine Wirkung beruht auf der Thermodiffusion. Dieser Effekt wird dadurch verstärkt, daß in einem senkrecht stehenden Rohr (bis 20 m lang, einige Zentimeter Durchmesser) mit einem axial angebrachten Heizdraht infolge Konvektion sich eine Zirkulation ausbildet, die die Trennung der Isotope ermöglicht. Die leichteren Isotope

[1] Klaus Clusius, 1903, deutscher Chemiker

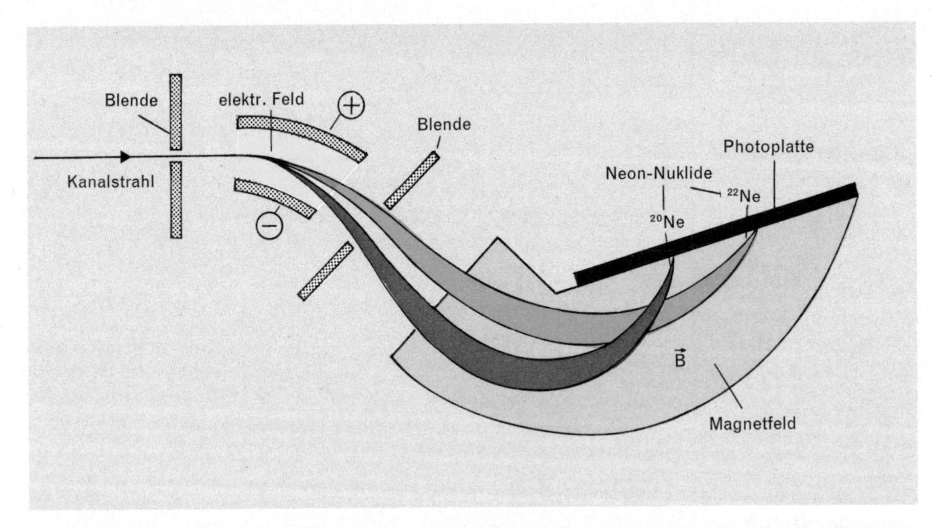

Abb. 249.1. Prinzip des Astonschen Massenspektrographen (ohne Ionenquelle und Blenden, schematisch): Die Ionen treten mit verschiedenen Geschwindigkeiten in das elektr. Feld und werden dort umgekehrt proportional zum Quadrat ihrer Geschwindigkeit abgelenkt. Sie treten dann in ein zum elektr. Feld senkrecht stehendes Magnetfeld, welches die Ablenkung zum Teil rückgängig macht. Die Ablenkung der Ionen im Magnetfeld ist aber dem Impuls der Ionen umgekehrt proportional. Man kann durch geeignete Apparatedimensionen erreichen, daß sich die Bahnen der Teilchen gleicher Masse, aber verschiedener Geschwindigkeit hinter dem Magnetfeld in einem Punkte schneiden. Dort bringt man eine Photoplatte an.

können oben, die schweren unten abgezogen werden. Leitet man das an einem Ende entnommene Gas in ein zweites Trennrohr, kann der Trenneffekt verbessert werden.

Besondere Schwierigkeiten bereitet die Isotopentrennung bei Uran, da die relativen Massenunterschiede der einzelnen Nuklide sehr gering sind. Meist wird zur Isotopentrennung das Uran in das gasförmige Uranhexafluorid UF_6 überführt. Neben den erwähnten Möglichkeiten bietet sich noch eine Trennung durch poröse Trennwände an.

Bei dem als Gasdiffusion bezeichneten Verfahren ist der Wirkungsgrad der Trennung äußerst gering. Der Trenneffekt beruht auf der umgekehrten Proportionalität von Teilchenmasse m und dem Quadrat der Teilchengeschwindigkeit u (s. Band 1, Kapitel 12.1.). In der Praxis sind ca. 1200 Anreicherungsstufen hintereinander geschaltet. In den Gaszentrifugen wird das zu trennende gasige Gemisch der Isotopen der Wirkung eines Schwerefeldes ausgesetzt. Für jede Komponente des Gasgemisches mit der Masse m_i stellt sich im Gleichgewicht zwischen Druckdiffusion und Konzentrationsdiffusion eine Druckverteilung ein, die als Trenneffekt ausgenutzt werden kann. Neben diesen bekannten Verfahren erweckt das in Karlsruhe entwickelte Trenndüsenverfahren wegen seiner technischen Kompaktheit Interesse. Beim Trenndüsenverfahren zur Anreicherung von Uran-235 kann das Gasgemisch (UF_6 mit Zusatzgas) entlang einer halbzylindrischen Umlenkwand expandieren. Dabei werden die Bestandteile mit größerer Masse, aufgrund der größeren Fliehkraft stärker nach außen verdrängt, als die Bestandteile mit geringerer Masse. Ein Abschäler teilt den Gasstrom in eine leichtere und eine schwere Fraktion.

Neben verschiedenen Destillationsverfahren und chemischen Isotopenanreicherungen sind Elektrolyseverfahren, Ionenaustausch-, Absorptions- und Chromatographische Methoden in der Erprobung. Welche Methode zur Trennung auch gewählt wird, immer ist bisher die Abtrennung des U-235 teurer als die Gewinnung des natürlichen Urans. Drei amerikanische Urantrennanlagen sollen achtmal soviel gekostet haben wie seinerzeit der Bau des Panamakanals. Man begnügt sich daher für Reaktoren meist mit einer Anreicherung des U-235 auf ca. 20%.

Wiederaufarbeitung:

Die Aufarbeitung abgebrannter Brennstäbe ist ein zentrales wirtschaftliches Problem, da in den Brennstäben noch ein geringer Prozentsatz „unverbranntes" Uran-235 neben Plutonium enthalten ist. Die Aufarbeitungskosten für 1 kg Brennstoff betragen ca. 150 DM, während allein der Wert des darin enthaltenen Plutoniums 500–900 DM beträgt. In der Bundesrepublik arbeitet seit 1971 eine Aufbereitungsanlage mit einer Kapazität von ca. 40 t Uran(IV)-oxid pro Jahr. Eine weitere Anlage ist geplant.
Die angelieferten Brennstäbe werden bei der Wiederaufarbeitung zunächst mechanisch zerkleinert. Ihr Inhalt wird in Salpetersäure gelöst, wobei Uranylnitrat $\overset{+6}{U}O_2(NO_3)_2$ und Plutonium(IV)-nitrat $\overset{+4}{Pu}(NO_3)_4$, neben anderen Verbindungen der Spaltprodukte, entsteht. In einer Gegenstromextraktionsbatterie wird das Uranyl- und das Plutonium(IV)-nitrat mit einem Gemisch aus 30% Tributylphosphat (TBP) und 70% Kerosin unter Komplexbildung extrahiert, während die Verbindungen der Spaltprodukte in der wäßrigen, salpetersäurehaltigen Lösung verbleiben. Nach einem Reinigungsprozeß werden die Pu^{4+}-Ionen durch Uran(IV)-nitrat bis zur Oxidationszahl +3 reduziert. In diesem Zustand ist das Pu^{3+}-Ion mit organischen Lösungsmitteln nicht extrahierbar. Es geht in die wäßrige Phase über und wird so vom Uranylnitrat abgetrennt. In wäßriger Lösung werden die Pu^{3+}-Ionen wieder zur Oxidationszahl +4 aufoxidiert. In der letzten Aufbereitungsstufe findet eine Reinigung durch Ionenaustausch und eine Konzentrierung der Lösung statt. Als eines der Endprodukte der Wiederaufarbeitung erhält man eine Plutonium(IV)-nitratlösung die 50 g Plutonium pro Liter Lösung enthält. Die Uranverbindungen durchlaufen nach der Trennung vom Plutonium(IV)-nitrat einen ähnlichen Reinigungsprozeß an einem Silikatfilter. Dieses Endprodukt liegt als Uranylnitratlösung mit 450 g Uran pro Liter Lösung vor.
Neben einer guten Strahlenabschirmung ist bei der Wahl des Apparatematerials für Wiederaufbereitungsanlagen auf Beständigkeit gegen Salpetersäure, gute Dekontanimierbarkeit und Wartungsfreiheit bei der Formgebung auf eine kritisch sichere Auslegung der Apparatebestandteile zu achten.
Um eine kritisch sichere Formgebung zu berücksichtigen, sind manche Reaktionsgefäße scheibenförmig ausgelegt.

25.6. Künstliche Elemente

Bis 1937 wies das Periodensystem an den Stellen der Ordnungszahlen 43, 61, 85 und 87 Lücken auf. Diese Lücken konnten durch künstliche Elementumwandlung geschlossen werden.

Bei der Bestrahlung von Molybdän mit Deuteronen fand 1937 der Italiener E. Segre[1] das Element 43, das den Namen Techneticum (Tc) erhielt. 1939 fand die französische

[1] Emilio Segrè, Physiker, 1905, entdeckte mit Perrier das Technetium

Forscherin M. Perey das Element mit der Ordnungszahl 87, das ihrer Heimat zu Ehren Francium (Fr) genannt wurde. 1940 folgte das Astatium (At) mit der Ordnungszahl 85 und 1945 das Promethium (Pm) mit der Ordnungszahl 61.

Die Elemente mit einer höheren Ordnungszahl als 92 werden *Transurane* genannt, da sie im Periodensystem jenseits des Urans stehen. Sie bilden mit den Elementen der Ordnungszahl 90 (Thorium), 91 (Protaktinium) und 92 (Uran) die Gruppe der *Aktiniden*, bei der die 5. Schale mit 1–14 Elektronen ausgebaut wird. Der vollständige Ausbau der 5. Schale mit 14 Elektronen (Ordnungszahl 103) wurde erreicht.

Durch Bestrahlung von U-238 mit Deuteronen wurden 1940 das Neptunium und das Plutonium hergestellt. Durch Beschuß von U-238 mit α-Teilchen erhielt man 1944 das Americium, von Plutonium mit α-Teilchen im gleichen Jahre das Curium. α-Teilchen verwandelten 1949 Americium-241 in Berkelium und 1950 Curium-242 in Californium.

Der amerikanische Forscher G. Seaborg[1] und seine Mitarbeiter, die schon die Elemente 94–98 gefunden hatten, gingen 1953 zum Beschuß von Uran mit energiereichen Atomkernen über. Sie erhielten 1953 das Einsteinium mit Stickstoffkernen

Tab. 251.1. Elektronenkonfiguration der Aktiniden

Z	Element		5. Schale	6. Schale	7. Schale
90	Th	Thorium	18	8+2	2
91	Pa	Protaktinium	18+ 2	8+1	2
92	U	Uran	18+ 3	8+1	2
93	Np	Neptunium	18+ 4	8+1	2
94	Pu	Plutonium	18+ 6	8	2
95	Am	Americium	18+ 7	8	2
96	Cm	Curium	18+ 7	8+1	2
97	Bk	Berkelium	18+ 8	8+1	2
98	Cf	Californium	18+10	8	2
99	Es	Einsteinium	18+11	8	2
100	Fm	Fermium	18+12	8	2
101	Md	Mendelevium	18+13	8	2
102	No	Nobelium	18+14	8	2
103	Lr	Lawrencium	18+14	8+1	2
104	Ku	Kurtschatovium	18+14	8+2	2
105	—	[2] ----	18+14	8+3	2

$$^{238}_{92}\mathrm{U} + ^{14}_{7}\mathrm{N} \rightarrow ^{247}_{99}\mathrm{Es} + 5\,^{1}_{0}\mathrm{n}$$

und 1954 das Fermium mit Sauerstoffkernen:

$$^{238}_{92}\mathrm{U} + ^{16}_{8}\mathrm{O} \rightarrow ^{250}_{100}\mathrm{Fm} + 4\,^{1}_{0}\mathrm{n}$$

Das Mendelevium wurde ebenfalls in Berkeley gefunden. Man erhielt es durch den Beschuß von Einsteinium-253 mit α-Teilchen (1955).

[1] Glenn Seaborg, 1912, Chemiker
[2] Der Name dieses Elements wird noch festgelegt.

Eine Arbeitsgruppe unter Leitung von G. N. Fljorov entdeckte 1964 am Kernforschungszentrum Dubna das Element 104, das zu Ehren des sowjetischen Kernforschers Kurtschakow Kurtschatovium genannt wurde. Es ist ein Nebengruppenelement und besitzt das chemische Symbol $_{104}Ku$ mit der Massenzahl 260.
Zum Aufbau der Transurane gibt es drei verschiedene Möglichkeiten. Alle drei haben gemeinsam, daß sie als Ausgangsmaterial den schwersten auf der Erde vorkommenden Kern, das Uran-238, verwenden.

1) Herstellung in Reaktoren

Der erste Aufbauprozeß läuft neben der Kernspaltung in jedem Kernreaktor ab. Das im Brennelement eines Kernreaktors enthaltene, mit thermischen Neutronen nicht spaltbare Uran-238 fängt Neutronen ein, wobei ein neutronenreiches Uranisotop entsteht, während gleichzeitig γ-Strahlung ausgesandt wird:

$$^{238}_{92}\mathbf{U}\,(\mathbf{n},\gamma)\,^{239}_{92}\mathbf{U} \xrightarrow[23\,\text{min}]{\beta^-} {}^{239}_{93}\mathbf{Np} \xrightarrow[2{,}3\,\text{d}]{\beta^-} {}^{239}_{94}\mathbf{Pu}$$

Uran-239 ist ein kurzlebiges Isotop. Es zerfällt über Neptunium-239 in Plutonium-239. Dieser Prozeß läuft als erwünschte Nebenreaktion in jedem mit Uran betriebenen Reaktor ab. Bestrahlt man Plutonium-239 in einem Reaktor mit Neutronen, so werden im Mittel von je drei Atomen zwei gespalten, während der dritte Kern nacheinander vier Neutronen aufnimmt, bis das kurzlebige Plutonium-243 entstanden ist, aus dem sich durch β-Zerfall Americium-243 bildet. Die Menge und die erreichbare Massenzahl schwerer Transurane sind sehr stark vom Neutronenfluß abhängig. Daher errichtete man im amerikanischen Forschungszentrum Oak Ridge eigens einen Hochfluß-Kernreaktor zur Herstellung von schweren Transuranen. Dieser Reaktor kann jährlich ca. 1 g Californium, Mikrogramm-Mengen Einsteinium und Nanogramm-Mengen Fermium liefern.
Die Reaktionsfolge – Einfang eines Neutrons und Übergang des neutronenreichen Kerns in das nächsthöhere Element durch β-Zerfall – läßt sich von Uran-238 ausgehend bis zum Fermiumisotop Fm-257 fortsetzen. Hier bricht die Kette ab, da das über die Reaktion

$$^{257}\mathbf{Fm}\,(\mathbf{n},\gamma)\,^{258}\mathbf{Fm}$$

gebildete Fermiumisotop Fm-258 nur eine Halbwertszeit von $380 \cdot 10^{-6}$ s besitzt. Es zerfällt, bevor es ein weiteres Neutron einfangen kann.

2) Entstehung in Kernexplosionen

Der zweite Aufbauprozeß von Transuranen läuft ebenfalls selbständig ab. Die Elemente 99 und 100, Einsteinium und Fermium, konnten erstmals nach der Kernexplosion „Mike", die im November 1952 auf dem Bikini-Atoll stattgefunden hat, im radioaktiven Niederschlag nachgewiesen werden. Die genannten Transurane können nur über neutronenreiche Uranisotope entstanden sein, die im Zentrum der Explosion durch den dort herrschenden Neutronenfluß aufgebaut worden sind, wobei einzelne Urankerne in dieser kurzen Zeit bis zu 19 Neutronen eingefangen haben. Nach der Zerfallssystematik sind solche schweren Uranisotope β-Strahler und haben so kurze

Halbwertszeiten, daß sie nicht direkt nachweisbar sind. Daher ist das aufgefundene α-aktive Fermium-257 gleichzeitig ein indirekter Beweis für die Existens des Uran-257, denn es kann bei Kernexplosionen nur aus diesem durch acht aufeinanderfolgende β-Zerfälle entstanden sein.

$$^{238}_{92}\mathbf{U} \xrightarrow{\text{19 Neutronen}} {}^{257}_{92}\mathbf{U} \xrightarrow{8\,\beta\text{-Zerfälle}} {}^{257}_{100}\mathbf{Fm}$$

In einer ähnlichen Reaktion wurde bei dem „Hutch-Test" (1969), dem Experiment mit dem höchsten bisher erzeugten Neutronenfluß von 45 Mol Neutronen pro cm^2, $5 \cdot 10^{12}$ Nuklide des Curiumisotops Cm-250 beim Aufarbeiten von Rückständen gewonnen.

$$^{238}_{92}\mathbf{U}\,(\mathbf{n}, \gamma) \xrightarrow{12} {}^{250}_{92}\mathbf{U} \xrightarrow{\text{4-Zerfälle}} {}^{250}_{96}\mathbf{Cm}$$

3) Ionenbeschuß schwerer Kerne

Die dritte Möglichkeit zur Herstellung von Transuranen besteht im Beschuß geeigneter Ausgangskerne mit α-Teilchen oder schweren Ionen, wie $^{12}_{6}C$-, $^{16}_{8}O$- oder $^{22}_{10}Ne$-Ionen, die in einem Teilchenbeschleuniger die nötige Energie erhalten. Verschmelzen Ausgangskern und Projektil miteinander unter Emission von Neutronen, also von nichtgeladenen Teilchen, so erhält man Atome eines Elements, dessen Ordnungszahl um die des Projektils größer ist als die des Ausgangsatoms. Klassische Beispiele für diesen Aufbauweg sind die Erstdarstellungen von Isotopen der Elemente 101 und 102. Bei der Darstellung des Elements 101, Mendelevium, wurde Einsteinium (99) mit α-Teilchen beschossen. Dabei ergab sich, daß aus dem Einsteinium unter Einfang eines α-Teilchens und Aussendung eines Neutrons ein Mendeleviumisotop der Massenzahl 256 (Halbwertszeit 1,5 Stunden) gebildet worden war.

$$^{253}_{99}\mathbf{Es}\,(\alpha, \mathbf{n})\,{}^{256}_{101}\mathbf{Md} \xrightarrow[\text{1,5 h}]{\text{Elektroneneinfang}} {}^{256}_{100}\mathbf{Fm}$$

Allerdings konnte es nicht direkt nachgewiesen werden, sondern nur über sein Zerfallsprodukt $^{256}_{100}Fm$, das durch Elektroneneinfang entstanden ist. Beim Elektroneneinfang fängt ein Atomkern aus der ihn umgebenden Hülle (meistens aus der 1. Schale = K-Schale) ein Elektron ein. Dadurch wird ein Proton in ein Neutron umgewandelt, und es entsteht ein Kern des im Periodensystem vorangehenden Elements, wobei die Massenzahl erhalten bleibt. Man nennt diesen Vorgang auch *K-Einfang*:

$$\mathbf{p^+ + e^- \rightarrow n + Neutrino}\ \nu.$$

Die durch den Einfang eines Elektrons entstandene Lücke wird durch ein aus höheren Schalen nachstürzendes Elektron aufgefüllt. Bei diesem Prozeß wird die K-Strahlung frei.

Die Ausbeute und Lebensdauer der nach dieser Methode erzeugten Nuklide ist allerdings gering, weil der angeregte Zwischenkern, der bei diesen Reaktionen entsteht, sich schneller spaltet als Neutronen emittiert. Der genaue Mechanismus dieser Reaktion ist zum Beispiel für Nobelium-255:

$$^{238}_{92}\mathbf{U} + {}^{22}_{10}\mathbf{Ne} \rightarrow [{}^{260}_{102}\mathbf{No}]^* \begin{cases} \xrightarrow{\text{schnell}} \textbf{2 Spaltprodukte} \\ \xrightarrow[\text{langsam}]{} {}^{255}_{102}\mathbf{No} + \mathbf{5n} \end{cases}$$

Trotz dieser extrem geringen Ausbeute ist dies der einzige Weg um wägbare Mengen an Transuranen zu erhalten. Der Weltvorrat dürfte 1973 etwa bei folgenden Mengen liegen:

Reaktorplutonium	~25–30 t	Californium-252	etwa 1 g
Plutonium-238	mehrere kg	Berkelium-249	1–10 mg
Neptunium-237	mehrere kg	Californium-249	1–10 mg
Curium-244	mehrere kg	Einsteinium-253	<1 mg
		Fermium-257	$\sim 10^8$ Atome

25.7. Strahlenschutz und Strahlenschäden

Die zweite Strahlenschutzverordnung (2. SSVO) regelt die Verwendung von Strahlern in Schulen, während die erste Strahlenschutzverordnung (1. SSVO) allgemeingültigen Charakter hat. Sie ist am 1. 9. 1960 in Kraft getreten. Die in ihr enthaltenen Daten über Dosiswerte, Dosisleistungen und Aktivitäten usf. entsprechen den Euratom-Normwerten, so daß in der Praxis eine wesentlich weiträumigere Gültigkeit erreicht wird. Je nach der Toxizität des betreffenden Nuklids sind in der 1. SSVO sogenannte Freigrenzen für die Aktivität angegeben, bis zu der jeweils Bezug und Verwendung des betreffenden Strahlers genehmigungsfrei sind. Bei mittlerer Radiotoxizität beträgt diese Freigrenze $37 \cdot 10^{10} s^{-1}$.
Man teilt die strahlenden Nuklide je nach ihrer Radiotoxizität in vier Gefahrenklassen ein. Der Grad dieser Toxizität richtet sich nach der Strahlenart und Energie, aber auch danach, wie sehr das betreffende Element am Stoffwechsel teilnimmt oder im Körper festgehalten und gar gespeichert wird. Man kennt hier eine effektive Halbwertszeit, in der sowohl die physikalische Halbwertszeit wie auch die „biologische Halbwertszeit" der Aufenthaltsdauer im Körper berücksichtigt ist. Gefahrenklasse „1" bezeichnet sehr hohe Radiotoxizität und „4" relativ niedere. Es gehört z. B. der viel verwendete β-Strahler $^{90}Sr/^{90}Y$ zur Gefahrenklasse „1", da er nicht nur eine hohe physikalische Halbwertszeit hat, sondern auch wegen seiner chemischen Verwandtschaft zum Calcium im Körper festgehalten wird und dort u. a. beim Knochenaufbau mitverwendet wird. ^{60}Co gehört z. B. zur Gefahrenklasse 3.

Im Strahlenschutz verwendete Begriffe sind:

1. Die Aktivität:

$$\text{Aktivität } A = -\frac{dN}{dt} \qquad \text{SI-Einheit: } s^{-1}$$

Die mit der reziproken Sekunde als SI-Einheit gemessene Aktivität gibt an, wie viele Zufallsakte pro Sekunde stattfinden.

2. Die Energiedosis:

$$\text{Energiedosis} = \frac{\text{absorbierte Energie}}{\text{durchstrahlte Masse}} \qquad \text{SI-Einheit: } \frac{J}{kg} = \frac{Ws}{kg}$$

1 Joule durch Kilogramm ist gleich der Energiedosis, die bei Übertragung der Energie 1 Joule auf Materie der Masse 1 kg durch ionisierende Strahlung räumlich konstanter Energieflußdichte entsteht. Diese Einheit ist unabhängig von der Art der

Strahlung, jedoch abhängig von der Art des Absorbermaterials, das dabei stets genannt sein sollte.

3. Die Energiedosisrate:

$$\text{Energiedosisrate} = \frac{\text{absorbierte Energie}}{\text{durchstrahlte Masse} \cdot \text{Zeit}} \qquad \text{SI-Einheit: } \frac{\text{W}}{\text{kg}}$$

Ein Watt durch Kilogramm ist diejenige Energiedosisrate, bei der durch eine ionisierende Strahlung zeitlich unveränderlicher Energieflußdichte die Energiedosis $1\,\frac{\text{J}}{\text{kg}}$ während der Zeit 1 s entsteht. Es ist vorgesehen, die derzeit gültige höchstzulässige Strahlenbelastung von Einzelpersonen von bisher $5 \cdot 10^{-3}\,\frac{\text{J}}{\text{kg a}}$ auf $3 \cdot 10^{-4}\,\frac{\text{J}}{\text{kg a}}$ herabzusetzen.

4. Die Ionendosis:

$$\text{Ionendosis} = \frac{\text{durch Ionisation erzeugte Ladung}}{\text{Masse der durchstrahlten Luft}} \qquad \text{SI-Einheit: } \frac{\text{C}}{\text{kg}} = \frac{\text{As}}{\text{kg}}$$

Ein Coulomb durch Kilogramm ist gleich der Ionendosis, die bei der Erzeugung von Ionen eines Vorzeichens mit der elektrischen Ladung 1 Coulomb in Luft der Masse 1 kg durch ionisierende Strahlung räumlich konstanter Energieflußdichte entsteht.

5. Ionendosisrate:

$$\text{Ionendosisrate} = \frac{\text{durch Ionisation erzeugte Ladung}}{\text{Masse der durchstrahlten Luft} \cdot \text{Zeit}} \qquad \text{SI-Einheit: } \frac{\text{A}}{\text{kg}}$$

Ein Ampere durch Kilogramm ist gleich der Ionendosisrate, bei der durch eine ionisierende Strahlung zeitlich unveränderlicher Energieflußdichte die Ionendosis $1\,\frac{\text{C}}{\text{kg}}$ während der Zeit 1 s entsteht.

Auftretende Strahlenschäden beim Menschen äußern sich im allgemeinen zunächst in einer mehr oder weniger kurzzeitigen Störung der Blutzusammensetzung. Das Zahlenverhältnis der roten und weißen Blutkörperchen kommt ins Pendeln. Die ersten äußeren Anzeichen eines Strahlenschadens (Übelkeit, Durchfall, Fieber und

Tab. 255.1. Höchstzulässige Energiedosisraten — Personendosis

Personengruppe	beruflich strahlenexponierte Personen	nichtberuflich strahlenexponierte Personen
„Stundendosis"	$6{,}94 \cdot 10^{-9}\,\frac{\text{W}}{\text{kg}}$ davon in 13 Wochen höchstens $3 \cdot 10^{-2}\,\frac{\text{J}}{\text{kg}}$	$2{,}08 \cdot 10^{-9}\,\frac{\text{W}}{\text{kg}}$

Müdigkeit) sind nicht spezifisch. Da die Strahlenempfindlichkeit der Menschen nicht gleich ist, lassen sich keine festen Dosiswerte mit den jeweils daraus folgenden

Schäden angeben. Man weiß, daß eine Energiedosis von 7 J/kg tödlich ist, daß bei der Hälfte dieser Dosis ein tödlicher Ausgang mit 50% Wahrscheinlichkeit eintritt. Der Schwellwert für das Auftreten subjektiver Symptome liegt bei 0,2–0,3 $\frac{J}{kg}$.

Man teilt die Strahlenwirkung in direkte und indirekte Wirkungen ein. Bei der direkten Strahlenwirkung ist der Ort der Energieabsorption im Körper mit dem Ort, an dem die dadurch induzierte Reaktion stattfindet, identisch. Bei indirekten Strahlenwirkungen muß man das Verhalten des stark wasserhaltigen biologischen Substrats berücksichtigen. Die Produkte der Radiolyse des Wassers fungieren als Energieüberträger und können an ganz anderen, als den direkt bestrahlten Körperteilen, zu Schädigungen führen. Folgende Reaktionen sind an der Radiolyse des Wassers beteiligt:

$$
\begin{aligned}
H_2O &\rightarrow H_2O^+ + e^- \\
H_2O^+ &\rightarrow H^+ + OH\cdot \\
2OH\cdot &\rightarrow H_2O_2 \\
H^+ + O_2 &\rightarrow HO_2^{\cdot} \\
2HO_2^{\cdot} &\rightarrow O_2 + H_2O_2
\end{aligned}
$$

Das energiereiche Peroxiradikal $HO_2^{\cdot}$ wirkt besonders schädigend ebenso wie das Zellgift Wasserstoffperoxid H_2O_2. Zahlreiche biologisch relevante Strahlenreaktionen zeigen einen Sauerstoffeffekt, das bedeutet: Die schädigende Strahlenwirkung wird durch die Anwesenheit von Sauerstoff verstärkt. Natürlich weisen die verschiedenen Zellstrukturen eine unterschiedliche Strahlenempfindlichkeit auf. Experimentelle Befunde bestätigen aber die Vermutung, daß der Energieabsorption in der Desoxyribonucleinsäure eine besondere Bedeutung zukommt. Im einzelnen handelt es sich zum Beispiel um Brüche der Polypeptidkette und Verschiebungen der Wasserstoffbrükkenbindungen zwischen den Basenpaaren verschiedener DNS-Stränge. Diese Schäden können zu einer Inaktivierung der DNS-Funktion, zum Beispiel zu Genmutationen, führen:

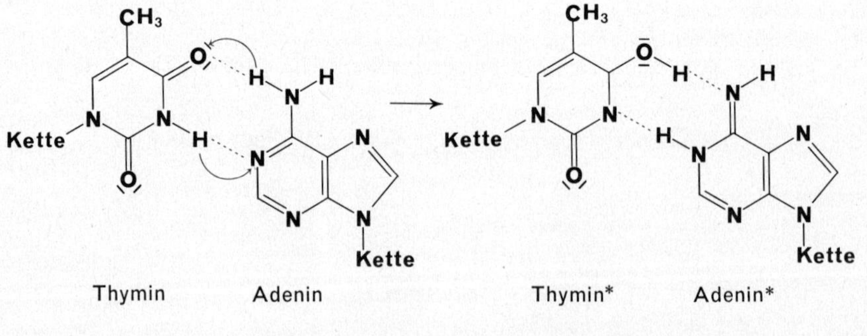

Thymin Adenin → Thymin* Adenin*

Mechanismus der Mutation durch Tautomerenbildung. Durch einen doppelten Protonensprung innerhalb der Wasserstoffbrückenbindungen des Basenpaares Thymin-Adenin entstehen aus Thymin und Adenin die tautomeren, energiereicheren Basen Thymin* und Adenin*.

Seit jeher war die Menschheit einer natürlichen Strahlung ausgesetzt. Hauptursache dieser natürlichen Strahlenbelastung ist die energiereiche kosmische Strahlung. Radioaktive Stoffarten, die im menschlichen Organismus ständig vorhanden sind, tragen aber ebenso dazu bei wie radioaktive Mineralien in Erzlagern und Mineralwässern. Die natürliche Strahlung ist ortsabhängig. Messungen haben beispielsweise gezeigt, daß die Strahlung in einem Holzhaus geringer ist als in einem Gebäude aus Beton, Ziegel- oder Granitsteinen.

Tab. 257.1. Natürliche Strahlenbelastung in verschiedenen Gebieten

Gebiet	Energiedosisrate = $\frac{J}{kg \cdot a}$
Ruhrgebiet	~0,12
Mittelgebirge	~0,24
Menzenschwand (Schwarzwald)	~1,5–2,0
Kerala (Indien)	~1,3–2,8

Darüber hinaus wird der Strahlenpegel in unserer Umwelt durch technische Anwendungen von Röntgenstrahlen und radioaktiven Stoffarten erhöht. Dies ist zum Beispiel beim Pasteurisieren mancher Lebensmittel, beim Desinfizieren, in der Schädlingsbekämpfung, in der Meß- und Regeltechnik sowie in der medizinischen Diagnostik und Therapie der Fall.
Um Strahlenschäden an Einzelpersonen wie auch an der Gesamtbevölkerung zu vermeiden, hat die „International Comission on Radiological Protection" (ICRP) – dem heutigen Stand der Wissenschaft entsprechend – empfohlen, die genetisch wirksame Strahlendosis unter 5 J/kg in 30 Jahren[1] zu halten. Die medizinische und natürliche Strahlenbelastung ist dabei allerdings nicht berücksichtigt. Beim Bau von Kernkraftwerken legen die Behörden der Bundesrepublik Deutschland einen schärferen Maßstab an. Für die durch Emission verursachte Dosisrate darf außerhalb kerntechnischer Anlagen an keiner Stelle der Richtwert von $3 \cdot 10^{-2} \frac{J}{kg \cdot a}$ überschritten werden. Berücksichtigt man die Wahrscheinlichkeit des Aufenthalts einer Person am Ort höchster Energiedosis sowie die Streuung und Abschirmung der Strahlung durch Gebäude und Kleidung, errechnet sich für Personen in der Nähe von Kernkraftwerken eine mittlere Strahlenbelastung von $10^{-3} \frac{J}{kg \cdot a}$. Bei allen Angaben ist außerdem die unterschiedliche Absorptionsfähigkeit menschlichen Gewebes für die verschiedenen Strahlenarten und die ungleichmäßige Verteilung sowie die spezielle Empfindlichkeit menschliche Organe berücksichtigt. Der gleiche Richtwert von $3 \cdot 10^{-2} \frac{J}{kg \cdot a}$ gilt auch für die Belastung des Abwassers durch radioaktive Stoffarten.
Experimente haben ergeben, daß die durch natürliche Strahlenbelastung verursachte Dosisrate um $2 \cdot 10^{-4} \frac{J}{kg \cdot a}$ zunimmt, wenn man vergleichende Messungen jeweils 3 m höher (im nächsthöheren Stockwerk) ausführt. Nimmt man diese Steigerung der Dosisrate in dem Bereich von 0 m bis 1800 m als konstant an, dann wird die für die Umgebung von Kernkraftwerken behördlich zulässige Strahlenbelastung von $10^{-3} \frac{J}{kg \cdot a}$ bei einem Menschen, der in 1800 m Höhe lebt, um das 120fache überschritten. Die

[1] $\frac{5\,J}{30 kg \cdot a} = 1{,}66 \cdot 10^{-1} \frac{J}{kg \cdot a}$; a (von anno) Abkürzung für Jahr

durch medizinische Röntgendiagnostik verursachte Strahlenbelastung eines Menschen liegt in der Bundesrepublik im Mittel bei $50 \cdot 10^{-3} \frac{J}{kg \cdot a}$. In Untersuchungen, die sich über eine längere Zeitspanne erstrecken, muß geklärt werden, ob nicht auch diese geringe zulässige Erhöhung der Strahlenbelastung der Menschen in der Umgebung von kerntechnischen Anlagen zu gesundheitlichen Schäden führen kann.
Kernkraftwerke müssen heute gebaut werden, wenn die Energieversorgang für das nächste Jahrzehnt gesichert sein soll. Aus verschiedenen Gründen ist – langfristig gesehen – zu befürchten, daß fossile Brennstoffe nicht mehr in ausreichendem Maße zur Verfügung stehen. Die Elektrizitätsversorgungsunternehmen sind zu einer sicheren, ausreichenden und preisgünstigen Versorgung der Bevölkerung mit elektrischer Energie gesetzlich verpflichtet. Wenn die Steigerungsraten für den Verbrauch elektischer Energie von jährlich 7% anhalten, muß man davon ausgehen, daß sich der Bedarf an elektrischer Energie in jeweils ca. 10 Jahren verdoppelt. Dieser zunehmende Bedarf ist durch konventionelle Wärmekraftwerke nicht mehr abzudecken.
Die Furcht vor Kernkraftwerken ist häufig aus der Angst motiviert, Kernkraftwerke könnten bei unsachgemäßer Handhabung oder bei Unglücksfällen wie eine Atombombe explodieren. Dies ist schon deshalb nicht möglich, weil das spaltbare Material Uran-235 im Kernreaktor zu nur 3–4% angereichert ist. Der weitaus größere Teil besteht aus nichtspaltbarem Uran-238. Für Kernexplosionen muß reines Uran-235 in bestimmter geometrischer Anordnung zur Verfügung stehen. Aus 1 kg angereichertem Reaktorbrennstoff entsteht in einem Druckwasserreaktor:

Tab. 258.1. Folgeprodukte, die aus 1 kg Reaktorbrennstoff nach ca. einjähriger Betriebszeit entstanden sind

U-235	8,4 g	Pu-240	2,4 g
U-236	4,2 g	Pu-241	1,2 g
U-238	945,0 g	Pu-242	0,4 g
Pu-239	5,3 g	Spaltprodukte	32,0 g
		Actiniden	0,5 g

Ohne Zweifel birgt der Betrieb von Kernkraftwerken, von Aufbereitungsanlagen und die Endlagerung radioaktiver Abfälle Gefahren in sich. Der seitherige Betrieb von Kernkraftanlagen in der Bundesrepublik Deutschland liefert den praktischen Nachweis, daß die getroffenen Sicherheitsmaßnahmen sowie die strengen Genehmigungs- und Aufsichtsverfahren das Betreiben dieser Anlagen ohne Gefährdung der Öffentlichkeit ermöglichen. Es ist eine wichtige Aufgabe unserer Zeit, diesen Zustand zu erhalten und durch Entwicklung neuer Technologien zu stabilisieren.
Das Problem der Kritikalität ist allerdings noch zu erwähnen. Darunter versteht man die Ansammlung von radioaktiven Massen in einer solchen geometrischen Form, die eine ausreichende Abstrahlung behindert. Werden unter solchen Bedingungen in einer Kernreaktion Neutronen frei, so kann es zu einer unkontrollierten Kettenreaktion kommen. Dies ist durch Beschränkung der Anhäufung von radioaktiven Massen (geringe Konzentration radioaktiver Lösungen), durch geeignete Formgebung (große Oberfläche) sowie durch Neutronenabsorber[1] (Cadmium, Bor) zu verhindern.

[1] absorbere (lat.) = wegschlürfen

25.8. Die Ausnutzung der Kernenergie und die Verwendung radioaktiver Isotope

Wir kennen heute zwei Möglichkeiten, Kernenergie frei zu machen:

1. die Spaltung schwerer Atomkerne und
2. den Aufbau leichter Kerne aus den Nukleonen.

In beiden Fällen wird Masse in Energie verwandelt. Bei der Spaltung der schweren Atomkerne ist die Summe der Massen der Spaltprodukte kleiner als die Masse des zerfallenden Kerns. Entsteht z. B. aus Radium-226 (Atommasse 226,05) durch α-Strahlung beim Uranzerfall das Element Radon (Atommasse 222,0) und ein Heliumatom (Atommasse 4,003), so beträgt die Summe der Spaltprodukte 226,003 und der Massenverlust durch Strahlung 0,047 ME.
Der Massendefekt für den Aufbau von Helium aus Lithium und Protonen nach der Gleichung

$$^{7}_{3}\mathrm{Li} + {}^{1}_{1}\mathrm{H} \rightarrow 2 \cdot {}^{4}_{2}\mathrm{He}$$

beträgt 0,0589 g, da die Summe der Massen des Protons von Lithium (6,939 g + 1,0073 g) 7,9463 g, die der beiden Heliumatome 8,0052 g beträgt. Vergleicht man die verschiedenen energiespendenden Reaktionen miteinander, zeigt sich zweierlei: Kernreaktionen ergeben 10^6mal mehr Energie als Verbrennungsreaktionen, der Kernaufbau liefert 3–6mal mehr Energie als die Kernspaltung.

Zur Zeit gelingt es, im Reaktor die Kernspaltungsenergie teilweise zu erhalten. An der Bändigung der ungeheuren Energiemengen, die bei der Kernvereinigung frei werden, wird noch in den verschiedensten Forschungsstätten gearbeitet. Die Schwierigkeit liegt in der Tatsache, daß die Aufbaureaktion zur Einleitung der Reaktion einer Zündung bedarf, die in der Zufuhr sehr großer Energiemengen besteht. Die Zündtemperatur beträgt einige Millionen Grad.

Die Wasserstoffbombe schöpft ihren Energiegewinn aus einer Kernaufbaureaktion, die durch eine Kernspaltreaktion gezündet wird. Da die Kernaufbaureaktion keine Kettenreaktion ist, kann die Reaktionsmasse unbegrenzt groß sein. Die Größe der A-Bombe ist dagegen an die kritische Masse gebunden. Die Wirkung einer H-Bombe ist daher auch weitaus stärker als die einer A-Bombe, wie sie gegen Ende des Krieges in Japan abgeworfen wurde.

In der Medizin finden die radioaktiven Isotope sowohl in der Diagnose als auch in der Therapie Verwendung. Kobalt-60 und Thulium sind sehr starke Strahler (β, γ), sie können das teure Radium ersetzen oder an die Stelle eines Röntgenapparates treten. Iod-131 wird, wie anderes Iod auch, von der Schilddrüse aufgenommen. Da Iod-131 strahlt, kann sein Aufenthaltsort festgestellt werden, so daß Arbeitsweise und Umfang der Schilddrüse bestimmt werden können. Auch zur Feststellung von Gehirntumoren und anderen krebsartigen Geschwülsten dient Iod-131, während die Krebsbekämpfung selbst mit Gold-198 durchgeführt wird. Bringt man zum Beispiel eine Salzlösung, die mit dem Goldisotop Au-198 angereichert wurde, in den Krebsherd einer erkrankten Lunge, dann kann die erkrankte Zelle an Ort und Stelle von den Strahlen des radioaktiven Goldes vernichtet werden. Wegen ihres hohen Neutronenflusses sind auch Californium-252-Präparate bei inoperablen Krebsgeschwülsten eingesetzt worden.

Die wichtigste und verbreiteteste medizinische Anwendung hat das Plutonium-238 als Energiespender für Herzschrittmacher gefunden. Für medizinische Zwecke verwendetes Plutonium-238 darf kein Plutonium-236 enthalten, da dessen Folgeprodukte

Abb. 260.1. Endlager für niedrig-radioaktive Abfälle im Salzbergwerk Asse II.

harte γ-Strahlung emittieren. Zur Energieversorgung der wissenschaftlichen Monduntersuchungen des Apollo-Programms wurde ebenfalls Plutonium-238 in einer Isotopenbatterie verwendet. In den SNAP-27 Generatoren, die auf dem Mond zurückgelassen wurden, lieferten etwa 4 kg Plutonium-238 eine elektrische Leistung von ca. 60 Watt.

Interessant ist in diesem Zusammenhang eine Meldung aus dem Jahre 1971. Danach ist es einigen amerikanischen Wissenschaftlerinnen gelungen, in einer Bastnäsit-Lagerstätte in Kalifornien $2 \cdot 10^7$ Atome Plutonium-244 aufzufinden und massenspektrometrisch zu identifizieren. Man muß heute davon ausgehen, daß die eventuelle Bildung der Elemente in einer Supernovae nicht beim Uran aufhörte. Die ursprünglich mitgebildeten Transurannuklide sind inzwischen zerfallen, da ihre Halbwertszeiten im Vergleich zum Erdalter ($5 \cdot 10^8$ Jahre) zu kurz sind.

Am wichtigsten ist die Verwendung des Plutoniums-239 als Kernbrennstoff. Dieses Isotop wird aus natürlichem Uran-238 durch Neutroneneinfang aufgebaut.

Plutonium-239 ist für Reaktoren ohne Neutronenmoderator, die man „Schnelle Brüter" nennt, besonders geeignet. Dieser Reaktortyp erzeugt mehr spaltbares Plutonium-239 aus Uran-238, als er selbst verbraucht. In dem Brennelement eines schnellen Brüters ist das im Innern befindliche Plutonium-239 von Uran-238 umgeben. Auch andere Transurannuklide sind potentielle Spaltstoffe. Neben Americium-242 haben besonders Curium-245 und Californium-251 Chancen auf Anwendungen als Reaktorbrennstoffe.

In der *Industrie* werden Herstellungsfehler im Material durch Anwendung von β- oder γ-Strahlen rasch erkannt. Sie ersetzen die Röntgenstrahlen und bilden den Fehler auf einer photographischen Platte ab. Interessant ist auch, daß Pertechnationen TcO_4^- außerordentlich wirksame Korrosionsinhibitoren sind. Schon $5 \cdot 10^{-5}$ mol l^{-1} verhindern in lufthaltigem Wasser bis 250 °C über längere Zeit jegliche Korrosion. In der Aktivierungsanalyse ist Californium-252 wegen seines hohen Neutronenflusses von $2{,}4 \cdot 10^{12}$ Neutronen pro Sekunde heute unersetzbar. Radioaktive Nuklide sind in der modernen Technik, zum Beispiel bei Transportvorgängen, zur Lecksuche und bei Verschleißmessungen nicht mehr wegzudenken. Die aufeinanderfolgenden Chargen verschiedener Ölsorten versetzt man zum Transport in einer Pipeline mit dem Nuklid Br-82. So lassen sich am Bestimmungsort mittels Strahlungsdetektoren die unterschiedlichen Ölsorten trennen. Gleichzeitig sind mögliche Rohrleitungsbrüche leichter zu lokalisieren. Detaillierte Kenntnisse über den Verschleiß von Autoreifen (Tl-204), den Abrieb feuerfesten Auskleidungsmaterials von Hochöfen (Co-60) und mögliche Spülmittelrückstände auf Haushaltsgeschirr (S-35) erzielte man durch Einsatz ungefährlicher radioaktiver Nuklide.

Die *Landwirtschaft* nutzt die mutationssteigernde Wirkung von γ-Strahlen aus und setzt sie für die Tier- und Pflanzenzüchtung ein. Die Wirkungsbreite von Schädlingsbekämpfungsmitteln wird durch Zusatz von Isotopen wesentlich erweitert. Bakterien werden durch γ-Strahlen vernichtet. So kann die Haltbarkeit von Lebensmitteln erhöht werden, ohne den Geschmack zu verändern.

Jede *Wissenschaft*, die sich mit Fragen der Tier- und Pflanzenphysiologie beschäftigt, benutzt die Isotope als Indikatoren. So läßt sich z.B. der Weg des Phosphors durch den Pflanzenkörper verfolgen, wenn man den phosphorhaltigen Dünger mit geringen Proben eines Phosphorsalzes versetzt, dessen Phosphor ein strahlendes Phosphorisotop ist.

Bei der Anwendung markierter Verbindungen lassen sich zwei Fälle unterscheiden:

1) Die Markierung wird eingeführt, um die Analyse eines Reaktionsgemisches zu erleichtern.

2) Die Markierung mit einem Isotop wird eingeführt, um Aussagen über den Reaktionsablauf zu erhalten.

Der 2. Fall wurde schon im Kapitel 20.11.1. bei der Aufklärung des Reaktionsablaufs der Estersynthese erwähnt. Das Markierungsisotop, in diesem Beispiel ^{18}O, wird auch *Tracer*[1] genannt.

Durch Verwendung des ^{14}C-Isotops gelang es M. Calvin[2] in zehnjähriger Arbeit, sämtliche Folgeprodukte der CO_2-Assimilation zu identifizieren. Die Schlüsselreaktion der CO_2-Fixierung ist die Umsetzung von Ribulose-1,5-diphosphat mit Kohlendioxid zu zwei Molen 3-Phosphoglycerinsäure. Die radioaktive Glycerinsäure kann nach wenigen Sekunden Reaktionsdauer als Hauptprodukt der CO_2-Fixierung nachgewiesen werden. Mit der Reduktion der Phosphoglycerinsäure zu dem Triosephosphat 3-Phosphoglycerinaldehyd, die mit der Photolyse des Wassers gekoppelt ist, hat man die Stufe der Kohlenhydrate erreicht.

$$\begin{array}{l} H_2C{-}O{-}P(=O)(OH)_2 \\ \quad | \\ \;\; C{=}O \\ \quad | \\ HC{-}OH \\ \quad | \\ HC{-}OH \\ \quad | \\ H_2C{-}O{-}P(=O)(OH)_2 \end{array} + {}^{14}CO_2 + H_2O \xrightarrow{\text{Carboxydismutase}} 2\left[\begin{array}{l} H_2C{-}O{-}P(=O)(OH)_2 \\ \quad | \\ HO{-}C{-}H \\ \quad | \\ \;\; {}^{14}CO_2^{\ominus} \end{array}\right]^{-} H^+$$

Ribulose-1,5-diphosphat

3-Phosphoglycerinsäure

[1] to trace (engl.) = nachspüren, verfolgen

[2] s. Kapitel 22.6.

Durch Einwirkung von Phosphotrioseisomerase, Aldolase usw. kann der 3-Phosphoglycerinaldehyd ohne weiteren Energieverbrauch in Glucose umgewandelt werden. In diesem Sinne ergibt jedes Mol $^{14}CO_2$ unter Verbrauch von zwei Molen reduziertem Diphosphopyridinnukleotid (DPNH) und zwei energiereichen Phosphatbindungen ein Mol Glucose.

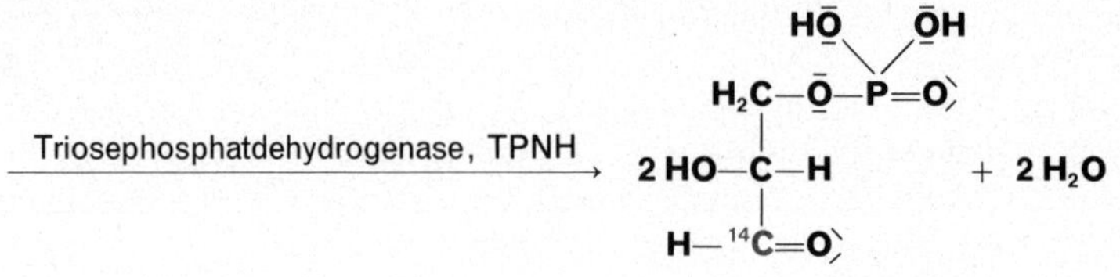

$$\xrightarrow{\text{Triosephosphatdehydrogenase, TPNH}} 2\ \begin{array}{l} H_2C{-}O{-}P(OH)_2{=}O \\ \quad | \\ HO{-}C{-}H \\ \quad | \\ H{-}{}^{14}C{=}O \end{array} + 2\,H_2O$$

3-Phosphoglycerinaldehyd

Die Einstellung des radioaktiven Gleichgewichts wird zur Altersbestimmung der Mineralien verwendet. Das Endprodukt des Uranzerfalls ist Blei. Ermittelt man in einem Uranmineral den Gehalt an Blei, dann läßt sich die Zahl der Jahre berechnen, die verstrichen sind, bis aus dem Uran die ermittelte Bleimenge entstand.
Die richtige, sinnvolle Anwendung der Atomenergie kann zum Segen der Menschheit werden, Fahrlässigkeit im Umgang mit ihr und Mißbrauch können die Menschheit vernichten.

Aufgaben:

1. In einem Uranmineral, das aus dem Erdaltertum stammt, wurde das Massenverhältnis der Isotope $m_{Pb\text{-}206} : m_{U\text{-}238} = 0{,}155$ ermittelt. Wie alt ist dieses Mineral, wenn die Halbwertszeit des Uran-238 $T_H = 4{,}49 \cdot 10^9$ Jahre beträgt?
2. Bei der Altersbestimmung in archäologischen Zeiträumen benutzt man die Reaktion: $^{14}_{7}N + n \rightarrow {}^{14}_{6}C + {}^{1}_{1}H$, die ständig in der Atmosphäre stattfindet. Das gebildete C-14 Nuklid ist radioaktiv und besitzt eine Halbwertszeit von $T_H = 5570$ Jahren. Der andauernde Austausch zwischen atmosphärischem und organischem Kohlendioxid führt zu einem konstanten Anteil der C-14 Nuklide in lebender Materie. Vom Moment des Absterbens an nimmt dieser C-14 Gehalt ab. Der Kohlenstoff eines Siedlungsplatzes aus der Steinzeit enthielt nur noch 60,5% des natürlichen C-14 Anteils. Berechne das Alter des Siedlungsplatzes!
3. Wenn man annimmt, daß bei der Entstehung des Urans die beiden Isotope $^{238}_{92}U$ bzw. $^{235}_{92}U$ in gleichen Mengen gebildet wurden, kann man mit Hilfe dieser Annahme das Alter der Erde berechnen. Die Halbwertszeiten der Isotopen betragen $T_H = 4{,}51 \cdot 10^9$ Jahre (für U-238) bzw. $T_H = 6{,}96 \cdot 10^8$ Jahre (für U-235). Ihre relative Häufigkeit beträgt heute 99,28 % U-238 und 0,72 % U-235.

26. Chemie im Wandel der Zeiten

Die Beschäftigung der Menschheit mit der Chemie ist so alt wie die Menschheit selbst. Die angeborene Neugier des Menschen und die Notwendigkeit, die auf der Erde gefundenen Stoffe den Bedürfnissen des Menschen so anzupassen, daß sie ihm helfen, inmitten einer feindlichen Natur zu überleben, sind Grundlagen und Antrieb seines empirischen Handelns. Es sei nur an die psychologischen und mythischen Auswirkungen, die handwerklichen Fertigkeiten und die Änderung der Lebensgewohnheiten erinnert, die der Gebrauch des Feuers für den Menschen mit sich brachte.

Schon um 3500 v. Chr. beherrschten die Ägypter die Gewinnung einiger Metalle, die Glasbearbeitung und die Herstellung von Wein und Bier. Sie kannten Farben, Salben und einige Metallegierungen. Die Griechen haben vorwiegend durch Überlegungen nach Sinn und Zusammenhang der Naturerscheinungen gesucht. So berichtet Empedokles von den vier Elementen Feuer, Wasser, Erde und Luft, Demokrit spricht von „atomos", einem unteilbaren Teilchen. Bei den Römern ist die Skala der Metalle, Metallegierungen, Salze, Farben, Öle u. a., die täglich gebraucht werden, wesentlich erweitert. Plinius der Ältere berichtet in seinem 37bändigen Werk „Naturalis historia" von der Seifenherstellung bei den Germanen ebenso wie von dem Nachweis des Eisens durch Galläpfelabsud.

Unter dem chinesischen Kaiser K'ang hi wurde in China schon im 7. Jahrhundert (n. Chr.) Porzellan hergestellt. Nach wissenschaftlichen Versuchen von E. W. von Tschirnhaus gelang es diesem und Böttger 1708 erstmals in Europa, Porzellan in Meißen zu fabrizieren. Auch die Erfindung des Schießpulvers durch den Freiburger Mönch Berthold Schwarz (14. Jahrhundert) fällt noch in die vorwissenschaftliche Epoche der Chemie.

Immanuel Kant schrieb 1786 über die Chemie: „Solange also noch für die chymischen Wirkungen der Materien aufeinander kein Begriff aufgefunden wird, ... nach welchem etwa in Proportion ihrer Dichtigkeit oder dergleichen ihre Bewegung samt ihren Folgen sich im Raum a priori anschaulich machen und darstellen lassen — eine Forderung, die schwerlich jemals erfüllt werden wird — so kann Chymie nichts mehr als eine systematische Kunst oder Experimentallehre, niemals aber eigentliche Wissenschaft werden..." Zweifellos hat Kant die Situation der Chemie aus seiner Sicht in seiner Zeit treffend charakterisiert. Je mehr Menschen sich aber mit Chemie beschäftigten und je näher vor allem die chemischen Probleme und die Nutzung geeigneter Stoffeigenschaften an den einzelnen herantraten, um so stärker ging der private Charakter der Chemie verloren. Die großtechnische Herstellung von Schwefelsäure, die 1750 Roebuck in Birmingham aufnimmt, die Veröffentlichung des Leblancverfahrens zur Sodaherstellung (1791), aber auch die erste genaue Analyse der Luft durch Cavendish (1784) und die Begründung des Gesetzes von der Erhaltung der Masse durch Lavoisier (1772–1789) lassen schon damals ahnen, daß die Chemie in entscheidender Weise beginnt, die Lebensverhältnisse zu beeinflussen, und daß sie fähig ist, die Grundlagen bestehender Theorien zu erschüttern. Die Einstellung zur Chemie befindet sich im langsamen, aber steten Wandel. Zuvor waren chemische Probleme Anliegen einzelner, jetzt wird der gesamte Komplex der Naturwissenschaft populärer. Erstmals wird durch Goethe als Weimarer Minister ein selbständiger Professor für Chemie 1789 in Jena ernannt.

Diese Investitur kann als symbolischer Beginn der wissenschaftlichen Entwicklungsperiode der Chemie angesehen werden. Waren die Chemiker der 2. Hälfte des 18. Jahrhunderts noch vorwiegend mit der Herstellung und den Eigenschaften von Stoffen beschäftigt, so zeichnet sich schon durch die Arbeiten von Lavoisier die neue Entwicklung ab. Tatsächlich liegen auch die Erfolge dieser jungen Naturwissenschaft in den ersten Jahren des 19. Jahrhunderts weniger im empirischen, stofflichen Bereich, als vielmehr in exakten, gesetzmäßigen Disziplinen.

Gay-Lussac formuliert 1802 mathematisch den Zusammenhang zwischen Volumen- bzw. Druckänderung in Abhängigkeit von der Temperatur. Der Engländer John Dalton begründet 1803 die Atomtheorie neu und stellt das Theorem der multiplen Proportionen auf. 1799 bis 1810 arbeitet Proust am Beweis des Gesetzes der konstanten Proportionen. Döbereiner erkennt 1816 seine „Element-Triaden", Newlands erweitert diese Erkenntnisse 1864 im „Gesetz der Octaven". 1869 stellen schließlich D. I. Mendelejeff in Petersburg und Lothar Meyer in Tübingen unabhängig voneinander das Periodensystem der bis dahin bekannten 62 Elemente auf.

Bedenkt man, daß u.a. in dieser Zeit der „Hesssche Satz", das „Avogadrosche Gesetz", die „Regel von Dulong-Petit"[1] und die Atommassenbestimmung nach Dumas[2] veröffentlicht wurden, so wird zunächst verständlicher, warum viele Wissenschaftler eine grundsätzliche Beschränkung der menschlichen Erkenntnis auf das erfahrungsgemäß Gegebene, durch Erfahrung Beweisbare und mathematisch Formulierbare fordern. Die Vertreter dieser Anschauung, des Positivismus, versuchen darüber hinaus jede apriorische Erkenntnis nach Möglichkeit auf Erfahrung zurückzuführen. Metaphysik und Theologie lehnen sie als Begriffsdichtungen oder als bloße Vorstufe der positivistischen Wissenschaften ab. Sie fordern die Geisteswissenschaften auf, diesen Typus des Denkens zu übernehmen.

Der positivistischen Einstellung muß man aber vorwerfen, daß das Streben nach Exaktheit mit einer Verarmung an Phantasie und mit Verödung der begrifflichen Anschauung erkauft wird. Wesentlich ist allerdings, daß die Empirie zum obersten Prinzip erhoben wird und die Gleichsetzung von Wissenschaftlichkeit und Empirie eine unprüfbare, willkürliche und dogmatische Voraussetzung ist.

Die weitere Entwicklung der Chemie zeigt einen Weg aus dieser verfahrenen Situation, in die sich die Positivisten „hineinargumentiert" hatten. Die Arbeiten von Nernst und die Entdeckung der X-Strahlen durch Röntgen, die Koordinationslehre von Werner[3] und die Entdeckung der Radioaktivität durch Becquerel führen die wissenschaftliche Forschung in Größenordnungsbereiche, in denen die menschliche Vorstellungskraft überfordert ist. Der epochemachende Streuversuch von Rutherford im Jahre 1913 hat das Empirieprinzip der Positivisten grundlegend erschüttert. Die Aussagen der Wissenschaft über das Phänomen, was man schlechthin Atom nennt, werden immer komplexer und vielschichtiger. Man ist aber durch die Gedankenwelt von Einstein, Bohr, Sommerfeld, Kossel, de Broglie, Heisenberg, Schrödinger, Pauli u.a. zu einer Modellvorstellung über das Atom gelangt, von der man erwartet, daß es diesen Teil der Natur, der unserer direkten Beobachtung entzogen ist, in vereinfachter und abstrahierter Weise entspricht. Natürlich benötigt man Erfahrung, natürlich besitzt die exakte mathematische Formulierung eines Problems Vorteile, aber die Erfahrung allein ist nicht das oberste Prinzip, die deduktiven, aprioristischen,

[1] Nach Pierre Louis Dulong, 1785–1838, französischer Physiker und Chemiker, und Alexis Thérèse Petit, 1791–1820, französischer Physiker

[2] Jean Baptiste Dumas, 1800–1884, Professor in Paris und französischer Landwirtschaftsminister

[3] Alfred Werner, 1866–1919, schweizerischer Chemiker

Versuche eines Systems der Elemente nach ihren Atomgewichten und chemischen Functionen.

Von

D. Mendeleeff,

Professor an der Universität zu St. Petersburg.

			Ti = 50	Zr = 90	? = 180
			V = 51	Nb = 94	Ta = 182
			Cr = 52	Mo = 96	W = 186
			Mn = 55	Rh = 104,4	Pt = 197,4
			Fe = 56	Ru = 104,4	Ir = 198
			Ni = Co = 59	Pl = 106,6	Os = 199
H = 1			Cu = 63,4	Ag = 108	Hg = 200
	Be = 9,4	Mg = 24	Zn = 65,2	Cd = 112	
	B = 11	Al = 27,4	? = 68	Ur = 116	Au = 197?
	C = 12	Si = 28	? = 70	Sn = 118	
	N = 14	P = 31	As = 75	Sb = 122	Bi = 210?
	O = 16	S = 32	Se = 79,4	Te = 128?	
	F = 19	Cl = 35,5	Br = 80	I = 127	
Li = 7	Na = 23	K = 39	Rb = 85,4	Cs = 133	Tl = 204
		Ca = 40	Sr = 87,6	Ba = 137	Pb = 207
		? = 45	Ce = 92		
		?Er = 56	La = 94		
		?Yt = 60	Di = 95		
		?In = 75,6	Th = 118?		

Abb. 265.1. Periodensystem von D. J. Mendelejeff

phantasievollen Überlegungen sind gleichberechtigt. Die Mathematik ist zum Hilfsmittel geworden, wenn auch zu einem notwendigen Hilfsmittel, aber nicht zum Selbstzweck.

Die neuere erkenntnistheoretische Besinnung weist darauf hin, daß schon durch Meßvorgänge oder sonstige Beobachtungen Eingriffe am zu untersuchenden Objekt vorgenommen werden, die es unter Umständen unmöglich machen, die Natur des Beobachtungsgegenstandes selbst zu erforschen. Was man sehen kann, sind die Wechselwirkungen zwischen Objekt und Beobachtungsmittel, aber kaum das Objekt selbst. Auf Grund der Beobachtung kann man sich Modelle vorstellen, in Modellen denken. Für ein Phänomen können durchaus mehrere Modelle existieren, die es umfassend und in Übereinstimmung mit der Beobachtung beschreiben. So können wir neben den verschiedenen Atommodellen auch die unterschiedlichen chemischen Bindungsvorstellungen oder die einzelnen Kernbauteilchen als verschiedene Modelle des jeweiligen Phänomens betrachten.

In diese Zeit der erkenntnistheoretischen Erörterungen fallen so entscheidende Entdeckungen wie die erste Kernumwandlung durch Rutherford oder die Spaltung des Uranatomkerns mit Neutronen durch O. Hahn und F. Straßmann, aber auch so wichtige Synthesen wie die des Vitamins A 1937 durch Kuhn[1] oder die Entdeckung und Konstitutionsaufklärung des Penicillins durch eine amerikanische Forschergruppe. Natürlich gilt heute die erkenntnistheoretische Besinnung nach wie vor dem Denken in Modellen, immer häufiger werden aber qualifizierte Aussagen über das Modell des Denkens und Erkennens selbst.

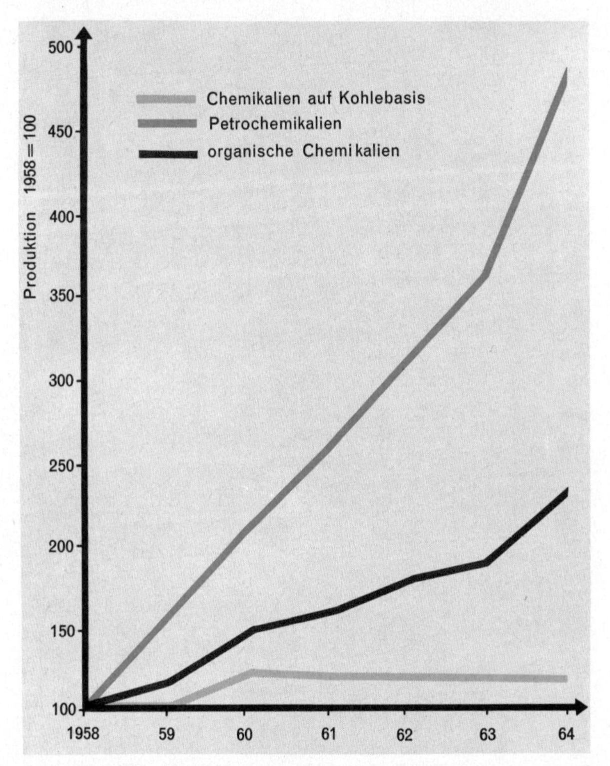

Abb. 266.1. Produktionsverlauf an Petrochemikalien und Chemikalien auf Kohlebasis

Wesentliche Impulse gingen in den letzten Jahren vor allem von der organischen Chemie aus. Denken wir nur an die Entwicklung auf dem Kunststoffgebiet. Noch vor 50 Jahren war der Begriff des Kunststoffs völlig unbekannt. Heute können wir uns ein komfortables, modernes Leben ohne Kunststoffe nicht mehr vorstellen. Diese neuartigen Materialien sind so universell verwendbar, daß eine einzige Substanz, das Polyvinylpyrrolidon, z. B. als Blutplasma-Ersatzmittel, in der Kosmetik als Haarspray und Schaumstabilisator, im graphischen Gewerbe als Ersatz natürlicher Gummisorten und als jodiertes Präparat als Insectizid und Fungizid verwendbar ist.
Diese Entwicklung ist eng verbunden mit der Umstellung der Energie- und Rohstoffversorgung von Kohle auf Erdöl und Erdgas.
Die Ethylenerzeugung aus Erdöl hat sich in den letzten zehn Jahren verdreifacht und dürfte jetzt die $^1/_2$ Mill.-t-Grenze überschritten haben. Im Jahre 1968 wurden im

[1] Richard Kuhn, 1900, deutscher Chemiker

Ludwigshafener Werk der BASF noch ca. 700000 t Kohle, dagegen aber 2600000 t Rohöl, Heizöl, Benzin und andere Kohlenwasserstoffe verwertet. Der Kohlenanteil ist im ständigen Sinken begriffen.
Forschungsergebnisse, die, abgesehen von ihrem unersetzlichen wissenschaftlichen Wert, vor allem noch Auswirkungen auf die Medizin, aber auch Auswirkungen auf unser ethisches Empfinden und unsere Wertmaßstäbe haben werden, sind von der Biochemie schon erbracht und sind von dieser modernen Wissenschaft noch zu erwarten. Die Problematik der Organtransplantation hat uns diese Entwicklung erstmals deutlich gemacht. 1951 gelang es L. Pauling, die Schraubenstruktur der Proteine zu erforschen, schon drei Jahre später entdeckte J. D. Watson die Schraubenstruktur der Nucleinsäuren. Wenn an der Wende zum 8. Jahrzehnt in unserem Jahrhundert die Totalsynthese eines Gens gelungen ist, dann kann man an diesem Beispiel das Tempo der Entwicklung in der modernen Naturwissenschaft abschätzen.
Die Chemie ist nie eine „fertige Wissenschaft“ gewesen und wird nie eine sein. Jeder chemische Unterricht, jedes Lehrbuch der Chemie kann nur eine „Momentaufnahme“ vom augenblicklichen Zustand der Chemie zu geben versuchen.

Namen- und Sachverzeichnis